Springer-Lehrbuch

Johannes Buchmann

Einführung in die Kryptographie

6., überarbeitete Auflage

Springer Spektrum

Johannes Buchmann
FB Informatik
Technische Universität Darmstadt
Darmstadt, Deutschland

ISSN 0937-7433
Springer-Lehrbuch
ISBN 978-3-642-39774-5   ISBN 978-3-642-39775-2 (eBook)
DOI 10.1007/978-3-642-39775-2

Die Deutsche Nationalbibliothek verzeichnet diese Publikation in der Deutschen Nationalbibliografie; detaillierte bibliografische Daten sind im Internet über http://dnb.d-nb.de abrufbar.

Springer Spektrum
© Springer-Verlag Berlin Heidelberg 1999, 2000, 2003, 2007, 2010, 2016

Planung: Annika Denkert

Gedruckt auf säurefreiem und chlorfrei gebleichtem Papier.

Springer-Verlag GmbH Berlin Heidelberg ist Teil der Fachverlagsgruppe Springer Science+Business Media
(www.springer.com)

Für Almut, Daniel und Jan

Vorwort zur sechsten Auflage

In der sechsten Auflage meiner Einführung in die Kryptographie habe ich die Darstellung der mathematischen Modelle, die die Sicherheit kryptographischer Verfahren beschreiben, deutlich erweitert. Ich behandle jetzt die elementare Wahrscheinlichkeitstheorie im ersten Kapitel um dort schwierige Berechnungsprobleme, die Grundlage kryptographischer Sicherheit, definieren zu können. Modelle für die Sicherheit symmetrischer Verschlüsselungsverfahren finden sich in Kapitel 4. Neben der Theorie perfekter Geheimhaltung wird dort auch semantische Sicherheit und Chosen-Plaintext-Sicherheit und Ciphertext-Sicherheit vorgestellt. Auch die Kapitel 8 „Public-Key-Verschlüsselung" und 12 „Digitale Signaturen" wurden entsprechend erweitert. Auch die Fehler, auf die mich Leserinnen und Leser hingewiesen haben, habe ich beseitigt. Ich bedanke mich herzlich für die Aufmerksamkeit.

Darmstadt, im Dezember 2015   Johannes Buchmann

Vorwort zur fünften Auflage

In der fünften Auflage meiner Einführung in die Kryptographie habe ich die Beweise für die Sicherheit des Lamport-Diffie-Einmalsignaturverfahren und des Merkle-Signaturverfahren erweitert und einen Abschnitt über algebraische Angriffe auf Blockchiffren neu aufgenommen. Es handelt sich dabei um eine Angriffstechnik, die neue Anforderungen an die Konstruktion von kryptographischen Verfahren stellt. Immer wieder erhalte ich Emails von Lesern, die mich auf Fehler hinweisen und Verbesserungsvorschläge machen. Dafür bin ich sehr dankbar und habe versucht, die Anregungen zu berücksichtigen.

Darmstadt, im Oktober 2009   Johannes Buchmann

Vorwort zur vierten Auflage

In der vierten Auflage meiner Einführung in die Kryptographie habe ich auch diesmal den Stand der Forschung im Bereich Faktorisieren und Berechnung diskreter Logarithmen aktualisiert. Neu aufgenommen wurde das Merkle-Signaturverfahren. Dieses Verfahren wurde etwa zeitgleich mit dem RSA-Signaturverfahren erfunden. Nachdem Peter Shor gezeigt hat, dass Quantencomputer das Faktorisierungsproblem und die in der Kryptographie relevanten Diskrete-Logarithmen-Probleme in Polynomzeit lösen können, hat das Merkle-Verfahren neue Relevanz bekommen. Es stellt nämlich eine Alternative zu den heute verwendeten Signaturverfahren dar, die alle unsicher würden, wenn genügend große Quantencomputer gebaut werden können. Außerdem habe ich die Fehler, die mir seit Erscheinen der dritten Auflage bekannt geworden sind, korrigiert. Für die vielen Hinweise, die ich von Lesern erhalten habe, bedanke ich mich sehr.

Darmstadt, im Dezember 2007   Johannes Buchmann

Vorwort zur dritten Auflage

In die dritte Auflage meiner Einführung in die Kryptographie habe ich Aktualisierungen und einige neue Inhalte aufgenommen. Aktualisiert wurde die Diskussion der Sicherheit von Verschlüsselungs- und Signaturverfahren und der Stand der Forschung im Bereich Faktorisieren und Berechnung diskreter Logarithmen. Neu aufgenommen wurde die Beschreibung des Advanced Encryption Standard (AES), des Secure Hash Algorithmus (SHA-1) und des Secret-Sharing-Verfahrens von Shamir. Außerdem habe ich die Fehler, die mir seit Erscheinen der zweiten Auflage bekannt geworden sind, korrigiert. Für die vielen Hinweise, die ich von Lesern erhalten habe, bedanke ich mich sehr.

Darmstadt, im Mai 2003   Johannes Buchmann

Vorwort zur zweiten Auflage

In die zweite Auflage meiner Einführung in die Kryptographie habe ich eine Reihe neuer Übungsaufgaben aufgenommen. Außerdem habe ich die Fehler, die mir seit Erscheinen der ersten Auflage bekannt geworden sind, korrigiert und einige Stellen aktualisiert. Für die vielen Hinweise, die ich von Lesern erhalten habe, bedanke ich mich sehr.

Darmstadt, im Dezember 2000   Johannes Buchmann

Vorwort

Kryptographie ist als Schlüsseltechnik für die Absicherung weltweiter Computernetze von zentraler Bedeutung. Moderne kryptographische Techniken werden dazu benutzt, Daten geheimzuhalten, Nachrichten elektronisch zu signieren, den Zugang zu Rechnernetzen zu kontrollieren, elektronische Geldgeschäfte abzusichern, Urheberrechte zu schützen usw. Angesichts dieser vielen zentralen Anwendungen ist es nötig, dass die Anwender einschätzen können, ob die benutzten kryptographischen Methoden effizient und sicher genug sind. Dazu müssen sie nicht nur wissen, wie die kryptographischen Verfahren funktionieren, sondern sie müssen auch deren mathematische Grundlagen verstehen.

Ich wende mich in diesem Buch an Leser, die moderne kryptographische Techniken und ihre mathematischen Fundamente kennenlernen wollen, aber nicht über die entsprechenden mathematischen Spezialkenntnisse verfügen. Mein Ziel ist es, in die Basistechniken der modernen Kryptographie einzuführen. Ich setze dabei zwar mathematische Vorbildung voraus, führe aber in die Grundlagen von linearer Algebra, Algebra, Zahlentheorie und Wahrscheinlichkeitstheorie ein, soweit diese Gebiete für die behandelten kryptographischen Verfahren relevant sind.

Das Buch ist aus einer Vorlesung entstanden, die ich seit 1996 in jedem Sommersemester an der Technischen Universität Darmstadt für Studenten der Informatik und Mathematik gehalten habe. Ich danke den Hörern dieser Vorlesung und den Mitarbeitern, die die Übungen betreut haben, für ihr Interesse und Engagement. Ich danke allen, die das Manuskript kritisch gelesen und verbessert haben. Besonders bedanke ich mich bei Harald Baier, Gabi Barking, Manuel Breuning, Safuat Hamdy, Birgit Henhapl, Andreas Kottig, Markus Maurer, Andreas Meyer, Stefan Neis, Sachar Paulus, Thomas Pfahler, Marita Skrobic, Tobias Straub, Edlyn Teske, Patrick Theobald und Ralf-Philipp Weinmann. Ich danke auch dem Springer-Verlag, besonders Martin Peters, Agnes Herrmann und Claudia Kehl, für die Unterstützung bei der Abfassung und Veröffentlichung dieses Buches.

Darmstadt, im Juli 1999   Johannes Buchmann

Inhaltsverzeichnis

Grundlagen

1

In diesem Kapitel präsentieren wir wichtige Grundlagen: Ganze Zahlen, elementare Wahrscheinlichkeitstheorie, elementare Komplexitätstheorie sowie grundlegende Algorithmen für ganze Zahlen.

1.1 Ganze Zahlen

Ganze Zahlen sind fundamental. In diesem Abschnitt beschreiben wir wichtige Eigenschaften ganzer Zahlen. Wir diskutieren insbesondere den Begriff der Teilbarkeit und des größten gemeinsamen Teilers und stellen verschiedene Möglichkeiten vor, ganze Zahlen darzustellen.

1.1.1 Grundbegriffe und Eigenschaften

Dieser Abschnitt erinnert die Leserinnen und Leser an wichtige Grundbegriffe und Eigenschaften von Zahlen.

Wir schreiben, wie üblich, $\mathbb{N} = \{1, 2, 3, 4, 5, \ldots\}$ für die *natürlichen Zahlen* und $\mathbb{Z} = \{0, \pm 1, \pm 2, \pm 3, \ldots\}$ für die *ganzen Zahlen*. Die rationalen Zahlen werden mit $\mathbb{Q}$ bezeichnet und die reellen Zahlen mit $\mathbb{R}$.

Es gilt $\mathbb{N} \subset \mathbb{Z} \subset \mathbb{Q} \subset \mathbb{R}$. Reelle Zahlen (also auch natürliche, ganze und rationale Zahlen) kann man addieren und multiplizieren. Das Ergebnis heißt *Summe* bzw. *Produkt* der beiden Zahlen. Summen und Produkte über viele reelle Zahlen schreibt man so wie in den nächsten beiden Beispielen.

$$\sum_{i=1}^{n} i = 1 + 2 + \ldots + n. \tag{1.1}$$

© Springer-Verlag Berlin Heidelberg 2016
J. Buchmann, *Einführung in die Kryptographie*, Springer-Lehrbuch,
DOI 10.1007/978-3-642-39775-2_1

$$\prod_{i=1}^{n} i = 1 * 2 * 3 * \ldots * n. \tag{1.2}$$

Reelle Zahlen können auch potenziert werden. Für eine relle Zahl α und eine natürliche Zahl n bezeichnet α^n die n-te *Potenz* von α, also das Ergebnis der Multiplikation von α n-mal mit sich selbst. So ist zum Beispiel $2^3 = 2 * 2 * 2 = 8$ die dritte Potenz von 2. Außerdem setzt man $\alpha^0 = 1$.

Wir werden folgende grundlegende Regeln benutzen: Wenn das Produkt von zwei reellen Zahlen Null ist, dann ist wenigstens ein Faktor Null. Es kann also nicht sein, dass beide Faktoren von Null verschieden sind, aber das Produkt Null ist. Wir werden später sehen, dass es Zahlbereiche gibt, in denen das nicht gilt.

Reelle Zahlen kann man vergleichen. Zum Beispiel ist $\sqrt{2}$ kleiner als 2 aber größer als 1. Wenn zwei reelle Zahlen α und β gleich sind, schreibt man $\alpha = \beta$. Andernfalls gilt $\alpha \neq \beta$. Wenn eine reelle Zahl α kleiner als eine andere reelle Zahl β ist, schreiben wir $\alpha < \beta$. Wenn α kleiner als β oder α gleich β ist, schreiben wir $\alpha \leq \beta$. Wenn α größer als β ist, schreiben wir $\alpha > \beta$. Wenn α größer als β oder α gleich β ist, schreiben wir $\alpha \geq \beta$. Ist γ eine weitere reelle Zahl, dann folgt aus $\alpha < \beta$ auch $\alpha + \gamma < \beta + \gamma$. Entsprechendes gilt für $\leq$, $>$ und $\geq$. Wenn $\alpha > 0$ und $\beta > 0$, dann folgt $\alpha\beta > 0$.

Sind α und β reelle Zahlen und ist $\beta \neq 0$, dann kann man α durch β dividieren. Das Ergebnis $\alpha/\beta = \frac{\alpha}{\beta}$ heißt *Quotient* mit *Zähler* α und *Nenner* β. Außerdem schreibt man $\beta^{-n} = 1/\beta^n$ für jede natürliche Zahl n.

Eine Menge M von reellen Zahlen heißt *nach unten beschränkt*, wenn es eine reelle Zahl γ gibt, so dass alle Elemente von M größer als oder gleich γ sind. Man sagt dann, dass M nach unten durch γ beschränkt ist und nennt γ *untere Schranke* für M. Eine untere Schranke für die Menge der natürlichen Zahlen ist z. B. die Zahl 0. Nach unten beschränkte Mengen haben nicht nur eine sondern unendlich viele untere Schranken. So sind zum Beispiel alle negativen ganzen Zahlen untere Schranken für $\mathbb{N}$. Aber viele Mengen reeller Zahlen sind nicht nach unten beschränkt, zum Beispiel die Menge der geraden ganzen Zahlen. Eine wichtige Eigenschaft der ganzen Zahlen ist, dass jede nach unten beschränkte Menge ganzer Zahlen ein kleinstes Element besitzt. Zum Beispiel ist die kleinste natürliche Zahl 1. Entsprechend definiert man *nach oben beschränkte* Mengen reeller Zahlen und *obere Schranken*. Außerdem hat jede nach oben beschränkte Menge ganzer Zahlen ein größtes Element.

Für eine reelle Zahl α schreiben wir

$$\lfloor \alpha \rfloor = \max\{b \in \mathbb{Z} : b \leq \alpha\}.$$

Die Zahl $\lfloor \alpha \rfloor$ ist also die größte ganze Zahl, die höchstens so groß wie α ist. Diese Zahl existiert, weil die Menge $\{b \in \mathbb{Z} : b \leq \alpha\}$ aller ganzen Zahlen, die höchstens so groß wie α sind, nach oben beschränkt ist.

Beispiel 1.1 Es ist $\lfloor 3.43 \rfloor = 3$ und $\lfloor -3.43 \rfloor = -4$.

1.1.2 Vollständige Induktion

Schließlich benötigen wir noch das Prinzip der *vollständigen Induktion*. Es lautet so: Ist eine Aussage, in der eine unbestimmte natürliche Zahl n vorkommt, richtig für $n = 1$ und folgt aus ihrer Richtigkeit für eine natürliche Zahl n die Richtigkeit für $n + 1$, so ist die Aussage für jede natürliche Zahl richtig. Dieses Prinzip entspricht der Intuition und ist eine der fundamentalen Beweismethoden in der Mathematik. In abgewandelter Form wird das Prinzip der vollständigen Induktion auch verwendet, um die Korrektheit von Algorithmen zu beweisen.

Beispiel 1.2 Wir beweisen mit dem Prinzip der vollständigen Induktion, dass für jede reelle Zahl $\alpha > 1$ und jede natürliche Zahl n die folgende Gleichung gilt:

$$\sum_{i=1}^{n} \alpha^{i-1} = \frac{\alpha^n - 1}{\alpha - 1} \qquad (1.3)$$

Wie im Prinzip der vollständigen Induktion erläutert, wird die Aussage zunächst für $n = 1$ bewiesen. Dies nennt man *Induktionsverankerung*. Sie ist in unserem Beispiel leicht. Einerseits gilt nämlich

$$\sum_{i=1}^{1} \alpha^{i-1} = 1. \qquad (1.4)$$

Andererseits hat man

$$\frac{\alpha^1 - 1}{\alpha - 1} = \frac{\alpha - 1}{\alpha - 1} = 1. \qquad (1.5)$$

Jetzt kommt der *Induktionsschritt*. Dabei wird vorausgesetzt, dass die Aussage (1.3) für eine natürliche Zahl n gilt. Daraus wird gefolgert, dass die Aussage auch für $n + 1$ richtig ist. Wir schreiben also unsere Behauptung für $n + 1$ hin und formen sie so um, dass man die als gültig vorausgesetzte Aussage für n verwenden kann. Das geht so:

$$\sum_{i=1}^{n+1} \alpha^{i-1} = \sum_{i=1}^{n} \alpha^{i-1} + \alpha^n \qquad (1.6)$$

Auf der rechten Seite von (1.6) steht als Summand die linke Seite von (1.3). Sie wird durch die rechte Seite der Gleichung (1.3) ersetzt, die als wahr vorausgesetzt wurde. Es ergibt sich

$$\sum_{i=1}^{n+1} \alpha^{i-1} = \frac{\alpha^n - 1}{\alpha - 1} + \alpha^n = \frac{\alpha^n - 1 + \alpha^n(\alpha - 1)}{\alpha - 1} = \frac{\alpha^{n+1} - 1}{\alpha - 1}, \qquad (1.7)$$

wie behauptet.

Das Prinzip der vollständigen Induktion hat Varianten. So kann die Induktionsverankerung bei jeder ganzen Zahl m beginnen. Die Aussage wird dann für alle ganzen Zahlen $n \geq m$ bewiesen. Im Induktionsschritt kann man auch voraussetzen, dass die zu beweisende Aussage für alle ganzen Zahlen k mit $m \leq k \leq n$ gilt. Das kann den Beweis vereinfachen, weil mehr Information benutzt werden darf.

1.1.3 Konvention

Damit wir nicht immer schreiben müssen „sei n eine ganze Zahl", bezeichnen im Folgenden kleine lateinische Buchstaben immer ganze Zahlen, ohne dass wir das extra erwähnen.

1.1.4 Teilbarkeit

In diesem Abschnitt diskutieren wir den wichtigen Begriff der Teilbarkeit.

Definition 1.1 Man sagt a *teilt* n, wenn es ein b gibt mit $n = ab$.

Wenn a die Zahl n teilt, dann heißt a *Teiler* von n und n *Vielfaches* von a und man schreibt $a \mid n$. Man sagt auch, n ist durch a *teilbar*. Wenn a kein Teiler von n ist, dann schreibt man $a \nmid n$.

Beispiel 1.3 Es gilt $13 \mid 182$, weil $182 = 14 * 13$ ist. Genauso gilt $-5 \mid 30$, weil $30 = (-6) * (-5)$ ist. Die Teiler von 30 sind $\pm 1, \pm 2, \pm 3, \pm 5, \pm 6, \pm 10, \pm 15, \pm 30$.

Jede ganze Zahl a teilt 0, weil $0 = a * 0$ ist. Die einzige ganze Zahl, die durch 0 teilbar ist, ist 0 selbst, weil aus $a = 0 * b$ folgt, dass $a = 0$ ist.

Wir beweisen einige einfache Regeln.

Theorem 1.1
1. *Aus $a \mid b$ und $b \mid c$ folgt $a \mid c$.*
2. *Aus $a \mid b$ folgt $ac \mid bc$ für alle c.*
3. *Aus $c \mid a$ und $c \mid b$ folgt $c \mid da + eb$ für alle d und e.*
4. *Aus $a \mid b$ und $b \neq 0$ folgt $|a| \leq |b|$.*
5. *Aus $a \mid b$ und $b \mid a$ folgt $|a| = |b|$.*

Beweis
1. Wenn $a \mid b$ und $b \mid c$, dann gibt es f und g mit $b = af$ und $c = bg$. Also folgt $c = bg = (af)g = a(fg)$.
2. Wenn $a \mid b$, dann gibt es f mit $b = af$. Also folgt $bc = (af)c = f(ac)$.
3. Wenn $c \mid a$ und $c \mid b$, dann gibt es f, g mit $a = fc$ und $b = gc$. Also folgt $da + eb = dfc + egc = (df + eg)c$.

4. Wenn $a \mid b$ und $b \neq 0$, dann gibt es $f \neq 0$ mit $b = af$. Also ist $|b| = |af| \geq |a|$.
5. Gelte $a \mid b$ und $b \mid a$. Wenn $a = 0$ ist, dann gilt $b = 0$ und umgekehrt. Wenn $a \neq 0$ und $b \neq 0$ gilt, dann folgt aus 4., dass $|a| \leq |b|$ und $|b| \leq |a|$ ist, also $|a| = |b|$ gilt. $\square$

Das folgende Ergebnis ist sehr wichtig. Es zeigt, dass Division mit Rest von ganzen Zahlen möglich ist.

Theorem 1.2 Wenn a, b ganze Zahlen sind, $b > 0$, *dann gibt es eindeutig bestimmte ganze Zahlen q und r derart, dass $a = qb + r$ und $0 \leq r < b$ ist, nämlich $q = \lfloor a/b \rfloor$ und $r = a - bq$.*

Beweis Gelte $a = qb + r$ und $0 \leq r < b$. Dann folgt $0 \leq r/b = a/b - q < 1$. Dies impliziert $a/b - 1 < q \leq a/b$, also $q = \lfloor a/b \rfloor$. Umgekehrt erfüllen $q = \lfloor a/b \rfloor$ und $r = a - bq$ die Behauptung des Satzes. $\square$

In der Situation von Theorem 1.2 nennt man q den (ganzzahligen) *Quotient* und r den *Rest* der Division von a durch b. Man schreibt

$$r = a \bmod b.$$

Wird a durch $a \bmod b$ ersetzt, so sagt man auch, dass a modulo b *reduziert* wird.

Beispiel 1.4 Wenn $a = 133$ und $b = 21$ ist, dann liefert die Division mit Rest $q = 6$ und $r = 7$, d. h. $133 \bmod 21 = 7$. Entsprechend gilt $-50 \bmod 8 = 6$.

1.1.5 Darstellung ganzer Zahlen

In Büchern werden ganze Zahlen üblicherweise als Dezimalzahlen geschrieben. In Computern werden ganze Zahlen in Binärentwicklung gespeichert. Allgemein kann man ganze Zahlen mit Hilfe der *g-adischen Darstellung* aufschreiben. Diese Darstellung wird jetzt beschrieben. Für eine natürliche Zahl $g > 1$ und eine positive reelle Zahl α bezeichnen wir mit $\log_g \alpha$ den Logarithmus zur Basis g von α. Für eine Menge M bezeichnet M^k die Menge aller Folgen der Länge k mit Gliedern aus M.

Beispiel 1.5 Es ist $\log_2 8 = 3$, weil $2^3 = 8$ ist. Ferner ist $\log_8 8 = 1$, weil $8^1 = 8$ ist.

Beispiel 1.6 Die Folge $(0, 1, 1, 1, 0)$ ist ein Element von $\{0, 1\}^5$. Ferner ist $\{1, 2\}^2 = \{(1, 1), (1, 2), (2, 1), (2, 2)\}$.

Theorem 1.3 *Sei g eine natürliche Zahl, $g > 1$. Für jede natürliche Zahl a gibt es eine eindeutig bestimmte natürliche Zahl k und eine eindeutig bestimmte Folge*

$$(a_1, \ldots, a_k) \in \{0, \ldots, g-1\}^k \tag{1.8}$$

mit $a_1 \neq 0$ und

$$a = \sum_{i=1}^{k} a_i g^{k-i}. \tag{1.9}$$

Dabei gilt $k = \lfloor \log_g a \rfloor + 1$. Außerdem ist a_i der ganzzahlige Quotient der Division von $a - \sum_{j=1}^{i-1} a_j g^{k-j}$ durch g^{k-i}, also

$$a_i = \left\lfloor \frac{a - \sum_{j=1}^{i-1} a_j g^{k-j}}{g^{k-i}} \right\rfloor \quad 1 \leq i \leq k. \tag{1.10}$$

Beweis Sei a eine natürliche Zahl. Wenn es eine Darstellung von a wie in (1.9) gibt, dann gilt $g^{k-1} \leq a = \sum_{i=1}^{k} a_i g^{k-i} \leq (g-1) \sum_{i=1}^{k} g^{k-i} = g^k - 1 < g^k$. Also ist $k = \lfloor \log_g a \rfloor + 1$. Dies beweist die Eindeutigkeit von k.

Wir beweisen jetzt die Eindeutigkeit der Folge $(a_1, \ldots, a_k)$ durch Induktion über k.

Für $k = 1$ muss $a_1 = a$ sein. Sei $k > 1$. Wenn es eine Darstellung wie in (1.9) gibt, dann gilt $0 \leq a - a_1 g^{k-1} < g^{k-1}$ und daher $0 \leq a/g^{k-1} - a_1 < 1$. Damit ist $a_1 = \lfloor a/g^{k-1} \rfloor$, also eindeutig bestimmt. Setze $a' = a - a_1 g^{k-1} = \sum_{i=2}^{k} a_i g^{k-i}$. Dann gilt $0 \leq a' < g^{k-1}$. Entweder ist $a' = 0$. Dann ist $a_i = 0, 2 \leq i \leq n$. Oder wir verwenden die Darstellung $a' = \sum_{i=2}^{k} a_i g^{k-i}$, die nach Induktionsannahme existiert und eindeutig ist.

Schließlich beweisen wir die Existenz durch Induktion über a. Wir setzen $a_1 = \lfloor a/g^{k-1} \rfloor$. Ist $a_1 = a$, sind wir fertig. Andernfalls nehmen wir die anderen Koeffizienten aus der Darstellung von $a' = a - a_1 g^{k-1}$, gegebenenfalls mit führenden Nullen.   □

Definition 1.2 Die Folge $(a_1, \ldots, a_k)$ aus Theorem 1.3 heißt *g-adische Entwicklung* von a. Ihre Glieder heißen *Ziffern*. Ihre *Länge* ist $k = \lfloor \log_g a \rfloor + 1$. Falls $g = 2$ ist, heißt diese Folge *Binärentwicklung* von a. Falls $g = 16$ ist, heißt die Folge *Hexadezimalentwicklung* von a.

Die g-adische Entwicklung einer natürlichen Zahl ist nur dann eindeutig, wenn man verlangt, dass die erste Ziffer von Null verschieden ist. Statt $(a_1, \ldots, a_k)$ schreibt man auch $a_1 a_2 \ldots a_k$ für ein solche Entwicklung.

Beispiel 1.7 Die Folge 10101 ist die Binärentwicklung der Zahl $2^4 + 2^2 + 2^0 = 21$. Wenn man Hexadezimaldarstellungen aufschreibt, verwendet man für die Ziffern $10, 11, \ldots, 15$ die Buchstaben A, B, C, D, E, F. So ist A1C die Hexadezimaldarstellung von $10 * 16^2 + 16 + 12 = 2588$.

Theorem 1.3 enthält ein Verfahren zur Berechnung der g-adischen Entwicklung einer natürlichen Zahl. Dieses Verfahren wird im nächsten Beispiel angewandt.

Beispiel 1.8 Wir bestimmen die Binärentwicklung von 105. Da $64 = 2^6 < 105 < 128 = 2^7$ ist, hat sie die Länge 7. Wir erhalten: $a_1 = \lfloor 105/64 \rfloor = 1$. $105 - 64 = 41$. $a_2 = \lfloor 41/32 \rfloor = 1$. $41 - 32 = 9$. $a_3 = \lfloor 9/16 \rfloor = 0$. $a_4 = \lfloor 9/8 \rfloor = 1$. $9 - 8 = 1$. $a_5 = a_6 = 0$. $a_7 = 1$. Also ist die Binärentwicklung von 105 die Folge 1101001.

Die Umwandlung von Hexadezimalentwicklungen in Binärentwicklungen und umgekehrt ist besonders einfach. Sei $(h_1, h_2, \ldots, h_k)$ die Hexadezimalentwicklung einer natürlichen Zahl n. Für $1 \le i \le k$ sei $(b_{1,i}, b_{2,i}, b_{3,i}, b_{4,i})$ der Bitstring der Länge 4, der h_i darstellt, also $h_i = b_{1,i} 2^3 + b_{2,i} 2^2 + b_{3,i} 2 + b_{4,i}$, dann ist $(b_{1,1}, b_{2,1}, b_{3,1}, b_{4,1}, b_{1,2}, \ldots, b_{4,k})$ die Binärentwicklung von n.

Beispiel 1.9 Betrachte die Hexadezimalzahl $n = 6EF$. Die auf Länge 4 normierten Binärentwicklungen der Ziffern sind $6 = 0110$, $E = 1110$, $F = 1111$. Daher ist 11011101111 die Binärentwicklung von n.

Die Länge der Binärentwicklung einer natürlichen Zahl wird auch als ihre *binäre Länge* bezeichnet. Die binäre Länge von 0 wird auf 1 gesetzt. Die binäre Länge einer ganzen Zahl ist die binäre Länge ihres Absolutbetrags plus 1. Das zusätzliche Bit kodiert das Vorzeichen. Die binäre Länge einer ganzen Zahl a wird auch mit $\text{size}(a)$ oder size a bezeichnet.

1.1.6 Größter gemeinsamer Teiler

Wir führen den größten gemeinsamen Teiler zweier ganzer Zahlen ein.

Definition 1.3 Ein *gemeinsamer Teiler* von a und b ist eine ganze Zahl c, die sowohl a als auch b teilt.

Theorem 1.4 *Unter allen gemeinsamen Teilern zweier ganzer Zahlen a und b, die nicht beide gleich 0 sind, gibt es genau einen (bezüglich $\le$) größten. Dieser heißt größter gemeinsamer Teiler (ggT) von a und b und wird mit $\gcd(a, b)$ bezeichnet. Die Abkürzung gcd steht für greatest common divisor.*

Beweis Sei $a \ne 0$. Nach Theorem 1.1 sind alle Teiler von a durch $|a|$ beschränkt. Daher muss es unter allen Teilern von a und damit unter allen gemeinsamen Teilern von a und b einen größten geben. □

Der Vollständigkeit halber wird der größte gemeinsame Teiler von 0 und 0 auf 0 gesetzt, also $\gcd(0, 0) = 0$. Der größte gemeinsame Teiler zweier ganzer Zahlen ist also nie negativ.

Beispiel 1.10 Der größte gemeinsame Teiler von 18 und 30 ist 6. Der größte gemeinsame Teiler von -10 und 20 ist 10. Der größte gemeinsame Teiler von -20 und -14 ist 2. Der größte gemeinsame Teiler von 12 und 0 ist 12.

Der größte gemeinsame Teiler von ganzen Zahlen $a_1, \ldots, a_k, k \geq 1$, wird entsprechend definiert: Ist wenigstens eine der Zahlen a_i von Null verschieden, so ist $\gcd(a_1, \ldots, a_k)$ die größte natürliche Zahl, die alle a_i teilt. Sind alle a_i gleich 0, so wird $\gcd(a_1, \ldots, a_k) = 0$ gesetzt.

Wir geben als nächstes eine besondere Darstellung des größten gemeinsamen Teilers an. Dazu brauchen wir eine Bezeichnung.

Sind $\alpha_1, \ldots, \alpha_k$ reelle Zahlen, so schreibt man

$$\alpha_1 \mathbb{Z} + \ldots + \alpha_k \mathbb{Z} = \{\alpha_1 z_1 + \ldots + \alpha_k z_k : z_i \in \mathbb{Z}, 1 \leq i \leq k\}.$$

Dies ist die Menge aller *ganzzahligen Linearkombinationen* der α_i.

Beispiel 1.11 Die Menge der ganzzahligen Linearkombinationen von 3 und 4 ist $3\mathbb{Z} + 4\mathbb{Z}$. Sie enthält die Zahl $1 = 3 * (-1) + 4$. Sie enthält auch alle ganzzahligen Vielfachen von 1. Also ist diese Menge gleich $\mathbb{Z}$.

Der nächste Satz zeigt, dass das Ergebnis des vorigen Beispiels kein Zufall ist.

Theorem 1.5 *Die Menge aller ganzzahligen Linearkombinationen von a und b ist die Menge aller ganzzahligen Vielfachen von $\gcd(a, b)$, also*

$$a\mathbb{Z} + b\mathbb{Z} = \gcd(a, b)\mathbb{Z}.$$

Beweis Für $a = b = 0$ ist die Behauptung offensichtlich korrekt. Also sei angenommen, dass a oder b nicht 0 ist.

Setze

$$I = a\mathbb{Z} + b\mathbb{Z}.$$

Sei g die kleinste positive ganze Zahl in I. Wir behaupten, dass $I = g\mathbb{Z}$ gilt. Um dies einzusehen, wähle ein von Null verschiedenes Element c in I. Wir müssen zeigen, dass $c = qg$ für ein q gilt. Nach Theorem 1.2 gibt es q, r mit $c = qg + r$ und $0 \leq r < g$. Also gehört $r = c - qg$ zu I. Da aber g die kleinste positive Zahl in I ist, muss $r = 0$ und $c = qg$ gelten.

Es bleibt zu zeigen, dass $g = \gcd(a, b)$ gilt. Da $a, b \in I$ gilt, folgt aus $I = g\mathbb{Z}$, dass g ein gemeinsamer Teiler von a und b ist. Da ferner $g \in I$ ist, gibt es x, y mit $g = xa + yb$. Ist also d ein gemeinsamer Teiler von a und b, dann ist d auch ein Teiler von g. Daher impliziert Theorem 1.1, dass $|d| \leq g$ gilt. Damit ist g der größte gemeinsame Teiler von a und b. $\qquad\square$

Beispiel 1.12 Das Ergebnis von Beispiel 1.11 hätte man direkt aus Theorem 1.5 folgern können. Es ist nämlich $\gcd(3, 4) = 1$ und daher $3\mathbb{Z} + 4\mathbb{Z} = 1\mathbb{Z} = \mathbb{Z}$.

Theorem 1.5 hat einige wichtige Folgerungen.

Korollar 1.1 *Für alle a, b, n ist die Gleichung $ax + by = n$ genau dann durch ganze Zahlen x und y lösbar, wenn $\gcd(a, b)$ ein Teiler von n ist.*

Beweis Gibt es ganze Zahlen x und y mit $n = ax + by$, dann gehört n zu $a\mathbb{Z} + b\mathbb{Z}$ und nach Theorem 1.5 damit auch zu $\gcd(a, b)\mathbb{Z}$. Man kann also $n = c\gcd(a, b)$ schreiben, und das bedeutet, dass n ein Vielfaches von $\gcd(a, b)$ ist.

Ist umgekehrt n ein Vielfaches von $\gcd(a, b)$, dann gehört n zu der Menge $\gcd(a, b)\mathbb{Z}$. Nach Theorem 1.5 gehört n also auch zu $a\mathbb{Z} + b\mathbb{Z}$. Es gibt daher ganze Zahlen x und y mit $n = ax + by$. $\qquad\square$

Korollar 1.1 sagt uns, dass die Gleichung

$$3x + 4y = 123$$

eine Lösung hat, weil $\gcd(3, 4) = 1$ ist und 123 ein Vielfaches von 1 ist. Aus Korollar 1.1 folgt, dass insbesondere der größte gemeinsame Teiler zweier ganzer Zahlen als Linearkombination dieser Zahlen dargestellt werden kann.

Korollar 1.2 *Für alle ganzen Zahlen a und b gibt es ganze Zahlen x und y mit $ax + by = \gcd(a, b)$.*

Beweis Weil $\gcd(a, b)$ ein Teiler von sich selbst ist, folgt die Behauptung unmittelbar aus Korollar 1.1. $\qquad\square$

Wir geben noch eine andere nützliche Charakterisierung des größten gemeinsamen Teilers an. Diese Charakterisierung wird auch häufig als Definition des größten gemeinsamen Teilers verwendet.

Korollar 1.3 *Es gibt genau einen nicht negativen gemeinsamen Teiler von a und b, der von allen gemeinsamen Teilern von a und b geteilt wird. Dieser ist der größte gemeinsame Teiler von a und b.*

Beweis Der größte gemeinsame Teiler von a und b ist ein nicht negativer gemeinsamer Teiler von a und b. Außerdem gibt es nach Korollar 1.2 ganze Zahlen x und y mit $ax + by = \gcd(a, b)$. Daher ist jeder gemeinsame Teiler von a und b auch ein Teiler von $\gcd(a, b)$. Damit ist gezeigt, dass es einen nicht negativen gemeinsamen Teiler von a und b gibt, der von allen gemeinsamen Teilern von a und b geteilt wird.

Sei umgekehrt g ein nicht negativer gemeinsamer Teiler von a und b, der von jedem gemeinsamen Teiler von a und b geteilt wird. Ist $a = b = 0$, so ist $g = 0$, weil nur 0 von 0 geteilt wird. Ist a oder b von Null verschieden, dann ist nach Theorem 1.1 jeder gemeinsame Teiler von a und b kleiner oder gleich g. Damit ist $g = \gcd(a, b)$.   □

Es bleibt die Frage, wie $\gcd(a, b)$ berechnet werden kann und wie ganze Zahlen x und y bestimmt werden können, die $ax + by = \gcd(a, b)$ erfüllen. Der Umstand, dass diese beiden Probleme effiziente Lösungen besitzen, ist zentral für fast alle kryptographische Techniken.

Beide Probleme werden mit dem euklidischen Algorithmus gelöst, der im Abschn. 1.6.2 erläutert wird.

1.1.7 Zerlegung in Primzahlen

Ein zentraler Begriff in der elementaren Zahlentheorie ist der einer Primzahl. Primzahlen werden auch in vielen kryptographischen Verfahren benötigt. In diesem Abschnitt führen wir Primzahlen ein und beweisen, dass sich jede natürliche Zahl bis auf die Reihenfolge in eindeutiger Weise als Produkt von Primzahlen schreiben lässt.

Definition 1.4 Eine natürliche Zahl $p > 1$ heißt *Primzahl*, wenn sie genau zwei positive Teiler hat, nämlich 1 und p.

Die ersten neun Primzahlen sind $2, 3, 5, 7, 11, 13, 17, 19, 23$. Die Menge aller Primzahlen bezeichnen wir mit $\mathbb{P}$. Eine natürliche Zahl $a > 1$, die keine Primzahl ist, heißt *zusammengesetzt*. Wenn die Primzahl p die ganze Zahl a teilt, dann heißt p *Primteiler* von a.

Theorem 1.6 Jede natürliche Zahl $a > 1$ hat einen Primteiler.

Beweis Die Zahl a besitzt einen Teiler, der größer als 1 ist, nämlich a selbst. Unter allen Teilern von a, die größer als 1 sind, sei p der kleinste. Die Zahl p muss eine Primzahl sein. Wäre sie nämlich keine Primzahl, dann besäße sie einen Teiler b, der

$$1 < b < p \leq a$$

erfüllt. Dies widerspricht der Annahme, dass p der kleinste Teiler von a ist, der größer als 1 ist.   □

Das folgende Resultat ist zentral für den Beweis des Zerlegungssatzes.

Lemma 1.1 *Wenn eine Primzahl p ein Produkt zweier ganzer Zahlen teilt, so teilt p wenigstens einen der beiden Faktoren.*

Beweis Angenommen, p teilt ab, aber nicht a. Da p eine Primzahl ist, muss $\gcd(a, p) = 1$ sein. Nach Korollar 1.2 gibt es x, y mit $1 = ax + py$. Daraus folgt

$$b = abx + pby.$$

Weil p ein Teiler von abx und pby ist, folgt aus Theorem 1.1, dass p auch ein Teiler von b ist. □

Korollar 1.4 *Wenn eine Primzahl p ein Produkt $\prod_{i=1}^{k} q_i$ von Primzahlen teilt, dann stimmt p mit einer der Primzahlen $q_1, q_2, \ldots, q_k$ überein.*

Beweis Wir führen den Beweis durch Induktion über die Anzahl k. Ist $k = 1$, so ist p ein Teiler von q_1, der größer als 1 ist und stimmt daher mit q_1 überein. Ist $k > 1$, dann ist p ein Teiler von $q_1(q_2 \cdots q_k)$. Nach Lemma 1.1 ist p ein Teiler von q_1 oder von $q_2 \cdots q_k$. Da beide Produkte weniger als k Faktoren haben, folgt die Behauptung des Korollars aus der Induktionsannahme. □

Jetzt wird der Hauptsatz der elementaren Zahlentheorie bewiesen.

Theorem 1.7 *Jede natürliche Zahl $a > 1$ kann als Produkt von Primzahlen geschrieben werden. Bis auf die Reihenfolge sind die Faktoren in diesem Produkt eindeutig bestimmt.*

Beweis Wir beweisen den Satz durch Induktion über a. Für $a = 2$ stimmt der Satz. Angenommen, $a > 2$. Nach Theorem 1.6 hat a einen Primteiler p. Ist $a/p = 1$, so ist $a = p$ und der Satz ist bewiesen. Sei also $a/p > 1$. Da nach Induktionsvoraussetzung a/p Produkt von Primzahlen ist, kann auch a als Produkt von Primzahlen geschrieben werden. Damit ist die Existenz der Primfaktorzerlegung nachgewiesen. Es fehlt noch die Eindeutigkeit. Seien $a = p_1 \cdots p_k$ und $a = q_1 \cdots q_l$ Primfaktorzerlegungen von a. Nach Korollar 1.4 stimmt p_1 mit einer der Primzahlen $q_1, \ldots, q_k$ überein. Durch Umnummerierung erreicht man, dass $p_1 = q_1$ ist. Nach Induktionsannahme ist aber die Primfaktorzerlegung von $a/p_1 = a/q_1$ eindeutig. Also gilt $k = l$ und nach entsprechender Umnummerierung $q_i = p_i$ für $1 \leq i \leq k$. □

Die *Primfaktorzerlegung* einer natürlichen Zahl a ist die Darstellung der Zahl als Produkt von Primfaktoren. Normalerweise schreiben wir die Zerlegung von a so:

$$a = \prod_{p \in \mathbb{P}, p|a} p^{e(p)}. \tag{1.11}$$

Hierbei sind die Exponenten $e(p)$ natürliche Zahlen. Effiziente Algorithmen, die die Primfaktorzerlegung einer natürlichen Zahl berechnen, sind nicht bekannt. Dies ist die Sicherheitsgrundlage des RSA-Verschlüsselungsverfahrens, das in Abschn. 8.3 behandelt wird, und auch anderer wichtiger kryptographischer Algorithmen. Es ist aber auch kein Beweis bekannt, der zeigt, dass das Faktorisierungsproblem schwer ist. Es ist daher möglich, dass es effiziente Faktorisierungsverfahren gibt, und dass die auch schon bald gefunden werden. Dann sind die entsprechenden kryptographischen Verfahren unsicher und müssen durch andere ersetzt werden. Die besten heute bekannten Faktorisierungsalgorithmen werden in Abschn. 9 beschrieben.

Beispiel 1.13 Der französische Jurist Pierre de Fermat (1601 bis 1665) glaubte, dass die nach ihm benannten *Fermat-Zahlen*

$$F_i = 2^{2^i} + 1$$

sämtlich Primzahlen seien. Tatsächlich sind $F_0 = 3$, $F_1 = 5$, $F_2 = 17$, $F_3 = 257$ und $F_4 = 65537$ Primzahlen. Aber 1732 fand Euler heraus, dass $F_5 = 641 * 6700417$ zusammengesetzt ist. Die angegebene Faktorisierung ist auch die Primfaktorzerlegung der fünften Fermat-Zahl. Auch F_6, F_7, F_8 und F_9 sind zusammengesetzt. Die Faktorisierung von F_6 wurde 1880 von Landry und Le Lasseur gefunden, die von F_7 erst 1970 von Brillhart und Morrison. Die Faktorisierung von F_8 wurde 1980 von Brent und Pollard berechnet und die von F_9 1990 von Lenstra, Lenstra, Manasse und Pollard. Einerseits sieht man an diesen Daten, wie schwierig das Faktorisierungsproblem ist; immerhin hat es bis 1970 gedauert, bis die 39-stellige Fermat-Zahl F_7 zerlegt war. Andererseits ist die enorme Weiterentwicklung daran zu erkennen, dass nur 20 Jahre später die 155-stellige Fermat-Zahl F_9 faktorisiert wurde.

1.2 Wahrscheinlichkeit

Viele kryptographische Berechnungsverfahren sind probabilistisch, das heißt dass ihre Berechnung vom Zufall abhängt. Das gilt zum Beispiel für die Erzeugung geheimer Schlüssel, für Verschlüsselungsalgorithmen aber auch für Verfahren, die Verschlüsselungsverfahren brechen. Darum erläutern wir in diesem Abschnitt die notwendigen Grundlagen aus der Wahrscheinlichkeitstheorie.

1.2.1 Grundbegriffe

Sei S eine endliche, nicht leere Menge. Wir nennen sie *Ergebnismenge*. Ihre Elemente heißen *Ergebnisse* oder *Elementarereignisse*.

Beispiel 1.14 Wenn man eine Münze wirft, erhält man entweder Zahl oder Kopf. Die entsprechende Ergebnismenge bezeichnen wir mit $S = \{Z, K\}$.

Wenn man würfelt, erhält man eine der Zahlen $1, 2, 3, 4, 5, 6$. Die Ergebnismenge ist dann $S = \{1, 2, 3, 4, 5, 6\}$.

Ein *Ereignis* ist eine Teilmenge der Ergebnismenge S. Das *sichere Ereignis* ist die Menge S selbst. Das *leere Ereignis* ist $\emptyset$. Zwei Ereignisse A und B *schließen sich gegenseitig aus*, wenn ihr Durchschnitt leer ist. Die Menge aller Ereignisse ist also die *Potenzmenge* $P(S)$ von S, also die Menge aller Teilmengen von S.

Beispiel 1.15 Beim Würfeln kann das Ereignis, eine gerade Zahl zu würfeln, auftreten. Formal ist dieses Ereignis die Teilmenge $\{2, 4, 6\}$ der Ergebnismenge $\{1, 2, 3, 4, 5, 6\}$. Es schließt das Ereignis $\{1, 3, 5\}$, eine ungerade Zahl zu würfeln, aus.

Eine *Wahrscheinlichkeitsverteilung* auf S ist eine Abbildung Pr, die jedem Ereignis eine reelle Zahl zuordnet, also

$$\mathrm{Pr} : P(S) \to \mathbb{R},$$

und die folgende Eigenschaften erfüllt:

1. $\mathrm{Pr}(A) \geq 0$ für alle Ereignisse A,
2. $\mathrm{Pr}(S) = 1$,
3. $\mathrm{Pr}(A \cup B) = \mathrm{Pr}(A) + \mathrm{Pr}(B)$ für zwei Ereignisse A und B, die sich gegenseitig ausschließen.

Ist A ein Ereignis, so heißt $\mathrm{Pr}(A)$ *Wahrscheinlichkeit* dieses Ereignisses. Die Wahrscheinlichkeit eines Elementarereignisses $a \in S$ ist als $\mathrm{Pr}(a) = \mathrm{Pr}(\{a\})$ definiert.

Aus den Eigenschaften von Wahrscheinlichkeitsverteilungen folgen einige weitere Aussagen:

1. $\mathrm{Pr}(\emptyset) = 0$;
2. aus $A \subset B$ folgt $\mathrm{Pr}(A) \leq \mathrm{Pr}(B)$;
3. $0 \leq \mathrm{Pr}(A) \leq 1$ für alle $A \in P(S)$;
4. $\mathrm{Pr}(S \setminus A) = 1 - \mathrm{Pr}(A)$;
5. sind $A_1, \ldots, A_n$ Ereignisse, die sich paarweise ausschließen, dann gilt $\mathrm{Pr}(\cup_{i=1}^{n} A_i) = \sum_{i=1}^{n} \mathrm{Pr}(A_i)$.

Weil S eine endliche Menge ist, genügt es, eine Wahrscheinlichkeitsverteilung auf den Elementarereignissen zu definieren, denn es gilt $\mathrm{Pr}(A) = \sum_{a \in A} \mathrm{Pr}(a)$ für jedes Ereignis A.

Beispiel 1.16 Eine Wahrscheinlichkeitsverteilung auf der Menge $\{1, 2, 3, 4, 5, 6\}$, die einem Würfelexperiment entspricht, ordnet jedem Elementarereignis die Wahrscheinlichkeit $1/6$ zu. Die Wahrscheinlichkeit für das Ereignis, eine gerade Zahl zu würfeln, ist dann $\mathrm{Pr}(\{2, 4, 6\}) = \mathrm{Pr}(2) + \mathrm{Pr}(4) + \mathrm{Pr}(6) = 1/6 + 1/6 + 1/6 = 1/2$.

Die Wahrscheinlichkeitsverteilung, die jedem Elementarereignis $a \in S$ die Wahrscheinlichkeit $\mathrm{Pr}(a) = 1/|S|$ zuordnet, heißt *Gleichverteilung*.

1.2.2   Bedingte Wahrscheinlichkeit

Sei S eine Ergebnismenge und sei Pr eine Wahrscheinlichkeitsverteilung auf S. Wir erläutern den Begriff der *bedingten Wahrscheinlichkeit* erst an einem Beispiel.

Beispiel 1.17 Wir modellieren Würfeln mit einem Würfel. Die Ergebnismenge ist $\{1, 2, 3, 4, 5, 6\}$ und Pr ordnet jedem Elementarereignis die Wahrscheinlichkeit $1/6$ zu. Angenommen, wir wissen, dass Klaus eine der Zahlen $4, 5, 6$ gewürfelt hat. Wir wissen also, dass das Ereignis $B = \{4, 5, 6\}$ eingetreten ist. Unter dieser Voraussetzung möchten wir die Wahrscheinlichkeit dafür ermitteln, dass Klaus eine gerade Zahl gewürfelt hat. Jedes Elementarereignis aus B hat die Wahrscheinlichkeit $1/3$. Da zwei Zahlen in B gerade sind, ist die Wahrscheinlichkeit dafür, dass Klaus eine gerade Zahl gewürfelt hat, $2/3$.

Jetzt kann die bedingte Wahrscheinlichkeit formal definiert werden.

Definition 1.5 Seien A und B Ereignisse und $\Pr(B) > 0$. Die Wahrscheinlichkeit für A *unter der Bedingung B* ist definiert als

$$\Pr(A|B) = \frac{\Pr(A \cap B)}{\Pr(B)}.$$

Diese Definition ist so zu verstehen: Bekannt ist, dass das Ereignis B eingetreten ist. Damit ist B die neue Ergebnismenge. Die relativen Wahrscheinlichkeiten der Ereignisse in dieser Ergebnismenge haben sich nicht geändert. Also werden die Wahrscheinlichkeiten von Ereignissen A in B entsprechend normiert: $\Pr(A|B) = \Pr(A)/\Pr(B)$. Dann ist tatsächlich $\Pr(B|B) = 1$ und für zwei Ereignisse A und A' in B gilt $\Pr(A)/\Pr(A') = \Pr(A|B)/\Pr(A'|B)$. Die bedingte Wahrscheinlichkeit von beliebigen Ereignissen A in S ist dann $\Pr(A|B) = \Pr(A \cap B|B)$, weil nur Elementarereignisse aus B eintreten können.

Zwei Ereignisse A und B heißen *unabhängig*, wenn

$$\Pr(A \cap B) = \Pr(A)\Pr(B)$$

gilt. Diese Bedingung ist äquivalent zu

$$\Pr(A|B) = \Pr(A).$$

Beispiel 1.18 Wenn man zwei Münzen wirft, ist das Ereignis, mit der ersten Münze „Zahl" zu werfen, unabhängig von dem Ereignis, mit der zweiten Münze „Zahl" zu werfen. Die Wahrscheinlichkeit dafür, mit beiden Münzen „Zahl" zu werfen, ist nämlich $1/4$. Die Wahrscheinlichkeit dafür, mit der ersten Münze „Zahl" zu werfen, ist $1/2$, genauso wie die Wahrscheinlichkeit, mit der zweiten Münze „Zahl" zu werfen. Wie in der Definition gefordert, ist $1/4 = (1/2)(1/2)$.

Wenn man die Münzen zusammenlötet, so dass sie entweder beide „Zahl" oder beide „Kopf" zeigen, sind die Wahrscheinlichkeiten nicht mehr unabhängig. Die Wahrscheinlichkeit dafür, mit beiden Münzen „Zahl" zu werfen, ist dann nämlich $1/2$, genau wie die Wahrscheinlichkeit dafür, mit der ersten Münze „Zahl" zu werfen und die Wahrscheinlichkeit dafür, mit der zweiten Münze Zahl zu werfen.

Wir formulieren und beweisen den Satz von Bayes.

Theorem 1.8 *Sind A und B Ereignisse mit* $\Pr(A) > 0$ *und* $\Pr(B) > 0$, *so gilt*

$$\Pr(B)\Pr(A|B) = \Pr(A)\Pr(B|A).$$

Beweis Nach Definition gilt

$$\Pr(A|B)\Pr(B) = \Pr(A \cap B) \tag{1.12}$$

und

$$\Pr(B|A)\Pr(A) = \Pr(A \cap B). \tag{1.13}$$

Daraus folgt die Behauptung unmittelbar. $\qquad\square$

1.3 Zufallsvariablen

Jetzt führen wir *Zufallsvariablen* ein.

Definition 1.6 Sei S eine endliche Ergebnismenge und sei $\Pr : P(S) \to \mathbb{R}$ eine Wahrscheinlichkeitsverteilung auf S. Eine *Zufallsvariable* auf S ist eine Funktion

$$X : S \to \mathbb{R}.$$

Der *Erwartungswert* von X ist

$$E[X] = \sum_{s \in S} \Pr(s) X(s). \tag{1.14}$$

Beispiel 1.19 Sei $S = \{(i, j) : 0 \leq i, j \leq 6\}$ die Menge aller Ergebnisse eines Wurfs zweier Würfel. Die Funktion

$$X : S \to \mathbb{R}, \quad (i, j) \mapsto i + j$$

ist eine Zufallsvariable auf S. Sie ordnet jedem Münzwurf die Summe der beiden gewürfelten Werte zu. Wir berechnen ihren Erwartungswert. Wir sehen, dass $2 = 1 + 1$,

$3 = 1 + 2 = 2 + 1, 4 = 1 + 3 = 3 + 1 = 2 + 2, 5 = 1 + 4 = 4 + 1 = 2 + 3 = 3 + 2,$
$6 = 1 + 5 = 5 + 1 = 2 + 4 = 4 + 2 = 3 + 3, 7 = 1 + 6 = 6 + 1 = 2 + 5 = 5 + 2 = 3 + 4 =$
$4 + 3, 8 = 2 + 6 = 6 + 2 = 3 + 5 = 5 + 3 = 4 + 4, 9 = 3 + 6 = 6 + 3 = 5 + 4 = 4 + 5,$
$10 = 4 + 6 = 6 + 4 = 5 + 5, 11 = 5 + 6 = 6 + 5$ und $12 = 6 + 6$ ist. Damit ist $E[X] =$
$(2 + 3 * 2 + 4 * 3 + 5 * 4 + 6 * 5 + 7 * 6 + 8 * 5 + 9 * 4 + 10 * 3 + 11 * 2 + 12)/36 = 7.$

Der Erwartungswert einer Zufallsvariablen ist der Mittelwert, den die Zufallsvariable annimmt.

1.3.1 Geburtstagsparadox

Ein gutes Beispiel für wahrscheinlichkeitstheoretische Überlegungen ist das Geburtstagsparadox. Ausgangspunkt ist die folgende Frage: Wieviele Personen müssen in einem Raum sein, damit die Wahrscheinlichkeit mindestens $1/2$ ist, dass wenigstens zwei von ihnen am gleichen Tag Geburtstag haben? Es sind erstaunlich wenige, jedenfalls deutlich weniger als 365, wie wir nun zeigen werden.

Wir machen eine etwas allgemeinere Analyse. Angenommen, es gibt n verschiedene „Geburtstage". Im Raum sind k Personen. Ein Elementarereignis ist ein Tupel $(g_1, \ldots, g_k) \in \{1, 2, \ldots, n\}^k$. Tritt es ein, so hat die i-te Person den Geburtstag g_i, $1 \leq i \leq k$. Es gibt also n^k Elementarereignisse. Wir nehmen an, dass alle Elementarereignisse gleich wahrscheinlich sind. Jedes Elementarereignis hat also die Wahrscheinlichkeit $1/n^k$.

Wir möchten die Wahrscheinlichkeit dafür berechnen, dass wenigstens zwei Personen am gleichen Tag Geburtstag haben. Bezeichne diese Wahrscheinlichkeit mit p. Dann ist $q = 1 - p$ die Wahrscheinlichkeit dafür, dass alle Personen verschiedene Geburtstage haben. Diese Wahrscheinlichkeit q rechnen wir aus und rekonstruieren daraus $p = 1 - q$. Das Ereignis E, das uns interessiert, ist die Menge aller Vektoren $(g_1, \ldots, g_k) \in \{1, 2, \ldots, n\}^k$, deren sämtliche Koordinaten verschieden sind. Alle Elementarereignisse haben die gleiche Wahrscheinlichkeit $1/n^k$. Die Wahrscheinlichkeit für E ist also die Anzahl der Elemente in E multipliziert mit $1/n^k$. Die Anzahl der Vektoren in $\{1, \ldots, n\}^k$ mit lauter verschiedenen Koordinaten bestimmt sich so: Auf der ersten Position können n Zahlen stehen. Liegt die erste Position fest, so können auf der zweiten Position noch $n - 1$ Zahlen stehen usw. Es gilt also

$$|E| = \prod_{i=0}^{k-1} (n - i).$$

Die gesuchte Wahrscheinlichkeit ist

$$q = \frac{1}{n^k} \prod_{i=0}^{k-1} (n - i) = \prod_{i=1}^{k-1} \left(1 - \frac{i}{n} \right). \tag{1.15}$$

Nun gilt aber $1 + x \leq e^x$ für alle reellen Zahlen. Aus (1.15) folgt daher

$$q \leq \prod_{i=1}^{k-1} e^{-i/n} = e^{-\sum_{i=1}^{k-1} i/n} = e^{-k(k-1)/(2n)}. \tag{1.16}$$

Ist

$$k \geq (1 + \sqrt{1 + 8n \log 2})/2 \tag{1.17}$$

so folgt aus (1.16), dass $q \leq 1/2$ ist. Dann ist die Wahrscheinlichkeit $p = 1 - q$ dafür, dass zwei Personen im Raum am gleichen Tag Geburtstag haben mindestens $1/2$. Für $n = 365$ genügt $k = 23$, damit $q \leq 1/2$ ist. Sind also 23 Personen im Raum, so haben mit Wahrscheinlichkeit $\geq 1/2$ wenigstens zwei am gleichen Tag Geburtstag. Allgemein genügen etwas mehr als $\sqrt{n}$ viele Personen, damit zwei am gleichen Tag Geburtstag haben.

1.4 Algorithmen

Von Berechnungsverfahren war schon häufiger die Rede. *Algorithmen* sind formalisierte Beschreibungen solcher Berechnungsverfahren. Dieser Abschnitt erläutert den Begriff *Algorithmus* und weitere damit zusammenhängende Begriffe.

1.4.1 Grundbegriffe

Wir beginnen mit einem Beispiel: einem Algorithmus, der das größte Element einer Zahlenfolge findet.

Beispiel 1.20 Die Eingabe von Algorithmus 1.1 findMax ist eine endliche Folge $a = (a_1, a_2, \ldots, a_n)$ ganzer Zahlen. Die Ausgabe ist das größte Element $m = \max_{1 \leq i \leq n} a_i$ der Folge a. Der Algorithmus funktioniert so: Er setzt zuerst m auf a_1. Dann prüft er für $1 < i \leq n$, ob a_i größer als m ist. Wenn ja, ersetzt der Algorithmus m durch a_i. Die *Ausgabe* des Algorithmus ist m.

Algorithmus 1.1 (findMax($a[\,]$, n))

$$m \leftarrow a[1]$$
$$\textbf{for } i = 2, \ldots, n \textbf{ do}$$
$$\quad \textbf{if } a[i] > m \textbf{ then}$$
$$\quad\quad m \leftarrow a[i]$$
$$\quad \textbf{end if}$$
$$\textbf{end for}$$
$$\textbf{return } m$$

Ein Algorithmus ist also eine Beschreibung, die zeigt, wie aus einer Eingabe eine Ausgabe berechnet wird. Zur Beschreibung des Algorithmus FindMax wurde als Beschreibung Pseudocode verwendet, der aber nicht weiter formalisiert wurde, obwohl das möglich ist, zum Beispiel mit Hilfe von *Turing-Maschinen* (siehe [46]). Die in diesem Abschnitt behandelten Algorithmen werden im Gegensatz zu den in Abschn. 1.4.3 beschriebenen *probabilistischen Algorithmen* auch als *deterministisch* bezeichnet. Dies besagt, dass die Ausgabe des Algorithmus eindeutig von seiner Eingabe bestimmt ist, während dies bei probabilistischen Algorithmen nicht der Fall ist. Zu jedem deterministischen Algorithmus gehört also eine Funktion, die einer Eingabe die entsprechende Ausgabe zuordnet.

1.4.2 Zustandsbehaftete Algorithmen

Ein Algorithmus heißt *zustandsbehaftet*, wenn seine Berechnung von einem *Zustand* abhängt. Nach Abschluss der Berechnung wird der Zustand aktualisiert.

Beispiel 1.21 Ein Algorithmus legt für neue Kunden einer Autoversicherung ein Profil an. Die Eingabe des Algorithmus sind die persönlichen Daten des Kunden wie zum Beispiel Name, Alter, Wohnort und Informationen über das zu versichernde Fahrzeug. Die Ausgabe ist das Profil, das neben den relevanten persönlichen Daten die Kundennummer und den Tarif des Kunden enthält. Der Zustand dieses Algorithmus ist die nächste freie Kundennummer. Nachdem der Algorithmus das Kundenprofil berechnet hat, erhöht der Algorithmus den Zustand um 1.

1.4.3 Probabilitistische Algorithmen

Probabilistische Algorithmen dürfen zu jedem Zeitpunkt mehrfach eine *ideale Münze* werfen und die weitere Berechnung vom Ergebnis des Münzwurfs abhängig machen. Wird eine ideale Münze geworfen, zeigt sie mit exakt gleicher Wahrscheinlichkeit $1/2$ entweder Kopf oder Zahl. Wir stellen den Münzwürf als Prozedur coinToss dar. Wenn coinToss aufgerufen wird, gibt die Prozedur mit gleicher Wahrscheinlichkeit $1/2$ die Werte 1 (entspricht „Kopf") und 0 (entspricht „Zahl") aus.

Der probabilitische Algorithmus 1.2 random gibt eine gleichverteilt zufällige Zahl im Intervall $[0, d - 1]$, $d \in \mathbb{N}$ zurück. Der Algorithmus verwendet die Prozedur coinToss, um die Ziffern in der Binärentwicklung der Zufallszahl zu wählen.

Der random-Algorithmus ist vom Typ *Monte-Carlo*. Er liefert nur mit einer gewissen Wahrscheinlichkeit das richtige Ergebnis. Probabilistische Algorithmen vom Typ *Las-Vegas* liefern immer das richtige Ergebnis, müssen aber nicht terminieren.

Algorithmus 1.2 (random(d))

$$n \leftarrow \lfloor \log_2 d \rfloor + 1$$
$$r \leftarrow 0$$
for $i = 0, \ldots, n - 1$ **do**
$\quad r \leftarrow 2r + \text{coinToss}$
end for
if $r < d$ **then**
$\quad$ **return** r
else
$\quad$ **return** "failed"
end if

Probabilitische Algorithmen benötigen nicht notwendig eine Eingabe. Wenn wir zum Beispiel im Algorithmus random die Eingabe weglassen und d auf einen festen Wert setzen, so gibt der Algorithmus zufällig und gleichverteilt eine Zahl zwischen 0 und $d - 1$ aus.

Die *Erfolgswahrscheinlichkeit* eines Monte-Carlo-Algorithmus ist die Wahrscheinlichkeit dafür, dass der Algorithmus die richtige Antwort gibt. Diese Wahrscheinlichkeit ist tatsächlich wohldefiniert. Da Monte-Carlo-Algorithmen terminieren, sind für jede feste Eingabe nur endlich viele verschiedene Durchläufe des Algorithmus möglich. Bei jedem Durchlauf wird endlich oft eine Münze geworfen. Die Wahrscheinlichkeit für den betreffenden Durchlauf ist $(1/2)^k$, wobei k die Anzahl der Münzwürfe in diesem Durchlauf ist. Die Erfolgswahrscheinlichkeit ist dann die Summe über die Wahrscheinlichkeiten aller erfolgreichen Durchläufe.

Übung 1.20 beweist, dass die Erfolgswahrscheinlichkeit von Algorithmus 1.2 mindestens $1/2$ ist.

1.4.4 Asymptotische Notation

Beim Design eines kryptographischen Algorithmus ist es nötig, abzuschätzen, welchen Berechnungsaufwand er hat und welchen Speicherplatz er benötigt. Um solche Aufwandsabschätzungen zu vereinfachen, ist es nützlich, die *asymptotische Notation* zu verwenden, die Funktionen qualitativ vergleicht. In diesem Abschnitt seien k eine natürliche Zahl, $X, Y \subset \mathbb{N}^k$ und $f : X \to \mathbb{R}, g : Y \to \mathbb{R}$ Funktionen.

Definition 1.7

1. Wir schreiben $f = O(g)$, falls es positive reelle Zahlen B und C gibt, so dass für alle $(n_1, \ldots, n_k) \in X$ mit $n_i > B$, $1 \leq i \leq k$, folgendes gilt:
   (a) $(n_1, \ldots, n_k) \in Y$, d. h. $g(n_1, \ldots, n_k)$ ist definiert,
   (b) $f(n_1, \ldots, n_k) \leq C g(n_1, \ldots, n_k)$.
2. Wir schreiben $f = \Omega(g)$, wenn $g = O(f)$ ist.
3. Wir schreiben $f = \Theta(g)$, wenn $f = O(g)$ und $g = O(f)$ ist.
4. Ist $k = 1$ und $g(n) > 0$ für alle $n \in \mathbb{N}$, dann schreiben wir $f(x) = o(g)$, wenn $\lim_{n \to \infty} f(n)/g(n) = 0$.

Beispiel 1.22 Es ist $2n^2 + n + 1 = O(n^2)$, weil $2n^2 + n + 1 \leq 4n^2$ ist für alle $n \geq 1$. Außerdem ist $2n^2 + n + 1 = \Omega(n^2)$, weil $2n^2 + n + 1 \geq 2n^2$ ist für alle $n \geq 1$.

Beispiel 1.23 Ist g eine natürliche Zahl, $g > 2$ und bezeichnet $f(n)$ die Länge der g-adischen Entwicklung einer natürlichen Zahl n, so gilt $f(n) = O(\log n)$, wobei $\log n$ der natürliche Logarithmus von n ist. Diese Länge ist nämlich $\lfloor \log_g n \rfloor + 1 \leq \log_g n + 1 = \log n / \log g + 1$. Für $n > 3$ ist $\log n > 1$ und daher ist $\log n / \log g + 1 < (1/\log g + 1) \log n$.

1.4.5 Laufzeit von deterministischen Algorithmen

In der Kryptographie spielt die Effizienz von Algorithmen eine wichtige Rolle. Um die Effizienz von Algorithmen vergleichen zu können, muss ihre *Laufzeit* quantifiziert werden. Die Laufzeit ist eine Funktion der *Eingabelänge*. Darum definieren wir zuerst die Eingabelänge. Wir nehmen an, dass die Eingabe eines Algorithmus aus Bitsrings besteht. Die Eingabelänge des Algorithmus ist die Summe der Längen dieser Bistrings. Wenn in der Eingabe zum Beispiel ganze Zahlen vorkommen, werden sie durch ihre Binärentwicklung dargestellt. Die Länge der Binärentwicklung einer ganzen Zahl a ist $\text{size}(a) = \lfloor \log |a| \rfloor + 2$ (siehe Abschn. 1.1.5).

Beispiel 1.24 Die Eingabe des findMax-Algorithmus ist eine Folge $a = (a_1, \ldots, a_n)$ ganzer Zahlen und die Länge n dieser Folge. Also ist die Eingabelänge dieses Algorithmus $\sum_{i=1}^{n} \text{size}(a_i) + \text{size}(n)$.

Die Laufzeit eines deterministischen Algorithmus ist eine Funktion, die jeder Eingabelänge die Anzahl der Operationen zuordnet, die der Algorithmus bei Eingaben dieser Länge maximal, also im *schlechtesten Fall*, benötigt. Man nennt dies auch die *Worst-Case-Laufzeit* des Algorithmus. Welche Operationen dabei gezählt werden, ist je nach Laufzeitmodell unterschiedlich. Häufig werden die *Bit-Operationen* gezählt. Die formale Definition der *Bit-Komplexität* ist aufwändig. Dazu kann zum Beispiel der Formalismus der Turing-Maschinen verwendet werden.

Wir geben eine intuitive Beschreibung des Modells einer Turing-Maschine. Detaillierte Beschreibungen sind in [46] zu finden. Angenommen, die Laufzeit eines Algorithmus A soll beschrieben werden. Die Eingabe von A ist eine Bit-Folge. Der Computer, der A ausführt, hat ein *Ein/Ausgabeband*, das zu Anfang die Eingabe und nach Ende der Berechnung die Ausgabe enthält. Außerdem gibt es eine feste Anzahl von Bit-Registern. Der Computer hat außerdem einen *Lese/Schreibkopf*, der an jeder Position des Eingabebandes stehen und dort ein Eingabe-Bit lesen kann. Zu jedem Zeitpunkt ist der Computer in einem *Zustand*: die Register haben einen bestimmten Inhalt, der Lese/Schreibkopf steht an einer bestimmten Position und liest ein bestimmtes Bit. Dann führt der Algorithmus eine Bit-Operation aus. Sie ändert in Abhängigkeit vom Inhalt der Register und des gelesenen Bits auf dem Ein/Ausgabeband, den Inhalt der Register, das gelesene Bit, und die Position des Lesekopfes. Die neue Position des Lese/Schreibkopfes kann die aktuelle Position oder die Position links oder rechts davon sein. Der neue Zustand ist durch den alten Zustand eindeutig bestimmt.

Reale Computer werden von Turing-Maschinen nur unvollkommen modelliert. So können reale Computer Adressen im Speicher in einem Schritt erreichen und lesen. Sie müssen den Lese/Schreibkopf nicht schrittweise zu der gewünschten Position bewegen. Computer, die das können, werden *Random Access Machine (RAM)* genannt. Entsprechende Komplexitätsmodelle findet man in [3] und [4].

Um die Laufzeit von Algorithmen vergleichen zu können, werden Laufzeitklassen verwendet. Wir erläutern einige dieser Klassen, die im Kontext dieses Buches relevant sind. Sei A ein Algorithmus und sei $T : \mathbb{N} \to \mathbb{N}$ seine Laufzeit. Der Algorithmus A wird *polynomiell* genannt, wenn $T(n) = \mathrm{O}(n^v)$ ist für ein $v \in \mathbb{N}$. Die Laufzeit des Algorithmus ist also durch ein Polynom in der Eingabelänge n beschränkt. Wir sagen, dass der Algorithmus *lineare Laufzeit* hat, wenn $T(n) = \mathrm{O}(n)$ ist. Wir gehen davon aus, dass Algorithmen ihre Eingabe lesen müssen. Darum haben alle Algorithmen mindestens lineare Laufzeit. Ist $T(n) = \Theta(n \log n^v)$ für ein $v \in \mathbb{N}$ so heißt der Algorithmus *quasi-linear*. Entsprechend bedeutet *quadratische* Laufzeit, dass $T(n) = \Theta(n^2)$ ist. Weitere Klassifizierungen erlauben die Funktionen

$$L_{u,v} : \mathbb{N} \to \mathbb{N}, n \mapsto e^{v n^u (\log n)^{1-u}} \qquad (1.18)$$

wobei $0 \leq u \leq 1$ und $v > 0$ ist. Es gilt

$$L_{0,v}(n) = n^v. \qquad (1.19)$$

Ist also $T(n) \leq L_{0,v}(n))$ für ein $v \geq 1$, so ist A polynomiell. Außerdem ist

$$L_{1,v}(n) = (e^n)^v. \qquad (1.20)$$

Algorithmus A wird daher *exponentiell* genannt, wenn $T(n) = L_{1,v}(n)$ für ein $v > 0$ ist. Schließlich heißt A *subexponentiell*, wenn $T(n) = L_{u,v}(n)$, wobei $0 < u < 1$ und $v > 0$ ist.

Beispiele für Algorithmen mit solchen Laufzeiten werden in Kap. 9 und Kap. 10 behandelt.

1.4.6 Laufzeit von probabilistischen Algorithmen

Wir behandeln nun die Laufzeit probabilitischer Monte-Carlo-Algorithmen. Sie terminieren, liefern aber nicht notwendig das richtige Ergebnis. Sei A ein solcher Algorithmus. Er kann während des Ablaufs zusätzlich zu den anderen möglichen Operationen an jeder Stelle einmal oder mehrfach eine Münze werfen. Jeder Münzwurf wird als eine Bitoperation gezählt. Wegen der Möglichkeit von Münzwürfen kann die Laufzeit von A bei ein und derselben Eingabe variieren. Darum wird die Laufzeit als Erwartungswert einer Zufallsvariablen definiert. Wir fixieren eine Eingabe. Als Ereignismenge wählen wir die Menge aller Folgen von Münzwürfen, die bei den unterschiedlichen Durchläufen von A mit der gewählten Eingabe auftreten können. Die Zufallsvariable ordnet einer solchen Folge von Münzwürfen die Laufzeit zu, die A bei dieser Auswahl benötigt. Für eine Eingabelänge n ist dann $T(n)$ die maximale erwartete Laufzeit bei Eingaben der Länge n. Die Begriffe der linearen, quadratischen, polynomiellen, subexponentiellen und exponentiellen Laufzeit übertragen sich entsprechend.

1.4.7 Durchschnittliche Laufzeit

Bis jetzt haben wir nur die Laufzeit von Algorithmen im schlechtesten Fall beschrieben. In vielen Situationen ist aber auch die *durchschnittliche Laufzeit* interessant. Sie wird auch *Average-Case-Laufzeit* genannt und durch folgendes Modell beschrieben. Eingaben einer festen Länge n werden gemäß einer festgelegten Wahrscheinlichkeitsverteilung ausgewählt. Betrachtet wird die Zufallsvariable, die diesen Eingaben die entsprechende erwartete Laufzeit zuordnet. Die durchschnittliche Laufzeit ist der Erwartungswert dieser Zufallsvariablen. Auch hier übertragen sich die Begriffe der linearen, quadratischen, polynomiellen, subexponentiellen und exponentiellen Laufzeit.

1.5 Berechnungsprobleme

Schwere Berechnungsprobleme sind die Grundlage für die Sicherheit von kryptographischen Verfahren. *Berechnungsprobleme* bestehen darin, einen möglichst effizienten Algorithmen zu finden, der aus einer zulässigen Eingabe eine gewünschte Ausgabe macht.

Beispiel 1.25 Ein Berechnungsproblem besteht zum Beispiel darin, aus einem Paar (a, b) natürlicher Zahlen den größten gemeinsamen Teiler von a und b zu berechnen. Die zulässigen Eingaben sind bei diesem Berechnungsproblem alle Paare (a, b) natürlicher Zahlen. Die gewünschte Ausgabe ist der ggT von a und b.

Tab. 1.1 Sicherheitsparameter	Schutz bis zum Jahr a	Sicherheitsparameter $k(a)$
	2020	96
	2030	112
	2040	128
	für absehbare Zukunft	256

Ein Berechnungsproblem besteht also aus einer Beschreibung der zulässigen Eingaben und der gewünschten Ausgaben eines Algorithmus. Die Ausgabe ist jeweils die Lösung der durch die Eingabe festgelegten *Instanz* des Problems. Die Lösung muss nicht eindeutig sein.

Die nächste Definition erlaubt es uns, schwere Berechnungsprobleme zu charakterisieren.

Definition 1.8 Seien t und ε positive reelle Zahlen, $0 \leq \varepsilon \leq 1$. Ein Berechnungsproblem P heißt (t, ε)-*schwer*, wenn die Erfolgswahrscheinlichkeit aller probablistischen Algorithmen A, die P in Worst-Case-Laufzeit $\leq t$ lösen, höchstens ε ist.

Um schwere Berechnungsprobleme zu definieren, verwenden wir die Funktion k, die einer Jahreszahl eine natürliche Zahl zuordnet. Sie hat folgende Bedeutung: Bis zum Jahr a ist es unmöglich, $2^{k(a)}$ Operationen durchzuführen. Eine Tabelle von Werten dieser Funktion zeigt Tab. 1.1. Sie stammt aus Forschungsergebnissen des EU-Projekts ECRYPT II (siehe [73]). Sie berücksichtigt die gegenwärtige und für die Zukunft prognostizierte Fähigkeit von Computern.

Definition 1.9 Ein Berechnungsproblem P heißt *unlösbar* bis zum Jahr a, wenn die Erfolgswahrscheinlichkeit aller probabilistischen Algorithmen A, die P in Worst-Case-Laufzeit $\leq 2^{k(a)}$ lösen, höchstens $1/2^{k(a)}$ ist.

Es ist im Allgemeinen nicht möglich, zu beweisen, dass ein Berechnungsproblem bis zu einem bestimmten Jahr schwer ist. Statt dessen wird Definition 1.9 verwendet, um Sicherheitsvoraussetzungen für kryptographische Verfahren exakt beschreiben zu können. Dazu werden Aussagen von folgender Art bewiesen: Das kryptographische Verfahren K ist sicher bis zum Jahr a solange das Berechnungsproblem P bis zum Jahr a unlösbar ist.

Schließlich definieren wir asymptotisch schwere Berechnungsprobleme. Dazu benötigen wir noch einen Begriff.

Definition 1.10 Sei P ein Berechnungsproblem und sei A ein probabilistischer Algorithmus, der P löst. Sei $\Pr(k)$ die maximale Erfolgswahrscheinlichkeit von A bei einer Eingabe der Länge k. Die Erfolgswahrscheinlichkeit von A heißt *vernachlässigbar*, wenn $\Pr(k) = O(1/k^c)$ gilt für alle $c > 0$.

Beispiel 1.26 Betrachte das Berechnungsproblem P aus Beispiel 1.25. Die zulässigen Eingaben sind Paare (a, b) natürlicher Zahlen. Die gewünschte Ausgabe ist $\gcd(a, b)$. Wir wenden folgenden Algorithmus an: Er bestimmt die binären Längen von a und b und setzt l auf das Minimum dieser beiden Zahlen. Dann wählt der Algorithmus zufällig und gleichverteilt eine natürliche Zahl g mit Bitlänge $\leq l$, indem er l-mal eine Münze wirft und so die Bits von g bestimmt. Diese Zahl gibt der Algorithmus zurück. Die Erfolgswahrscheinlichkeit dieses Algorithmus ist $1/2^l$, weil es 2^l natürliche Zahlen der Bitlänge $\leq l$ gibt, von denen jede mit Wahrscheinlichkeit $1/2^l$ zurückgegeben wird. Aber nur eine ist der gesuchte ggT.

Wir zeigen, dass diese Erfolgswahrscheinlichkeit vernachlässigbar ist. Die Länge k der Eingabe $I = (a, b)$ ist mindestens $2l$. Bezeichnet also $\Pr(k)$ die Erfolgswahrscheinlichkeit des Algorithmus bei einer Eingabe der Länge k, so gilt

$$\Pr(k) = 1/2^l \leq 1/2^{k/2}. \tag{1.21}$$

Dies impliziert, dass $\Pr(k) = O(1/k^c)$ ist für alle $c > 0$.

Jetzt folgt die Definition asymptotisch schwerer Berechnungsprobleme.

Definition 1.11 Ein Berechnungsproblem P heißt *asymptotisch schwer*, wenn die Erfolgswahrscheinlichkeit jedes polynomiell beschränkten probabilistischen Algorithmus, der P löst, vernachlässigbar ist.

Beispiel 1.27 Obwohl der ggT-Algorithmus aus Beispiel 1.26 vernachlässigbare Erfolgswahrscheinlichkeit hat, ist ggT-Berechnen nicht asymptotisch schwer. In Abschn. 1.6 wird nämlich der euklidische Algorithmus vorgestellt, der größte gemeinsame Teiler deterministisch, also mit Erfolgswahrscheinlichkeit 1, in Polynomzeit berechnet.

Es ist im Allgemeinen auch nicht möglich, zu beweisen, dass ein Berechnungsproblem asymptotisch schwer ist. Statt dessen wird der Begriff *asymptotisch schwer* ebenfalls dazu benutzt, um Sicherheitsvoraussetzungen für kryptographische Verfahren anzugeben. Dazu werden Aussagen von folgender Art bewiesen: Solange Berechnungsproblem P asymptotisch schwer ist, ist das kryptographische Verfahren K sicher. Dies wird in Kap. 4 ausführlicher diskutiert.

1.6 Algorithmen für ganze Zahlen

1.6.1 Addition, Multiplikation und Division mit Rest

In vielen kryptographischen Verfahren werden lange ganze Zahlen addiert, multipliziert und mit Rest dividiert. In diesem Abschnitt schätzen wir die Laufzeit von Algorithmen für diese Aufgaben ab.

Es seien a und b natürliche Zahlen, die durch ihre Binärentwicklungen gegeben seien. Die binäre Länge von a sei m und die binäre Länge von b sei n. Um $a + b$ zu berechnen, schreibt man die Binärentwicklungen von a und b untereinander und addiert die Zahlen Bit für Bit mit Übertrag.

Beispiel 1.28 Sei $a = 10101, b = 111$. Wir berechnen $a + b$.

$$
\begin{array}{r}
1\,0\,1\,0\,1 \\
+ \quad 1\,1\,1 \\
\text{Übertrag} \quad 1\,1\,1 \\
\hline
1\,1\,1\,0\,0
\end{array}
$$

Wir nehmen an, dass die Addition von zwei Bits Zeit O(1) braucht. Dann braucht die gesamte Addition Zeit O(max$\{m, n\}$). Entsprechend zeigt man, dass man b von a in Zeit O(max$\{m, n\}$) subtrahieren kann. Daraus folgt, dass die Addition zweier ganzer Zahlen a und b mit Binärlänge m und n Zeit O(max$\{m, n\}$) kostet.

Auch bei der Multiplikation gehen wir ähnlich vor wie in der Schule.

Beispiel 1.29 Sei $a = 10101, b = 101$. Wir berechnen $a * b$.

$$
\begin{array}{r}
1\,0\,1\,0\,1 * 1\,0\,1 \\
\hline
1\,0\,1\,0\,1 \\
+ \quad 1\,0\,1\,0\,1 \\
\text{Übertrag} \quad 1\quad 1 \\
\hline
1\,1\,0\,1\,0\,0\,1
\end{array}
$$

Man geht b von hinten nach vorn durch. Für jede 1 schreibt man a auf und zwar so, dass das am weitesten rechts stehende Bit von a unter der entsprechenden 1 von b steht. Dann addiert man dieses a zu dem vorigen Ergebnis. Jede solche Addition kostet Zeit $O(m)$ und es gibt höchstens $O(n)$ Additionen. Die Berechnung kostet also Zeit $O(mn)$. In [3] wird die Methode von Schönhage und Strassen erläutert, die zwei n-Bit-Zahlen in Zeit $O(n \log n \log \log n)$ multipliziert. In der Praxis ist diese Methode für Zahlen, die eine kürzere binäre Länge als 10000 haben, aber langsamer als die Schulmethode.

Um a durch b mit Rest zu dividieren, verwendet man ebenfalls die Schulmethode.

Beispiel 1.30 Sei $a = 10101, b = 101$. Wir dividieren a mit Rest durch b.

$$
\begin{array}{l}
1\,0\,1\,0\,1 = 1\,0\,1 * 1\,0\,0 + 1 \\
1\,0\,1 \\
\quad 0\,0\,0 \\
\quad 0\,0\,0 \\
\quad\quad 0\,0\,1 \\
\quad\quad 0\,0\,0 \\
\quad\quad\quad 1
\end{array}
$$

Analysiert man diesen Algorithmus, stellt man folgendes fest: Sei k die Anzahl der Bits des Quotienten. Dann muss man höchstens k-mal zwei Zahlen mit binärer Länge $\leq n + 1$ voneinander abziehen. Dies kostet Zeit $O(k\,n)$.

Zusammenfassend erhalten wir folgende Schranken, die wir in Zukunft benutzen wollen.

1. Die Addition von a und b erfordert Zeit $O(\max\{\text{size}\,a, \text{size}\,b\})$.
2. Die Multiplikation von a und b erfordert Zeit $O((\text{size}\,a)(\text{size}\,b))$.
3. Die Division mit Rest von a durch b erfordert Zeit $O((\text{size}\,b)(\text{size}\,q))$, wobei q der Quotient der Division von a durch b ist.

Der benötigte Platz aller dieser Operation ist $O(\text{size}\,a + \text{size}\,b)$.

Tatsächlich gibt es schnellere Algorithmen für Multiplikation und Division mit Rest ganzer Zahlen. Die schnellsten von ihnen sind quasilinear. Für mehr Details verweisen wir auf [3] und [39].

1.6.2 Euklidischer Algorithmus

Der euklidische Algorithmus berechnet den größten gemeinsamen Teiler zweier natürlicher Zahlen sehr effizient. Er beruht auf folgendem Satz:

Theorem 1.9
1. *Wenn $b = 0$ ist, dann ist $\gcd(a, b) = |a|$.*
2. *Wenn $b \neq 0$ ist, dann ist $\gcd(a, b) = \gcd(|b|, a \bmod |b|)$.*

Beweis Die erste Behauptung ist offensichtlich korrekt. Wir beweisen die zweite. Sei $b \neq 0$. Nach Theorem 1.2 gibt es eine ganze Zahl q mit $a = q|b| + (a \bmod |b|)$. Daher teilt der größte gemeinsame Teiler von a und b auch den größten gemeinsamen Teiler von $|b|$ und $a \bmod |b|$ und umgekehrt. Da beide größte gemeinsame Teiler nicht negativ sind, folgt die Behauptung aus Theorem 1.1. $\square$

Wir erläutern den euklidischen Algorithmus erst an einem Beispiel.

Beispiel 1.31 Wir möchten $\gcd(100, 35)$ berechnen. Nach Theorem 1.9 erhalten wir $\gcd(100, 35) = \gcd(35, 100 \bmod 35) = \gcd(35, 30) = \gcd(30, 5) = \gcd(5, 0) = 5$.

Zuerst ersetzt der euklidische Algorithmus a durch $|a|$ und b durch $|b|$. Dies hat in unserem Beispiel keinen Effekt. Solange b nicht Null ist, ersetzt der Algorithmus a durch b und b durch $a \bmod b$. Sobald $b = 0$ ist, wird a zurückgegeben. Algorithmus 1.3 zeigt den euklidischen Algorithmus im Pseudocode.

Algorithmus 1.3 (euclid(a, b))

$$a \leftarrow |a|$$
$$b \leftarrow |b|$$

while $b \neq 0$ **do**

$$r \leftarrow a \bmod b$$
$$a \leftarrow b$$
$$b \leftarrow r$$

end while

return a

Theorem 1.10 *Der euklidische Algorithmus 1.3 berechnet den größten gemeinsamen Teiler von a und b.*

Beweis Um zu beweisen, dass der euklidische Algorithmus terminiert und dann tatsächlich den größten gemeinsamen Teiler von a und b zurückgibt, führen wir folgende Bezeichnungen ein: Wir setzen

$$r_0 = |a|, r_1 = |b| \tag{1.22}$$

und für $k \geq 1$ und $r_k \neq 0$

$$r_{k+1} = r_{k-1} \bmod r_k. \tag{1.23}$$

Dann ist $r_2, r_3, \ldots$ die Folge der Reste, die in der while-Schleife des euklidischen Algorithmus ausgerechnet wird. Außerdem gilt nach dem k-ten Durchlauf der while-Schleife im euklidischen Algorithmus

$$a = r_k, \quad b = r_{k+1}.$$

Aus Theorem 1.9 folgt, dass sich der größte gemeinsame Teiler von a und b nicht ändert. Um zu zeigen, dass der euklidische Algorithmus tatsächlich den größten gemeinsamen Teiler von a und b berechnet, brauchen wir also nur zu beweisen, dass ein r_k schließlich 0 ist. Das folgt aber daraus, dass nach (1.23) die Folge $(r_k)_{k \geq 1}$ streng monoton fallend ist. Damit ist die Korrektheit des euklidischen Algorithmus bewiesen. $\qquad \square$

Der euklidische Algorithmus berechnet gcd(a, b) sehr effizient. Das ist wichtig für kryptographische Anwendungen. Um dies zu beweisen, wird die Anzahl der Iterationen im euklidischen Algorithmus abgeschätzt. Dabei wird der euklidische Algorithmus Schritt für Schritt untersucht. Zur Vereinfachung nehmen wir an, dass

$$a > b > 0$$

ist. Dies ist keine Einschränkung, weil der euklidische Algorithmus einen Schritt braucht, um entweder gcd(a, b) zu bestimmen (wenn $b = 0$ ist) oder diese Situation herzustellen.

Sei r_n das letzte von Null verschiedene Glied der Restefolge (r_k). Dann ist n die Anzahl der Iterationen, die der euklidische Algorithmus braucht, um $\gcd(a, b)$ auszurechnen. Sei weiter

$$q_k = \lfloor r_{k-1}/r_k \rfloor, \quad 1 \le k \le n. \tag{1.24}$$

Die Zahl q_k ist also der Quotient der Division von r_{k-1} durch r_k und es gilt

$$r_{k-1} = q_k r_k + r_{k+1}. \tag{1.25}$$

Beispiel 1.32 Ist $a = 100$ und $b = 35$, dann erhält man die Folge

k	0	1	2	3	4
r_k	100	35	30	5	0
q_k			2	1	6

Um die Anzahl n der Iterationen des euklidischen Algorithmus abzuschätzen, beweisen wir folgendes Hilfsresultat. Hierin ist $a > b > 0$ vorausgesetzt.

Lemma 1.2 *Es gilt $q_k \ge 1$ für $1 \le k \le n-1$ und $q_n \ge 2$.*

Beweis Da $r_{k-1} > r_k > r_{k+1}$ gilt, folgt aus (1.25), dass $q_k \ge 1$ ist für $1 \le k \le n$. Angenommen, $q_n = 1$. Dann folgt $r_{n-1} = r_n$ und das ist nicht möglich, weil die Restefolge streng monoton fällt. Daher ist $q_n \ge 2$. $\qquad\square$

Theorem 1.11 *Im euklidischen Algorithmus sei $a > b > 0$. Setze $\Theta = (1+\sqrt{5})/2$. Dann ist die Anzahl der Iterationen im euklidischen Algorithmus höchstens $(\log b)/(\log \Theta) + 1 < 1.441 * \log_2(b) + 1$.*

Beweis Nach Übung 1.28 können wir annehmen, dass $\gcd(a, b) = r_n = 1$ ist. Durch Induktion wird bewiesen, dass

$$r_k \ge \Theta^{n-k}, \quad 0 \le k \le n \tag{1.26}$$

gilt. Dann ist insbesondere

$$b = r_1 \ge \Theta^{n-1}.$$

Durch Logarithmieren erhält man daraus

$$n \le (\log b)/(\log \Theta) + 1,$$

wie behauptet.

Wir beweisen nun (1.26). Zunächst gilt

$$r_n = 1 = \Theta^0$$

und nach Lemma 1.2

$$r_{n-1} = q_n r_n = q_n \geq 2 > \Theta.$$

Sei $n - 2 \geq k \geq 0$ und gelte die Behauptung für $k' > k$. Dann folgt aus Lemma 1.2

$$r_k = q_{k+1} r_{k+1} + r_{k+2} \geq r_{k+1} + r_{k+2}$$

$$\geq \Theta^{n-k-1} + \Theta^{n-k-2} = \Theta^{n-k-1}\left(1 + \frac{1}{\Theta}\right) = \Theta^{n-k}.$$

Damit sind (1.26) und das Theorem bewiesen.   □

1.6.3 Erweiterter euklidischer Algorithmus

Im vorigen Abschnitt haben wir gesehen, wie man den größten gemeinsamen Teiler zweier ganzer Zahlen berechnen kann. In Korollar 1.2 wurde gezeigt, dass es ganze Zahlen x, y gibt, so dass $\gcd(a, b) = ax + by$ ist. In diesem Abschnitt erweitern wir den euklidischen Algorithmus so, dass er solche Koeffizienten x und y berechnet. Wie in Abschn. 1.6.2 bezeichnen wir mit $r_0, \ldots, r_{n+1}$ die Restefolge und mit $q_1, \ldots, q_n$ die Folge der Quotienten, die bei der Anwendung des euklidischen Algorithmus auf a, b entstehen.

Wir erläutern nun die Konstruktion zweier Folgen (x_k) und (y_k), für die $x = (-1)^n x_n$ und $y = (-1)^{n+1} y_n$ die gewünschte Eigenschaft haben.

Wir setzen

$$x_0 = 1, x_1 = 0, y_0 = 0, y_1 = 1.$$

Ferner setzen wir

$$x_{k+1} = q_k x_k + x_{k-1}, \quad y_{k+1} = q_k y_k + y_{k-1}, \quad 1 \leq k \leq n. \tag{1.27}$$

Wir nehmen an, dass a und b nicht negativ sind.

Theorem 1.12 *Es gilt* $r_k = (-1)^k x_k a + (-1)^{k+1} y_k b$ *für* $0 \leq k \leq n + 1$.

Beweis Es ist

$$r_0 = a = 1 * a - 0 * b = x_0 * a - y_0 * b.$$

Weiter ist

$$r_1 = b = -0 * a + 1 * b = -x_1 * a + y_1 * b.$$

Sei nun $k \geq 2$ und gelte die Behauptung für alle $k' < k$. Dann ist

$$r_k = r_{k-2} - q_{k-1} r_{k-1}$$

$$= (-1)^{k-2} x_{k-2} a + (-1)^{k-1} y_{k-2} b - q_{k-1}((-1)^{k-1} x_{k-1} a + (-1)^k y_{k-1} b)$$

$$= (-1)^k a (x_{k-2} + q_{k-1} x_{k-1}) + (-1)^{k+1} b (y_{k-2} + q_{k-1} y_{k-1})$$

$$= (-1)^k x_k a + (-1)^{k+1} y_k b.$$

Damit ist das Theorem bewiesen.   □

Man sieht, dass insbesondere

$$r_n = (-1)^n x_n a + (-1)^{n+1} y_n b$$

ist. Damit ist also der größte gemeinsame Teiler von a und b als Linearkombination von a und b dargestellt.

Beispiel 1.33 Wähle $a = 100$ und $b = 35$. Dann kann man die Werte r_k, q_k, x_k und y_k aus folgender Tabelle entnehmen.

k	0	1	2	3	4
r_k	100	35	30	5	0
q_k			2	1	6
x_k	1	0	1	1	7
y_k	0	1	2	3	20

Damit ist $n = 3$ und $\gcd(100, 35) = 5 = -1 * 100 + 3 * 35$.

Der erweiterte euklidische Algorithmus berechnet neben $\gcd(a, b)$ auch die Koeffizienten

$$x = (-1)^n x_n \quad y = (-1)^{n+1} y_n.$$

Den Pseudocode findet man in Algorithmus 1.4.

Algorithmus 1.4 (xEuclid(a, b))

$$xs[0] \leftarrow 1, \, xs[1] \leftarrow 0$$
$$ys[0] \leftarrow 0, \, ys[1] \leftarrow 1$$
$$\text{sign} \leftarrow 1$$
$$\textbf{while } b \neq 0 \textbf{ do}$$
$$\quad q \leftarrow \lfloor a/b \rfloor$$
$$\quad r \leftarrow a - qb$$
$$\quad a \leftarrow b$$
$$\quad b \leftarrow r$$
$$\quad xx \leftarrow xs[1]$$
$$\quad yy \leftarrow ys[1]$$
$$\quad xs[1] \leftarrow q \cdot xs[1] + xs[0]$$
$$\quad ys[1] \leftarrow q \cdot ys[1] + ys[0]$$
$$\quad xs[0] \leftarrow xx$$

$$ys[0] \leftarrow yy$$
$$\text{sign} \leftarrow -\text{sign}$$
end while
$$x \leftarrow \text{sign} \cdot xs[0]$$
$$y \leftarrow -\text{sign} \cdot ys[0]$$
return (a, x, y)

Die Korrektheit des erweiterten euklidischen Algorithmus 1.4 folgt aus Theorem 1.12.

1.6.4 Analyse des erweiterten euklidischen Algorithmus

Als erstes werden wir die Größe der Koeffizienten x und y abschätzen, die der erweiterte euklidische Algorithmus berechnet. Das ist wichtig dafür, dass der erweiterte euklidische Algorithmus von Anwendungen effizient benutzt werden kann.

Wir brauchen die Matrizen

$$E_k = \begin{pmatrix} q_k & 1 \\ 1 & 0 \end{pmatrix}, \quad 1 \le k \le n,$$

und

$$T_k = \begin{pmatrix} y_k & y_{k-1} \\ x_k & x_{k-1} \end{pmatrix}, \quad 1 \le k \le n+1.$$

Es gilt

$$T_{k+1} = T_k E_k, \quad 1 \le k \le n$$

und da T_1 die Einheitsmatrix ist, folgt

$$T_{n+1} = E_1 E_2 \cdots E_n.$$

Setzt man nun

$$S_k = E_{k+1} E_{k+2} \cdots E_n, \quad 0 \le k \le n,$$

wobei S_n die Einheitsmatrix ist, so gilt

$$S_0 = T_{n+1}.$$

Wir benutzen die Matrizen S_k, um die Zahlen x_n und y_n abzuschätzen. Schreibt man

$$S_k = \begin{pmatrix} u_k & v_k \\ u_{k+1} & v_{k+1} \end{pmatrix}, \quad 0 \le k \le n,$$

so gelten wegen

$$S_{k-1} = E_k S_k, \quad 1 \leq k \leq n$$

die Rekursionen

$$u_{k-1} = q_k u_k + u_{k+1}, \quad v_{k-1} = q_k v_k + v_{k+1}, \quad 1 \leq k \leq n. \tag{1.28}$$

Eine analoge Rekursion gilt auch für die Reste r_k, die im euklidischen Algorithmus berechnet werden.

Die Einträge v_k der Matrizen S_k werden jetzt abgeschätzt.

Lemma 1.3 *Es gilt* $0 \leq v_k \leq r_k/(2 \gcd(a,b))$ *für* $0 \leq k \leq n$.

Beweis Es gilt $0 = v_n < r_n/(2 \gcd(a,b))$. Außerdem ist $q_n \geq 2$ nach Lemma 1.2 und $v_{n-1} = 1$. Daher ist $r_{n-1} = q_n r_n \geq 2 \gcd(a,b) \geq 2 \gcd(a,b) v_{n-1}$. Angenommen, die Behauptung stimmt für $k' \geq k$. Dann folgt $v_{k-1} = q_k v_k + v_{k+1} \leq (q_k r_k + r_{k+1})/(2 \gcd(a,b)) = r_{k-1}/(2 \gcd(a,b))$. Damit ist die behauptete Abschätzung bewiesen. $\square$

Aus Lemma 1.3 können wir Abschätzungen für die Koeffizienten x_k und y_k ableiten.

Korollar 1.5 *Es gilt* $x_k \leq b/(2 \gcd(a,b))$ *und* $y_k \leq a/(2 \gcd(a,b))$ *für* $1 \leq k \leq n$.

Beweis Aus $S_0 = T_{n+1}$ folgt $x_n = v_1$ und $y_n = v_0$. Aus Lemma 1.3 folgt also die behauptete Abschätzung für $k = n$. Da aber $(x_k)_{k \geq 1}$ und $(y_k)_{k \geq 0}$ monoton wachsende Folgen sind, ist die Behauptung für $1 \leq k \leq n$ bewiesen. $\square$

Für die Koeffizienten x und y, die der erweiterte euklidische Algorithmus berechnet, gewinnt man daraus die folgende Abschätzung:

Korollar 1.6 *Es gilt* $|x| \leq b/(2 \gcd(a,b))$ *und* $|y| \leq a/(2 \gcd(a,b))$.

Wir können auch noch die Koeffizienten x_{n+1} und y_{n+1} bestimmen.

Lemma 1.4 *Es gilt* $x_{n+1} = b/ \gcd(a,b)$ *und* $y_{n+1} = a/ \gcd(a,b)$.

Den Beweis dieses Lemmas überlassen wir dem Leser.

Wir können jetzt die Laufzeit des euklidischen Algorithmus abschätzen. Es stellt sich heraus, dass die Zeitschranke für die Anwendung des erweiterten euklidischen Algorithmus auf a und b von derselben Größenordnung ist wie die Zeitschranke für die Multiplikation von a und b. Das ist ein erstaunliches Resultat, weil der erweiterte euklidische Algorithmus viel aufwendiger aussieht als die Multiplikation.

Theorem 1.13 *Sind a und b ganze Zahlen, dann braucht die Anwendung des erweiterten euklidischen Algorithmus auf a und b Zeit $O((\text{size } a)(\text{size } b))$.*

Beweis Wir nehmen an, dass $a > b > 0$ ist. Wir haben ja bereits gesehen, dass der erweiterte euklidische Algorithmus nach höchstens einer Iteration entweder fertig ist oder diese Annahme gilt. Es ist leicht einzusehen, dass dafür Zeit $O(\text{size}(a) \, \text{size}(b))$ nötig ist.

Im euklidischen Algorithmus wird die Restefolge $(r_k)_{2 \leq k \leq n+1}$ und die Quotientenfolge $(q_k)_{1 \leq k \leq n}$ berechnet. Die Zahl r_{k+1} ist der Rest der Division von r_{k-1} durch r_k für $1 \leq k \leq n$. Wie in Abschn. 1.6.1 dargestellt, kostet die Berechnung von r_{k+1} höchstens Zeit $O(\text{size}(r_k) \, \text{size}(q_k))$, wobei q_k der Quotient der Division ist.

Wir wissen, dass $r_k \leq b$, also $\text{size}(r_k) \leq \text{size}(b)$ ist für $1 \leq k \leq n + 1$. Wir wissen ferner, dass $\text{size}(q_k) \leq \log(q_k) + 1$ ist für $1 \leq k \leq n$. Also benötigt der euklidische Algorithmus Zeit

$$T_1(a, b) = O\left(\text{size}(b)\left(n + \sum_{k=1}^{n} \log q_k\right)\right). \tag{1.29}$$

Nach Theorem 1.11 ist

$$n = O(\text{size } b). \tag{1.30}$$

Ferner ist

$$a = r_0 = q_1 r_1 + r_2 \geq q_1 r_1 = q_1(q_2 r_2 + r_3)$$
$$\geq q_1 q_2 r_2 \geq \ldots \geq q_1 q_2 \cdots q_n.$$

Daraus folgt

$$\sum_{k=1}^{n} \log q_k = O(\text{size } a). \tag{1.31}$$

Setzt man (1.30) und (1.31) in (1.29) ein, ist die Laufzeitabschätzung für den einfachen euklidischen Algorithmus bewiesen.

Wir schätzen auch noch die Rechenzeit ab, die der erweiterte euklidische Algorithmus benötigt, um die Koeffizienten x und y zu berechnen. In der ersten Iteration wird

$$x_2 = q_1 x_1 + x_0 = 1, \quad y_2 = q_1 y_1 + y_0 = q_1$$

berechnet. Das kostet Zeit $O(\text{size}(q_1)) = O(\text{size}(a))$. Danach wird

$$x_{k+1} = q_k x_k + x_{k-1}, \quad y_{k+1} = q_k y_k + y_{k-1}$$

berechnet, und zwar für $2 \leq k \leq n$. Gemäß Lemma 1.5 ist $x_k, y_k = O(a)$ für $0 \leq k \leq n$. Damit ist die Laufzeit, die die Berechnung der Koeffizienten x und y braucht

$$T_2(a, b) = O\left(\text{size}(a)\left(1 + \sum_{k=2}^{n} \text{size}(q_k)\right)\right) = O\left(\text{size}(a)\left(n + \sum_{k=2}^{n} \log q_k\right)\right). \tag{1.32}$$

Wie oben beweist man leicht

$$\prod_{k=2}^{n} q_k \leq b. \tag{1.33}$$

Setzt man dies in (1.32) ein, folgt die Behauptung. Damit ist das Theorem bewiesen. □

1.7 Übungen

Übung 1.1 Sei α eine reelle Zahl. Zeigen Sie, dass $\lfloor \alpha \rfloor$ die eindeutig bestimmte ganze Zahl z ist mit $0 \leq \alpha - z < 1$.

Übung 1.2 Bestimmen Sie die Anzahl der Teiler von 2^n, $n \in \mathbb{Z}_{\geq 0}$.

Übung 1.3 Bestimmen Sie alle Teiler von 195.

Übung 1.4 Beweisen Sie folgende Modifikation der Division mit Rest: Sind a und b ganze Zahlen, $b > 0$, dann gibt es eindeutig bestimmte ganze Zahlen q und r mit der Eigenschaft, dass $a = qb + r$ und $-b/2 < r \leq b/2$ gilt. Schreiben Sie ein Programm, das den Rest r berechnet.

Übung 1.5 Berechnen Sie 1243 mod 45 und -1243 mod 45.

Übung 1.6 Finden Sie eine ganze Zahl a mit a mod 2 = 1, a mod 3 = 1, und a mod 5 = 1.

Übung 1.7 Sei m eine natürliche Zahl und seien a, b ganze Zahlen. Zeigen Sie: Genau dann gilt a mod $m = b$ mod m, wenn m die Differenz $b - a$ teilt.

Übung 1.8 Berechnen Sie die Binärdarstellung und die Hexadezimaldarstellung von 225.

Übung 1.9 Bestimmen Sie die binäre Länge der n-ten Fermat-Zahl $2^{2^n} + 1$, $n \in \mathbb{Z}_{\geq 0}$.

Übung 1.10 Schreiben Sie ein Programm, das für gegebenes $g \geq 2$ die g-adische Darstellung einer natürlichen Zahl n berechnet.

Übung 1.11 Sei S eine endliche Menge und Pr eine Wahrscheinlichkeitsverteilung auf S. Zeigen Sie:

1. $\Pr(\emptyset) = 0$.
2. Aus $A \subset B \subset S$ folgt $\Pr(A) \leq \Pr(B)$.

Übung 1.12 In einem Experiment wird m zufällig und gleichverteilt aus der Menge $\{1, 2, \ldots, 1000\}$ gewählt. Bestimmen Sie die Wahrscheinlichkeit dafür,

1. ein Quadrat zu erhalten;
2. eine Zahl mit i Primfaktoren zu erhalten, $i \geq 1$.

Übung 1.13 Geben Sie die Ergebnismenge und die Wahrscheinlichkeitsverteilung an, die einem Wurf von zwei Münzen entspricht. Geben Sie das Ereignis „wenigstens eine Münze zeigt Kopf" an und berechnen Sie seine Wahrscheinlichkeit.

Übung 1.14 Es wird mit zwei Würfeln gewürfelt. Wie groß ist die Wahrscheinlichkeit dafür, dass beide Würfel ein verschiedenes Ergebnis zeigen unter der Bedingung, dass die Summe der Ergebnisse gerade ist?

Übung 1.15 Bestimmen Sie n so, dass die Wahrscheinlichkeit dafür, dass zwei von n Personen am gleichen Tag Geburtstag haben, wenigstens 9/10 ist.

Übung 1.16 Angenommen, vierstellige Geheimnummern von EC-Karten werden zufällig verteilt. Wieviele Leute muss man versammeln, damit die Wahrscheinlichkeit dafür, dass zwei dieselbe Geheimnummer haben, wenigstens 1/2 ist?

Übung 1.17 Berechnen Sie den Erwartungswert für das Produkt der Ergebnisse zweier unabhängiger Würfelexperimente.

Übung 1.18 Sei $f(n) = a_d n^d + a_{d-1} n^{d-1} + \ldots + a_0$ ein Polynom mit reellen Koeffizienten, wobei $a_d > 0$ ist. Zeigen Sie, dass $f(n) = O(n^d)$ ist.

Übung 1.19 Sei $k \in \mathbb{N}$ und $X \subset \mathbb{N}^k$. Angenommen, $f, g, F, G : X \to \mathbb{R}_{\geq 0}$ mit $f = O(F)$ und $g = O(G)$. Zeigen Sie, dass $f \pm g = O(F + G)$ und $fg = O(FG)$ gilt.

Übung 1.20 Berechnen Sie die Erfolgswahrscheinlichkeit von Algorithmus 1.2.

Übung 1.21 Schätzen Sie die erwartete Laufzeit von Algorithmus 1.2 ab.

Übung 1.22 Seien $a_1, \ldots, a_k$ ganze Zahlen. Beweisen Sie folgende Behauptungen.

1. Es ist $\gcd(a_1, \ldots, a_k) = \gcd(a_1, \gcd(a_2, \ldots, a_k))$.
2. Es ist $a_1 \mathbb{Z} + \ldots + a_k \mathbb{Z} = \gcd(a_1, \ldots, a_k)\mathbb{Z}$.
3. Die Gleichung $x_1 a_1 + \ldots + x_k a_k = n$ ist genau dann durch ganze Zahlen $x_1, \ldots, x_k$ lösbar, wenn $\gcd(a_1, \ldots, a_k)$ ein Teiler von n ist.
4. Es gibt ganze Zahlen $x_1, \ldots, x_k$ mit $a_1 x_1 + \ldots + a_k x_k = \gcd(a_1, \ldots, a_k)$.
5. Der größte gemeinsame Teiler von $a_1, \ldots, a_k$ ist der eindeutig bestimmte nicht negative gemeinsame Teiler von $a_1, \ldots, a_k$, der von allen gemeinsamen Teilern von $a_1, \ldots, a_k$ geteilt wird.

Übung 1.23 Beweisen Sie, dass der eulidische Algorithmus auch funktioniert, wenn die Division mit Rest so modifiziert ist wie in Übung 1.4.

Übung 1.24 Berechnen Sie $\gcd(235, 124)$ samt seiner Darstellung mit dem erweiterten euklidischen Algorithmus.

Übung 1.25 Benutzen Sie den modifizierten euklidischen Algorithmus aus Übung 1.23, um $\gcd(235, 124)$ einschließlich Darstellung zu berechnen. Vergleichen Sie diese Berechnung mit der Berechnung aus Beispiel 1.24.

Übung 1.26 Beweisen Sie Lemma 1.4.

Übung 1.27 Sei $a > b > 0$. Beweisen Sie, dass der modifizierte euklidische Algorithmus aus Beispiel 1.23 $O(\log b)$ Iterationen braucht, um $\gcd(a, b)$ zu berechnen.

Übung 1.28 Seien a, b positive ganze Zahlen. Man zeige, dass die Anzahl der Iterationen und die Folge der Quotienten im euklidischen Algorithmus nur vom Quotienten a/b abhängt.

Übung 1.29 Finden Sie eine Folge $(a_i)_{i \geq 1}$ positiver ganzer Zahlen mit der Eigenschaft, dass der euklidische Algorithmus genau i Iterationen benötigt, um $\gcd(a_{i+1}, a_i)$ zu berechnen.

Übung 1.30 Zeigen Sie, dass aus $\gcd(a, m) = 1$ und $\gcd(b, m) = 1$ folgt, dass $\gcd(ab, m) = 1$ ist.

Übung 1.31 Berechnen Sie die Primfaktorzerlegung von 37.800.

Übung 1.32 Zeigen Sie, dass jede zusammengesetzte Zahl $n > 1$ einen Primteiler $p \leq \sqrt{n}$ hat.

Übung 1.33 Das *Sieb des Eratosthenes* bestimmt alle Primzahlen unter einer gegebenen Schranke C. Es funktioniert so: Schreibe die Liste $2, 3, 4, 5, \ldots, \lfloor C \rfloor$ von ganzen Zahlen auf. Dann iteriere folgenden Prozeß für $i = 2, 3, \ldots, \lfloor \sqrt{C} \rfloor$. Wenn i noch in der Liste ist, lösche alle echten Vielfachen $2i, 3i, 4i, \ldots$ von i aus der Liste. Die Zahlen, die in der Liste bleiben, sind die gesuchten Primzahlen. Schreiben Sie ein Programm, das diese Idee implementiert.

Kongruenzen und Restklassenringe

In diesem Kapitel führen wir das Rechnen in Restklassenringen und in primen Restklassengruppen ein. Diese Techniken sind von zentraler Bedeutung in kryptographischen
Verfahren. Einige der behandelten Sachverhalte gelten allgemeiner in Gruppen. Daher behandeln wir in diesem Kapitel auch endliche Gruppen und ihre Eigenschaften.

Im ganzen Kapitel ist m immer eine natürliche Zahl und kleine lateinische Buchstaben
bezeichnen ganze Zahlen.

2.1 Kongruenzen

Definition 2.1 Wir sagen, a ist *kongruent* zu b modulo m und schreiben $a \equiv b \bmod m$,
wenn m die Differenz $b - a$ teilt.

Beispiel 2.1 Es gilt $-2 \equiv 19 \bmod 21$, $10 \equiv 0 \bmod 2$.

Es ist leicht zu verifizieren, dass Kongruenz modulo m eine Äquivalenzrelation auf der
Menge der ganzen Zahlen ist. Das bedeutet, dass

1. jede ganze Zahl zu sich selbst kongruent ist modulo m (Reflexivität),
2. aus $a \equiv b \bmod m$ folgt, dass auch $b \equiv a \bmod m$ gilt (Symmetrie),
3. aus $a \equiv b \bmod m$ und $b \equiv c \bmod m$ folgt, dass auch $a \equiv c \bmod m$ gilt (Transitivität).

Außerdem gilt folgende Charakterisierung:

Lemma 2.1 *Folgende Aussagen sind äquivalent.*

1. $a \equiv b \bmod m$.
2. $a = b + km$ mit $k \in \mathbb{Z}$.
3. a und b lassen bei der Division durch m denselben Rest.

© Springer-Verlag Berlin Heidelberg 2016
J. Buchmann, *Einführung in die Kryptographie*, Springer-Lehrbuch,
DOI 10.1007/978-3-642-39775-2_2

Die *Äquivalenzklasse* von a besteht aus allen ganzen Zahlen, die sich aus a durch Addition ganzzahliger Vielfacher von m ergeben, sie ist also

$$\{b : b \equiv a \bmod m\} = a + m\mathbb{Z}.$$

Man nennt sie *Restklasse* von a mod m.

Beispiel 2.2 Die Restklasse von 1 mod 4 ist die Menge $\{1, 1\pm 4, 1\pm 2*4, 1\pm 3*4, \ldots\} = \{1, -3, 5, -7, 9, -11, 13, \ldots\}$.

Die Restklasse von 0 mod 2 ist die Menge aller geraden ganzen Zahlen. Die Restklasse von 1 mod 2 ist die Menge aller ungeraden ganzen Zahlen.

Die Restklassen mod 4 sind $0 + 4\mathbb{Z}, 1 + 4\mathbb{Z}, 2 + 4\mathbb{Z}, 3 + 4\mathbb{Z}$.

Die Menge aller Restklassen mod m wird mit $\mathbb{Z}/m\mathbb{Z}$ bezeichnet. Sie hat m Elemente, weil genau die Reste $0, 1, 2, \ldots, m - 1$ bei der Division durch m auftreten. Ein *Vertretersystem* für diese Äquivalenzrelation ist eine Menge ganzer Zahlen, die aus jeder Restklasse mod m genau ein Element enthält. Jedes solche Vertretersystem heißt *volles Restsystem* mod m.

Beispiel 2.3 Ein volles Restsystem mod 3 enthält je ein Element aus den Restklassen $3\mathbb{Z}, 1 + 3\mathbb{Z}, 2 + 3\mathbb{Z}$. Also sind folgende Mengen volle Restsysteme mod 3: $\{0, 1, 2\}, \{3, -2, 5\}, \{9, 16, 14\}$.

Ein volles Restsystem mod m ist z. B. die Menge $\{0, 1, \ldots, m - 1\}$. Seine Elemente nennt man *kleinste nicht negative Reste* mod m. Wir bezeichnen dieses Vertretersystem mit $\mathbb{Z}_m$. Genauso ist die Menge $\{1, 2, \ldots, m\}$ ein volles Restsystem mod m. Seine Elemente heißen *kleinste positive Reste* mod m. Schließlich ist $\{n + 1, n + 2, \ldots, n + m\}$ mit $n = -\lceil m/2 \rceil$ ein vollständiges Restsystem mod m. Seine Elemente heißen *absolut kleinste Reste* mod m.

Beispiel 2.4 Es ist

$$\{0, 1, 2, 3, 4, 5, 6, 7, 8, 9, 10, 11, 12\}$$

die Menge der kleinsten nicht negativen Reste mod 13 und

$$\{-6, -5, -4, -3, -2, -1, 0, 1, 2, 3, 4, 5, 6\}$$

ist die Menge der absolut kleinsten Reste mod 13.

Wir brauchen einige Rechenregeln für Kongruenzen. Die erlauben es uns später, eine Ringstruktur auf der Menge der Restklassen mod m zu definieren.

Theorem 2.1 *Aus $a \equiv b \bmod m$ und $c \equiv d \bmod m$ folgt $-a \equiv -b \bmod m$, $a + c \equiv b + d \bmod m$ und $ac \equiv bd \bmod m$.*

Beweis Weil m ein Teiler von $a - b$ ist, ist m auch ein Teiler von $-a + b$. Daher ist $-a \equiv -b \bmod m$. Weil m ein Teiler von $a - b$ und von $c - d$ ist, ist m auch ein Teiler von $a - b + c - d = (a + c) - (b + d)$. Daher ist $a + c \equiv b + d \bmod m$. Um zu zeigen, dass $ac \equiv bd \bmod m$ ist, schreiben wir $a = b + lm$ und $c = d + km$. Dann erhalten wir $ac = bd + m(ld + kb + lkm)$, wie behauptet.   □

Beispiel 2.5 Wir wenden die Rechenregeln aus Theorem 2.1 an, um zu beweisen, dass die fünfte Fermat-Zahl $2^{2^5} + 1$ durch 641 teilbar ist. Zunächst gilt

$$641 = 640 + 1 = 5 * 2^7 + 1.$$

Dies zeigt

$$5 * 2^7 \equiv -1 \bmod 641.$$

Aus Theorem 2.1 folgt, dass diese Kongruenz bestehen bleibt, wenn man die rechte und linke Seite viermal mit sich selbst multipliziert, also zur vierten Potenz erhebt. Das machen wir und erhalten

$$5^4 * 2^{28} \equiv 1 \bmod 641. \tag{2.1}$$

Andererseits ist

$$641 = 625 + 16 = 5^4 + 2^4.$$

Daraus gewinnt man

$$5^4 \equiv -2^4 \bmod 641.$$

Wenn man diese Kongruenz in (2.1) benutzt, erhält man

$$-2^{32} \equiv 1 \bmod 641,$$

also

$$2^{32} + 1 \equiv 0 \bmod 641.$$

Dies beweist, dass 641 ein Teiler der fünften Fermat-Zahl ist.

Wir wollen zeigen, dass die Menge der Restklassen mod m einen Ring bildet. Wir wiederholen in den folgenden Abschnitten kurz einige Grundbegriffe.

2.2 Halbgruppen

Definition 2.2 Ist X eine Menge, so heißt eine Abbildung $\circ : X \times X \to X$, die jedem Paar (x_1, x_2) von Elementen aus X ein Element $x_1 \circ x_2$ zuordnet, eine *innere Verknüpfung* auf X.

Beispiel 2.6 Auf der Menge der reellen Zahlen kennen wir bereits die inneren Verknüpfungen Addition und Multiplikation.

Auf der Menge $\mathbb{Z}/m\mathbb{Z}$ aller Restklassen modulo m führen wir zwei innere Verknüpfungen ein, Addition und Multiplikation.

Definition 2.3 Die Summe der Restklassen $a + m\mathbb{Z}$ und $b + m\mathbb{Z}$ ist $(a + m\mathbb{Z}) + (b + m\mathbb{Z}) = (a + b) + m\mathbb{Z}$. Das Produkt der Restklassen $a + m\mathbb{Z}$ und $b + m\mathbb{Z}$ ist $(a + m\mathbb{Z}) \cdot (b + m\mathbb{Z}) = (a \cdot b) + m\mathbb{Z}$.

Man beachte, dass Summe und Produkt von Restklassen modulo m unter Verwendung von Vertretern dieser Restklassen definiert sind. Aus Theorem 2.1 folgt aber, dass die Definition von den Vertretern unabhängig ist. In der Praxis werden Restklassen durch feste Vertreter dargestellt und die Rechnung wird mit diesen Vertretern durchgeführt. Man erhält auf diese Weise eine Addition und eine Multiplikation auf jedem Vertretersystem.

Beispiel 2.7 Wir verwenden zur Darstellung von Restklassen die kleinsten nicht negativen Reste. Es ist $(3 + 5\mathbb{Z}) + (2 + 5\mathbb{Z}) = (5 + 5\mathbb{Z}) = 5\mathbb{Z}$ und $(3 + 5\mathbb{Z})(2 + 5\mathbb{Z}) = 6 + 5\mathbb{Z} = 1 + 5\mathbb{Z}$. Diese Rechnungen kann man auch als $3 + 2 \equiv 0 \bmod 5$ und $3 * 2 \equiv 1 \bmod 5$ darstellen.

Definition 2.4 Sei $\circ$ eine innere Verknüpfung auf der Menge X. Sie heißt *assoziativ*, wenn $(a \circ b) \circ c = a \circ (b \circ c)$ gilt für alle $a, b, c \in X$. Sie heißt *kommutativ*, wenn $a \circ b = b \circ a$ gilt für alle $a, b \in X$.

Beispiel 2.8 Addition und Multiplikation auf der Menge der reellen Zahlen sind assoziative und kommutative Verknüpfungen. Dasselbe gilt für Addition und Multiplikation auf der Menge $\mathbb{Z}/m\mathbb{Z}$ der Restklassen modulo m.

Definition 2.5 Ein Paar $(H, \circ)$, bestehend aus einer nicht leeren Menge H und einer assoziativen inneren Verknüpfung $\circ$ auf H, heißt eine *Halbgruppe*. Die Halbgruppe heißt *kommutativ* oder *abelsch*, wenn die innere Verknüpfung $\circ$ kommutativ ist.

Beispiel 2.9 Kommutative Halbgruppen sind $(\mathbb{Z}, +)$, $(\mathbb{Z}, \cdot)$, $(\mathbb{Z}/m\mathbb{Z}, +)$, $(\mathbb{Z}/m\mathbb{Z}, \cdot)$.

Sei $(H, \circ)$ eine Halbgruppe und bezeichne $a^1 = a$ und $a^{n+1} = a \circ a^n$ für $a \in H$ und $n \in \mathbb{N}$, dann gelten die *Potenzgesetze*

$$a^n \circ a^m = a^{n+m}, \quad (a^n)^m = a^{nm}, \quad a \in H, n, m \in \mathbb{N}. \tag{2.2}$$

Sind $a, b \in H$ und gilt $a \circ b = b \circ a$, dann folgt

$$(a \circ b)^n = a^n \circ b^n. \tag{2.3}$$

Ist die Halbgruppe also kommutativ, so gilt (2.3) immer.

Definition 2.6 Ein *neutrales Element* der Halbgruppe $(H, \circ)$ ist ein Element $e \in H$, das $e \circ a = a \circ e = a$ erfüllt für alle $a \in H$. Enthält die Halbgruppe ein neutrales Element, so heißt sie *Monoid*.

Eine Halbgruppe hat höchstens ein neutrales Element. (siehe Übung 2.3).

Definition 2.7 Ist e das neutrale Element der Halbgruppe $(H, \circ)$ und ist $a \in H$, so heißt $b \in H$ *Inverses* von a, wenn $a \circ b = b \circ a = e$ gilt. Besitzt a ein Inverses, so heißt a *invertierbar* in der Halbgruppe.

In Monoiden besitzt jedes Element höchstens ein Inverses (siehe Übung 2.5).

Beispiel 2.10
1. Die Halbgruppe $(\mathbb{Z}, +)$ besitzt das neutrale Element 0. Das Inverse von a ist $-a$.
2. Die Halbgruppe $(\mathbb{Z}, \cdot)$ besitzt das neutrale Element 1. Die einzigen invertierbaren Elemente sind 1 und -1.
3. Die Halbgruppe $(\mathbb{Z}/m\mathbb{Z}, +)$ besitzt das neutrale Element $m\mathbb{Z}$. Das Inverse von $a + m\mathbb{Z}$ ist $-a + m\mathbb{Z}$.
4. Die Halbgruppe $(\mathbb{Z}/m\mathbb{Z}, \cdot)$ besitzt das neutrale Element $1 + m\mathbb{Z}$. Die invertierbaren Elemente werden später bestimmt.

2.3 Gruppen

Definition 2.8 Eine *Gruppe* ist eine Halbgruppe, die ein neutrales Element besitzt und in der jedes Element invertierbar ist. Die Gruppe heißt *kommutativ* oder *abelsch*, wenn die Halbgruppe kommutativ ist.

Beispiel 2.11
1. Die Halbgruppe $(\mathbb{Z}, +)$ ist eine abelsche Gruppe.
2. Die Halbgruppe $(\mathbb{Z}, \cdot)$ ist keine Gruppe, weil nicht jedes Element ein Inverses besitzt.
3. Die Halbgruppe $(\mathbb{Z}/m\mathbb{Z}, +)$ ist eine abelsche Gruppe.

Ist $(G, \cdot)$ eine multiplikativ geschriebene Gruppe, bezeichnet a^{-1} das Inverse eines Elementes a aus G und setzt man $a^{-n} = (a^{-1})^n$ für jede natürliche Zahl n, so gelten die Potenzgesetze (2.2) für alle ganzzahligen Exponenten. Ist die Gruppe abelsch, so gilt (2.3) für alle ganzen Zahlen n.

In einer Gruppe gelten folgende *Kürzungsregeln*, die man durch Multiplikation mit einem geeigneten Inversen beweist.

Theorem 2.2 *Sei $(G, \cdot)$ eine Gruppe und $a, b, c \in G$. Aus $ca = cb$ folgt $a = b$ und aus $ac = bc$ folgt $a = b$.*

Definition 2.9 Die *Ordnung* einer Gruppe oder Halbgruppe ist die Anzahl ihrer Elemente.

Beispiel 2.12 Die additive Gruppe $\mathbb{Z}$ hat unendliche Ordnung. Die additive Gruppe $\mathbb{Z}/m\mathbb{Z}$ hat die Ordnung m.

2.4 Restklassenringe

Definition 2.10 Ein *Ring* ist ein Tripel $(R, +, \cdot)$, für das $(R, +)$ eine abelsche Gruppe und $(R, \cdot)$ eine Halbgruppe ist, und für das zusätzlich die Distributivgesetze $x \cdot (y + z) = (x \cdot y) + (x \cdot z)$ und $(x + y) \cdot z = (x \cdot z) + (y \cdot z)$ für alle $x, y, z \in R$ gelten. Der Ring heißt *kommutativ*, wenn die Halbgruppe $(R, \cdot)$ kommutativ ist. Ein *Einselement* des Ringes ist ein neutrales Element der Halbgruppe $(R, \cdot)$.

Beispiel 2.13 Das Tripel $(\mathbb{Z}, +, \cdot)$ ist ein kommutativer Ring mit Einselement 1 und daraus leitet man ab, dass $(\mathbb{Z}/m\mathbb{Z}, +, \cdot)$ ein kommutativer Ring mit Einselement $1 + m\mathbb{Z}$ ist. Der letztere Ring heißt *Restklassenring* modulo m.

In der Definition wurde festgelegt, dass Ringe Tripel sind, dass also die Verknüpfungen immer miterwähnt werden müssen. Im allgemeinen ist aber klar, welche Verknüpfungen gemeint sind. Dann lassen wir sie einfach weg und sprechen zum Beispiel von dem Restklassenring $\mathbb{Z}/m\mathbb{Z}$.

Definition 2.11 Sei R ein Ring mit Einselement. Ein Element a von R heißt *invertierbar* oder *Einheit*, wenn es in der multiplikativen Halbgruppe von R invertierbar ist. Das Element a heißt *Nullteiler*, wenn es von Null verschieden ist und es ein von Null verschiedenes Element $b \in R$ gibt mit $ab = 0$ oder $ba = 0$. Enthält R keine Nullteiler, so heißt R *nullteilerfrei*.

In Übung 2.9 wird gezeigt, dass die invertierbaren Elemente eines kommutativen Rings R mit Einselement eine Gruppe bilden. Sie heißt *Einheitengruppe* des Rings und wird mit R^* bezeichnet.

Beispiel 2.14 Der Ring der ganzen Zahlen ist nullteilerfrei.

Die Nullteiler im Restklassenring $\mathbb{Z}/m\mathbb{Z}$ sind die Restklassen $a + m\mathbb{Z}$, für die $1 < \gcd(a, m) < m$ ist. Ist $a + m\mathbb{Z}$ nämlich ein Nullteiler von $\mathbb{Z}/m\mathbb{Z}$, dann muss es eine ganze Zahl b geben mit $ab \equiv 0 \bmod m$, aber es gilt weder $a \equiv 0 \bmod m$ noch $b \equiv 0 \bmod m$. Also ist m ein Teiler von ab, aber weder von a noch von b. Das bedeutet, dass $1 < \gcd(a, m) < m$ gelten muss. Ist umgekehrt $1 < \gcd(a, m) < m$ und $b = m/\gcd(a, m)$, so ist $a \not\equiv 0 \bmod m$, $ab \equiv 0 \bmod m$ und $b \not\equiv 0 \bmod m$. Also ist $a + m\mathbb{Z}$ ein Nullteiler von $\mathbb{Z}/m\mathbb{Z}$.

Ist m eine Primzahl, so besitzt $\mathbb{Z}/m\mathbb{Z}$ also keine Nullteiler.

2.5 Körper

Definition 2.12 Ein *Körper* ist ein kommutativer Ring mit Einselement, in dem jedes von Null verschiedene Element invertierbar ist.

Beispiel 2.15 Die Menge der ganzen Zahlen ist kein Körper, weil die einzigen invertierbaren ganzen Zahlen 1 und −1 sind. Sie ist aber im Körper der rationalen Zahlen enthalten. Auch die reellen und komplexen Zahlen bilden Körper. Wie wir unten sehen werden, ist der Restklassenring $\mathbb{Z}/m\mathbb{Z}$ genau dann ein Körper, wenn m eine Primzahl ist.

2.6 Division im Restklassenring

Teilbarkeit in Ringen ist definiert wie Teilbarkeit in $\mathbb{Z}$. Sei R ein Ring und seien $a, n \in R$.

Definition 2.13 Man sagt a *teilt* n, wenn es $b \in R$ gibt mit $n = ab$.

Wenn a das Ringelement n teilt, dann heißt a *Teiler* von n und n *Vielfaches* von a und man schreibt $a \mid n$. Man sagt auch, n ist durch a *teilbar*. Wenn a kein Teiler von n ist, dann schreibt man $a \nmid n$.

Wir untersuchen das Problem, durch welche Elemente des Restklassenrings mod m dividiert werden darf, welche Restklasse $a + m\mathbb{Z}$ also ein multiplikatives Inverses besitzt. Zuerst stellen wir fest, dass die Restklasse $a + m\mathbb{Z}$ genau dann in $\mathbb{Z}/m\mathbb{Z}$ invertierbar ist, wenn die Kongruenz

$$ax \equiv 1 \bmod m \tag{2.4}$$

lösbar ist. Wann das der Fall ist, wird im nächsten Satz ausgesagt.

Theorem 2.3 *Die Restklasse* $a + m\mathbb{Z}$ *ist genau dann in* $\mathbb{Z}/m\mathbb{Z}$ *invertierbar, d. h. die Kongruenz* (2.4) *ist genau dann lösbar, wenn* $\gcd(a, m) = 1$ *gilt. Ist* $\gcd(a, m) = 1$, *dann ist das Inverse von* $a + m\mathbb{Z}$ *eindeutig bestimmt, d. h. die Lösung* x *von* (2.4) *ist eindeutig bestimmt* mod m.

Beweis Sei $g = \gcd(a, m)$ und sei x eine Lösung von (2.4), dann ist g ein Teiler von m und damit ein Teiler von $ax - 1$. Aber g ist auch ein Teiler von a. Also ist g ein Teiler von 1, d. h. $g = 1$, weil g als ggT positiv ist. Sei umgekehrt $g = 1$. Dann gibt es nach Korollar 1.2 Zahlen x, y mit $ax + my = 1$, d. h. $ax - 1 = -my$. Dies zeigt, dass x eine Lösung der Kongruenz (2.4) ist, und dass $x + m\mathbb{Z}$ ein Inverses von $a + m\mathbb{Z}$ in $\mathbb{Z}/m\mathbb{Z}$ ist.

Zum Beweis der Eindeutigkeit sei $v + m\mathbb{Z}$ ein weiteres Inverses von $a + m\mathbb{Z}$. Dann gilt $ax \equiv av \bmod m$. Also teilt m die Zahl $a(x - v)$. Weil $\gcd(a, m) = 1$ ist, folgt daraus, dass m ein Teiler von $x - v$ ist. Somit ist $x \equiv v \bmod m$. □

Eine Restklasse $a + m\mathbb{Z}$ mit $\gcd(a, m) = 1$ heißt *prime Restklasse* modulo m. Aus Theorem 2.3 folgt, dass eine Restklasse $a + m\mathbb{Z}$ mit $1 \leq a < m$ entweder ein Nullteiler oder eine prime Restklasse, d. h. eine Einheit des Restklassenrings mod m, ist.

Im Beweis von Theorem 2.3 wurde gezeigt, wie man die Kongruenz $ax \equiv 1 \bmod m$ mit dem erweiterten euklidischen Algorithmus (siehe Abschn. 1.6.3) löst. Man muss nur die Darstellung $1 = ax + my$ berechnen. Man braucht sogar nur den Koeffizienten x. Nach Theorem 1.13 kann die Lösung der Kongruenz also effizient berechnet werden.

Beispiel 2.16 Sei $m = 12$. Die Restklasse $a + 12\mathbb{Z}$ ist genau dann invertierbar in $\mathbb{Z}/12\mathbb{Z}$, wenn $\gcd(a, 12) = 1$. Die invertierbaren Restklassen mod 12 sind also $1 + 12\mathbb{Z}, 5 + 12\mathbb{Z}, 7 + 12\mathbb{Z}, 11 + 12\mathbb{Z}$. Um das Inverse von $5 + 12\mathbb{Z}$ zu finden, benutzen wir den erweiterten euklidischen Algorithmus. Wir erhalten $5 * 5 \equiv 1 \bmod 12$. Entsprechend gilt $7 * 7 \equiv 1 \bmod 12, 11 * 11 \equiv 1 \bmod 12$.

Wir führen noch den Restklassenkörper modulo einer Primzahl ein, der in der Kryptographie sehr oft benutzt wird.

Theorem 2.4 *Der Restklassenring $\mathbb{Z}/m\mathbb{Z}$ ist genau dann ein Körper, wenn m eine Primzahl ist.*

Beweis Gemäß Theorem 2.3 ist $\mathbb{Z}/m\mathbb{Z}$ genau dann ein Körper, wenn $\gcd(k, m) = 1$ gilt für alle k mit $1 \leq k < m$. Dies ist genau dann der Fall, wenn m eine Primzahl ist.   □

2.7 Rechenzeit für die Operationen im Restklassenring

In allen Verfahren der Public-Key-Kryptographie wird intensiv in Restklassenringen gerechnet. Oft müssen diese Rechnungen auf Chipkarten ausgeführt werden. Daher ist es wichtig, zu wissen, wie effizient diese Rechnungen ausgeführt werden können. Das wird in diesem Abschnitt beschrieben.

Wir gehen davon aus, dass die Elemente des Restklassenrings $\mathbb{Z}/m\mathbb{Z}$ durch ihre kleinsten nicht negativen Vertreter $\{0, 1, 2, \ldots, m - 1\}$ dargestellt werden. Unter dieser Voraussetzung schätzen wir den Aufwand der Operationen im Restklassenring ab.

Seien also $a, b \in \{0, 1, \ldots, m - 1\}$.

Um $(a + m\mathbb{Z}) + (b + m\mathbb{Z})$ zu berechnen, müssen wir $(a + b) \bmod m$ berechnen. Wir bestimmen also zuerst $c = a + b$. Die gesuchte Summe ist $c + m\mathbb{Z}$, aber c ist vielleicht der falsche Vertreter. Es gilt nämlich $0 \leq c < 2m$. Ist $0 \leq c < m$, so ist c der richtige Vertreter. Ist $m \leq c < 2m$, so ist der richtige Vertreter $c - m$, weil $0 \leq c - m < m$ ist. In diesem Fall ersetzt man c durch $c - m$. Entsprechend berechnet man $(a + m\mathbb{Z}) - (b + m\mathbb{Z})$. Man bestimmt $c = a - b$. Dann ist $-m < c < m$. Gilt $0 \leq c < m$, so ist c der richtige Vertreter der Differenz. Ist $-m < c < 0$, so ist der richtige Vertreter $c + m$. Also muss c durch $c + m$ ersetzt werden. Aus den Ergebnissen von Abschn. 1.6.1 folgt also, dass

Summe und Differenz zweier Restklassen modulo m in Zeit $O(\text{size}\, m)$ berechnet werden können.

Nun wird $(a + m\mathbb{Z})(b + m\mathbb{Z})$ berechnet. Dazu wird $c = ab$ bestimmt. Dann ist $0 \le c < m^2$. Wir dividieren c mit Rest durch m und ersetzen c durch den Rest dieser Division. Für den Quotienten q dieser Division gilt $0 \le q < m$. Nach den Ergebnissen aus Abschn. 1.6.1 kann man die Multiplikation und die Division in Zeit $O((\text{size}\, m)^2)$ durchführen. Die Restklassen können also in Zeit $O((\text{size}\, m)^2)$ multipliziert werden.

Schließlich wird die Invertierung von $a + m\mathbb{Z}$ diskutiert. Man berechnet $g = \gcd(a, m)$ und x mit $ax \equiv g \bmod m$ und $0 \le x < m$. Hierzu benutzt man den erweiterten euklidischen Algorithmus. Nach Korollar 1.6 gilt $|x| \le m/(2g)$. Der Algorithmus liefert aber möglicherweise einen negativen Koeffizienten x, den man durch $x + m$ ersetzt. Gemäß Theorem 1.13 erfordert diese Berechnung Zeit $O((\text{size}\, m)^2)$. Die Restklasse $a + m\mathbb{Z}$ ist genau dann invertierbar, wenn $g = 1$ ist. In diesem Fall ist x der kleinste nicht negative Vertreter der inversen Klasse. Die gesamte Rechenzeit ist $O((\text{size}\, m)^2)$. Es folgt, dass auch die Division durch eine prime Restklasse mod m Zeit $O((\text{size}\, m)^2)$ kostet.

In allen Algorithmen müssen nur konstant viele Zahlen der Größe $O(\text{size}\, m)$ gespeichert werden. Daher brauchen die Algorithmen auch nur Speicherplatz $O(\text{size}\, m)$. Wir merken an, dass es asymptotisch effizientere Algorithmen für die Multiplikation und Division von Restklassen gibt. Sie benötigen Zeit $O(\log m (\log \log m)^2)$ (siehe [3]). Für Zahlen der Größenordnung, um die es in der Kryptographie geht, sind diese Algorithmen aber langsamer als die hier analysierten. Die $O((\text{size}\, m)^2)$-Algorithmen lassen in vielen Situationen Optimierungen zu. Einen Überblick darüber findet man in [49].

Wir haben folgenden Satz bewiesen.

Theorem 2.5 *Angenommen, die Restklassen modulo m werden durch ihre kleinsten nicht negativen Vertreter dargestellt. Dann erfordert die Addition und Subtraktion zweier Restklassen Zeit $O(\text{size}\, m)$ und die Multiplikation und Division zweier Restklassen kostet Zeit $O((\text{size}\, m)^2)$. Alle Operationen brauchen Speicherplatz $O(\text{size}\, m)$.*

2.8 Prime Restklassengruppen

Von fundamentaler Bedeutung in der Kryptographie ist folgendes Ergebnis.

Theorem 2.6 *Die Menge aller primen Restklassen modulo m bildet eine endliche abelsche Gruppe bezüglich der Multiplikation.*

Beweis Nach Theorem 2.3 ist diese Menge die Einheitengruppe des Restklassenrings mod m. □

Die Gruppe der primen Restklassen modulo m heißt *prime Restklassengruppe* modulo m und wird mit $(\mathbb{Z}/m\mathbb{Z})^*$ bezeichnet. Ihre Ordnung bezeichnet man mit $\varphi(m)$.

Tab. 2.1 Werte der Eulerschen φ-Funktion

m	1	2	3	4	5	6	7	8	9	10	11	12	13	14	15
$\varphi(m)$	1	1	2	2	4	2	6	4	6	4	10	4	12	6	8

Die Abbildung

$$\mathbb{N} \to \mathbb{N}, m \mapsto \varphi(m)$$

heißt *Eulersche φ-Funktion*. Man beachte, dass $\varphi(m)$ die Anzahl der Zahlen a in $\{1, 2, \ldots, m\}$ ist mit $\gcd(a, m) = 1$. Insbesondere ist $\varphi(1) = 1$.

Beispiel 2.17 Z. B. ist $(\mathbb{Z}/12\mathbb{Z})^* = \{1 + 12\mathbb{Z}, 5 + 12\mathbb{Z}, 7 + 12\mathbb{Z}, 11 + 12\mathbb{Z}\}$ die prime Restklassengruppe mod 12. Also ist $\varphi(12) = 4$.

Einige Werte der Eulerschen φ-Funktion findet man in Tab. 2.1.

Man sieht, dass in dieser Tabelle $\varphi(p) = p - 1$ für die Primzahlen p gilt. Dies ist auch allgemein richtig, weil für eine Primzahl p alle Zahlen a zwischen 1 und $p - 1$ zu p teilerfremd sind. Also gilt der folgende Satz:

Theorem 2.7 *Falls p eine Primzahl ist, gilt $\varphi(p) = p - 1$.*

Die Eulersche φ-Funktion hat folgende nützliche Eigenschaft:

Theorem 2.8
$$\sum_{d \mid m, d > 0} \varphi(d) = m.$$

Beweis Es gilt
$$\sum_{d \mid m, d > 0} \varphi(d) = \sum_{d \mid m, d > 0} \varphi(m/d),$$

weil die Menge der positiven Teiler von m genau $\{m/d : d \mid m, d > 0\}$ ist. Nun ist $\varphi(m/d)$ die Anzahl der ganzen Zahlen a in der Menge $\{1, \ldots, m/d\}$ mit $\gcd(a, m/d) = 1$. Also ist $\varphi(m/d)$ die Anzahl der ganzen Zahlen b in $\{1, 2, \ldots, m\}$ mit $\gcd(b, m) = d$. Daher ist

$$\sum_{d \mid m, d > 0} \varphi(d) = \sum_{d \mid m, d > 0} |\{b : 1 \leq b \leq m \text{ mit } \gcd(b, m) = d\}|.$$

Es gilt aber

$$\{1, 2, \ldots, m\} = \cup_{d \mid m, d > 0}\{b : 1 \leq b \leq m \text{ mit } \gcd(b, m) = d\}.$$

Da die Mengen auf der rechten Seite paarweise disjunkt sind, folgt daraus die Behauptung.
$$\square$$

2.9 Ordnung von Gruppenelementen

Als nächstes führen wir Elementordnungen und ihre Eigenschaften ein. Dazu sei G eine Gruppe, die multiplikativ geschrieben ist, mit neutralem Element 1.

Definition 2.14 Sei $g \in G$. Wenn es eine natürliche Zahl e gibt mit $g^e = 1$, dann heißt die kleinste solche Zahl *Ordnung* von g in G. Andernfalls sagt man, dass die Ordnung von g in G unendlich ist. Die Ordnung von g in G wird mit $\mathrm{order}_G\, g$ bezeichnet. Wenn es klar ist, um welche Gruppe es sich handelt, schreibt man auch $\mathrm{order}\, g$.

Theorem 2.9 *Sei $g \in G$ und $e \in \mathbb{Z}$. Dann gilt $g^e = 1$ genau dann, wenn e durch die Ordnung von g in G teilbar ist.*

Beweis Sei $n = \mathrm{order}\, g$. Wenn $e = kn$ ist, dann folgt

$$g^e = g^{kn} = (g^n)^k = 1^k = 1.$$

Sei umgekehrt $g^e = 1$. Sei $e = qn + r$ mit $0 \le r < n$. Dann folgt

$$g^r = g^{e-qn} = g^e (g^n)^{-q} = 1.$$

Weil n die kleinste natürliche Zahl ist mit $g^n = 1$, und weil $0 \le r < n$ ist, muss $r = 0$ und damit $e = qn$ sein. Also ist n ein Teiler von e, wie behauptet. □

Korollar 2.1 *Sei $g \in G$ und seien k, l ganze Zahlen. Dann gilt $g^l = g^k$ genau dann, wenn $l \equiv k \bmod \mathrm{order}\, g$ ist.*

Beweis Setze $e = l - k$ und wende Theorem 2.9 an. □

Beispiel 2.18 Wir bestimmen die Ordnung von $2 + 13\mathbb{Z}$ in $(\mathbb{Z}/13\mathbb{Z})^*$. Wir ziehen dazu folgende Tabelle heran.

k	0	1	2	3	4	5	6	7	8	9	10	11	12
$2^k \bmod 13$	1	2	4	8	3	6	12	11	9	5	10	7	1

Man sieht, dass die Ordnung von $2 + 13\mathbb{Z}$ den Wert 12 hat. Diese Ordnung ist gleich der Gruppenordnung von $(\mathbb{Z}/13\mathbb{Z})^*$. Dies stimmt aber nicht für jedes Gruppenelement. Zum Beispiel hat $4 + 13\mathbb{Z}$ die Ordnung 6.

Wir bestimmen noch die Ordnung von Potenzen.

Theorem 2.10 *Ist $g \in G$ von endlicher Ordnung e und ist n eine ganze Zahl, so ist* $\mathrm{order}\, g^n = e/\gcd(e, n)$.

Beweis Es gilt

$$(g^n)^{e/\gcd(e,n)} = (g^e)^{n/\gcd(e,n)} = 1.$$

Nach Theorem 2.9 ist also $e/\gcd(e,n)$ ein Vielfaches der Ordnung von g^n. Gelte

$$1 = (g^n)^k = g^{nk},$$

dann folgt aus Theorem 2.9, dass e ein Teiler von nk ist. Daher ist $e/\gcd(e,n)$ ein Teiler von k, woraus die Behauptung folgt.   □

2.10 Untergruppen

Wir führen Untergruppen ein. Mit G bezeichnen wir eine Gruppe.

Definition 2.15 Eine Teilmenge U von G heißt *Untergruppe* von G, wenn U mit der Verknüpfung von G selbst eine Gruppe ist.

Beispiel 2.19 Für jedes $g \in G$ bildet die Menge $\{g^k : k \in \mathbb{Z}\}$ eine Untergruppe von G. Sie heißt die von g *erzeugte Untergruppe* und wir schreiben $\langle g \rangle$ für diese Untergruppe.

Hat g endliche Ordnung e, dann ist $\langle g \rangle = \{g^k : 0 \le k < e\}$. Ist nämlich x eine ganze Zahl, dann gilt $g^x = g^{x \bmod e}$ nach Korollar 2.1. Aus Korollar 2.1 folgt ebenfalls, dass in diesem Fall e die Ordnung von $\langle g \rangle$ ist.

Beispiel 2.20 Die von $2 + 13\mathbb{Z}$ erzeugte Untergruppe von $(\mathbb{Z}/13\mathbb{Z})^*$ ist gemäß Beispiel 2.18 die ganze Gruppe $(\mathbb{Z}/13\mathbb{Z})^*$. Die von $4 + 13\mathbb{Z}$ erzeugte Untergruppe hat die Ordnung 6. Sie ist $\{k + 13\mathbb{Z} : k = 1, 4, 3, 12, 9, 10\}$.

Definition 2.16 Wenn $G = \langle g \rangle$ für ein $g \in G$ ist, so heißt G *zyklisch* und g heißt *Erzeuger* von G. Die Gruppe G ist dann die von g erzeugte Gruppe.

Beispiel 2.21 Die additive Gruppe $\mathbb{Z}$ ist zyklisch. Sie hat zwei Erzeuger, nämlich 1 und -1.

Theorem 2.11 *Ist G endlich und zyklisch, so hat G genau $\varphi(|G|)$ Erzeuger, und die haben alle die Ordnung $|G|$.*

Beweis Sei $g \in G$ ein Element der Ordnung e. Dann hat die von g erzeugte Gruppe die Ordnung e. Also ist ein Element von G genau dann ein Erzeuger von G, wenn es die Ordnung $|G|$ hat. Wir bestimmen die Anzahl der Elemente der Ordnung $|G|$ von G. Sei g ein Erzeuger von G. Dann ist $G = \{g^k : 0 \le k < |G|\}$. Nach Theorem 2.10 hat ein Element dieser Menge genau dann die Ordnung $|G|$, wenn $\gcd(k, |G|) = 1$ ist. Das bedeutet, dass die Anzahl der Erzeuger von G genau $\varphi(|G|)$ ist.   □

Beispiel 2.22 Weil $2 + 13\mathbb{Z}$ in $(\mathbb{Z}/13\mathbb{Z})^*$ die Ordnung 12 hat, ist $(\mathbb{Z}/13\mathbb{Z})^*$ zyklisch. Unten werden wir beweisen, dass $(\mathbb{Z}/p\mathbb{Z})^*$ immer zyklisch ist, wenn p eine Primzahl ist. Nach Beispiel 2.18 sind die Erzeuger dieser Gruppe die Restklassen $a + 13\mathbb{Z}$ mit $a \in \{2, 6, 7, 11\}$.

Um das nächste Resultat zu beweisen, brauchen wir ein paar Begriffe. Eine Abbildung $f : X \to Y$ heißt *injektiv*, falls aus $f(x) = f(y)$ immer $x = y$ folgt. Zwei verschiedene Elemente aus X können also nie die gleichen Funktionswerte haben. Die Abbildung heißt *surjektiv*, wenn es für jedes Element $y \in Y$ ein Element $x \in X$ gibt mit $f(x) = y$. Die Abbildung heißt *bijektiv*, wenn sie sowohl injektiv als auch surjektiv ist. Eine bijektive Abbildung heißt auch *Bijektion*. Wenn es eine bijektive Abbildung zwischen zwei endlichen Mengen gibt, so haben beide Mengen dieselbe Anzahl von Elementen.

Beispiel 2.23 Betrachte die Abbildung $f : \mathbb{N} \to \mathbb{N}, n \mapsto f(n) = n$. Diese Abbildung ist offensichtlich bijektiv.

Betrachte die Abbildung $f : \mathbb{N} \to \mathbb{N}, n \mapsto f(n) = n^2$. Da natürliche Zahlen paarweise verschiedene Quadrate haben, ist die Abbildung injektiv. Da z.B. 3 kein Quadrat einer natürlichen Zahl ist, ist die Abbildung nicht surjektiv.

Betrachte die Abbildung $f : \{1, 2, 3, 4, 5, 6\} \to \{0, 1, 2, 3, 4, 5\}, n \mapsto f(n) = n$ mod 6. Da die Urbildmenge ein volles Restsystem modulo 6 ist, ist die Abbildung bijektiv.

Wir beweisen den Satz von Lagrange.

Theorem 2.12 *Ist G eine endliche Gruppe, so teilt die Ordnung jeder Untergruppe die Ordnung von G.*

Beweis Sei H eine Untergruppe von G. Wir sagen, dass zwei Elemente a und b aus G äquivalent sind, wenn $a/b = ab^{-1}$ zu H gehört. Dies ist eine Äquivalenzrelation. Es ist nämlich $a/a = 1 \in H$, daher ist die Relation reflexiv. Außerdem folgt aus $a/b \in H$, dass auch das Inverse b/a zu H gehört, weil H eine Gruppe ist. Daher ist die Relation symmetrisch. Ist schließlich $a/b \in H$ und $b/c \in H$, so ist auch $a/c = (a/b)(b/c) \in H$. Also ist die Relation transitiv.

Wir zeigen, dass die Äquivalenzklassen alle die gleiche Anzahl von Elementen haben. Die Äquivalenzklasse von $a \in G$ ist $\{ha : h \in H\}$. Seien a, b zwei Elemente aus G. Betrachte die Abbildung

$$\{ha : h \in H\} \to \{hb : h \in H\}, ha \mapsto hb.$$

Die Abbildung ist injektiv, weil in G die Kürzungsregel gilt. Die Abbildung ist außerdem offensichtlich surjektiv. Daher haben beide Äquivalenzklassen gleich viele Elemente. Es ist damit gezeigt, dass alle Äquivalenzklassen die gleiche Anzahl von Elementen haben. Eine solche Äquivalenzklasse ist aber die Äquivalenzklasse von 1 und die ist H. Die Anzahl der Elemente in den Äquivalenzklassen ist somit $|H|$. Weil G aber die disjunkte Vereinigung aller Äquivalenzklassen ist, ist $|G|$ ein Vielfaches von $|H|$. $\square$

Definition 2.17 Ist H eine Untergruppe von G, so heißt die natürliche Zahl $|G|/|H|$ der *Index* von H in G.

2.11 Der kleine Satz von Fermat

Wir formulieren den berühmten kleinen Satz von Fermat.

Theorem 2.13 *Wenn* $\gcd(a, m) = 1$ *ist, dann folgt* $a^{\varphi(m)} \equiv 1 \bmod m$.

Dieses Theorem eröffnet zum Beispiel eine neue Methode, prime Restklassen zu invertieren. Es impliziert nämlich, dass aus $\gcd(a, m) = 1$ die Kongruenz

$$a^{\varphi(m)-1} \cdot a \equiv 1 \bmod m$$

folgt. Das bedeutet, dass $a^{\varphi(m)-1} + m\mathbb{Z}$ die inverse Restklasse von $a + m\mathbb{Z}$ ist.

Wir beweisen den kleinen Satz von Fermat in einem allgemeineren Kontext. Dazu sei G eine endliche Gruppe der Ordnung $|G|$, die multiplikativ geschrieben ist, mit neutralem Element 1.

Theorem 2.14 *Die Ordnung eines Gruppenelementes teilt die Gruppenordnung.*

Beweis Die Ordnung eines Gruppenelementes g ist die Ordnung der von g erzeugten Untergruppe. Also folgt die Behauptung aus Theorem 2.12. $\qquad\square$

Aus diesem Resultat folgern wir eine allgemeine Version des kleinen Satzes von Fermat.

Korollar 2.2 *Es gilt* $g^{|G|} = 1$ *für jedes* $g \in G$.

Beweis Die Behauptung folgt aus Theorem 2.14 und Theorem 2.9. $\qquad\square$

Da $(\mathbb{Z}/m\mathbb{Z})^*$ eine endliche abelsche Gruppe der Ordnung $\varphi(m)$ ist, folgt Theorem 2.13 aus Korollar 2.2.

2.12 Schnelle Exponentiation

Theorem 2.13 zeigt, dass eine ganze Zahl x mit $x \equiv a^{\varphi(m)-1} \bmod m$ die Kongruenz (2.4) löst. Es ist also nicht nötig, diese Kongruenz durch Anwendung des erweiterten euklidischen Algorithmus zu lösen. Man kann z. B. $x = a^{\varphi(m)-1} \bmod m$ setzen. Soll die neue Methode effizient sein, dann muss man die Potenz schnell berechnen können.

Wir beschreiben jetzt ein Verfahren zur schnellen Berechnung von Potenzen in einem Monoid G. Dieses Verfahren und Varianten davon sind zentral in vielen kryptographischen Algorithmen. Sei $g \in G$ und e eine natürliche Zahl. Sei

$$e = \sum_{i=0}^{k} e_i 2^i.$$

die Binärentwicklung von e. Man beachte, dass die Koeffizienten e_i entweder 0 oder 1 sind. Dann gilt

$$g^e = g^{\sum_{i=0}^{k} e_i 2^i} = \prod_{i=0}^{k} (g^{2^i})^{e_i} = \prod_{0 \le i \le k, e_i = 1} g^{2^i}.$$

Aus dieser Formel gewinnt man die folgende Idee:

1. Berechne die sukzessiven Quadrate g^{2^i}, $0 \le i \le k$.
2. Bestimme g^e als Produkt derjenigen g^{2^i}, für die $e_i = 1$ ist.

Beachte dabei

$$g^{2^{i+1}} = (g^{2^i})^2.$$

Daher kann $g^{2^{i+1}}$ aus g^{2^i} mittels einer Quadrierung berechnet werden. Bevor wir das Verfahren präzise beschreiben und analysieren, erläutern wir es an einem Beispiel. Es zeigt sich, dass der Algorithmus viel effizienter ist als die naive Multiplikationsmethode.

Beispiel 2.24 Wir wollen 6^{73} mod 100 berechnen. Wir schreiben die Binärentwicklung des Exponenten auf:

$$73 = 1 + 2^3 + 2^6.$$

Dann bestimmen wir die sukzessiven Quadrate 6, $6^2 = 36$, $6^{2^2} = 36^2 \equiv -4$ mod 100, $6^{2^3} \equiv 16$ mod 100, $6^{2^4} \equiv 16^2 \equiv 56$ mod 100, $6^{2^5} \equiv 56^2 \equiv 36$ mod 100, $6^{2^6} \equiv -4$ mod 100. Also ist $6^{73} \equiv 6 * 6^{2^3} * 6^{2^6} \equiv 6 * 16 * (-4) \equiv 16$ mod 100. Wir haben nur 6 Quadrierungen und zwei Multiplikationen in $\mathbb{Z}/m\mathbb{Z}$ verwendet, um das Resultat zu berechnen. Hätten wir 6^{73} mod 100 nur durch Multiplikation berechnet, dann hätten wir dazu 72 Multiplikationen modulo 100 gebraucht.

Algorithmus 2.1 ist eine Implementierung der schnellen Exponentiation.

Algorithmus 2.1 (fastExponentiation(g, e))

$r \leftarrow 1$

$b \leftarrow g$

while $e > 0$ **do**

    if e is odd **then**

        $r \leftarrow rb, e \leftarrow e - 1$

    end if

$$b \leftarrow b^2$$

$$e \leftarrow e/2$$

end while

return r

Die Implementierung arbeitet so: In der Variablen `result` ist das Resultat gespeichert, soweit es bisher bestimmt ist. In der Variablen `base` sind die sukzessiven Quadrate gespeichert. Die Quadrate werden eins nach dem anderen ausgerechnet und mit dem Resultat multipliziert, wenn das entsprechende Bit 1 ist.

Die Komplexität des Algorithmus gibt folgender Satz an, der leicht verifiziert werden kann.

Theorem 2.15 `fastExponentiation` *berechnet* g^e *und benötigt dazu höchstens* $\lfloor \log_2 e \rfloor$ *Quadrierungen und Multiplikationen. Der Algorithmus muss nur eine konstante Anzahl von Gruppenelementen speichern.*

Aus Theorem 2.15 und Theorem 2.5 erhalten wir eine Abschätzung für die Zeit, die die Berechnung von Potenzen in der primen Restklassengruppe mod m benötigt.

Korollar 2.3 *Ist* e *eine ganze Zahl und* $a \in \{0, \ldots, m-1\}$, *so erfordert die Berechnung von* a^e mod m *Zeit* $O((\text{size } e)(\text{size } m)^2)$ *und Platz* $O(\text{size } e + \text{size } m)$.

Exponentiation in der primen Restklassengruppe ist also in polynomieller Zeit möglich. Es gibt Varianten des schnellen Exponentiationsalgorithmus, die in [33] und [53] beschrieben sind. Sie sind in unterschiedlichen Situationen effizienter als die Basisvariante.

2.13   Schnelle Auswertung von Potenzprodukten

Angenommen, G ist eine endliche abelsche Gruppe, $g_1, \ldots, g_k$ sind Elemente von G und $e_1, \ldots, e_k$ sind nicht negative ganze Zahlen. Wir wollen das Potenzprodukt

$$A = \prod_{i=1}^{k} g_i^{e_i}$$

berechnen. Dazu brauchen wir die Binärentwicklung der Exponenten e_i. Sie werden auf gleiche Länge normiert. Die Binärentwicklung von e_i sei

$$b_{i,n-1} b_{i,n-2} \ldots b_{i,0}, \quad 1 \le i \le k.$$

Für wenigstens ein i sei $b_{i,n-1}$ ungleich Null. Für $1 \le i \le k$ und $0 \le j < n$ sei $e_{i,j}$ die ganze Zahl mit Binärentwicklung $b_{i,n-1} b_{i,n-2} \ldots b_{i,j}$. Ferner sei $e_{i,n} = 0$ für $1 \le i \le k$.

Dann ist $e_i = e_{i,0}$ für $1 \le i \le k$. Zuletzt setze

$$A_j = \prod_{i=1}^{k} g_i^{e_{i,j}}.$$

Dann ist $A_0 = A$ das gewünschte Potenzprodukt. Wir berechnen iterativ $A_n, A_{n-1}, \ldots,$ $A_0 = A$. Dazu beachten wir, dass

$$e_{i,j} = 2*e_{i,j+1} + b_{i,j}, \quad 1 \le i \le k, 0 \le j < n$$

ist. Daher ist

$$A_j = A_{j+1}^2 \prod_{i=1}^{k} g_i^{b_{i,j}}, \quad 0 \le j < n.$$

Für alle $\vec{b} = (b_1, \ldots, b_k) \in \{0,1\}^k$ wird

$$G_{\vec{b}} = \prod_{i=1}^{k} g_i^{b_i}$$

bestimmt. Dann gilt

$$A_j = A_{j+1}^2 G_{(b_{1,j}, \ldots, b_{k,j})}, \quad 0 \le j < n.$$

Wir analysieren dieses Verfahren. Die Berechnung aller $G_{\vec{b}}, \vec{b} \in \{0,1\}^k$ erfordert $2^k - 2$ Multiplikationen in G. Sind diese ausgeführt, so werden noch $n - 1$ Quadrierungen und Multiplikationen in G benötigt, um A zu berechnen. Damit ist folgendes Resultat bewiesen:

Theorem 2.16 *Sei $k \in \mathbb{N}$, $g_i \in G$, $e_i \in \mathbb{Z}_{\ge 0}$, $1 \le i \le k$ und sei n die maximale binäre Länge der e_i. Dann kann man das Potenzprodukt $\prod_{i=1}^{k} g_i^{e_i}$ mittels $2^k + n - 3$ Multiplikationen und $n - 1$ Quadrierungen bestimmen.*

Das beschriebene Verfahren ist für den Fall $k = 1$ eine andere Methode der schnellen Exponentiation. Während in der Methode aus Abschn. 2.12 die Binärentwicklung des Exponenten von rechts nach links abgearbeitet wird, geht man in dieser Methode die Binärentwicklung von links nach rechts durch.

2.14 Berechnung von Elementordnungen

In kryptographischen Anwendungen braucht man häufig Gruppenelemente großer Ordnung. Wir diskutieren das Problem, die Ordnung eines Elementes g einer endlichen Gruppe G zu berechnen bzw. zu überprüfen, ob eine vorgelegte natürliche Zahl die Ordnung von g ist.

Der folgende Satz zeigt, wie die Ordnung von g berechnet werden kann, wenn die Primfaktorzerlegung

$$|G| = \prod_{p \mid\mid G} p^{e(p)}$$

der Ordnung von G bekannt ist. Wenn diese Primfaktorzerlegung unbekannt ist, kann man die Ordnung nicht so leicht finden. In der Public-Key-Kryptographie kennt man aber die Gruppenordnung und ihre Faktorisierung oft.

Theorem 2.17 *Für jeden Primteiler p von $|G|$ sei $f(p)$ die größte ganze Zahl derart, dass $g^{|G|/p^{f(p)}} = 1$ ist. Dann ist*

$$\operatorname{order} g = \prod_{p \mid\mid G} p^{e(p)-f(p)}. \tag{2.5}$$

Beweis Übung 2.22.   □

Theorem 2.17 kann man unmittelbar in einen Algorithmus verwandeln, der die Ordnung eines Elementes g berechnet.

Beispiel 2.25 Sei G die prime Restklassengruppe modulo 101. Ihre Ordnung ist $100 = 2^2 * 5^2$. Also ist

$$e(2) = e(5) = 2.$$

Wir berechnen die Ordnung von $2 + 101\mathbb{Z}$. Dazu berechnen wir zuerst die Zahlen $f(p)$ aus Theorem 2.17. Es ist

$$2^{2*5^2} \equiv 2^{50} \equiv -1 \bmod 101.$$

Also ist $f(2) = 0$. Weiter ist

$$2^{2^2*5} \equiv 2^{20} \equiv -6 \bmod 101.$$

Also ist $f(5) = 0$. Insgesamt ist also 100 die Ordnung von $2 + 101\mathbb{Z}$. Das bedeutet, dass $\mathbb{Z}/101\mathbb{Z}$ zyklisch ist und $2 + 101\mathbb{Z}$ ein Erzeuger dieser Gruppe ist.

Der Algorithmus bestimmt die Zahlen $f(p)$ für alle Primteiler p von $|G|$. Daraus wird dann die Elementordnung berechnet. Die Implementierung wird dem Leser überlassen.

Als nächstes stellen wir das Problem, zu verifizieren, dass eine vorgelegte Zahl die Ordnung eines Elementes g ist. Das braucht man zum Beispiel, wenn man beweisen will, dass ein vorgelegtes Element die Gruppe erzeugt. Folgendes Resultat ist die Grundlage des Algorithmus. Es ist eine unmittelbare Folge von Theorem 2.17.

Korollar 2.4 *Sei $n \in \mathbb{N}$, und gelte $g^n = 1$ und $g^{n/p} \neq 1$ für jeden Primteiler p von n. Dann ist n die Ordnung von g.*

Ist die Faktorisierung der Ordnung der Gruppe oder sogar der Elementordnung bekannt, so kann man die Elementordnung in Polynomzeit finden bzw. verifizieren. Ist aber keine dieser Faktorisierungen bekannt, so sind diese Aufgaben im Allgemeinen wesentlich schwieriger.

Beispiel 2.26 Wir behaupten, dass 25 die Ordnung der Restklasse $5 + 101\mathbb{Z}$ in der primen Restklassengruppe modulo 101 ist. Tatsächlich ist $5^{25} \equiv 1 \bmod 101$ und $5^5 \equiv -6 \bmod 101$. Also folgt die Behauptung aus Korollar 2.4.

2.15   Der Chinesische Restsatz

Seien $m_1, \ldots, m_n$ natürliche Zahlen, die paarweise teilerfremd sind, und seien $a_1, \ldots, a_n$ ganze Zahlen. Wir erläutern eine Lösungsmethode für folgende *simultane Kongruenz*

$$x \equiv a_1 \bmod m_1, \quad x \equiv a_2 \bmod m_2, \quad \ldots, \quad x \equiv a_n \bmod m_n. \tag{2.6}$$

Setze

$$m = \prod_{i=1}^{n} m_i, \quad M_i = m/m_i, \quad 1 \le i \le n.$$

Wir werden sehen, dass die Lösung der Kongruenz (2.6) modulo m eindeutig ist. Es gilt

$$\gcd(m_i, M_i) = 1, \quad 1 \le i \le n,$$

weil die m_i paarweise teilerfremd sind. Wir benutzen den erweiterten euklidischen Algorithmus, um Zahlen $y_i \in \mathbb{Z}$, $1 \le i \le n$, zu berechnen mit

$$y_i M_i \equiv 1 \bmod m_i, \quad 1 \le i \le n. \tag{2.7}$$

Dann setzen wir

$$x = \left(\sum_{i=1}^{n} a_i y_i M_i \right) \bmod m. \tag{2.8}$$

Wir zeigen, dass x eine Lösung der simultanen Kongruenz (2.6) ist. Aus (2.7) folgt

$$a_i y_i M_i \equiv a_i \bmod m_i, \quad 1 \le i \le n, \tag{2.9}$$

und weil für $j \ne i$ die Zahl m_i ein Teiler von M_j ist, gilt

$$a_j y_j M_j \equiv 0 \bmod m_i, \quad 1 \le i, j \le n, i \ne j. \tag{2.10}$$

Aus (2.8), (2.9) und (2.10) folgt

$$x \equiv a_i y_i M_i + \sum_{j=1, j \ne i}^{n} a_j y_j M_j \equiv a_i \bmod m_i, \quad 1 \le i \le n.$$

Also löst x die Kongruenz (2.6).

Beispiel 2.27 Wir wollen die simultane Kongruenz

$$x \equiv 2 \bmod 4, \quad x \equiv 1 \bmod 3, \quad x \equiv 0 \bmod 5$$

lösen. Also ist $m_1 = 4$, $m_2 = 3$, $m_3 = 5$, $a_1 = 2$, $a_2 = 1$, $a_3 = 0$. Dann ist $m = 60$, $M_1 = 60/4 = 15$, $M_2 = 60/3 = 20$, $M_3 = 60/5 = 12$. Wir lösen $y_1 M_1 \equiv 1 \bmod m_1$, d. h. $-y_1 \equiv 1 \bmod 4$. Die absolut kleinste Lösung ist $y_1 = -1$. Wir lösen $y_2 M_2 \equiv 1 \bmod m_2$, d. h. $-y_2 \equiv 1 \bmod 3$. Die absolut kleinste Lösung ist $y_2 = -1$. Schließlich lösen wir $y_3 M_3 \equiv 1 \bmod m_3$, d. h. $2 y_3 \equiv 1 \bmod 5$. Die kleinste nicht negative Lösung ist $y_3 = 3$. Daher erhalten wir $x \equiv -2 * 15 - 20 \equiv 10 \bmod 60$. Eine Lösung der simultanen Kongruenz ist $x = 10$.

Man beachte, dass in dem beschriebenen Algorithmus die Zahlen y_i und M_i nicht von den Zahlen a_i abhängen. Sind also die Werte y_i und M_i berechnet, dann kann man (2.8) benutzen, um (2.6) für jede Auswahl von Werten a_i zu lösen. Eine Implementierung findet man im Algorithmus 2.2, der die Vorberechnung macht und im Algorithmus 2.15.

Algorithmus 2.2 (CRTPrecomputation($m[\,], n$))

$$M[0] \leftarrow 1$$
for $i = 1, \ldots, n$ **do**
$\quad M[0] \leftarrow M[0] m[i]$
end for
for $i = 1, \ldots, n$ **do**
$\quad M[i] \leftarrow M[0]/m[i]$
$\quad (g, x, y[i]) \leftarrow \text{xEuclid}(M[i], m[i])$
end for
return $y[\,], M[\,]$

Algorithmus 2.3 (CRT($m[\,], a[\,], y[\,], M[\,], n$))

$$x \leftarrow 1$$
for $i = 1, \ldots, n$ **do**
$\quad x \leftarrow (r + a[i] \cdot y[i] \cdot M[i]) \bmod M[0]$
end for
return x

Jetzt wird der *Chinesische Restsatz* formuliert.

Theorem 2.18 *Seien $m_1, \ldots, m_n$ paarweise teilerfremde natürliche Zahlen und seien $a_1, \ldots, a_n$ ganze Zahlen. Dann hat die simultane Kongruenz (2.6) eine Lösung x, die eindeutig ist mod $m = \prod_{i=1}^{n} m_i$.*

Beweis Die Existenz wurde schon bewiesen. Also muss noch die Eindeutigkeit gezeigt werden. Zu diesem Zweck seien x und x' zwei solche Lösungen. Dann gilt $x \equiv x' \bmod m_i$, $1 \leq i \leq n$. Weil die Zahlen m_i paarweise teilerfremd sind, folgt $x \equiv x' \bmod m$. □

Der folgende Satz schätzt den Aufwand zur Konstruktion einer Lösung einer simultanen Kongruenz ab.

Theorem 2.19 *Das Verfahren zur Lösung der simultanen Kongruenz (2.6) kostet Zeit $O((\text{size } m)^2)$ und Platz $O(\text{size } m)$.*

Beweis Die Berechnung von m erfordert nach den Ergebnissen aus Abschn. 1.6.1 Zeit $O(\text{size } m \sum_{i=1}^{n} \text{size } m_i) = O((\text{size } m)^2)$. Die Berechnung aller M_i und y_i und des Wertes x kostet dieselbe Zeit. Das folgt ebenfalls aus den Ergebnissen von Abschn. 1.6.1 und aus Theorem 1.13. Die Platzschranke ist leicht zu verifizieren. □

2.16 Zerlegung des Restklassenrings

Wir benutzen den Chinesischen Restsatz, um den Restklassenring $\mathbb{Z}/m\mathbb{Z}$ zu zerlegen. Diese Zerlegung erlaubt es, anstatt in einem großen Restklassenring $\mathbb{Z}/m\mathbb{Z}$ in vielen kleinen Restklassenringen $\mathbb{Z}/m_i\mathbb{Z}$ zu rechnen. Das ist oft effizienter. Man kann diese Methode zum Beispiel verwenden, um die Entschlüsselung im RSA-Verfahren zu beschleunigen.

Wir definieren das *direkte Produkt von Ringen*.

Definition 2.18 Seien $R_1, R_2, \ldots, R_n$ Ringe. Dann ist ihr *direktes Produkt* $\prod_{i=1}^{n} R_i$ definiert als die Menge aller Tupel $(r_1, r_2, \ldots, r_n) \in R_1 \times \cdots \times R_n$ zusammen mit komponentenweiser Addition und Multiplikation.

Man kann leicht verifizieren, dass $R = \prod_{i=1}^{n} R_i$ aus Definition 2.18 ein Ring ist. Wenn die R_i kommutative Ringe mit Einselementen e_i, $1 \leq i \leq n$, sind, dann ist R ein kommutativer Ring mit Einselement $(e_1, \ldots, e_n)$.

Das direkte Produkt von Gruppen ist entsprechend definiert.

Beispiel 2.28 Sei $R_1 = \mathbb{Z}/2\mathbb{Z}$ und $R_2 = \mathbb{Z}/9\mathbb{Z}$. Dann besteht $R = R_1 \times R_2$ aus allen Paaren $(a + 2\mathbb{Z}, b + 9\mathbb{Z})$, $0 \leq a < 2, 0 \leq b < 9$. Also hat $R = R_1 \times R_2$ genau 18 Elemente. Das Einselement in R ist $(1 + 2\mathbb{Z}, 1 + 9\mathbb{Z})$.

Wir brauchen auch noch den Begriff des Homomorphismus und des Isomorphismus.

Definition 2.19 Seien $(X, \perp_1, \ldots, \perp_n)$ und $(Y, \top_1, \ldots, \top_n)$ Mengen mit jeweils n inneren Verknüpfungen. Eine Abbildung $f : X \to Y$ heißt *Homomorphismus* dieser Strukturen, wenn $f(a \perp_i b) = f(a) \top_i f(b)$ gilt für alle $a, b \in X$ und $1 \leq i \leq n$. Ist die Abbildung bijektiv, so heißt sie *Isomorphismus* dieser Strukturen.

Wenn man einen Isomorphismus zwischen zwei Ringen kennt, den man in beiden Richtungen leicht berechnen kann, dann lassen sich alle Aufgaben in dem einen Ring auch in dem anderen Ring lösen. Dies bringt oft Effizienzvorteile.

Beispiel 2.29 Ist m eine natürliche Zahl, so ist die Abbildung $\mathbb{Z} \to \mathbb{Z}/m\mathbb{Z}, a \mapsto a + m\mathbb{Z}$ ein Ringhomomorphismus.

Ist G eine zyklische Gruppe der Ordnung n mit Erzeuger g, so ist $\mathbb{Z}/n\mathbb{Z} \to G, e + n\mathbb{Z} \mapsto g^e$ ein Isomorphismus von Gruppen (siehe Übung 2.24).

Theorem 2.20 *Seien $m_1, \ldots, m_n$ paarweise teilerfremde ganze Zahlen und sei $m = m_1 m_2 \cdots m_n$. Dann ist die Abbildung*

$$\mathbb{Z}/m\mathbb{Z} \to \prod_{i=1}^{n} \mathbb{Z}/m_i\mathbb{Z}, \quad a + m\mathbb{Z} \mapsto (a + m_1\mathbb{Z}, \ldots, a + m_n\mathbb{Z}) \tag{2.11}$$

ein Isomorphismus von Ringen.

Beweis Beachte zuerst, dass (2.11) wohldefiniert ist. Ist nämlich $a \equiv b \bmod m$, dann folgt $a \equiv b \bmod m_i$ für $1 \leq i \leq n$. Es ist auch leicht, zu verifizieren, dass (2.11) ein Homomorphismus von Ringen ist. Um die Surjektivität zu beweisen, sei $(a_1 + m_1\mathbb{Z}, \ldots, a_n + m_n\mathbb{Z}) \in \prod_{i=1}^{n} \mathbb{Z}/m_i\mathbb{Z}$. Dann folgt aus Theorem 2.18, dass dieses Tupel ein Urbild unter (2.11) hat. Die Injektivität folgt aus der Eindeutigkeit in Theorem 2.18. $\qquad \square$

Theorem 2.20 zeigt, dass man Berechnungen in $\mathbb{Z}/m\mathbb{Z}$ auf Berechnungen in $\prod_{i=1}^{n} \mathbb{Z}/m_i\mathbb{Z}$ zurückführen kann. Man verwandelt dazu eine Restklasse mod m in ein Tupel von Restklassen mod m_i, führt die Berechnung auf dem Tupel aus und benutzt den chinesischen Restsatz, um das Ergebnis wieder in eine Restklasse mod m zu verwandeln. Dies ist z. B. effizienter, wenn die Berechnung mod m_i unter Benutzung von Maschinenzahlen ausgeführt werden kann, während die Berechnungen mod m die Verwendung einer Multiprecision-Arithmetik erfordern würden.

2.17 Bestimmung der Eulerschen φ-Funktion

Jetzt leiten wir eine Formel für die Eulersche φ-Funktion her.

Theorem 2.21 *Seien $m_1, \ldots, m_n$ paarweise teilerfremde natürliche Zahlen und $m = \prod_{i=1}^{n} m_i$. Dann gilt $\varphi(m) = \varphi(m_1)\varphi(m_2) \cdots \varphi(m_n)$.*

Beweis Es folgt aus Theorem 2.20, dass die Abbildung

$$(\mathbb{Z}/m\mathbb{Z})^* \to \prod_{i=1}^{n} (\mathbb{Z}/m_i\mathbb{Z})^*, a + m\mathbb{Z} \mapsto (a + m_1\mathbb{Z}, \ldots, a + m_n\mathbb{Z}) \tag{2.12}$$

ein Isomorphismus von Gruppen ist. Insbesondere ist die Abbildung bijektiv. Daher ist die Anzahl $\varphi(m)$ der Elemente von $(\mathbb{Z}/m\mathbb{Z})^*$ gleich der Anzahl $\prod_{i=1}^{n}\varphi(m_i)$ der Elemente von $\prod_{i=1}^{n}(\mathbb{Z}/m_i\mathbb{Z})^*$. □

Theorem 2.22 *Sei m eine natürliche Zahl und $m = \prod_{p|m} p^{e(p)}$ ihre Primfaktorzerlegung. Dann gilt*

$$\varphi(m) = \prod_{p|m}(p-1)p^{e(p)-1} = m\prod_{p|m}\frac{p-1}{p}.$$

Beweis Nach Theorem 2.21 gilt

$$\varphi(m) = \prod_{p|m}\varphi(p^{e(p)}).$$

Also braucht nur $\varphi(p^e)$ berechnet zu werden, und zwar für eine Primzahl p und eine natürliche Zahl e. Nach Theorem 1.3 hat jedes a in der Menge $\{0, 1, 2, \ldots, p^e - 1\}$ eine eindeutige Darstellung

$$a = a_e + a_{e-1}p + a_{e-2}p^2 + \ldots + a_1 p^{e-1}$$

mit $a_i \in \{0, 1, \ldots, p-1\}$, $1 \leq i \leq e$. Außerdem gilt genau dann $\gcd(a, p^e) = 1$, wenn $a_e \neq 0$ ist. Dies impliziert, dass

$$\varphi(p^e) = (p-1)p^{e-1} = p^e\left(1 - \frac{1}{p}\right).$$

Also ist die Behauptung bewiesen. □

Beispiel 2.30 Es gilt $\varphi(2^m) = 2^{m-1}$, $\varphi(100) = \varphi(2^2 * 5^2) = 2 * 4 * 5 = 40$.

Wenn die Faktorisierung von m bekannt ist, kann $\varphi(m)$ gemäß Theorem 2.22 in Zeit $O((\operatorname{size} m)^2)$ berechnet werden.

2.18 Polynome

Wir wollen in diesem Kapitel noch beweisen, dass für jede Primzahl p die prime Restklassengruppe $(\mathbb{Z}/p\mathbb{Z})^*$ zyklisch von der Ordnung $p - 1$ ist. Dazu brauchen wir Polynome, die wir in diesem Abschnitt kurz einführen. Polynome brauchen wir später auch noch, um endliche Körper einzuführen.

Es sei R ein kommutativer Ring mit Einselement $1 \neq 0$. Ein *Polynom* in einer Variablen über R ist ein Ausdruck

$$f(x) = a_n x^n + a_{n-1} x^{n-1} + \cdots + a_1 x + a_0$$

wobei x die Variable ist und die *Koeffizienten* $a_0, \ldots, a_n$ zu R gehören. Die Menge aller Polynome über R in der Variablen x wird mit $R[x]$ bezeichnet.

Sei $a_n \neq 0$. Dann heißt n der *Grad* des Polynoms. Man schreibt $n = \deg f$ und setzt $\deg(0) = -\infty$. Außerdem heißt a_n der *Leitkoeffizient* oder *führender Koeffizient* von f. Sind alle Koeffizienten außer dem führenden Koeffizienten 0, so heißt f *Monom*.

Beispiel 2.31 Die Polynome $2x^3 + x + 1$, x, 1 liegen in $\mathbb{Z}[x]$. Das erste Polynom hat den Grad 3, das zweite den Grad 1 und das dritte den Grad 0.

Ist $r \in R$, so heißt

$$f(r) = a_n r^n + \cdots + a_0$$

der *Wert* von f an der Stelle r. Ist $f(r) = 0$, so heißt r *Nullstelle* von f.

Beispiel 2.32 Der Wert des Polynoms $2x^3 + x + 1 \in \mathbb{Z}[x]$ an der Stelle -1 ist -2.

Beispiel 2.33 Bezeichne die Elemente von $\mathbb{Z}/2\mathbb{Z}$ mit 0 und 1. Dann ist $x^2 + 1 \in (\mathbb{Z}/2\mathbb{Z})[x]$. Dieses Polynom hat die Nullstelle 1.

Sei

$$g(x) = b_m x^m + \cdots + b_0$$

ein anderes Polynom über R und gelte $n \geq m$. Indem man die fehlenden Koeffizienten auf Null setzt, kann man

$$g(x) = b_n x^n + \cdots + b_0$$

schreiben. Die *Summe* der Polynome f und g ist

$$(f + g)(x) = (a_n + b_n)x^n + \cdots + (a_0 + b_0).$$

Dies ist wieder ein Polynom.

Beispiel 2.34 Ist $g(x) = x^2 + x + 1 \in \mathbb{Z}[x]$ und $f(x) = x^3 + 2x^2 + x + 2 \in \mathbb{Z}[x]$, so ist $(f + g)(x) = x^3 + 3x^2 + 2x + 3$.

Die Addition von f und g benötigt $O(\max\{\deg f, \deg g\} + 1)$ Additionen in R. Das *Produkt* der Polynome f und g ist

$$(fg)(x) = c_{n+m} x^{n+m} + \cdots + c_0$$

wobei

$$c_k = \sum_{i=0}^{k} a_i b_{k-i}, \quad 0 \le k \le n+m$$

ist. Auch hierin sind die nicht definierten Koeffizienten a_i und b_i auf 0 gesetzt.

Beispiel 2.35 Sei $f(x) = x^2 + x + 1 \in \mathbb{Z}[x]$ und $g(x) = x^3 + 2x^2 + x + 2 \in \mathbb{Z}[x]$. Dann ist $(fg)(x) = (x^2 + x + 1)(x^3 + 2x^2 + x + 2) = x^5 + (2+1)x^4 + (1+2+1)x^3 + (2+1+2)x^2 + (2+1)x + 2 = x^5 + 3x^4 + 4x^3 + 5x^2 + 3x + 2$.

Wir schätzen die Anzahl der Operationen ab, die zur Multiplikation von f und g verwandt werden. Es werden alle Produkte $a_i b_j$, $0 \le i \le \deg f$, $0 \le j \le \deg g$ gebildet. Dies sind $(\deg f + 1)(\deg g + 1)$ Multiplikationen. Dann werden diejenigen Produkte $a_i b_j$ addiert, für die $i + j$ den gleichen Wert hat. Diese Summe bildet den Koeffizienten von x^{i+j}. Da jedes Produkt in genau einer Summe vorkommt, sind dies höchstens $(\deg f + 1)(\deg g + 1)$ Additionen. Insgesamt braucht man also zur Multiplikation von f und g $O((\deg f + 1)(\deg g + 1))$ Additionen und Multiplikationen in R. Schnellere Polynomoperationen mit Hilfe der schnellen Fouriertransformation werden in [3] beschrieben. Siehe auch [39].

Man sieht leicht ein, dass $(R[x], +, \cdot)$ ein kommutativer Ring mit Einselement 1 ist.

2.19 Polynome über Körpern

Sei K ein Körper. Dann ist der Polynomring $K[x]$ nullteilerfrei. Folgende Regel kann man leicht verifizieren.

Lemma 2.2 *Sind $f, g \in K[x]$, $f, g \ne 0$, dann gilt $\deg(fg) = \deg f + \deg g$.*

Wie im Ring der ganzen Zahlen ist im Polynomring $K[x]$ die Division mit Rest möglich.

Theorem 2.23 *Seien $f, g \in K[x]$, $g \ne 0$. Dann gibt es eindeutig bestimmte Polynome $q, r \in K[x]$ mit $f = qg + r$ und $r = 0$ oder $\deg r < \deg g$.*

Beweis Ist $f = 0$, so setze $q = r = 0$. Sei also $f \ne 0$. Ist $\deg g > \deg f$, so setze $q = 0$ und $r = f$. Wir nehmen also weiter an, dass $\deg g \le \deg f$ ist.

Wir beweisen die Existenz von q und r durch Induktion über den Grad von f.

Ist $\deg f = 0$, dann ist $\deg g = 0$. Also sind $f, g \in K$ und man kann $q = f/g$ und $r = 0$ setzen.

Sei $\deg f = n > 0$, $\deg g = m$, $n \ge m$ und

$$f(x) = a_n x^n + \cdots + a_0, \quad g(x) = b_m x^m + \cdots + b_0.$$

Setze

$$f_1 = f - a_n/b_m x^{n-m} g.$$

Entweder ist $f_1 = 0$ oder $\deg f_1 < \deg f$. Nach Induktionsvoraussetzung gibt es Polynome q_1 und r mit $f_1 = q_1 g + r$ und $r = 0$ oder $\deg r < \deg g$. Daraus folgt

$$f = (a_n/b_m x^{n-m} + q_1)g + r.$$

Die Polynome $q = a_n/b_m x^{n-m} + q_1$ und r von oben erfüllen die Behauptung.

Jetzt beweisen wir noch die Eindeutigkeit. Seien $f = qg + r = q'g + r'$ zwei Darstellungen wie im Satz. Dann ist $(q - q')g = r' - r$. Ist $r = r'$, so ist $q = q'$, weil $g \neq 0$ und $K[x]$ nullteilerfrei ist. Ist $r \neq r'$, so ist $q - q' \neq 0$ und wegen $\deg g > \deg r$ und $\deg g > \deg r'$ gilt nach Lemma 2.2 auch $\deg(q - q')g > \deg(r' - r)$. Dies kann aber nicht sein, weil $(q - q')g = r' - r$ ist.   □

In der Situation von Theorem 2.23 nennt man q den *Quotienten* und r den *Rest* der Division von f durch g und man schreibt $r = f \bmod g$.

Aus dem Beweis von Theorem 2.23 erhält man einen Algorithmus, der es ermöglicht, ein Polynom f durch ein anderes Polynom g mit Rest zu dividieren. Man setzt zuerst $r = f$ und $q = 0$. Solange $r \neq 0$ und $\deg r \geq \deg g$ ist, setzt man $h(x) = (a/b)x^{\deg r - \deg g}$, wobei a der höchste Koeffizient von r und b der höchste Koeffizient von g ist. Dann ersetzt man r durch $r - hg$ und q durch $q + h$. Sobald $r = 0$ oder $\deg r < \deg g$ ist, gibt man den Quotienten q und den Rest r aus. Dies wird im folgenden Beispiel illustriert.

Beispiel 2.36 Sei $K = \mathbb{Z}/2\mathbb{Z}$ der Restklassenring mod 2. Dieser Ring ist ein Körper. Die Elemente werden durch ihre kleinsten nicht negativen Vertreter dargestellt. Wir schreiben also $\mathbb{Z}/2\mathbb{Z} = \{0, 1\}$.

Sei

$$f(x) = x^3 + x + 1, \quad g(x) = x^2 + x.$$

Wir dividieren f mit Rest durch g. Wir setzen also zuerst $r = f$ und $q = 0$. Dann eliminieren wir x^3 in r. Wir setzen $h(x) = x$ und ersetzen r durch $r - hg = x^3 + x + 1 - x(x^2 + x) = x^2 + x + 1$ und q durch $q + h = x$. Danach ist $\deg r = \deg g$. Der Algorithmus benötigt also noch eine Iteration. Wieder eliminieren wir den höchsten Koeffizienten in r. Dazu setzen wir $h(x) = 1$ und ersetzen r durch $r - hg = 1$ und q durch $q + h = x + 1$. Da nun $0 = \deg r < \deg g = 2$ ist, sind wir fertig und haben den Quotienten $q = x + 1$ und den Rest $r = 1$ berechnet.

Wir schätzen die Anzahl der Operationen in K ab, die man für die Division mit Rest von f durch g braucht. Die Berechnung eines Monoms h erfordert eine Operation in K. Die Anzahl der Monome h ist höchstens $\deg q + 1$, weil deren Grade streng monoton fallen und ihre Summe gerade q ist. Jedesmal, wenn h berechnet ist, muss man $r - hg$ berechnen. Die Berechnung von hg erfordert $\deg g + 1$ Multiplikationen in K. Der Grad der Polynome r und hg ist derselbe und die Anzahl der von Null verschiedenen Koeffizienten in hg ist höchstens $\deg g + 1$. Daher erfordert die Berechnung von $r - hg$

höchstens $\deg g + 1$ Additionen in K. Insgesamt erfordert die Division mit Rest höchstens $O((\deg g + 1)(\deg q + 1))$ Operationen in K.

Theorem 2.24 *Sind* $f, g \in K[x]$ *mit* $g \neq 0$, *so kann man* f *mit Rest durch* g *unter Verwendung von* $O((\deg g + 1)(\deg q + 1))$ *Operationen in* K *dividieren, wobei* q *der Quotient der Division ist.*

Aus Theorem 2.23 erhält man folgende Konsequenzen.

Korollar 2.5 *Ist* f *ein von Null verschiedenes Polynom in* $K[x]$ *und ist* a *eine Nullstelle von* f, *dann ist* $f = (x - a)q$ *mit* $q \in K[x]$, *d. h.* f *ist durch das Polynom* $x - a$ *teilbar.*

Beweis Nach Theorem 2.23 gibt es Polynome $q, r \in K[x]$ mit $f = (x - a)q + r$ und $r = 0$ oder $\deg r < 1$. Daraus folgt $0 = f(a) = r$, also $f = (x - a)q$. □

Beispiel 2.37 Das Polynom $x^2 + 1 \in (\mathbb{Z}/2\mathbb{Z})[x]$ hat die Nullstelle 1 und es gilt $x^2 + 1 = (x - 1)^2$.

Korollar 2.6 *Ein Polynom* $f \in K[x]$, $f \neq 0$, *hat höchstens* $\deg f$ *viele Nullstellen.*

Beweis Wir beweisen die Behauptung durch Induktion über $n = \deg f$. Für $n = 0$ ist die Behauptung wahr, weil $f \in K$ und $f \neq 0$ ist. Sei $n > 0$. Wenn f keine Nullstelle hat, dann ist die Behauptung wahr. Wenn f aber eine Nullstelle a hat, dann gilt nach Korollar 2.5 $f = (x - a)q$ und $\deg q = n - 1$. Nach Induktionsvoraussetzung hat q höchstens $n - 1$ Nullstellen. Weil K keine Nullteiler enthält, hat f also höchstens n Nullstellen. □

Wir zeigen in folgendem Beispiel, dass Korollar 2.6 wirklich nur eine obere Schranke liefert, die keineswegs immer angenommen wird.

Beispiel 2.38 Das Polynom $x^2 + x \in (\mathbb{Z}/2\mathbb{Z})[x]$ hat die Nullstellen 0 und 1 in $\mathbb{Z}/2\mathbb{Z}$. Mehr Nullstellen kann es auch nach Korollar 2.6 nicht haben.

Das Polynom $x^2 + 1 \in (\mathbb{Z}/2\mathbb{Z})[x]$ hat die einzige Nullstelle 1 in $\mathbb{Z}/2\mathbb{Z}$. Nach Korollar 2.6 könnte es aber 2 Nullstellen haben.

Das Polynom $x^2 + x + 1 \in (\mathbb{Z}/2\mathbb{Z})[x]$ hat keine Nullstellen in $\mathbb{Z}/2\mathbb{Z}$. Nach Korollar 2.6 könnte es aber 2 Nullstellen haben.

2.20 Konstruktion endlicher Körper

In diesem Abschnitt beschreiben wir, wie man zu jeder Primzahl p und jeder natürlichen Zahl n einen endlichen Körper mit p^n Elementen konstruieren kann. Dieser Körper ist bis auf Isomorphie eindeutig bestimmt und wird mit GF(p^n) bezeichnet. Die Abkürzung GF steht für *galois field*. Das ist die englische Bezeichnung für endliche Körper. Aus

Theorem 2.4 wissen wir bereits, dass $\mathbb{Z}/p\mathbb{Z}$ ein Körper mit p Elementen ist. Er wird mit GF(p) bezeichnet. Die Primzahl p heißt *Charakteristik* des Körpers GF(p^n). Der Körper GF(p) heißt *Primkörper*. Die Konstruktion ist mit der Konstruktion des Körpers $\mathbb{Z}/p\mathbb{Z}$ für eine Primzahl p eng verwandt. Wir werden die Konstruktion nur skizzieren. Details und Beweise findet man z. B. in [52].

Sei p eine Primzahl, sei n eine natürliche Zahl und sei f ein Polynom mit Koeffizienten in $\mathbb{Z}/p\mathbb{Z}$ vom Grad n. Das Polynom muss *irreduzibel* sein, d. h. es darf nicht als Produkt $f = gh$ geschrieben werden können, wobei g und h Polynome in $(\mathbb{Z}/p\mathbb{Z})[X]$ sind, deren Grad größer als Null ist. Polynome, die nicht irreduzibel sind heißen *reduzibel*.

Beispiel 2.39 Sei $p = 2$.

Das Polynom $f(X) = X^2 + X + 1$ ist irreduzibel in $(\mathbb{Z}/2\mathbb{Z})[X]$. Wäre f reduzibel, müsste f nach Lemma 2.2 Produkt von zwei Polynomen vom Grad eins aus $(\mathbb{Z}/2\mathbb{Z})[X]$ sein. Dann hätte f also eine Nullstelle in $\mathbb{Z}/2\mathbb{Z}$. Es ist aber $f(0) \equiv f(1) \equiv 1 \bmod 2$. Also ist f irreduzibel.

Das Polynom $f(X) = X^2 + 1$ ist reduzibel in $(\mathbb{Z}/2\mathbb{Z})[X]$, denn es gilt $X^2 + 1 \equiv (X + 1)^2 \bmod 2$.

Die Elemente des endlichen Körpers, der nun konstruiert wird, sind Restklassen mod f. Die Konstruktion dieser Restklassen entspricht der Konstruktion von Restklassen in $\mathbb{Z}$. Die Restklasse des Polynoms $g \in (\mathbb{Z}/p\mathbb{Z})[X]$ besteht aus allen Polynomen h in $(\mathbb{Z}/p\mathbb{Z})[X]$, die sich von g nur durch ein Vielfaches von f unterscheiden, für die also $g - h$ durch f teilbar ist. Wir schreiben $g + f(\mathbb{Z}/p\mathbb{Z})[X]$ für diese Restklasse, denn es gilt

$$g + f(\mathbb{Z}/p\mathbb{Z})[X] = \{g + hf : h \in (\mathbb{Z}/p\mathbb{Z})[X]\}.$$

Nach Theorem 2.23 gibt es in jeder Restklasse mod f einen eindeutig bestimmten Vertreter, der entweder Null ist oder dessen Grad kleiner als der Grad von f ist. Diesen Vertreter kann man durch Division mit Rest bestimmen. Will man also feststellen, ob die Restklassen zweier Polynome gleich sind, so kann man jeweils diesen Vertreter berechnen und vergleichen. Sind sie gleich, so sind die Restklassen gleich. Sind sie verschieden, so sind die Restklassen verschieden.

Die Anzahl der verschiedenen Restklassen mod f ist p^n. Das liegt daran, dass die Restklassen aller Polynome, deren Grad kleiner n ist, paarweise verschieden sind und dass jede Restklasse mod f einen Vertreter enthält, dessen Grad kleiner als n ist.

Beispiel 2.40 Die Restklassen in $(\mathbb{Z}/2\mathbb{Z})[X]$ mod $f(X) = X^2 + X + 1$ sind $f(\mathbb{Z}/2\mathbb{Z})$, $1 + f(\mathbb{Z}/2\mathbb{Z})$, $X + f(\mathbb{Z}/2\mathbb{Z})$, $X + 1 + f(\mathbb{Z}/2\mathbb{Z})$.

Sind $g, h \in (\mathbb{Z}/p\mathbb{Z})[X]$, dann ist die Summe der Restklassen von g und h mod f definiert als die Restklasse von $g + h$. Das Produkt der Restklassen von g und h ist die Restklasse des Produkts von g und h. Mit dieser Addition und Multiplikation ist die Menge der Restklassen mod f ein kommutativer Ring mit Einselement $1 + f(\mathbb{Z}/p\mathbb{Z})[X]$.

Tab. 2.2 Addition in GF(4)

+	0	1	α	$\alpha + 1$
0	0	1	α	$\alpha + 1$
1	1	0	$\alpha + 1$	α
α	α	$\alpha + 1$	0	1
$\alpha + 1$	$\alpha + 1$	α	1	0

Tab. 2.3 Multiplikation in GF(4)

*	1	α	$\alpha + 1$
1	1	α	$\alpha + 1$
α	α	$\alpha + 1$	1
$\alpha + 1$	$\alpha + 1$	1	α

Beispiel 2.41 Sei $p = 2$ und $f(X) = X^2 + X + 1$.

Die Restklassen mod f sind die Restklassen der Polynome 0, 1, X und $X + 1$ mod f. In Tab. 2.2 und Tab. 2.3 geben wir die Additions- und Multiplikationstabelle dieser Restklassen an. Dabei bezeichnet α die Restklasse $X + f(\mathbb{Z}/2\mathbb{Z})[X]$. Man beachte, dass α eine Nullstelle von f in GF(4) ist, also $\alpha^2 + \alpha + 1 = 0$ gilt.

Weil f irreduzibel ist, ist der Restklassenring mod f sogar ein Körper. In Beispiel 2.41 sieht man, dass alle von Null verschiedenen Restklassen mod f ein multiplikatives Inverses besitzen. Das ist auch allgemein richtig. Soll die Restklasse eines Polynoms $g \in (\mathbb{Z}/p\mathbb{Z})[X]$ invertiert werden, verwendet man ein Analogon des erweiterten euklidischen Algorithmus, um ein Polynom $r \in (\mathbb{Z}/p\mathbb{Z})[X]$ zu bestimmen, das $gr + fs = 1$ für ein Polynom $s \in (\mathbb{Z}/p\mathbb{Z})[X]$ erfüllt. Dann ist die Restklasse von r das Inverse der Restklasse von g. Das geht also genauso, wie Invertieren in $\mathbb{Z}/p\mathbb{Z}$. Ist f nicht irreduzibel, so kann man nicht alle von Null verschiedenen Restklassen invertieren. Man erhält dann durch die beschriebene Konstruktion einen Ring, der im Allgemeinen nicht nullteilerfrei ist.

Beispiel 2.42 Sei $p = 2$ und sei $f(X) = x^8 + x^4 + x^3 + x + 1$. Dieses Polynom ist irreduzibel in $(\mathbb{Z}/2\mathbb{Z})[X]$ (siehe Übung 2.26). Sei α die Restklasse von X mod f. Wir bestimmen das Inverse von $\alpha + 1$. Hierzu wenden wir den erweiterten euklidischen Algorithmus an. Es gilt

$$f(X) = (X + 1)q(X) + 1$$

mit

$$q(X) = X^7 + X^6 + X^5 + X^4 + X^2 + X.$$

Wie in Beispiel 1.33 bekommt man folgende Tabelle

k	0	1	2	3
r_k	f	$X + 1$	1	0
q_k		$q(X)$	$X + 1$	
x_k	1	0	1	$X^8 + X^4 + X^3$
y_k	0	1	$q(X)$	$X \cdot q(X)$

Es gilt also

$$f(X) - q(X)(X + 1) = 1.$$

Daher ist die Restklasse von $q(X)$, also $\alpha^7 + \alpha^6 + \alpha^5 + \alpha^4 + \alpha^2 + \alpha$, das Inverse von $\alpha + 1$.

Konstruiert man auf diese Weise Körper für verschiedene Polynome vom Grad n, so sind diese Körper isomorph, also nicht wirklich verschieden.

Da es für jede natürliche Zahl n ein irreduzibles Polynom in $(\mathbb{Z}/p\mathbb{Z})[X]$ vom Grad n gibt, existiert auch der Körper GF(p^n) für alle p und n.

2.21   Struktur der Einheitengruppe endlicher Körper

Wir untersuchen jetzt die Einheitengruppe K^* eines endlichen Körpers K, also eines Körpers mit endlich vielen Elementen. Wir beweisen, dass diese Gruppe immer zyklisch ist. Daher ist sie für die Kryptographie besonders interessant, weil dort Gruppen mit Elementen hoher Ordnung benötigt werden. Wir kennen bereits die endlichen Körper $\mathbb{Z}/p\mathbb{Z}$ für Primzahlen p. Ihre Einheitengruppe hat die Ordnung $p-1$. Später werden wir noch andere endliche Körper kennenlernen.

Allgemein hat die Einheitengruppe K^* eines Körpers K mit q Elementen die Ordnung $q - 1$, weil alle Elemente außer der Null Einheiten sind.

Theorem 2.25 *Sei K ein endlicher Körper mit q Elementen. Dann gibt es für jeden Teiler d von $q - 1$ genau $\varphi(d)$ Elemente der Ordnung d in der Einheitengruppe K^*.*

Beweis Sei d ein Teiler von $q - 1$. Bezeichne mit $\psi(d)$ die Anzahl der Elemente der Ordnung d in K^*.

Angenommen, $\psi(d) > 0$. Wir zeigen, dass unter dieser Voraussetzung $\psi(d) = \varphi(d)$ gilt. Später beweisen wir dann, dass tatsächlich $\psi(d) > 0$ gilt. Sei a ein Element der Ordnung d in K^*. Die Potenzen a^e, $0 \le e < d$, sind paarweise verschieden und alle Nullstellen des Polynoms $x^d - 1$. Im Körper K gibt es nach Korollar 2.6 höchstens d Nullstellen dieses Polynoms. Das Polynom besitzt also genau d Nullstellen und sie sind die Potenzen von a. Nun ist aber jedes Element von K der Ordnung d eine Nullstelle von $x^d - 1$ und daher eine Potenz von a. Aus Theorem 2.10 folgt, dass a^e genau dann die Ordnung d hat, wenn $\gcd(d, e) = 1$ ist. Also haben wir bewiesen, dass aus $\psi(d) > 0$ folgt, dass $\psi(d) = \varphi(d)$ ist.

Wir zeigen nun, dass $\psi(d) > 0$ ist. Angenommen, $\psi(d) = 0$ für einen Teiler d von $q - 1$. Dann gilt

$$q - 1 = \sum_{d \mid q-1} \psi(d) < \sum_{d \mid q-1} \varphi(d).$$

Dies widerspricht Theorem 2.8.   □

Beispiel 2.43 Betrachte den Körper $\mathbb{Z}/13\mathbb{Z}$. Seine Einheitengruppe hat die Ordnung 12. In dieser Gruppe gibt es ein Element der Ordnung 1, ein Element der Ordnung 2, zwei Elemente der Ordnung 3, zwei Elemente der Ordnung 4, zwei Elemente der Ordnung 6 und vier Elemente der Ordnung 12. Insbesondere ist diese Gruppe also zyklisch und hat vier Erzeuger.

Ist K ein endlicher Körper mit q Elementen, so gibt es nach Theorem 2.25 genau $\varphi(q - 1)$ Elemente der Ordnung $q - 1$. Daraus ergibt sich folgendes:

Korollar 2.7 *Ist K ein endlicher Körper mit q Elementen, so ist die Einheitengruppe K^* zyklisch von der Ordnung $q - 1$. Sie hat genau $\varphi(q - 1)$ Erzeuger.*

2.22   Struktur der primen Restklassengruppe nach einer Primzahl

Sei p eine Primzahl. In Korollar 2.7 haben wir folgendes Resultat bewiesen:

Korollar 2.8 *Die prime Restklassengruppe mod p ist zyklisch von der Ordnung $p - 1$.*

Eine ganze Zahl a, für die die Restklasse $a + p\mathbb{Z}$ die prime Restklassengruppe $(\mathbb{Z}/p\mathbb{Z})^*$ erzeugt, heißt *Primitivwurzel* mod p.

Beispiel 2.44 Für $p = 13$ ist $p - 1 = 12$. Aus Theorem 2.22 folgt, dass $\varphi(12) = 4$. Also gibt es vier Primitivwurzeln mod 13, nämlich $2, 6, 7$ und 11.

Wir diskutieren die Berechnung von Primitivwurzeln modulo einer Primzahl p. Wir haben in Theorem 2.7 gesehen, dass es $\varphi(p - 1)$ Primitivwurzeln mod p gibt. Nun gilt

$$\varphi(n) \geq n/(6 \ln \ln n)$$

für jede natürliche Zahl $n \geq 5$ (siehe [62]). Der Beweis dieser Ungleichung sprengt den Rahmen dieses Buches. Also ist die Anzahl der Erzeuger einer zyklischen Gruppe der Ordnung n wenigstens $\lceil n/(6 \ln \ln n) \rceil$. Wenn $n = 2 * q$ mit einer Primzahl q ist, dann ist die Anzahl der Erzeuger sogar $q - 1$. Fast die Hälfte aller Gruppenelemente erzeugen also die Gruppe. Wenn man also zufällig eine natürliche Zahl g mit $1 \leq g \leq p - 1$ wählt, hat man eine gute Chance, eine Primitivwurzel mod p zu finden. Das Problem ist nur, zu verifizieren, dass man tatsächlich eine solche Primitivwurzel gefunden hat. Aus Korollar 2.4 kennen wir ein effizientes Verfahren, um zu überprüfen, ob g eine Primitivwurzel mod p ist, wenn wir $p - 1$ faktorisieren können. In dem besonders einfachen Fall $p - 1 = 2q$ mit einer Primzahl q brauchen wir nur zu testen, ob $g^2 \equiv 1 \bmod p$ oder $g^q \equiv 1 \bmod p$ ist. Wenn diese beiden Kongruenzen nicht erfüllt sind, ist g eine Primitivwurzel mod p.

Beispiel 2.45 Sei $p = 23$. Dann ist $p - 1 = 22 = 11 * 2$. Um zu prüfen, ob eine ganze Zahl g eine Primitivwurzel modulo 23 ist, muss man verifizieren, dass $g^2 \bmod 23 \neq 1$ ist und dass $g^{11} \bmod 23 \neq 1$ ist. Hier ist eine Tabelle mit den entsprechenden Resten für die Primzahlen zwischen 2 und 17.

g	2	3	5	7	11	13	17
$g^2 \bmod 23$	4	9	2	3	6	8	13
$g^{11} \bmod 23$	1	1	-1	-1	-1	1	-1

Es zeigt sich, dass 5, 7, 11, 17 Primitivwurzeln mod 23 sind und dass 2, 3, 13 keine Primitivwurzeln mod 23 sind.

2.23   Quadratische Reste

In diesem Abschnitt sei p eine Primzahl. Wir definieren quadratische Reste.

Definition 2.20 Ein *quadratischer Rest* modulo p ist eine zu p teilerfremde ganze Zahl, für die die Kongruenz $a \equiv x^2 \bmod p$ eine Lösung $x \in \mathbb{Z}$ hat. Eine zu p teilerfremde ganze Zahl, die kein quadratischer Rest modulo p ist, heißt *quadratischer Nichtrest* modulo p.

Wir definieren auch noch das Legendre-Symbol.

Definition 2.21 Für jede ganze Zahl a ist das Legendre-Symbol $\left(\frac{a}{p}\right)$ folgendermaßen definiert:

$$\left(\frac{a}{p}\right) = \begin{cases} 0 & \text{falls } p \,|\, a, \\ 1 & \text{falls } a \text{ ein quadratischer Rest modulo } p \text{ ist,} \\ -1 & \text{falls } a \text{ ein quadratischer Nichtrest modulo } p \text{ ist.} \end{cases}$$

Als nächstes beweisen wir das *Eulersche Kriterium* dafür, dass eine zu p teilerfremde Zahl ein quadratischer Rest modulo p ist.

Theorem 2.26 *Sei a eine zu p teilerfremde Zahl. Dann ist* $\left(\frac{a}{p}\right) \equiv a^{(p-1)/2} \bmod p$.

Beweis Sei a ein quadratischer Rest modulo p, also $a \equiv x^2 \bmod p$ für eine ganze Zahl x. Dann ist x ebenfalls teilerfremd zu p und es gilt nach Satz 2.13, dass $a^{(p-1)/2} \equiv x^{p-1} \equiv 1 \bmod p$.

Sei a ein quadratischer Nichtrest modulo p und sei g eine Primitivwurzel modulo p. Dann ist a eine ungerade Potenz von g modulo p, also $a \equiv g^{2k+1} \bmod p$ für eine natürliche Zahl k. Also gilt $a^{(p-1)/2} \equiv g^{k(p-1)}g^{(p-1)/2} \equiv g^{(p-1)/2} \equiv -1 \bmod p$. $\square$

Das Euler-Kriterium führt auch zu einen Algorithmus, der effizient prüft, ob eine zu p teilerfremde Zahl a ein quadratischer Rest modulo p ist oder nicht. Man muss nur mit schneller Exponentiation ausrechnen, ob $a^{(p-1)/2} \equiv 1 \bmod p$ ist. Nutzt man das quadratische Reziprozitätsgesetz aus (siehe [4]), kann das Legendre-Symbol noch schneller berechnet werden.

Wir geben auch die Anzahl der quadratischen Reste modulo p an.

Theorem 2.27 *Die Anzahl der quadratischen Reste modulo p in $\mathbb{Z}_p$ ist $(p-1)/2$.*

Beweis Sei g eine Primitivwurzel modulo p. Dann sind die primen Reste modulo p die Zahlen $g^k \bmod p$, $0 \le k \le p-2$. Eine solche Potenz ist genau dann ein quadratischer Rest, wenn der Exponent k gerade ist. Da es im Intervall $[0, p-2]$ genau $(p-1)/2$ gerade Zahlen gibt, folgt die Behauptung. □

Beispiel 2.46 Wir betrachten die prime Restklassengruppe modulo 7. Die folgende Tabelle zeigt, dass $1, 2, 4$ die quadratischen Reste modulo 7 in $\mathbb{Z}_7$ sind. Das sind genau drei, wie von Theorem 2.27 vorhergesagt.

a	1	2	3	4	5	6
$a^{(p-1)/2} \bmod p$	1	1	−1	1	−1	−1
$a^2 \bmod 7$	1	4	2	2	4	1

2.24 Übungen

Übung 2.1 Beweisen Sie die Potenzgesetze für Halbgruppen und Gruppen.

Übung 2.2 Bestimmen Sie alle Halbgruppen, die man durch Definition einer Operation auf $\{0, 1\}$ erhält.

Übung 2.3 Zeigen Sie, dass es in einer Halbgruppe höchstens ein neutrales Element geben kann.

Übung 2.4 Welche der Halbgruppen aus Übung 2.2 sind Monoide? Welche sind Gruppen?

Übung 2.5 Zeigen Sie, dass in einem Monoid jedes Element höchstens ein Inverses haben kann.

Übung 2.6 Sei n ein positiver Teiler einer positiven Zahl m. Beweisen Sie, dass die Abbildung $\mathbb{Z}/m\mathbb{Z} \to \mathbb{Z}/n\mathbb{Z}$, $a + m\mathbb{Z} \mapsto a + n\mathbb{Z}$ ein surjektiver Ringhomomorphismus ist.

Übung 2.7 Zeigen Sie an einem Beispiel, dass die Kürzungsregel in der Halbgruppe $(\mathbb{Z}/m\mathbb{Z}, \cdot)$ im Allgemeinen nicht gilt.

Übung 2.8 Bestimmen Sie die Einheitengruppe und die Nullteiler des Rings $\mathbb{Z}/16\mathbb{Z}$.

Übung 2.9 Zeigen Sie, dass die invertierbaren Elemente eines kommutativen Rings mit Einselement eine Gruppe bilden.

Übung 2.10 Lösen Sie $122x \equiv 1 \bmod 343$.

Übung 2.11 Beweisen Sie, dass die Kongruenz $ax \equiv b \bmod m$ genau dann lösbar ist, wenn $\gcd(a, m)$ ein Teiler von b ist. Im Falle der Lösbarkeit bestimmen Sie alle Lösungen.

Übung 2.12 Sei $d_1 d_2 \ldots d_k$ die Dezimalentwicklung einer positiven ganzen Zahl d. Beweisen Sie, dass d genau dann durch 11 teilbar ist, wenn $\sum_{i=1}^{k}(-1)^{k-i}$ durch 11 teilbar ist.

Übung 2.13 Bestimmen Sie alle invertierbaren Restklassen modulo 25 und berechnen Sie alle Inverse.

Übung 2.14 Das kleinste gemeinsame Vielfache zweier von Null verschiedener ganzer Zahlen a, b ist die kleinste natürliche Zahl k, die sowohl ein Vielfaches von a als auch ein Vielfaches von b ist. Es wird mit $\mathrm{lcm}(a, b)$ bezeichnet. Dabei steht lcm für least common multiple.

1. Beweisen Sie Existenz und Eindeutigkeit von $\mathrm{lcm}(a, b)$.
2. Wie kann $\mathrm{lcm}(a, b)$ mit dem euklidischen Algorithmus berechnet werden?

Übung 2.15 Seien X und Y endliche Mengen und $f : X \to Y$ eine Bijektion. Zeigen Sie, dass X und Y gleich viele Elemente besitzen.

Übung 2.16 Berechnen Sie die von $2 + 17\mathbb{Z}$ in $(\mathbb{Z}/17\mathbb{Z})^*$ erzeugte Untergruppe.

Übung 2.17 Berechnen Sie die Ordnung von $2 \bmod 1237$.

Übung 2.18 Bestimmen Sie die Ordnung aller Elemente in $(\mathbb{Z}/15\mathbb{Z})^*$.

Übung 2.19 Berechnen Sie $2^{20} \bmod 7$.

Übung 2.20 Sei G eine endliche zyklische Gruppe. Zeigen Sie, dass es für jeden Teiler d von $|G|$ genau eine Untergruppe von G der Ordnung d gibt.

Übung 2.21 Sei p eine Primzahl, $p \equiv 3 \bmod 4$. Sei a eine ganze Zahl, die ein Quadrat mod p ist (d. h., die Kongruenz $a \equiv b^2 \bmod p$ hat eine Lösung). Zeigen Sie, dass $a^{(p+1)/4}$ eine Quadratwurzel von a mod p ist.

Übung 2.22 Beweisen Sie Theorem 2.17.

Übung 2.23 Konstruieren Sie ein Element der Ordnung 103 in der primen Restklassengruppe mod 1237.

Übung 2.24 Sei G eine zyklische Gruppe der Ordnung n mit Erzeuger g. Zeigen Sie, dass $\mathbb{Z}/n\mathbb{Z} \to G,\, e + n\mathbb{Z} \mapsto g^e$ ein Isomorphismus von Gruppen ist.

Übung 2.25 Lösen Sie die simultane Kongruenz $x \equiv 1 \bmod p$ für alle $p \in \{2, 3, 5, 7\}$.

Übung 2.26 Zeigen Sie, dass das Polynom $f(X) = X^8 + X^4 + X^3 + X + 1$ in $(\mathbb{Z}/2\mathbb{Z})[X]$ irreduzibel ist.

Übung 2.27 Bestimmen Sie für $g = 2, 3, 5, 7, 11$ jeweils eine Primzahl $p > g$ mit der Eigenschaft, dass g eine Primitivwurzel mod p ist.

Übung 2.28 Finden Sie alle primen Restklassengruppen mit vier Elementen.

Verschlüsselung 3

Der klassische Gegenstand der Kryptographie sind Verschlüsselungsverfahren. Solche Verfahren braucht man um die Vertraulichkeit von Nachrichten oder gespeicherten Daten zu schützen. In diesem Kapitel behandeln wir symmetrische Verschlüsselungsverfahren. Wir führen Grundbegriffe ein, die die Beschreibung solcher Verfahren ermöglichen. Außerdem besprechen wir einige Beispiele. Ausführlich werden affin lineare Chiffren diskutiert und ihre Unsicherheit gezeigt.

3.1 Symmetrische Verschlüsselungsverfahren

Wir beginnen mit der Definition von *symmetrischen Verschlüsselungsverfahren*.

Definition 3.1 Ein *symmetrisches Verschlüsselungsverfahren* oder *symmetrisches Kryptosystem* ist ein Tupel $(\mathbf{K}, \mathbf{P}, \mathbf{C}, \mathbf{KeyGen}, \mathbf{Enc}, \mathbf{Dec})$ mit folgenden Eigenschaften:

1. $\mathbf{K}$ ist eine Menge. Sie heißt *Schlüsselraum*. Ihre Elemente heißen *Schlüssel*.
2. $\mathbf{P}$ ist eine Menge. Sie heißt *Klartextraum*. Ihre Elemente heißen *Klartexte*.
3. $\mathbf{C}$ ist eine Menge. Sie heißt *Chiffretextraum*. Ihre Elemente heißen *Chiffretexte* oder *Schlüsseltexte*.
4. $\mathbf{KeyGen}$ ist ein probabilistischer Algorithmus. Er heißt *Schlüsselerzeugungsalgorithmus*. Wird er aufgerufen, gibt er einen Schlüssel $K \in \mathbf{K}$ zurück.
5. $\mathbf{Enc}$ ist ein probabilistischer Algorithmus, der bei Eingabe eines Schlüssels und eines Klartextes einen Chiffretext zurückgibt. Er heißt *Verschlüsselungsalgorithmus* und kann zustandsbehaftet sein.
6. $\mathbf{Dec}$ ist ein deterministischer Algorithmus, der bei Eingabe eines Schlüssels und eines Chiffretextes einen Klartext zurückgibt. Er heißt *Entschlüsselungsalgorithmus*.
7. Das Verschlüsselungsverfahren entschlüsselt korrekt: gibt der Verschlüsselungsalgorithmus bei Eingabe eines Schlüssels K und eines Klartextes P einen Schlüs-

© Springer-Verlag Berlin Heidelberg 2016
J. Buchmann, *Einführung in die Kryptographie*, Springer-Lehrbuch,
DOI 10.1007/978-3-642-39775-2_3

seltext C aus, so gibt der Entschlüsselungsalgorithmus bei Eingabe von K und C den Klartext P zurück.

Die gewählten Bezeichnungen entsprechen den englischen Wörtern: **K** wie *key space*, **P** wie *plaintext space*, **C** wie *ciphertext space*, **KeyGen** wie *key generation algorithm*, **Enc** wie *encryption algorithm* und **Dec** wie *decryption algorithm*.

Der Schlüsselraum ist normalerweise endlich und der typische Schlüsselerzeugungsalgorithmus ist Algorithmus 3.1, der einen Schlüssel zufällig und gleichverteilt zurückgibt.

Algorithmus 3.1 (KeyGen)

(Schlüsselerzeugung durch zufällige Wahl)

$$K \xleftarrow{\$} \mathbf{K}$$

return K

Hierbei bedeutet das Symbol $K \xleftarrow{\$} \mathbf{K}$, dass K zufällig mit Gleichverteilung aus **K** gewählt wird.

Ist der Verschlüsselungsalgorithmus **Enc** deterministisch, so nennen wir die Funktion

$$\mathbf{K} \times \mathbf{P} \to \mathbf{C}, \quad P \mapsto \mathbf{Enc}(K, P) \tag{3.1}$$

Verschlüsselungsfunktion. Analog nennen wir

$$\mathbf{K} \times \mathbf{P} \to \mathbf{C}, \quad P \mapsto \mathbf{Dec}(K, C) \tag{3.2}$$

Entschlüsselungsfunktion.

Verschlüsselungsverfahren werden verwendet, um *Vertraulichkeit* zu ermöglichen, also Klartexte vor unbefugtem Zugriff zu schützen. Dazu benötigen die Kommunikationspartner, sie werden im Folgenden mit Alice und Bob bezeichnet, denselben Schlüssel $K \in \mathbf{K}$. Vor Anwendung des Verschlüsselungsverfahrens tauschen Alice und Bob einen Schlüssel aus und halten ihn dann geheim. Es gibt unterschiedliche Methoden, Schlüssel sicher auszutauschen. Alice und Bob können sich treffen und dabei den Schlüssel einander übergeben. Sie können auch einen Kurier mit der Übermittlung des Schlüssels beauftragen. Wenn Emails verschlüsselt werden sollen, wird der Schlüssel manchmal per SMS verschickt. Dann muss aber sicher sein, dass Angreifer die Mobilfunkverbindung nicht abhören können. Oft verwendet man für den Schlüsselaustausch auch kryptographische Verfahren, wie sie in Kap. 8 besprochen werden.

Wenn Alice und Bob einen gemeinsamen Schlüssel K vereinbart haben, kann Alice vertrauliche Klartexte $P \in \mathbf{P}$ an Bob schicken. Sie berechnet die entsprechenden Schlüsseltexte $C \leftarrow \mathbf{Enc}(K, P)$ und übermittelt sie. Bob erhält die Klartexte als $P =$

Dec(K, C). Wenn Alice vetrauliche Daten $P \in \mathbf{P}$ speichern möchte, wählt sie einen Schlüssel $K \leftarrow$ **KeyGen**, speichert $C \leftarrow$ **Enc**(K, P) und bewahrt den Schlüssel so auf, dass Unbefugte keinen Zugriff darauf haben. Benötigt sie die Daten wieder, bestimmt sie $P = $ **Dec**(K, P).

Vertraulichkeit ist nicht das einzig mögliche Schutzziel. Wer Daten übermittelt, möchte zum Beispiel auch ihre *Integrität* gewährleisten. Integrität bedeutet, dass die Daten bei der Übermittlung nicht verändert wurden. Verschlüsselung gewährleistet keine Integrität. Ein Angreifer kann einfach den Chiffretext ändern. Darum werden später noch weitere kryptographische Verfahren besprochen, die anderen Schutzzielen dienen.

3.2 Verschiebungschiffre

Als erstes Beispiel für ein Verschlüsselungsverfahren beschreiben wir die *Verschiebungschiffre*. Sie wird auch *Caesar-Chiffre* genannt, weil der römische Feldherr Gaius Julius Caesar (100 v.Chr.–44 v.Chr.) sie verwendet haben soll, um seine militärische Korrespondenz geheim zu halten.

Der Klartext-, Chiffretext- und Schlüsselraum der Verschiebungschiffre ist $\Sigma = \{A, B, \ldots, Z\}$. Wir identifizieren die Buchstaben $A, B, \ldots, Z$ gemäß Tab. 3.1 mit den Zahlen $0, 1, \ldots, 25$.

Diese Identifikation ermöglicht es, mit Buchstaben zu rechnen als wären es Zahlen. Der Schlüsselerzeugungsalgorithmus wählt einen Schlüssel zufällig und gleichverteilt. Der Verschlüsselungsalgorithmus 3.2 addiert K modulo 26 zu einem Klartext P. Entsprechend subtrahiert der Entschlüsselungsalgorithmus 3.3 den Schlüssel K modulo 26 von einem Schlüsseltext C.

Algorithmus 3.2 (Enc(K, P))

(Verschlüsselungsalgorithmus der Verschiebungschiffre)

$$C \leftarrow (P + K) \bmod 26$$

return C

Algorithmus 3.3 (Dec(K, C))

(Entschlüsselungsalgorithmus der Verschiebungschiffre)

$$P \leftarrow (C - K) \bmod 26$$

return P

Tab. 3.1 Entsprechung von Buchstaben und Zahlen

A	B	C	D	E	F	G	H	I	J	K	L	M
0	1	2	3	4	5	6	7	8	9	10	11	12
N	O	P	Q	R	S	T	U	V	W	X	Y	Z
13	14	15	16	17	18	19	20	21	22	23	24	25

Gaius Julius Caesar soll die Verschiebungschiffre mit dem Schlüssel $K = 3$ verwendet haben.

Aus der Verschiebungschiffre kann man leicht ein Verschlüsselungsverfahren machen, dessen Klartext- und Chiffretextraum die Menge aller Folgen $\vec{w} = (w_1, w_2, \ldots, w_k)$ mit Einträgen w_i aus Σ ist, $1 \leq i \leq k$. Der Schlüsselraum ist wieder $\mathbb{Z}_{26}$. Der Verschlüsselungsalgorithmus **Enc** ersetzt jeden Buchstaben w_i durch $w_i + K \bmod 26$, $1 \leq i \leq k$. Der Entschlüsselungsalgorithmus macht diese Operation rückgängig. Dieses Verschlüsselungsverfahren nennt man ebenfalls Verschiebungschiffre.

Beispiel 3.1 Wendet man die Verschiebungschiffre mit Schlüssel $K = 5$ auf das Wort KRYPTOGRAPHIE an, so erhält man PWDUYTLWFUMNJ.

Der Schlüsselraum der Verschiebungschiffre hat nur 26 Elemente. Chiffretexte der Verschiebungschiffre kann man entschlüsseln, indem man alle möglichen Schlüssel ausprobiert und prüft, welcher Schlüssel einen sinnvollen Text ergibt. Man erhält auf diese Weise nicht nur den Klartext aus dem Chiffretext, sondern auch den verwendeten Schlüssel. Diesen Angriff nennt man *vollständige Suche*. Er wird in Abschn. 3.4.2 genauer besprochen.

3.3 Asymmetrische Verschlüsselungsverfahren

Die in diesem Kapitel behandelten Verschlüsselungsverfahren heißen symmetrisch, weil derselbe Schlüssel zur Ver- und Entschlüsselung verwendet wird. Dies hat zur Folge, dass Schlüssel auf sichere Weise ausgetauscht werden müssen. In großen Kommunikationsnetzen ist das sehr aufwändig, wenn nicht sogar unmöglich. Daher wurden seit Ende der 1970ziger Jahre *asymmetrische Verschlüsselungsverfahren* entwickelt. Sie werden in Kap. 8 beschrieben. Bei solchen Verfahren entfällt die Notwendigkeit des Schlüsselaustauschs, weil die Schlüssel zum Verschlüsseln und Entschlüsseln verschieden sind und die Schlüssel zum Entschlüsseln nicht aus den Schlüsseln zum Verschlüsseln berechnet werden können. Die Verschlüsselungsschlüssel können also öffentlich gemacht werden, während die Entschlüsselungsschlüssel geheim gehalten werden. Alice kann ein asymmetrisches Verschlüsselungsverfahren folgendermaßen verwenden, um eine vertraulichen Klartext P an Bob zu schicken. Sie besorgt sich Bobs öffentlichen Verschlüsselungsschlüssel, verschlüsselt P damit und schickt den Chiffretext C an Bob. Bob verwendet seinen geheimen Entschlüsselungsschlüssel, um den Klartext P aus dem Chiffretext C zu rekonstruieren.

Asymmetrische Verschlüsselungsverfahren machen aber symmetrische nicht überflüssig, weil die bekannten asymmetrischen Verfahren viel langsamer sind als die besten symmetrischen. Darum wird in der Praxis *hybride Verschlüsselung* eingesetzt. Sie funktioniert so: Alice will eine vertrauliche Nachricht P an Bob schicken. Sie erzeugt einen Schlüssel K für ein symmetrisches Verschlüsselungsverfahren. Sie verwendet ein asymmetrisches Verfahren, um K mit Bobs öffentlichem Schlüssel zu K' zu verschlüsseln.

Danach verschlüsselt sie P symmetrisch unter Verwendung des Schlüssels K und schickt K' und C an Bob. Bob kann K' zu K entschlüsseln, wenn er seinen asymmetrischen Entschlüsselungsschlüssel verwendet. Anschließend kann er mit Hilfe von K den Schlüsseltext C zum Klartext P entschlüsseln. Bei diesem Verfahren muss der symmetrische Schlüssel also nicht vorher ausgetauscht werden.

Symmetrische Verschlüsselungsverfahren werden auch *Private-Key-Kryptosysteme* genannt. Asymmetrische Verschlüsselungsverfahren heißen auch *Public-Key-Kryptosysteme*.

3.4 Sicherheit von Verschlüsselungsverfahren

Verschlüsselungsverfahren sollen gespeicherte oder gesendete Daten geheim halten. Um entscheiden zu können, ob ein Verschlüsselungsverfahren dies tatsächlich tut, ist es nötig, die *Sicherheit* von Verschlüsselungsverfahren zu definieren. In diesem Abschnitt diskutieren wir den Begriff der Sicherheit von Verschlüsselungsverfahren zunächst informell. Eine mathematische Modellierungen der Sicherheit symmetrischer Kryptosysteme erläutern wir in Kap. 4. Die entsprechenden Modelle für asymmetrische Verfahren beschreibt Kap. 8.

Soll Geheimhaltung definiert werden, müssen zwei Fragen beantwortet werden: Was ist das Ziel eines Angreifers und welche Mittel stehen dem Angreifer zur Verfügung, um sein Ziel zu erreichen? Diese Fragen werden in den folgenden Abschnitten behandelt.

3.4.1 Angriffsziele

Angreifer eines Kryptosystems wollen aus Chiffretexten möglichst viel über die entsprechenden Klartexte lernen. Dazu können sie versuchen, geheime Schlüssel zu erfahren. Wer sie kennt, kann alle damit erzeugten Schlüsseltexte entschlüsseln. Angreifer können sich aber auch darauf beschränken, einzelne Nachrichten zu entschlüsseln ohne den entsprechenden Entschlüsselungsschlüssel zu ermitteln. Oft genügt es dem Angreifer sogar, nicht die gesamte Nachricht zu entschlüsseln, sondern nur eine spezielle Information über die Nachricht in Erfahrung zu bringen. Dies wird an folgendem Beispiel deutlich.

Beispiel 3.2 Ein Bauunternehmen macht ein Angebot für die Errichtung eines Bürogebäudes. Das Angebot soll vor der Konkurrenz geheimgehalten werden. Die wichtigste Information für die Konkurrenz ist der Preis, der im Angebot genannt wird. Die Details des Angebots sind weniger wichtig. Ein Angreifer kann sich also darauf beschränken, den Preis zu erfahren und muss nicht den gesamten Chiffretext entschlüsseln. Das ist möglicherweise einfacher.

Sicherheit liefert ein Verschlüsselungsverfahren also erst dann, wenn ein Angreifer aus dem Schlüsseltext nichts über den entsprechenden Klartext lernen kann.

3.4.2 Angriffstypen

Als Nächstes diskutieren wir die Fähigkeiten, die Angreifer eines Kryptosystems haben können. Zwei Szenarien sind möglich. Im ersten Szenario schickt Alice Nachrichten an Bob, die mit einem symmetrischen Kryptosystem verschlüsselt wurden. Dafür haben Alice und Bob vorher einen Schlüssel ausgetauscht, der nur ihnen bekannt ist. Im zweiten Szenario verschlüsselt Alice gespeicherte Daten. Solche Daten können zum Beispiel in einem Cloud-Speicher liegen. Den entsprechenden Schlüssel bewahrt Alice an einem sicheren Ort auf, so dass nur sie Zugang dazu hat.

Bei unserer Sicherheitsdiskussion gehen wir davon aus, dass folgende Sicherheitsannahmen erfüllt sind:

1. Angreifer kennen das verwendete Verschlüsselungsverfahren.
2. Angreifer haben Zugang zu den Chiffretexten.
3. Der Schlüsselaustausch ist sicher, d. h. Angreifer haben keine Möglichkeit, während des Schlüsselaustausch etwas über den geheimen Schlüssel zu erfahren.
4. Die Schlüsselaufbewahrung ist sicher, d. h. Angreifer haben keinen Zugang zu den geheim aufbewahrten Schlüsseln.

Wir diskutieren diese Annahmen nun im Einzelnen.

Statt von einem öffentlich bekannten Verschlüsselungsverfahren auszugehen, könnte man auch versuchen, das Verschlüsselungsverfahren geheimzuhalten und so die Sicherheit weiter zu steigern. Dies wird zum Beispiel bei manchen militärischen Anwendungen versucht. In der Welt des Internets ist das aber nicht möglich. Sicherheitsprotokolle, zum Beispiel das Transport Layer Security Protokoll (TLS), sind standardisiert, damit die beteiligten Systeme (Computer, Smartphones etc.) mit den Protokollen umgehen können. Verwenden die Protokolle Verschlüsselungsverfahren, wie das bei TLS der Fall ist, legen die Standards die erlaubten Verschlüsselungsverfahren fest. Die Standards und die Verschlüsselungsverfahren sind öffentlich. Aber selbst wenn Verschlüsselungsverfahren nicht in öffentlichen Standards bekannt gemacht werden, ist unklar, wie sie geheim gehalten werden können. Ein Angreifer hat viele Möglichkeiten, zu erfahren, welches Kryptosystem verwendet wird. Er kann verschlüsselte Nachrichten abfangen und daraus Rückschlüsse ziehen. Er kann beobachten, welche technischen Hilfsmittel zur Verschlüsselung benutzt werden. Jemand, der früher mit dem Verfahren gearbeitet hat, gibt die Information preis. Es ist also unklar, ob es gelingen kann, das verwendete Kryptosystem wirklich geheimzuhalten.

Die zweite Annahme besagt, dass Angreifer Zugang zu Chiffretexten haben. Verschlüsselungsverfahren sollen ja gerade so beschaffen sein, dass aus Chiffretexten keine Informationen über die zugehörigen Klartexte gewonnen werden können. Sicherheit von Verschlüsselungsverfahren bedeutet also, dass diese Eigenschaft erfüllt ist, wenn die Angreifer Zugang zu Chiffretexten haben.

Tab. 3.2 Mindestgröße des Schlüsselraums	Schutz bis	Mindestgröße
	2020	2^{96}
	2030	2^{112}
	2040	2^{128}
	für absehbare Zukunft	2^{256}

Gemäß der dritten Einnahme haben Angreifer keine Möglichkeit, während des Schlüsselaustausch Informationen über den Schlüssel zu gewinnen. Diese Annahme bedeutet nicht, dass es leicht ist, vertraulich Schlüssel auszutauschen. Tatsächlich ist Schlüsselaustausch ein eigenes Thema der Kryptographie. Die Sicherheit des Schlüsselaustausches ist aber nicht Teil der Sicherheit eines Kryptosystems, sondern muss unabhängig davon gewährleistet werden. Entsprechendes gilt für den Schutz vertraulicher privater Schlüssel.

Wir diskutieren jetzt die wichtigen Typen von Angriffen auf Kryptosysteme.

Ciphertext-Only-Angriff

Bei einem Ciphertext-Only-Angriff kennt der Angreifer nichts anderes als einen Chiffretext. Aus diesem Chiffretext versucht er Informationen über den verwendeten Schlüssel oder den entsprechenden Klartext abzuleiten.

Ein einfacher Ciphertext-Only-Angriff ist *vollständige Suche*. Dabei entschlüsselt der Angreifer den Schlüsseltext mit allen Schlüsseln aus dem Schlüsselraum. Unter den wenigen sinnvollen Texten, die sich dabei ergeben, befindet sich der gesuchte Klartext. Welcher das ist, kann zum Beispiel mithilfe von Kontextinformationen ermittelt werden. Diese Methode führt zum Erfolg, wenn der Schlüsselraum des Verschlüsselungsverfahrens klein genug ist. Dies ist offensichtlich bei der Caesar-Chiffre der Fall. Deren Schlüsselraum hat ja nur 26 Elemente. Vollständige Suche funktioniert heutzutage aber auch beim Data Encryption Standard DES, der von 1976 bis 2001 ein wichtiger amerikanischer Verschlüsselungsstandard war (siehe Kap. 5). Sein Schlüsselraum hat die Größe 2^{56}. DES wurde 1998 von dem speziell für diesen Zweck gebauten Computer Deep Crack der Electronic Frontier Foundation in 56 Stunden mittels vollständiger Durchsuchung gebrochen. Heute kann DES von jedem handelsüblichen PC in noch kürzerer Zeit gebrochen werden.

Der Schlüsselraum eines sicheren Verschlüsselungsverfahrens muss also eine Mindestgröße haben. Diese Größe hängt von der Leistungsfähigkeit der jeweils vorhandenen Computer ab. Nach dem Moorschen Gesetz verdoppelt sich die Anzahl der Operationen, die Computer pro Zeiteinheit ausführen können, alle 18 Monate. Die Mindestgröße der Schlüsselräume muss also entsprechend vergrößert werden. Tab. 3.2 zeigt, wie sich diese Mindestgröße im Laufe der Zeit entwickelt. Die Werte wurden im Rahmen des EU-Projekts ECRYPT II ermittelt (siehe [73]).

Andere Ciphertext-Only-Angriffe nutzen statistische Eigenschaften der Sprache, aus der die Klartexte stammen. Wird zum Beispiel die Verschiebungschiffre zum Verschlüsseln benutzt, so wird bei festem Schlüssel jedes Klartextzeichen durch das gleiche Schlüsseltextzeichen ersetzt. Das häufigste Klartextzeichen entspricht also dem häufigsten

Schlüsseltextzeichen, das zweithäufigste Klartextzeichen entspricht dem zweithäufigsten Schlüsseltextzeichen usw. Genauso wiederholt sich die Häufigkeit von Zeichenpaaren, Tripeln usw. Diese statistischen Eigenschaften können ausgenutzt werden, um Chiffretexte zu entschlüsseln und den Schlüssel zu finden. Weitere Beispiele für solche statistischen Angriffe finden sich in [35], [72] und in [6].

Angreifer, die nur Ciphertext-Only-Angriffe ausführen können, heißen *passive Angreifer*. Angreifer, die einen der im Folgenden beschriebenen Angriffe ausführen können, heißen *aktive Angreifer*.

Known-Plaintext-Angriff

Bei einem Known-Plaintext-Angriff kennt der Angreifer Klartexte und die zugehörigen Schlüsseltexte. Dies ermöglicht es ihm in vielen Situationen, in denen Ciphertext-Only-Angriffe nicht zum Erfolg führen, seine Angriffsziele zu erreichen. Das nächste Beispiel zeigt, dass dieser Angriffstyp realistisch ist.

Beispiel 3.3 Im zweiten Weltkrieg verwendeten die Deutschen die ENIGMA-Verschlüsselungsmaschine, um Nachrichten an deutsche U-Boote zu verschlüsseln. Solche Nachrichten waren häufig stereotyp abgefasst und enthielten viele leicht zu erratende Textabschnitte wie zum Beispiel OBERKOMMANDODERWEHRMACHT. Die Alliierten kannten also diese Klartexte und die entsprechenden Schlüsseltexte. Außerdem wurden auch Routinemeldungen verschlüsselt, wie Wetterberichte, die jeden Morgen pünktlich zur selben Zeit und vom selben Ort gesendet wurden. Diese Routinemeldungen waren öffentlich. Die Alliierten brauchten also nur die entsprechenden Chiffretexte abzuhören, um Known-Plaintext-Angriffe anwenden zu können.

Known-Plaintext-Angriffe können erfolgreich gegen deterministische Verschlüsselungsverfahren eingesetzt werden. Angenommen nämlich, der Angreifer kennt ein Klartext-Schlüsseltext-Paar (P, C). Wenn er später den Schlüsseltext C abfängt, weiß er, dass der entsprechende Klartext P ist, jedenfalls solange derselbe Schlüssel verwendet wird. Das verwendete Verschlüsselungsverfahren ist ja deterministisch, das heißt aus demselben Klartext und Schlüssel ergibt sich immer derselbe Chiffretext. Diese Angriffsmöglichkeit ist auch der Grund dafür, dass deterministische Verschlüsselungsverfahren immer unsicher sind.

Known-Plaintext-Angriffe können besonders erfolgreich gegen alle affin-linearen Chiffren eingesetzt werden, wie in Abschn. 3.19 gezeigt wird.

Chosen-Plaintext-Angriff

Bei diesem Angriff kann der Angreifer sogar selbst gewählte Klartexte verschlüsseln. Man kann sich das zum Beispiel so vorstellen:

Beispiel 3.4 Im zweiten Weltkrieg kannten die Alliierten die Nachrichten, die von deutschen Schiffen gesendet wurden, wenn der Abwurf einer Wasserbombe beobachtet wurde.

Die Nachrichten enthielten den Zeitpunkt und den Abwurfort. Um die jeweils aktuellen Schlüssel zu finden, warfen die Alliierten also Wasserbomben ab, ohne deutsche Schiffe zu treffen. Sie fingen die verschlüsselten Meldungen der U-Boote ab und hatten so Chiffretexte zu selbst gewählten Nachrichten, weil sie ja den Abwurfort und den Abwurfzeitpunkt bestimmt hatten. Diese Kombinationen aus Klar- und Chiffretexten halfen den Alliierten, geheime Schlüssel zu finden.

Wir geben noch ein anderes Beispiel.

Beispiel 3.5 Bob ist unachtsam und vergisst sein Smartphone in einem Cafe. Mit dem Smartphone kann er seine vertraulichen Nachrichten verschlüsseln. Ein Angreifer findet das Smartphone. Er kann den geheimen Schlüssel nicht auslesen, weil er unzugänglich im Smartphone gespeichert ist. Er kann das Smartphone aber benutzen, um sich selbst verschlüsselte Nachrichten seiner Wahl zu schicken. Er verwendet diese, um den geheimen Schlüssel zu bestimmen, wie etwa in der Methode aus Abschn. 3.19. Danach legt er das Gerät zurück. Bob kommt zurück und ist froh, sein Smartphone wieder zu haben. Aber jetzt kennt der Angreifer den geheimen Schlüssel und kann Bobs geheime Nachrichten entschlüsseln.

In Beispiel 3.5 hat der Angreifer sogar noch stärkere Möglichkeiten. Er kann jeden Klartext, den er wählt, von seinen vorherigen Berechnungen abhängig machen. Es könnte ja sein, dass er schon einige Informationen über den geheimen Schlüssel gesammelt hat und dass er für weitere Informationen Klartexte von besonderer Gestalt verschlüsseln muss. Der Angriff heißt dann *adaptiver Chosen-Plaintext-Angriff*. Normalerweise meint man solche Angriffe, wenn man von Chosen-Plaintext-Angriffen spricht.

Chosen-Plaintext-Angriffe sind gerade bei deterministischen Public-Key-Verschlüsselungsverfahren leicht möglich. Jeder kennt den öffentlichen Verschlüsselungsschlüssel und kann darum beliebige Klartexte verschlüsseln. Wenn ein Angreifer zum Beispiel einen Schlüsseltext C kennt und weiß, dass der entsprechende Klartext P entweder „ja" oder „nein" ist, muss er nur „ja" zu C_{ja} und „nein" zu C_{nein} verschlüsseln. Wenn $C = C_{ja}$ ist, dann ist P = „ja". Andernfalls ist P = „nein". Hier zeigt sich wieder das Risiko deterministischer Verschlüsselung.

Chosen-Ciphertext-Angriff

Bei diesem Angriff kann der Angreifer selbst gewählte Schlüsseltexte entschlüsseln, ohne den Entschlüsselungsschlüssel zu kennen. Beispiel 3.5 beschreibt ein Szenario, in dem das möglich ist. In der dort beschriebenen Situation kann der Angreiferer das Smartphone auch benutzen, um selbst gewählte Chiffretexte zu entschlüsseln. Abschn. 8.4.6 zeigt, wie ein solcher Angriff bei einem Public-Key-Verfahren erfolgreich sein kann.

3.5 Alphabete und Wörter

Für die weitere Beschreibung von Kryptosystemen sind noch einige Begriffe nötig, die in diesem Abschnitt eingeführt werden. Um Texte aufzuschreiben, braucht man Zeichen aus einem Alphabet. Unter einem *Alphabet* verstehen wir eine endliche, nicht leere Menge Σ. Die *Länge* von Σ ist die Anzahl der Elemente in Σ. Die Elemente von Σ heißen *Zeichen*, *Buchstaben* oder *Symbole* von Σ.

Tab. 3.3 Der ASCII-Zeichensatz

0	NUL	1	SOH	2	STX	3	ETX
4	EOT	5	ENQ	6	ACK	7	BEL
8	BS	9	HT	10	NL	11	VT
12	NP	13	CR	14	SO	15	SI
16	DLE	17	DC1	18	DC2	19	DC3
20	DC4	21	NAK	22	SYN	23	ETB
24	CAN	25	EM	26	SUB	27	ESC
28	FS	29	GS	30	RS	31	US
32	SP	33	!	34	"	35	#
36	$	37	%	38	&	39	'
40	(	41	)	42	*	43	+
44	,	45	-	46	.	47	/
48	0	49	1	50	2	51	3
52	4	53	5	54	6	55	7
56	8	57	9	58	:	59	;
60	<	61	=	62	>	63	?
64	@	65	A	66	B	67	C
68	D	69	E	70	F	71	G
72	H	73	I	74	J	75	K
76	L	77	M	78	N	79	O
80	P	81	Q	82	R	83	S
84	T	85	U	86	V	87	W
88	X	89	Y	90	Z	91	[
92	\	93	]	94	^	95	_
96	`	97	a	98	b	99	c
100	d	101	e	102	f	103	g
104	h	105	i	106	j	107	k
108	l	109	m	110	n	111	o
112	p	113	q	114	r	115	s
116	t	117	u	118	v	119	w
120	x	121	y	122	z	123	{
124	|	125	}	126	~	127	DEL

Beispiel 3.6 Ein bekanntes Alphabet ist

$$\Sigma = \{A, B, C, D, E, F, G, H, I, J, K, L, M, N, O, P, Q, R, S, T, U, V, W, X, Y, Z\}.$$

Es hat die Länge 26.

Beispiel 3.7 In der Datenverarbeitung wird das Alphabet $\mathbb{Z}_2$ verwendet. Es hat die Länge 2.

Beispiel 3.8 Ein häufig benutztes Alphabet ist der ASCII-Zeichensatz. Dieser Zeichensatz samt seiner Kodierung durch die Zahlen von 0 bis 127 findet sich in Tab. 3.3.

Da Alphabete endliche Mengen sind, kann man ihre Zeichen mit nicht negativen ganzen Zahlen identifizieren. Hat ein Alphabet die Länge m, so identifiziert man seine Zeichen mit den Zahlen in $\mathbb{Z}_m = \{0, 1, \ldots, m-1\}$. Für das Alphabet $\{A, B, \ldots, Z\}$ und den ASCII-Zeichensatz haben wir das in den Tab. 3.1 und 3.3 dargestellt. Wir werden daher meistens das Alphabet $\mathbb{Z}_m$ verwenden, wobei m eine natürliche Zahl ist.

Die folgenden Definition verwendet endliche Folgen. Ein Beispiel für eine endliche Folge ist

$$(2, 3, 1, 2, 3).$$

Sie hat fünf Folgenglieder. Das erste ist 2, das zweite 3 usw. Manchmal schreibt man die Folge auch als

$$23123.$$

Aus formalen Gründen definiert man auch die *leere Folge* (). Sie hat null Folgenglieder.

Definition 3.2 Sei Σ ein Alphabet.

1. Als *Wort* oder *String* über Σ bezeichnet man eine endliche Folge von Zeichen aus Σ einschließlich der leeren Folge, die mit ε bezeichnet und *leeres Wort* genannt wird.
2. Die *Länge* eines Wortes $\vec{w}$ über Σ ist die Anzahl seiner Zeichen. Sie wird mit $|\vec{w}|$ bezeichnet. Das leere Wort hat die Länge 0.
3. Die Menge aller Wörter über Σ einschließlich des leeren wird mit Σ^* bezeichnet.
4. Sind $\vec{v}, \vec{w} \in \Sigma^*$, dann ist der String $\vec{v}\vec{w} = \vec{v} \circ \vec{w}$, den man durch Hintereinanderschreiben von $\vec{v}$ und $\vec{w}$ erhält, die *Konkatenation* von $\vec{v}$ und $\vec{w}$. Insbesondere ist $\vec{v} \circ \varepsilon = \varepsilon \circ \vec{v} = \vec{v}$.
5. Ist n eine nicht negative ganze Zahl, dann bezeichnet Σ^n die Menge aller Wörter der Länge n über Σ.

Wie in Übung 3.5 gezeigt wird, ist $(\Sigma^*, \circ)$ eine Halbgruppe. Deren neutrales Element ist das leere Wort.

Beispiel 3.9 Ein Wort über dem Alphabet aus Beispiel 3.6 ist COLA. Es hat die Länge vier. Ein anderes Wort über Σ ist COCA. Die Konkatenation von COCA und COLA ist COCACOLA.

3.6 Permutationen

Um eine sehr allgemeine Klasse von Verschlüsselungsverfahren, die Blockchiffren (siehe Abschn. 3.7), zu charakterisieren, wird der Begriff der Permutation benötigt.

Definition 3.3 Sei X eine Menge. Eine *Permutation* von X ist eine bijektive Abbildung $f : X \to X$. Die Menge aller Permutationen von X wird mit $S(X)$ bezeichnet.

Beispiel 3.10 Sei $X = \mathbb{Z}_5$. Wir erhalten eine Permutation von X, wenn wir jedem Element von X in der oberen Zeile der folgenden Matrix die Ziffer in der unteren Zeile zuordnet.

$$\begin{pmatrix} 0 & 1 & 2 & 3 & 4 & 5 \\ 1 & 2 & 4 & 3 & 5 & 0 \end{pmatrix}$$

Auf diese Weise lassen sich Permutationen endlicher Mengen immer darstellen. Zur Vereinfachung können wir die erste Zeile auch weglassen. Dann werden Permutation von $\mathbb{Z}_n$ als Folgen der Länge n dargestellt.

Die Menge $S(X)$ aller Permutationen von X zusammen mit der Hintereinanderausführung bildet eine Gruppe, die im allgemeinen nicht kommutativ ist. Ist n eine natürliche Zahl, dann bezeichnet man mit S_n die Gruppe der Permutationen der Menge $\mathbb{Z}_n$.

Beispiel 3.11 Die Gruppe S_2 hat die Elemente $\begin{pmatrix} 1 & 2 \\ 1 & 2 \end{pmatrix}, \begin{pmatrix} 1 & 2 \\ 2 & 1 \end{pmatrix}$.

Theorem 3.1 *Die Gruppe S_n hat genau $n! = 1 * 2 * 3 * \cdots * n$ Elemente.*

Beweis Wir beweisen die Behauptung durch Induktion über n. Offensichtlich hat S_1 nur ein Element. Angenommen, S_{n-1} hat $(n-1)!$ viele Elemente. Betrachte jetzt Permutationen der Menge $\{1, \ldots, n\}$. Wir zählen die Anzahl dieser Permutationen, die 1 auf ein festes Element x abbilden. Bei einer solchen Permutation werden die Zahlen $2, \ldots, n$ bijektiv auf die Zahlen $1, 2, \ldots, x-1, x+1, \ldots, n$ abgebildet. Nach Induktionsannahme gibt es $(n-1)!$ solche Bijektionen. Da es aber n Möglichkeiten gibt, 1 abzubilden, ist $n(n-1)! = n!$ die Gesamtzahl der Permutationen in S_n. $\qquad\square$

Sei $X = \mathbb{Z}_2^n$ die Menge aller Bitstrings der Länge n. Eine Permutation von X, in der nur die Positionen der Bits vertauscht werden, heißt *Bitpermutation*. Um eine solche

Bitpermutation formal zu beschreiben, wählt man $\pi \in S_n$. Dann setzt man

$$f : \mathbb{Z}_2^n \to \mathbb{Z}_2^n, b_1 \ldots b_n \mapsto b_{\pi(1)} \ldots b_{\pi(n)}.$$

Dies ist tatsächlich eine Bitpermutation und jede Bitpermutation lässt sich in eindeutiger Weise so schreiben. Es gibt also $n!$ Bitpermutationen von Bitstrings der Länge n.

Spezielle Bitpermutationen sind z. B. *zirkuläre Links- oder Rechtsshifts*. Ein zirkulärer Linksshift um i Stellen macht aus dem Bitstring $(b_0, b_1, \ldots, b_{n-1})$ den String $(b_{i \bmod n}, b_{(i+1) \bmod n}, \ldots, b_{(i+n-1) \bmod n})$. Zirkuläre Rechtsshifts sind entsprechend definiert.

3.7 Blockchiffren

Blockchiffren sind deterministische Verschlüsselungsverfahren, die Blöcke fester Länge auf Blöcke derselben Länge abbilden. Wie wir in Abschn. 3.10 sehen werden, kann man sie in unterschiedlicher Weise benutzen, um beliebig lange Texte zu verschlüsseln.

Definition 3.4 Unter einer *Blockchiffre* versteht man ein deterministisches Verschlüsselungsverfahren, dessen Klartext- und Schlüsseltextraum die Menge Σ^n aller Wörter der Länge n über einem Alphabet Σ sind. Die *Blocklänge* n ist eine natürliche Zahl. Der Schlüsselerzeugungsalgorithmus einer Blockchiffre wählt einen Schlüssel gleichverteilt zufällig aus dem Schlüsselraum. Blockchiffren der Länge 1 heißen *Substitutionschiffren*.

Wir beweisen folgende Eigenschaft von Blockchiffren:

Theorem 3.2 *Die Verschlüsselungsfunktionen von Blockchiffren sind Permutationen.*

Beweis Weil die Blockchiffre korrekt entschlüsselt, ist die Funktion injektiv. Eine injektive Abbildung $\Sigma^n \to \Sigma^n$ ist bijektiv. □

3.8 Permutationschiffren

Nach Theorem 3.2 können wir die allgemeinste Blockchiffre folgendermaßen beschreiben. Wir fixieren die Blocklänge n und ein Alphabet Σ. Als Klartext- und Schlüsseltextraum verwenden wir $\mathbf{P} = \mathbf{C} = \Sigma^n$. Der Schlüsselraum ist die Menge $S(\Sigma^n)$ aller Permutationen von Σ^n. Die Verschlüsselungsfunktion ist

$$\mathbf{Enc} : S(\Sigma^n) \times \Sigma^n \to \Sigma^n, (\pi, \vec{v}) \mapsto \pi(\vec{v}).$$

Die entsprechende Entschlüsselungsfunktion ist

$$\mathbf{Dec} : S(\Sigma^n) \times \Sigma^n \to \Sigma^n, (\pi, \vec{v}) \mapsto \pi^{-1}(\vec{v}).$$

Der Schlüsselraum dieses Verfahrens ist sehr groß. Er enthält $(|\Sigma|^n)!$ viele Elemente. Das Verfahren ist aber nicht besonders praktikabel, weil es eine explizite Darstellung des Schlüssels, also der Permutation π, benötigt. Wir können die Permutation darstellen, indem wir zu jedem Klartext $\vec{w} \in \Sigma^n$ den Wert $\pi(\vec{w})$ notieren, also eine Tabelle mit $|\Sigma|^n$ Werten verwenden. Die ist aber zu groß. Es ist daher vernünftig, als Ver- und Entschlüsselungsfunktionen nur eine Teilmenge aller möglichen Permutationen von Σ^n zu verwenden. Diese Permutationen sollen durch kurze Schlüssel leicht erzeugbar sein.

Ein Beispiel für eine solche Vereinfachung ist die *Permutationschiffre*. Sie verwendet nur solche Permutationen, die durch Vertauschen der Positionen der Zeichen entstehen. Der Schlüsselraum der Permutationschiffre ist die Permutationsgruppe S_n. Jedes Element $\pi \in S_n$ kann durch die Folge $(\pi(1), \dots, \pi(n))$ dargestellt werden. Dies ist eine viel kürzere Darstellung als die Wertetabelle der entsprechenden Permutation in $S(\Sigma^n)$. Die Verschlüsselungsfunktion der Permutationschiffre ist

$$\mathbf{Enc} : S_n \times \Sigma^n \to \Sigma^n, \quad (\pi, (v_1, \dots, v_n)) \mapsto (v_{\pi(1)}, \dots v_{\pi(n)}).$$

Die zugehörige Entschlüsselungsfunktion ist

$$\mathbf{Dec} : S_n \times \Sigma^n \to \Sigma^n, \quad (\pi, (v_1, \dots, v_n)) \mapsto (v_{\pi^{-1}(1)}, \dots v_{\pi^{-1}(n)}).$$

Der Schlüsselraum der Permutationschiffre hat $n!$ viele Elemente. Jeder Schlüssel lässt sich als eine Folge von n Zahlen kodieren. Damit verhindert die Größe des Schlüsselraums (für genügend großes n) den Angriff durch vollständige Durchsuchung des Schlüsselraums. Gleichzeitig haben die Schlüssel eine kurze Darstellung als Permutation der Folge $(1, \dots, n)$. Trotzdem ist die Permutationschiffre unsicher, wie wir in Abschn. 3.19 zeigen werden.

Beispiel 3.12 Wir wählen das Alphabet $\Sigma = \mathbb{Z}_2$ und die Blocklänge $n = 3$. Der Schlüsselraum der entsprechenden Permutationschiffre ist $S_3 = \{(1, 2, 3), (1, 3, 2), (2, 1, 3),$ $(2, 3, 1), (3, 1, 2), (3, 2, 1)\}$. Die Verschlüsselungsfunktion ist also

$$\mathbf{Enc} : S_3 \times \mathbb{Z}_2^3 \to \mathbb{Z}_2^3, ((i, j, k), (v_1, v_2, v_3)) \mapsto (v_i, v_j, v_k).$$

Die entsprechende Entschlüsselungsfunktion ist

$$\mathbf{Dec} : S_3 \times \mathbb{Z}_2^3 \to \mathbb{Z}_2^3, ((i, j, k), (v_i, v_j, v_k)) \mapsto (v_1, v_2, v_3).$$

3.9 Mehrfachverschlüsselung

Will man die Sicherheit einer Blockchiffre steigern, so kann man sie mehrmals hintereinander mit verschiedenen Schlüsseln verwenden. Gebräuchlich ist die E-D-E-Dreifach-Verschlüsselung (Triple Encryption). Einen Klartext P verschlüsselt man zu

$$C \leftarrow \mathbf{Enc}(K_1, \mathbf{Dec}(K_2, \mathbf{Enc}(K_3, P))).$$

Dabei sind K_1, K_2, K_3 drei Schlüssel, **Enc** ist die Verschlüsselungsfunktion und **Dec** ist die Entschlüsselungsfunktion der Blockchiffre. Wir erreichen auf diese Weise eine erhebliche Vergrößerung des Schlüsselraums. Soll die Schlüssellänge nur verdoppelt werden, werden K_1 und K_3 identisch gewählt.

3.10 Verschlüsselungsmodi

Bevor wir weitere klassische Beispiele für Verschlüsselungsverfahren besprechen, zeigen wir erst, wie mit Hilfe von *Verschlüsselungsmodi* Blockchiffren zur Verschlüsselung von längeren Dokumenten verwendet werden können. Dabei verwenden wir eine Blockchiffre mit Alphabet $\mathbb{Z}_2$, Blocklänge $n \in \mathbb{N}$ und Schlüsselraum **K**. Die Verschlüsselungsfunktion sei E und die Entschlüsselungsfunktion D. Die Bezeichnungen **Enc** und **Dec** werden für die Ver- und Entschlüsselungsverfahren reserviert, die aus den Verschlüsselungsmodi entstehen. Die in den folgenden Abschnitten behandelten Verschlüsselungsmodi erlauben die Konstruktion von Verschlüsselungsverfahren mit Klartext- und Schlüsseltextraum $\mathbb{Z}_2^*$. Der Schlüsselerzeugungsalgorithmus wählt jeweils zufällig und gleichverteilt einen Schlüssel aus dem Schlüsselraum der Blockchiffre. In der Beschreibung der Algorithmen werden Vektoren in $\mathbb{Z}_2^n$ mit den durch sie dargestellten ganzen Zahlen identifiziert. Umgekehrt werden ganze Zahlen zwischen 0 und $2^n - 1$ mit den Bitstrings der Länge n identifiziert, durch die sie dargestellt werden. Ist also die Binärdarstellung einer solchen Zahl zu kurz, werden führende Nullen vorangestellt. Dies wird im folgenden Beispiel illustriert.

Beispiel 3.13 Sei $n = 4$ die Blocklänge der gewählten Blockchiffre. Die Identifikation bezieht sich dann auf alle ganzen Zahlen zwischen 0 und 15. So entspricht zum Beispiel 0 dem String 0000, die Zahl 7 entspricht dem String 0111 und 14 entspricht 1110.

Die Verschlüsselungsmodi lassen sich auch für Blockchiffren über jedem Alphabeth Σ definieren. Allerdings müssen wir dann die Behandlung von Zählern modifizieren, die in einigen Varianten verwendet werden.

3.10.1 ECB-Mode

Eine naheliegende Art aus einer Blockchiffre ein Verschlüsselungsverfahren für beliebig lange Texte zu machen, ist ihre Verwendung im *Electronic-Codebook-Mode (ECB-Mode)*. Ein beliebig langer Klartext wird in Blöcke der Länge n aufgeteilt. Gegebenenfalls wird der Klartext so ergänzt, dass seine Länge durch n teilbar ist. Diese Ergänzung erfolgt zum Beispiel durch Anhängen von zufälligen Zeichen. Bei Verwendung des Schlüssels $K \in \mathbf{K}$ wird dann jeder Block der Länge n mit Hilfe der Funktion

$$E(K, \cdot) : \Sigma^n \to \Sigma^n, \quad P \mapsto E(K, P)$$

verschlüsselt. Der ECB-Mode-Schlüsseltext ist die Folge der entstehenden Schlüsseltext-blöcke. Die Entschlüsselung erfolgt durch Anwendung der Entschlüsselungsfunktion D auf die verschlüsselten Blöcke. Algorithmus 3.4 ist der ECB-Verschlüsselungs-algorithmus. Algorithmus 3.5 ist der ECB-Entschlüsselungsalgorithmus. Die Algorithmen werden in Abb. 3.1 gezeigt.

Algorithmus 3.4 (Enc(K, P))

(ECB-Verschlüsselungsalgorithmus)

Die Verschlüsselungsfunktion E und die Blocklänge n sind bekannt.

Ergänze P so, dass die Länge von P durch n teilbar ist.

Zerlege P in Blöcke der Länge n: $P = P_1 \ldots P_t$.

for $j = 1, \ldots t$ **do**

$\quad C_j \leftarrow E(K, P_j)$

end for

$C \leftarrow C_1 \ldots C_t$

return C

Algorithmus 3.5 (Dec(K, C))

(ECB-Entschlüsselungsalgorithmus)

Die Entschlüsselungsfunktion D und die Blocklänge n sind bekannt.

Die Länge von C ist durch n teilbar.

Zerlege C in Blöcke der Länge n: $C = C_1 \ldots C_t$.

for $i = 1, \ldots, t$ **do**

$\quad P_j \leftarrow D(K, C_j)$

end for

$P \leftarrow P_1 \ldots P_t$

return P

Beispiel 3.14 Um Dokumente im ECB-Mode zu verschlüsseln, verwenden wir die Per-mutationschiffre mit Blocklänge 4. Es ist also $\mathbf{K} = S_4$ und

$$E : S_4 \times \mathbb{Z}_2^4 \to \mathbb{Z}_2^4, \quad (\pi, (b_1 b_2 b_3 b_4)) \mapsto b_{\pi(1)} b_{\pi(2)} b_{\pi(3)} b_{\pi(4)}.$$

Der Klartext P sei

$$P = 101100010100101.$$

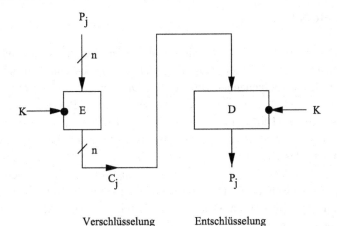

Verschlüsselung   Entschlüsselung

Abb. 3.1 ECB-Mode

Dieser Klartext wird in Blöcke der Länge vier aufgeteilt. Der letzte Block hat dann nur die Länge drei. Er wird auf die Länge vier ergänzt, indem eine Null angehängt wird. Man erhält

$$P = 1011\,0001\,0100\,1010,$$

also die Blöcke

$$P_1 = 1011, P_2 = 0001, P_3 = 0100, P_4 = 1010.$$

Wir verwenden den Schlüssel

$$K = (2, 3, 4, 1).$$

Die Blöcke werden nun einzeln verschlüsselt. Wir erhalten $C_1 = E(K, P_1) = 0111$, $C_2 = E(K, P_2) = 0010$, $C_3 = E(K, P_3) = 1000$, $C_4 = E(K, P_4) = 0101$. Der Chiffretext ist

$$C = 0111\,0010\,1000\,0101.$$

Der ECB-Mode kann auch bei Verschlüsselungsverfahren angewendet werden, die Blöcke der Länge n in Blöcke der größeren Länge m verschlüsseln. Ver- und Entschlüsselungsalgorithmen sind dann analog zu obigen Algorithmen definiert.

Bei der Verwendung des ECB-Mode werden gleiche Klartextblöcke in gleiche Chiffretextblöcke verschlüsselt. Diese Eigenschaft hat Nachteile für die Sicherheit, weil sie die Möglichkeit von Known-Plaintext-Angriffen eröffnet. Jedes Paar Klartext-Schlüsseltext, das der Angreifer kennt, ermöglicht es ihm in zukünftigen Chiffretexte alle Blöcke zu entschlüsseln, die in den Chiffretexten der bekannten Paare vorkommen.

Beispiel 3.15 Ein Klartext P wird für die ECB-Verschlüsselung in die Blöcke $P_1, \ldots, P_{10}$ aufgeteilt. Dann ist ist $C = C_1, \ldots, C_{10}$ der entsprechende Chiffretext. Angenommen, der Angreifer kennt P und C. Angenommen, der Angreifer sieht einen Schlüsseltext $C' = C'_1, \ldots, C'_{13}$ und es gilt $C'_5 = C_{10}$. Dann ist $P'_5 = P_{10}$.

3.10.2 CBC-Mode

Im *Cipherblock Chaining Mode* (CBC-Mode), der 1976 patentiert wurde, hängt die Verschlüsselung eines Klartextblocks nicht nur von diesem Block und dem Schlüssel, sondern auch von den vorhergehenden Blöcken ab. Die Verschlüsselung eines Blocks im CBC-Mode ist also im Gegensatz zur Verschlüsselung im ECB-Mode *kontextabhängig*. Das heißt, dass gleiche Blöcke in unterschiedlichem Kontext verschieden verschlüsselt werden. Außerdem verwendet der CBC-Mode einen Initialisierungsvektor. Er wird bei jeder Verwendung des CBC-Modes geändert. Wird dasselbe Dokument also mehrfach verschlüsselt, verändert der jeweils neue Initialisierungsvektor jedesmal den Chiffretext. Das erschwert die Anwendung eines Known-Plaintext-Angriffs. Der Initialisierungsvektor kann zufällig gewählt werden. Dann ist das Verschlüsselungsverfahren randomisiert. Es ist auch möglich, einen Zähler zu verwenden, der nach jeder Verschlüsselung hochgezählt wird. Dann ist das Verschlüsselungsverfahren zustandsbehaftet. Der Zustand ist der Zähler. Statt des Zählers kann man auch eine geeignete Kodierung der Zeit verwenden, zu der die Verschlüsselung stattfindet.

Der CBC-Mode wird nun im Detail beschrieben. Wir brauchen dazu noch eine Definition.

Definition 3.5 Die Verknüpfung

$$\oplus : \mathbb{Z}_2^2 \to \mathbb{Z}_2, (b, c) \mapsto b \oplus c$$

ist durch folgende Tabelle definiert:

b	c	$b \oplus c$
0	0	0
1	0	1
0	1	1
1	1	0

Diese Verknüpfung heißt *exklusives Oder* von zwei Bits.

Für $k \in \mathbb{N}$ und $b = (b_1, b_2, \ldots, b_k)$, $c = (c_1, c_2, \ldots, c_k) \in \mathbb{Z}_2^k$ setzt man $b \oplus c = (b_1 \oplus c_1, b_2 \oplus c_2, \ldots, b_k \oplus c_k)$.

Werden die Restklassen in $\mathbb{Z}/2\mathbb{Z}$ durch ihre kleinsten nicht negativen Vertreter 0 und 1 dargestellt, so entspricht das exklusive Oder zweier Elemente von $\mathbb{Z}/2\mathbb{Z}$ der Addition in $\mathbb{Z}/2\mathbb{Z}$.

Beispiel 3.16 Ist $b = 0100$ und $c = 1101$, dann ist $b \oplus c = 1001$.

Der im CBC-Mode verwendete *Initialisierungsvektor* ist ein Element von $\mathbb{Z}_2^n$. Beispiel 3.17 illustriert die Wahl dieses Initialisierungsvektors.

Beispiel 3.17 Wird eine Blockchiffre der Länge 6 verwendet, so ist ein zufälliger Initialisierungsvektor zum Beispiel 110001. Wird ein Zähler verwendet, der mit 0 initialisiert wird und dann jeweils um eins hochgezählt wird, so ist der erste Initialisierungsvektor 000000, der zweite 000001 und der zehnte 001001.

Wie im ECB-Mode wird auch im CBC-Mode der Klartext in Blöcke der Länge n aufgeteilt. Wollen wir eine Folge $P_1, \ldots, P_t$ von Klartextblöcken der Länge n mit dem Schlüssel K verschlüsseln, so setzen wir

$$C_0 = IV, \quad C_j = E(K, C_{j-1} \oplus P_j), \quad 1 \le j \le t.$$

Wir erhalten die Schlüsseltextblöcke

$$C_1, \ldots, C_t.$$

Um sie zu entschlüsseln, berechnen wir

$$C_0 = IV, \quad P_j = C_{j-1} \oplus D(K, C_j), \quad 1 \le j \le t. \tag{3.3}$$

Tatsächlich ist $C_0 \oplus D(K, C_1) = C_0 \oplus C_0 \oplus P_1 = P_1$. Entsprechend verifiziert man das ganze Verfahren. Algorithmus 3.6 ist die randomisierte Version der CBC-Verschlüsselung. Sie wird mit *CBC-\$* bezeichnet und gibt als ersten Block des Chiffretextes den Initialisierungsvektor IV zurück, weil er für die Entschlüsselung benötigt wird, die in Algorithmus 3.7 gezeigt wird. Der CBC-Mode wird in Abb. 3.2 illustriert.

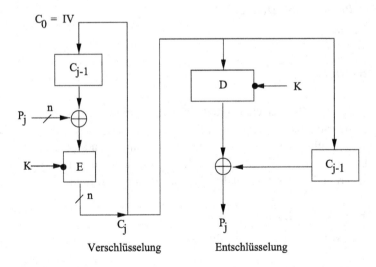

Verschlüsselung   Entschlüsselung

Abb. 3.2 CBC-Mode

Algorithmus 3.6 (Enc(K, P))

(CBC-\$-Verschlüsselungsalgorithmus)

Die Verschlüsselungsfunktion E und die Blocklänge n sind bekannt.

IV $\overset{\$}{\leftarrow} \mathbb{Z}_2^n$

Ergänze P so, dass die Länge von P durch n teilbar ist.

Zerlege P in Blöcke der Länge n: $P = P_1 \ldots P_t$.

$C_0 \leftarrow$ IV

for $j = 1, \ldots, t$ **do**

    $C_j \leftarrow E(K, C_{j-1} \oplus P_j)$

end for

$C \leftarrow C_0 \ldots C_t$

return C

Algorithmus 3.7 (Dec(K, C))

(CBC-Entschlüsselungsalgorithmus)

Die Entschlüsselungsfunktion D und die Blocklänge n sind bekannt.

Die Länge von C ist durch n teilbar.

Zerlege C in Blöcke der Länge n: $C = C_0 \ldots C_t$.

for $j = 1, \ldots, t$ **do**

    $P_j \leftarrow C_{j-1} \oplus D(K, C_j)$

end for

$P \leftarrow P_1 \ldots P_t$

return P

Die Variante der CBC-Verschlüsselung, in der der Initialisierungsvektor hochgezählt wird, ist in Algorithmus 3.8 dargestellt. Sie wird mit CBC-CTR bezeichnet. Der Entschlüsselungsalgorithmus ist derselbe wie in der randomisierten Variante (siehe Algorithmus 3.7). Der Initialisierungsvektor IV ist die n-Bit-Darstellung eines Zählers. Er wird mit 0 initialisiert und ist der Zustand des Verschlüsselungsalgorithmus.

Algorithmus 3.8 (Enc(K, P))

(CBC-CTR-Verschlüsselungsalgorithmus)

Die Verschlüsselungsfunktion E und die Blocklänge n sind bekannt.

Der Initialisierungsvektor IV $\in \mathbb{Z}_2^n$ ist bekannt und kleiner als $2^n - 1$.

Ergänze P so, dass die Länge von P durch n teilbar ist.

Zerlege P in Blöcke der Länge n: $P = P_1 \ldots P_t$.

$C_0 \leftarrow \text{IV}$

for $j = 1, \ldots, t$ **do**

$\quad C_j \leftarrow E(K, C_{j-1} \oplus P_j)$

end for

$\text{IV} \leftarrow \text{IV} + 1$

$C \leftarrow C_0 \ldots C_t$

return C

Beispiel 3.18 Wir verwenden dieselbe Blockchiffre, denselben Klartext und denselben Schlüssel wie in Beispiel 3.14. Die Klartextblöcke sind

$$P_1 = 1011, P_2 = 0001, P_3 = 0100, P_4 = 1010.$$

Der Schlüssel ist $K = (2, 3, 4, 1)$. Als Initialisierungsvektor verwenden wir

$$\text{IV} = 1010.$$

Damit ist also $C_0 = 1010, C_1 = E(K, C_0 \oplus P_1) = E(K, 0001) = 0010, C_2 = E(K, C_1 \oplus P_2) = E(K, 0011) = 0110, C_3 = E(K, C_2 \oplus P_3) = E(K, 0010) = 0100, C_4 = E(K, C_3 \oplus P_4) = E(K, 1110) = 1101$. Also ist der Schlüsseltext

$$C = 1010\,0010\,0110\,0100\,1101.$$

Wir entschlüsseln diesen Schlüsseltext wieder und erhalten $P_1 = C_0 \oplus D(K, C_1) = 1010 \oplus 0001 = 1011, P_2 = C_1 \oplus D(K, C_2) = 0010 \oplus 0011 = 0001, P_3 = C_2 \oplus D(K, C_3) = 0110 \oplus 0010 = 0100, P_4 = C_3 \oplus D(K, C_4) = 0100 \oplus 1110 = 1010$. Verwenden wir dagegen den Initialisierungsvektor

$$\text{IV} = 1110,$$

so ist

$$C = 1110\,1010\,0111\,0110\,1001.$$

Zuletzt ändern wir den vorletzten Klartextblock zu $P_3 = 0110$ und behalten den letzten Initialisierungsvektor bei. Dann ergibt sich der Chiffretext $C = 1110\,1010\,0111\,0010\,0100$. Die beiden letzten Blöcke haben sich verändert.

Man sieht an der Konstruktion und an Beispiel 3.18, dass gleiche Texte im CBC-Mode tatsächlich verschieden verschlüsselt werden, wenn man den Initialisierungsvektor ändert. Außerdem hängt die Verschlüsselung eines Blocks vom vorhergehenden Block ab.

Wir untersuchen, welche Auswirkungen Übertragungsfehler haben können. Bei solchen Übertragungsfehlern enthalten Blöcke des Schlüsseltextes, den der Adressat empfängt, Fehler. Man sieht aber an (3.3), dass ein Übertragungsfehler im Schlüsseltextwort C_j nur bewirken kann, dass P_j und P_{j+1} falsch berechnet werden. Die Berechnung von $P_{j+2}, P_{j+3}, \ldots$ ist dann wieder korrekt, weil sie nicht von C_j abhängt. Das bedeutet auch, dass Sender und Empfänger nicht einmal denselben Initialisierungsvektor brauchen. Haben sie verschiedene Initialisierungsvektoren gewählt, so kann der Empfänger zwar vielleicht nicht den ersten Block, aber dann alle weiteren Blöcke korrekt entschlüsseln. Die Verschlüsselung ist aber nicht unabhängig vom Initialisierungsvektor. Die Information über den Initialisierungsvektor ist in allen Schlüsseltextblöcken enthalten.

3.10.3 CFB-Mode

Im *Cipher-Feedback-Mode (CFB-Mode)* werden Blöcke, die eine kürzere Länge als n haben können, nicht direkt durch die Blockverschlüsselungsfunktion E, sondern durch Addition mod 2 entsprechender Schlüsselblöcke verschlüsselt. Diese Schlüsselblöcke können mit Hilfe der Blockchiffre auf Sender- und Empfängerseite fast simultan berechnet werden. CFB-\$-Mode-Verschlüsselung ist in Algorithmus 3.9 gezeigt. Der zustandsbehaftete CFB-CTR-Mode funktioniert analog. Wie bei der CBC-CTR-Verschlüsselung in Algorithmus 3.8 wird der Initialisierungsvektor als Zähler gewählt, der mit Null initialisiert und dann hochgezählt wird. Die entsprechende Illustration findet sich in Abb. 3.3

Algorithmus 3.9 ($\mathrm{Enc}(K, P)$)

(CFB-\$-Verschlüsselungsalgorithmus)

Die Verschlüsselungsfunktion E, die Blocklänge n und r sind bekannt.

$\mathrm{IV} \xleftarrow{\$} \mathbb{Z}_2^n$

Ergänze P so, dass die Länge von P durch r teilbar ist.

Zerlege P in Blöcke der Länge r: $P = P_1 \ldots P_t$.

$I_1 \leftarrow \mathrm{IV}$

for $j = 1, \ldots, t$ **do**

$\quad O_j \leftarrow E(K, I_j)$

$\quad t_j \leftarrow$ die ersten r Bits von O_j

$\quad C_j \leftarrow P_j \oplus t_j$

$\quad I_{j+1} \leftarrow 2^r I_j + C_j \bmod 2^n$; I_{j+1} entsteht also

$\qquad$ aus I_j durch Löschen der ersten r Bits und Anhängen von C_j

end for

$C \leftarrow C_1 \ldots C_t$

return (IV, C)

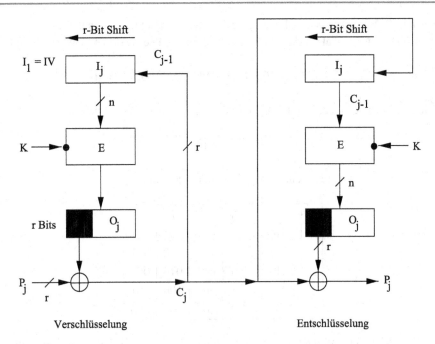

Abb. 3.3 CFB-Mode

Algorithmus 3.10 (Dec(K, C))

(CFB-Entschlüsselungsalgorithmus)

Die Verschlüsselungsfunktion E, die Blocklänge n und r sind bekannt.

Die Länge von C ist durch r teilbar.

Zerlege C in Blöcke der Länge r: $C = \mathrm{IV}, C_1 \ldots C_t$.

$I_1 \leftarrow \mathrm{IV}$

for $j = 1, \ldots, t$ **do**

    $O_j \leftarrow E(K, I_j)$

    $t_j \leftarrow$ die ersten r Bits von O_j

    $P_j \leftarrow C_j \oplus t_j$

    $I_{j+1} \leftarrow 2^r I_j + C_j \bmod 2^n$

end for

$P \leftarrow P_1 \ldots P_t$

return P

Wir erkennen, dass Sender und Empfänger den String t_1 simultan berechnen können. Außerdem kann der Empfänger t_{j+1} für $j \geq 1$ bestimmen, sobald er C_j kennt.

Beispiel 3.19 Wir verwenden Blockchiffre, Klartext und Schlüssel aus Beispiel 3.14. Außerdem verwenden wir als verkürzte Blocklänge $r = 3$. Die Klartextblöcke sind dann

$$P_1 = 101, P_2 = 100, P_3 = 010, P_4 = 100, P_5 = 101.$$

Der Schlüssel ist $K = (2, 3, 4, 1)$. Als Initialisierungsvektor verwenden wir

$$\text{IV} = 1010.$$

Die Verschlüsselung erfolgt dann gemäß folgender Tabelle.

j	I_j	O_j	t_j	P_j	C_j
1	1010	0101	010	101	111
2	0111	1110	111	100	011
3	1011	0111	011	010	001
4	1001	0011	001	100	101
5	1101	1011	101	101	000

Im CFB-Mode beeinflussen Übertragungsfehler das Ergebnis der Entschlüsselung solange, bis der fehlerhafte Ciphertextblock aus dem Vektor I_j herausgeschoben wurde. Wie lange das dauert, hängt von der Größe von r ab.

3.10.4 OFB-Mode

Der *Output-Feedback Mode* (OFB-Mode) ist dem CFB-Mode ähnlich. Der Unterschied besteht darin, dass

$$I_{j+1} \leftarrow O_j$$

gesetzt wird. Algorithmen 3.11 und 3.12 implementieren die OFB-\$-Verschlüsselung und -Entschlüsselung, die einen Initialisierungsvektor zufällig wählt. Der zustandsbehaftete OFB-CTR-Mode funktioniert analog. Wie bei der CBC-CTR-Verschlüsselung in Algorithmus 3.8 wird der Initialisierungsvektor mit Null initialisiert und dann hochgezählt. Der OFB-Modus ist auch in Abb. 3.4 dargestellt.

Algorithmus 3.11 (Enc(K, P))

(OFB-\$-Verschlüsselungsalgorithmus)

Die Verschlüsselungsfunktion E, die Blocklänge n und r sind bekannt.

$\text{IV} \xleftarrow{\$} \mathbb{Z}_2^n$

Ergänze P so, dass die Länge von P durch r teilbar ist.

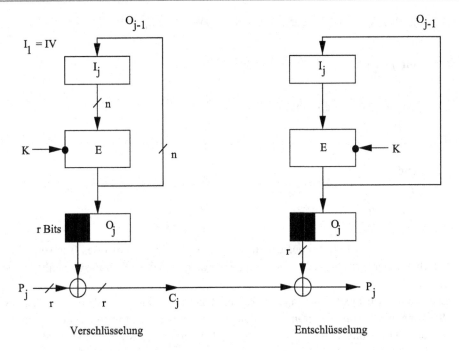

Abb. 3.4 OFB-Mode

Zerlege P in Blöcke der Länge r: $P = P_1 \ldots P_t$.

$I_1 \leftarrow IV$

for $j = 1, \ldots, t$ **do**

$\quad O_j \leftarrow E(K, I_j)$

$\quad t_j \leftarrow$ die ersten r Bits von O_j

$\quad C_j \leftarrow P_j \oplus t_j$

$\quad I_{j+1} \leftarrow O_j$

end for

$C \leftarrow C_1 \ldots C_t$

return (IV, C)

Algorithmus 3.12 (Dec(K, C))

(OFB-Entschlüsselungsalgorithmus)

Die Verschlüsselungsfunktion E, die Blocklänge n und r sind bekannt.

Die Länge von C ist durch r teilbar.

Zerlege C in Blöcke der Länge r: $C = \text{IV}, C_1 \ldots C_t$.

$I_1 \leftarrow \text{IV}$

for $j = 1, \ldots, t$ **do**

   $O_j \leftarrow E(K, I_j)$

   $t_j \leftarrow$ die ersten r Bits von O_j

   $P_j \leftarrow C_j \oplus t_j$

   $I_{j+1} \leftarrow O_j$

end for

$P \leftarrow P_1 \ldots P_t$

return P

Werden im OFB-Mode bei der Übertragung eines Schlüsseltextwortes Bits verändert, so ensteht bei der Entschlüsselung nur ein Fehler an genau derselben Position, aber sonst nirgends.

Die Schlüsselstrings t_j hängen nur vom Initialisierungsvektor I_1 und vom Schlüssel K ab. Sie können also von Sender und Empfänger parallel berechnet werden. Die Verschlüsselung der Klartextblöcke hängt aber nicht von den vorherigen Klartextblöcken ab.

Beispiel 3.20 Wir verwenden Blockchiffre, Klartext und Schlüssel aus Beispiel 3.14. Außerdem verwenden wir als verkürzte Blocklänge $r = 3$. Die Klartextblöcke sind dann

$$P_1 = 101, P_2 = 100, P_3 = 010, P_4 = 100, P_5 = 101.$$

Der Schlüssel ist $K = (2, 3, 4, 1)$. Als Initialisierungsvektor verwenden wir

$$\text{IV} = 1010.$$

Die Verschlüsselung erfolgt dann gemäß folgender Tabelle.

j	I_j	O_j	t_j	P_j	C_j
1	1010	0101	010	101	111
2	0101	1010	101	100	001
3	1010	0101	010	010	000
4	0101	1010	101	100	001
5	1010	0101	010	101	111

Wenn im OFB-Mode derselbe Schlüssel K mehrmals verwendet werden soll, muss der Initialisierungsvektor IV verändert werden. Sonst erhält man nämlich dieselbe Folge von Schlüsselstrings t_j. Hat man dann zwei Schlüsseltextblöcke $C_j = P_j \oplus t_j$ und $C'_j = P'_j \oplus t_j$, dann erhält man $C_j \oplus C'_j = P_j \oplus P'_j$. Hieraus kann man P'_j ermitteln, wenn P_j bekannt ist.

3.11 CTR-Mode

Der *Counter-Mode (CTR-Mode)* funktioniert folgendermaßen. Der Klartext P wird in Blöcke $P_1, \ldots, P_t$ der Länge n aufgeteilt. Der letzte Block darf kürzer sein. Ein Initialisierungsvektor IV wird entweder zufällig oder als Zähler gewählt. Entsprechend ist das entstehende Verschlüsselungsverfahren randomisiert oder zustandsbehaftet. Die Schlüsseltextblöcke sind

$$C_j = P_j \oplus E(K, \text{IV} + j), \quad 1 \le j \le t. \tag{3.4}$$

Die Summe $\text{IV} + j$ wird so berechnet: Zuerst wird die positive ganze Zahl I bestimmt, die durch den Bitstring IV dargestellt wird. Dann wird die Summe $I + j \bmod 2^n$ berechnet und als Bitstring der Länge n dargestellt. Die Entschlüsselung erfolgt so:

$$P_j = C_j \oplus E(K, \text{IV} + j), \quad 1 \le j \le t. \tag{3.5}$$

Die Darstellung des Verfahrens in Form von Algorithmen überlassen wir dem Leser.

Beispiel 3.21 Wir verwenden Blockchiffre, Klartext und Schlüssel aus Beispiel 3.14. Die Klartextblöcke sind dann

$$P_1 = 1011, P_2 = 0001, P_3 = 0100, P_4 = 101.$$

Der Schlüssel ist $K = (2, 3, 4, 1)$ Als Initialisierungsvektor verwenden wir

$$\text{IV} = 1010.$$

Dieser Initialisierungsvektor ist die Binärdarstellung der natürlichen Zahl 10. Um den Klartext zu verschlüsseln, benötigen wir die Binärdarstellungen der Zahlen 11, 12, 13 und 14. Sie sind 1011, 1100, 1101 und 1110. Damit erhalten wir die Schlüsseltextblöcke

$$C_1 = P_1 \oplus E(K, \text{IV} + 1) = 1011 \oplus 0111 = 1100,$$
$$C_2 = P_2 \oplus E(K, \text{IV} + 2) = 0001 \oplus 1001 = 1000,$$
$$C_3 = P_3 \oplus E(K, \text{IV} + 3) = 0100 \oplus 1110 = 1010,$$
$$C_4 = P_4 \oplus E(K, \text{IV} + 4) = 101 \oplus 111 = 010.$$

Im letzten Schritt wurde $\text{IV} + 4$ verkürzt anstatt P_4 um ein Bit zu ergänzen.

Im CTR-Mode wirken sich Übertragungsfehler in einem Chiffretext-Block nur auf den entsprechenden Klaretextblock aus. Übertragungsfehler beim Initialisierungsvektor wirken sich dagegen auf alle Klartextblöcke aus.

3.12 Stromchiffren

Im Gegensatz zu Blockchiffren verschlüsseln *Stromchiffren* Klartexte beliebiger Größe. Wir nehmen an, dass der Klartext ein Bitstring $P \in \mathbb{Z}_2^*$ ist. Andere Alphabete sind aber auch möglich. Die Länge von P sei $|P| = l$. Wir schreiben $P = P_1, \ldots, P_l$, wobei P_i die Bits in P sind für $1 \leq i \leq l$. Die Stromchiffre erzeugt aus einem Schlüssel und einem initialen Zustand der Stromchiffre, zum Beispiel einem Initialisierungsvektor, einen Schlüsselstrom $S = S_1, S_2, \ldots, S_l \in \mathbb{Z}_2^l$, der genauso lang ist wie P. Der Schlüsseltext $C = C_1, \ldots, C_l \in \mathbb{Z}_2^l$ wird so berechnet:

$$C_i = P_i \oplus S_i \quad 1 \leq i \leq l. \tag{3.6}$$

Entsprechend erfolgt die Entschlüsselung gemäß

$$P_i = C_i \oplus S_i, \quad 1 \leq i \leq l. \tag{3.7}$$

Es ist auch möglich, andere Berechnungsmethoden für Ver- und Entschlüsselung zu verwenden als in (3.6) dargestellt. Typischerweise wird aber diese Verschlüsselungsmethode verwendet. Bei Verwendung des Alphabets $\mathbb{Z}_2$ und der Verschlüsselung gemäß (3.6) spricht man von einer *binär additiven Stromchiffre*.

Beispiel 3.22 Wird eine Blockchiffre im CFB-Mode, im OFB-Mode oder im CTR-Mode verwendet, entsteht eine binär additive Stromchiffre. Der Startwert, aus dem der Schlüsselstrom erzeugt wird, ist der für die Blockchiffre verwendete Schlüssel K. Aus diesem Startwert wird der Schlüsselstrom $t_1, t_2, \ldots, t_u$ berechnet.

Für eine ausführlichere Behandlung von Stromchiffren verweisen wir auf [63].

3.13 Typen von Stromchiffren

In Abschn. 3.12 wurde bereits der Begriff der binär additiven Stromchiffre eingeführt. Hier werden weitere Typen vorgestellt.

In *synchronen Stromchiffren* wird der Schlüsselstrom unabhängig von Klartext und Chiffretext berechnet. Daher können sowohl der Verschlüsseler als auch der Entschlüsseler den Schlüsselstrom synchron berechnen, ohne dass der Entschlüsseler auf Teile des Chiffretextes warten muss. Der Schlüsseltext wird bitweise übertragen, damit Verschlüsseler und Entschlüsseler den Chiffretext bitweise synchron erzeugen bzw. entschlüsseln können. Dies ist besonders bei Realzeitanwendungen nützlich.

Beispiel 3.23 CFB-Mode und OFB-Mode sind synchrone Stromchiffren. In beiden Modi hängt der Schlüsselstrom nur vom Initialisierungsvektor, vom Verschlüsselungsverfahren und vom verwendeten Schlüssel ab aber nicht von Klar- der Chiffretexten.

Wenn in einer Stromchiffre bei der Übertragung des Chiffretextes ein Bit verloren geht, ohne dass der Empfänger dies bemerkt, kann das dazu führen, dass die gesamte folgende Entschlüsselung fehlschlägt. Dieses Problem beheben *selbstsynchronisierende Stromchiffren*. In solchen Stromchiffren werden die Schlüsselstrombits aus einer Anzahl vorhergehender Chiffretextbits berechnet. Das führt dazu, dass die Entschlüsselung auch bei Verlust einzelner Bits aus dem Schlüsseltext nach einer gewissen Zeit wieder funktioniert.

Beispiel 3.24 Die Verschlüsselungsverfahren, die bei Verwendung des CFB-Modes aus Abschn. 3.10.3 entstehen, sind selbstsynchronisierend. Mit den in Abschn. 3.10.3 verwendeten Bezeichnungen gilt nämlich folgendes: In der j-ten Iteration werden die nächsten r Bits des Schlüsselstroms als die ersten r Bits von $E(K, I_j)$ berechnet, wobei I_0 der Initialisierungsvektor und $I_{j+1} = 2^r I_j + C_j \bmod 2^n$ für $j \geq 0$ ist. Diese r Bits hängen also entweder vom Intialisierungsvektor oder vom vorhergehenden Schlüsseltextblock ab. Wenn bei der Übertragung des Initialisierungsvektors oder dieses Schlüsseltextblocks ein Fehler auftritt, hat das nur eine Folge für den gerade berechneten Block im Schlüsselstrom. Die folgenden Blöcke im Schlüsselstrom sind aber wieder korrekt.

Man erkennt am vorhergehenden Beispiel, dass bei selbstsynchronisierenden Stromchiffren der Schlüsseltext blockweise übertragen werden muss. Die Blöcke müssen so gewählt sein, dass daraus der Schlüsselstrom berechnet werden kann. Die blockweise Übertragung sorgt dafür, dass selbst bei fehlerhafter Übertragung eines Blocks der folgende Block wieder korrekt übertragen werden kann. Würde die Übertragung bitweise stattfinden, könnte der Entschlüsseler den Anfang der Blöcke möglicherweise nicht bestimmen. Dann würde sich ein Übertragungsfehler im Chiffretext auf alle folgenden Blöcke auswirken. Selbstsynchronisierende Stromchiffren sind deshalb *asynchron*. Das bedeutet, dass Verschlüsseler und Entschlüsseler die Bits nicht synchron ver- und entschlüsseln können.

3.14 Rückgekoppelte Schieberegister

Bekannte Stromchiffren sind *rückgekoppelte Schieberegister*. Der Klartext- und Schlüsseltextraum ist $\mathbb{Z}_2^*$. Die Schlüsselmenge ist $\mathbb{Z}_2^n$ für eine natürliche Zahl n. Wörter in $\mathbb{Z}_2^*$ werden Zeichen für Zeichen verschlüsselt. Das funktioniert so: Sei $K = (K_1, \ldots, K_n) \in \mathbb{Z}_2^n$ ein Schlüssel, $\mathrm{IV} = \mathrm{IV}_0, \ldots, \mathrm{IV}_{n-1}$ ein Initialisierungsvektor und $P = P_1 \ldots P_m$ ein Klartext der Länge m in $\mathbb{Z}_2^*$. Der Schlüsselstrom $S = S_1, S_2, \ldots$ wird gemäß

$$S_i = \mathrm{IV}_i, \quad 0 \leq i < n \tag{3.8}$$

berechnet und für $i \geq 0$ ist

$$S_{i+n} = f(S_i, S_{i+1}, \ldots, S_{i+n-1}). \tag{3.9}$$

Hierbei ist f die *Rückkopplungsfunktion*, die gleichzeitig den Schlüssel darstellt, also geheim gehalten werden muss. Die Verschlüsselungsfunktion E und die Entschlüsselungsfunktion D sind dann, wie bei Stromchiffren üblich, gegeben durch die Vorschriften

$$E(f, P) = P_1 \oplus S_1, \ldots, P_m \oplus S_m$$
$$D(f, C) = C_1 \oplus S_1, \ldots, C_m \oplus S_m.$$

Hierbei ist $P = P_1, \ldots, P_m \in \mathbb{Z}_2^*$ ein Klartext der Länge m und $C = C_1, \ldots, C_m \in \mathbb{Z}_2^*$ ein Schlüsseltext der Länge m. Der Initialsierungsvektor sorgt dafür, dass derselbe Klartext bei mehrfacher Verschlüsselung unterschiedlich verschlüsselt wird.

Man kann zum Beispiel *lineare Rückkopplungsfunktionen* wählen. Dann ist

$$f(x_0, \ldots, x_{n-1}) = \sum_{i=0}^{n-1} K_i x_i \bmod 2, \tag{3.10}$$

mit $K_0, \ldots K_{n-1} \in Z_2^n$. Das Schieberegister heißt dann *linear rückgekoppelt*. Die Gleichung (3.9) nennt man *lineare Rekursion* vom Grad n.

Beispiel 3.25 Sei $n = 4$ und sei $K = 0011$. Das entsprechende lineare Schieberegister berechnet den Schlüsselstrom gemäß der Formel

$$S_{i+4} = S_i + S_{i+1} \bmod 2, \quad i \geq 1.$$

Wir wählen den Initialisierungsvektor IV = 1000. Dann erhält man den Schlüsselstrom

$$1000100110101111000 \cdots$$

Der Schlüsselstrom ist periodisch und hat die Periodenlänge 15.

Lineare Rekursionen vom Grad n lassen sich durch ein sogenanntes lineares Schieberegister effizient als Hardwarebaustein realisieren. In Abb. 3.5 ist ein solches Schieberegister dargestellt. In den Registern befinden sich die letzten vier Werte des Schlüsselstroms. In jedem Schritt wird der Inhalt des ersten Registers zur Verschlüsselung verwendet. Dann wird der Inhalt des zweiten, dritten und vierten Registers um eins nach links geschoben und der Inhalt des vierten Registers entsteht durch Addition der Inhalte der Register mod 2, für die das entsprechende Bit K_i gleich 1 ist.

Wie wir im Abschn. 3.17 sehen werden, sind linear rückgekoppelte Stromchiffren leider unsicher, weil sie einen Known-Plaintext-Angriff zulassen.

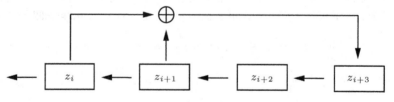

Abb. 3.5 Lineares Schieberegister

Rückgekoppelte Schieberegister sind periodisch. Bezeichne den aktuellen Zustand eines Schieberisters mit

$$Z_i = (S_i, S_{i+1}, \ldots, S_{i+n-1}). \tag{3.11}$$

Die Anzahl der verschiedenen Zustände ist höchstens 2^n. Nach spätestens 2^n Iterationen wiederholt sich also ein Zustand. Es gilt dann

$$Z_{i+k} = Z_i, \quad i, k \leq 2^n. \tag{3.12}$$

Wegen der rekursiven Konstruktion in (3.9) wird die Folge der Zustände dann periodisch und wir haben

$$S_{j+k} = S_j, \quad j \geq k. \tag{3.13}$$

Wählt man in (3.12) die Zahlen i und k minimal, so heißt i die *Vorperiodenlänge* und k die *Periodenlänge* der Chiffre. Wie schon bemerkt, ist die maximale Peridodenlänge einer Blockchiffre 2^n, wenn ein Schlüsselstrombit durch die n vorhergehenden Bits im Schlüsselstrom festgelegt ist.

3.15 Die affine Chiffre

Sei m eine natürliche Zahl. Die *affine Chiffre* mit Klartextalphabet $\mathbb{Z}_m$ ist eine Blockchiffre der Blocklänge $n = 1$. Der Schlüsselraum $\mathbf{K}$ besteht aus allen Paaren $(a, b) \in \mathbb{Z}_m^2$ mit zu m teilerfremdem a. Die Verschlüsselungsfunktion zum Schlüssel $K = (a, b) \in \mathbb{Z}_m^2$ ist

$$\mathbf{K} \times \Sigma \to \Sigma, \quad ((a, b), x) \mapsto ax + b \bmod m.$$

Die Entschlüsselungsfunktion zum Schlüssel K ist

$$\mathbf{K} \times \Sigma \to \Sigma, \quad ((a, b), x) \mapsto a'(x - b) \bmod m.$$

Hierbei ist a' so gewählt, dass $aa' \equiv 1 \bmod m$ ist. Die Zahl a' kann mit dem erweiterten euklidischen Algorithmus berechnet werden.

Beispiel 3.26 Wir verwenden das Alphabet $\{A, B, \ldots, Z\}$ und identifizieren es mit $\mathbb{Z}_{26}$. Außerdem benutzen wir den Schlüssel $K = (a, b) = (7, 3)$ und verschlüsseln das Wort BALD mit der affinen Chiffre im ECB-Mode. Dann ergibt sich:

B	A	L	D
1	0	11	3
10	3	2	24
K	D	C	Y

Zur Berechnung der entsprechenden Entschlüsselungsfunktion bestimmen wir a' mit $7a' \equiv 1 \bmod 26$. Der erweiterte euklidische Algorithmus liefert $a' = 15$. Die Entschlüsselungsfunktion bildet also einen Buchstaben x auf $15(x - 3) \bmod 26$ ab. Tatsächlich erhalten wir

$$
\begin{array}{cccc}
\text{K} & \text{D} & \text{C} & \text{Y} \\
10 & 3 & 2 & 24 \\
1 & 0 & 11 & 3 \\
\text{B} & \text{A} & \text{L} & \text{D}
\end{array}
$$

Der Schlüsselraum der affinen Chiffre mit $m = 26$ hat $\varphi(26) * 26 = 312$ Elemente. Also können Angreifer die affine Chiffre mit Hilfe vollständiger Durchsuchung des Schlüsselraums entschlüsseln. Ein Known-Plaintext-Angriff, bei dem zwei Zeichen und ihre Verschlüsselung bekannt sind, kann den Schlüssel mit Hilfe der linearen Algebra ermitteln. Dies wird im folgenden Beispiel vorgeführt.

Beispiel 3.27 Das Alphabet $\{A, B, \ldots, Z\}$ wird mit $\mathbb{Z}_{26}$ identifiziert. Wenn ein Angreifer weiß, dass bei Anwendung der affinen Chiffre mit Schlüssel (a, b) das Zeichen E zu R und das Zeichen S zu H verschlüsselt wird, dann gelten die Kongruenzen

$$
4a + b \equiv 17 \bmod 26 \quad 18a + b \equiv 7 \bmod 26.
$$

Aus der ersten Kongruenz ergibt sich $b \equiv 17 - 4a \bmod 26$. Setzt der Angreifer dies in die zweite Kongruenz ein, so erhält er $18a + 17 - 4a \equiv 7 \bmod 26$ und damit $14a \equiv 16 \bmod 26$. Daraus folgt $7a \equiv 8 \bmod 13$. Multipliziert der Angreifer diese Kongruenz mit dem Inversen 2 von 7 modulo 13, so erhält er $a \equiv 3 \bmod 13$ und schließt daraus $a = 3$ und $b = 5$.

3.16 Matrizen und lineare Abbildungen

Wir wollen affine Chiffren verallgemeinern. Dazu führen wir einige grundlegende Ergebnisse der linearen Algebra über Ringen auf, ohne sie zu beweisen. Details findet man in jedem Buch über lineare Algebra, zum Beispiel in [54]. Es sei R ein kommutativer Ring mit Einselement 1. Zum Beispiel kann $R = \mathbb{Z}/m\mathbb{Z}$ sein mit einer natürlichen Zahl m.

3.16.1 Matrizen über Ringen

Eine $k \times n$-*Matrix* über R ist ein rechteckiges Schema

$$
A = \begin{pmatrix}
a_{1,1} & a_{1,2} & \cdots & a_{1,n} \\
a_{2,1} & a_{2,2} & \cdots & a_{2,n} \\
\vdots & \vdots & \cdots & \vdots \\
a_{k,1} & a_{k,2} & \cdots & a_{k,n}
\end{pmatrix}
$$

mit k Zeilen und n Spalten. Wir schreiben auch

$$A = (a_{i,j}).$$

Ist $n = k$, so heißt die Matrix *quadratisch*. Die *i-te Zeile* von A ist der Vektor $(a_{i,1}, \ldots, a_{i,n})$, $1 \leq i \leq k$. Die *j-te Spalte* von A ist der Vektor $(a_{1,j}, \ldots, a_{k,j})$, $1 \leq j \leq n$. Der *Eintrag* in der i-ten Zeile und j-ten Spalte von A ist $a_{i,j}$. Die Menge aller $k \times n$-Matrizen über R wird mit $R^{(k,n)}$ bezeichnet.

Beispiel 3.28 Sei $R = \mathbb{Z}$. Eine Matrix aus $\mathbb{Z}^{(2,3)}$ ist z.B.

$$\begin{pmatrix} 1 & 2 & 3 \\ 4 & 5 & 6 \end{pmatrix}.$$

Sie hat zwei Zeilen, nämlich $(1, 2, 3)$ und $(4, 5, 6)$ und drei Spalten, nämlich $(1, 4)$, $(2, 5)$ und $(3, 6)$.

3.16.2 Produkt von Matrizen mit Vektoren

Ist $A = (a_{i,j}) \in R^{(k,n)}$ und $\vec{v} = (v_1, \ldots, v_n) \in R^n$, dann ist das Produkt $A\vec{v}$ definiert als der Vektor $\vec{w} = (w_1, w_2, \ldots, w_k)$ mit

$$w_i = \sum_{j=1}^{n} a_{i,j} v_j, \quad 1 \leq i \leq k.$$

Beispiel 3.29 Sei $A = \begin{pmatrix} 1 & 2 \\ 2 & 3 \end{pmatrix}$, $\vec{v} = (1, 2)$. Dann ist $A\vec{v} = (5, 8)$.

3.16.3 Summe und Produkt von Matrizen

Sei $n \in \mathbb{N}$ und seien $A, B \in R^{(n,n)}$, $A = (a_{i,j})$, $B = (b_{i,j})$. Die *Summe* von A und B ist

$$A + B = (a_{i,j} + b_{i,j}).$$

Das *Produkt* von A und B ist $A \cdot B = AB = (C_{i,j})$ mit

$$C_{i,j} = \sum_{k=1}^{n} a_{i,k} b_{k,j}.$$

Beispiel 3.30 Sei $A = \begin{pmatrix} 1 & 2 \\ 2 & 3 \end{pmatrix}$, $B = \begin{pmatrix} 4 & 5 \\ 6 & 7 \end{pmatrix}$. Dann ist $A + B = \begin{pmatrix} 5 & 7 \\ 8 & 10 \end{pmatrix}$, $AB = \begin{pmatrix} 16 & 19 \\ 26 & 31 \end{pmatrix}$, $BA = \begin{pmatrix} 14 & 23 \\ 20 & 33 \end{pmatrix}$. Man sieht daran, dass die Multiplikation von Matrizen im allgemeinen nicht kommutativ ist.

3.16.4   Der Matrizenring

Die $n \times n$-Einheitsmatrix (über R) ist $E_n = (e_{i,j})$ mit

$$e_{i,j} = \begin{cases} 1 & \text{für } i = j, \\ 0 & \text{für } i \neq j. \end{cases}$$

Die $n \times n$-Nullmatrix (über R) ist die $n \times n$-Matrix, deren sämtliche Einträge Null sind. Wir schreiben dafür (0).

Beispiel 3.31 Die 2×2-Einheitsmatrix über $\mathbb{Z}$ ist $\begin{pmatrix} 1 & 0 \\ 0 & 1 \end{pmatrix}$. Die 2×2-Nullmatrix über $\mathbb{Z}$ ist $\begin{pmatrix} 0 & 0 \\ 0 & 0 \end{pmatrix}$.

Zusammen mit Addition und Multiplikation ist $R^{(n,n)}$ ein Ring mit Einselement E_n, der aber im allgemeinen nicht kommutativ ist. Das neutrale Element bezüglich der Addition ist die Nullmatrix.

3.16.5   Determinante

Die *Determinante* $\det A$ einer Matrix $A \in R^{(n,n)}$ kann rekursiv definiert werden. Ist $n = 1$, $A = (a)$, dann ist $\det A = a$. Sei $n > 1$. Für $i, j \in \{1, 2, \ldots n\}$ bezeichne mit $A_{i,j}$ die Matrix, die man aus A erhält, wenn man in A die i-te Zeile und die j-te Spalte streicht. Fixiere $i \in \{1, 2, \ldots, n\}$. Dann ist die Determinante von A

$$\det A = \sum_{j=1}^{n} (-1)^{i+j} a_{i,j} \det A_{i,j}$$

Dieser Wert ist unabhängig von der Auswahl von i und es gilt für alle $j \in \{1, 2, \ldots, n\}$

$$\det A = \sum_{i=1}^{n} (-1)^{i+j} a_{i,j} \det A_{i,j}.$$

Beispiel 3.32 Sei $A = \begin{pmatrix} a_{1,1} & a_{1,2} \\ a_{2,1} & a_{2,2} \end{pmatrix}$. Dann ist $A_{1,1} = (a_{2,2})$, $A_{1,2} = (a_{2,1})$, $A_{2,1} = (a_{1,2})$, $A_{2,2} = (a_{1,1})$. Daher ist $\det A = a_{1,1}a_{2,2} - a_{1,2}a_{2,1}$.

3.16.6 Inverse von Matrizen

Eine Matrix A aus $R^{(n,n)}$ besitzt genau dann ein multiplikatives Inverses, wenn $\det A$ eine Einheit in R ist. Wir geben eine Formel für das Inverse an. Falls $n = 1$ ist, so ist $(a_{1,1}^{-1})$ das Inverse von A. Sei $n > 1$ und $A_{i,j}$ wie oben definiert. Die *Adjunkte* von A ist eine $n \times n$-Matrix. Sie ist definiert als

$$\text{adj } A = ((-1)^{i+j} \det A_{j,i}).$$

Die Inverse von A ist

$$A^{-1} = (\det A)^{-1} \text{ adj } A.$$

Beispiel 3.33 Sei $A = \begin{pmatrix} a_{1,1} & a_{1,2} \\ a_{2,1} & a_{2,2} \end{pmatrix}$. Dann ist $\text{adj } A = \begin{pmatrix} a_{2,2} & -a_{1,2} \\ -a_{2,1} & a_{1,1} \end{pmatrix}$.

Sind $A = (a_{i,j})$, $B = (b_{i,j}) \in \mathbb{Z}^{(n,n)}$ und ist $m \in \mathbb{N}$, so schreiben wir

$$A \equiv B \bmod m$$

wenn $a_{i,j} \equiv b_{i,j} \bmod m$ ist für $1 \leq i, j \leq n$.

Als Anwendung der Ergebnisse dieses Abschnitts beschreiben wir, wann die Kongruenz

$$AA' \equiv E_n \bmod m \tag{3.14}$$

eine Lösung $A' \in \mathbb{Z}^{(n,n)}$ hat und wie man sie findet. Wir geben zuerst ein Beispiel.

Beispiel 3.34 Sei $A = \begin{pmatrix} 1 & 2 \\ 3 & 4 \end{pmatrix}$. Wir lösen die Kongruenz

$$AA' \equiv E_2 \bmod 11 \tag{3.15}$$

mit $A' \in \mathbb{Z}^{(2,2)}$. Bezeichnet man mit $\bar{A}$ die Matrix, die man erhält, indem man die Einträge von A durch ihre Restklassen mod m ersetzt, dann ist also das Inverse dieser Matrix gesucht. Es existiert, wenn die Determinante von $\bar{A}$ eine Einheit in $\mathbb{Z}/11\mathbb{Z}$ ist. Das ist genau dann der Fall, wenn $\det A$ zu 11 teilerfremd ist. Nun ist $\det A = -2$, also teilerfremd zu 11. Außerdem ist $(-2)(-6) \equiv 1 \bmod 11$. Setzt man also

$$A' = (-6) * \text{adj } A \bmod 11 = 5 * \begin{pmatrix} 4 & -2 \\ -3 & 1 \end{pmatrix} \bmod 11 = \begin{pmatrix} 9 & 1 \\ 7 & 5 \end{pmatrix},$$

so hat man eine Lösung der Kongruenz (3.15) gefunden.

Wir verallgemeinern das Ergebnis des vorigen Beispiels. Sei $A \in \mathbb{Z}^{n,n}$ und $m > 1$. Dann hat die Kongruenz (3.14) genau dann eine Lösung, wenn det A teilerfremd zu m ist. Ist dies der Fall und ist a eine ganze Zahl mit a det $A \equiv 1$ mod m, dann ist

$$A' = a \operatorname{adj} A \bmod m$$

eine Lösung der Kongruenz (3.14). Diese Lösung ist eindeutig mod m. Man erkennt, dass die Matrix A' in Polynomzeit berechnet werden kann.

3.16.7 Affin lineare Funktionen

Wir definieren *affin lineare Funktionen*. Man kann sie verwenden, um einfache Blockchiffren zu konstruieren.

Definition 3.6 Eine Funktion $f : R^n \rightarrow R^l$ heißt *affin linear*, wenn es eine Matrix $A \in R^{(l,n)}$ und einen Vektor $\vec{b} \in R^l$ gibt, so dass für alle $\vec{v} \in R^n$

$$f(\vec{v}) = A\vec{v} + \vec{b}$$

gilt. Ist $\vec{b} = 0$, so heißt die Abbildung *linear*.

Affin lineare Abbildungen $\mathbb{Z}_m^n \rightarrow \mathbb{Z}_m^l$ sind analog definiert.

Definition 3.7 Eine Funktion $f : \mathbb{Z}_m^n \rightarrow \mathbb{Z}_m^l$ heißt *affin linear*, wenn es eine Matrix $A \in \mathbb{Z}_m^{(l,n)}$ und einen Vektor $\vec{b} \in \mathbb{Z}_m^l$ gibt, so dass für alle $\vec{v} \in \mathbb{Z}_m^n$

$$f(\vec{v}) = (A\vec{v} + \vec{b}) \bmod m$$

gilt. Ist $\vec{b} \equiv 0$ mod m, so heißt die Abbildung *linear*.

Theorem 3.3 *Die affin lineare Abbildung aus Definition* 3.6 *ist genau dann bijektiv, wenn* $l = n$ *und* det A *eine Einheit aus* R *ist.*

Aus Theorem 3.3 folgt, dass die Abbildung aus Definition 3.6 genau dann bijektiv ist, wenn $l = n$ und det A teilerfremd zu m ist.

Beispiel 3.35 Betrachte die Abbildung $f : \mathbb{Z}_2^2 \rightarrow \mathbb{Z}_2^2$, die definiert ist durch

$$f(0,0) = (0,0), f(1,0) = (1,1), f(0,1) = (1,0), f(1,1) = (0,1).$$

Diese Abbildung ist linear, weil $f(\vec{v}) = \begin{pmatrix} 1 & 1 \\ 1 & 0 \end{pmatrix} \vec{v}$ für alle $\vec{v} \in \mathbb{Z}_2^2$ gilt.

Wir charakterisieren lineare und affin lineare Abbildungen.

Theorem 3.4 *Eine Abbildung* $f : R^n \to R^l$ *ist genau dann linear, wenn für alle* $\vec{v}, \vec{w} \in R^n$ *und alle* $a, b \in R$

$$f(a\vec{v} + b\vec{w}) = af(\vec{v}) + bf(\vec{w})$$

gilt. Sie ist genau dann affin linear, wenn die Abbildung $R^n \to R^l, \vec{v} \mapsto f(\vec{v}) - f(\vec{0})$
linear ist.

3.17 Affin lineare Blockchiffren

Wir definieren *affin lineare Blockchiffren*. Sie sind Verallgemeinerungen der affinen Chiffren. Wir beschreiben diese Chiffren hier einerseits aus historischen Gründen. Andererseits zeigen wir, wie leicht Known-Plaintext-Angriffe auf diese Chiffren sind. Das zeigt, dass man beim Design von Blockchiffren vermeiden muss, dass sie affin linear sind.

Um affin lineare Blockchiffren zu definieren, brauchen wir eine natürliche Zahl n, die Blocklänge, und eine natürliche Zahl m, $m > 1$.

Wir beschreiben die allgemeinste affin lineare Blockchiffre mit Blocklänge n über dem Alphabet $\mathbb{Z}_m$ explizit. Klar- und Schlüsseltextraum sind $\mathbb{Z}_m^n$. Der Schlüsselraum $\mathbf{K}$ besteht aus allen Paaren $(A, \vec{b}) \in \mathbb{Z}_m^{(n,n)} \times \mathbb{Z}_m^n$ mit der Eigenschaft, dass $\det A$ teilerfremd zu m ist. Für einen Schlüssel $K = (A, \vec{b})$ ist die entsprechende Verschlüsselungsfunktion

$$\mathbf{Enc} : \mathbf{K} \times \mathbb{Z}_m^n \to \mathbb{Z}_m^n, \quad ((A, \vec{b}), \vec{v}) \mapsto A\vec{v} + \vec{b} \bmod m$$

Die Bedingung, dass $\gcd(\det A, m) = 1$ ist zwingend, weil nach Theorem 3.2 Verschlüsselungsfunktionen von Blockchiffren bijektiv sind, woraus mit 3.3 folgt, dass $\det A$ teilerfremd zu m ist. Die entsprechende Entschlüsselungsfunktion ist nach den Ergebnissen von Abschn. 3.16.6

$$\mathbf{Dec} : \mathbf{K} \times \mathbb{Z}_m^n \to \mathbb{Z}_m^n, \quad ((A, \vec{b}, \vec{v})) \mapsto A'(\vec{v} - \vec{b}) \bmod m,$$

wobei $A' = (a' \operatorname{adj} A) \bmod m$ und a' das Inverse von $\det A \bmod m$ ist.

Der Name „affin lineare Chiffre" kommt daher, dass Ver- und Entschlüsselungsfunktion affin linear sind, wenn der Schlüssel fixiert wird. Bei *linearen Chiffren* sind die Schlüssel von der Form $(A, \vec{0})$. Also sind Ver- und Entschlüsslungsfunktion für jeden festen Schlüssel linear.

3.18 Vigenère, Hill- und Permutationschiffre

Wir geben zwei Beispiele für affin lineare Chiffren.

Die Vigenère Chiffre ist nach Blaise de Vigenère benannt, der im 16. Jahrhundert lebte. Der Schlüsselraum ist $\mathbb{Z}_m^n$. Ist $\vec{k} \in \mathbb{Z}_m^n$, dann ist

$$\mathbf{Enc} : (\mathbb{Z}_m^n)^2 \to \mathbb{Z}_m^n, \quad (\vec{k}, \vec{v}) \mapsto \vec{v} + \vec{k} \bmod m$$

und
$$\text{Dec} : (\mathbb{Z}_m^n)^2 \to \mathbb{Z}_m^n, \quad (\vec{k}, \vec{v}) \mapsto \vec{v} - \vec{k} \bmod m.$$

Die Abbildungen sind offensichtlich affin linear. Der Schlüsselraum hat m^n Elemente.

Eine anderes klassisches Verschlüsselungsverfahren ist die *Hill-Chiffre*, die 1929 von Lester S. Hill erfunden wurde. Der Schlüsselraum $\mathbf{K}$ ist also die Menge aller Matrizen $A \in \mathbb{Z}_m^{(n,n)}$ mit $\gcd(\det A, m) = 1$. Für $A \in \mathcal{K}$ ist

$$\text{Enc} : \mathbf{K} \times \mathbb{Z}_m^n \to \mathbb{Z}_m^n, \quad (A, \vec{v}) \mapsto A\vec{v} \bmod m. \tag{3.16}$$

Die Hill-Chiffre ist also die allgemeinste lineare Blockchiffre. Die Anzahl der Schlüssel der Hill-Chiffre ist ungefähr gleich der Anzahl der $n \times n$ Matrizen mit Einträgen aus $\mathbb{Z}_m$, also ungefähr gleich m^{n^2}. Eine genauere Berechnung der Schlüsselanzahl findet sich in [55].

Zuletzt zeigen wir noch, dass die Permutationschiffre linear ist. Sei $\pi \in S_n$ und seien $\vec{e}_i$, $1 \leq i \leq n$, die Einheitsvektoren der Länge n, also die Zeilenvektoren der Einheitsmatrix. Sei ferner A_π die $n \times n$-Matrix, deren j-te Spalte $\vec{e}_{\pi(i)}$ ist, $1 \leq j \leq n$. Diese Matrix erhält man aus der Einheitsmatrix, indem man ihre Spalten gemäß der Permutation π vertauscht. Dann gilt für jeden Vektor $\vec{v} = (v_1, \ldots, v_n) \in \Sigma^n$

$$(v_{\pi(1)}, \ldots, v_{\pi(n)}) = E_\pi \vec{v}.$$

Die Permutationschiffre ist damit eine lineare Chiffre, also ein Spezialfall der Hill-Chiffre.

3.19 Kryptoanalyse affin linearer Blockchiffren

Wir zeigen, wie eine affin lineare Blockchiffre mit Alphabet $\mathbb{Z}_m$ und Blocklänge n mittels einer Known-Plaintext-Attacke gebrochen werden kann.

Die Ausgangssituation: Ein Modul $m \in \mathbb{N}_{\geq 2}$ und ein Schlüssel $(A, \vec{b}) \in \mathbb{Z}_m^{(m,n)} \times \mathbb{Z}_m^n$ für die affin lineare Chiffre wurden gewählt. Die zugehörige Verschlüsselungsfunktion ist von der Form

$$\text{Enc} : \mathbb{Z}_m^n \to \mathbb{Z}_m^n, \quad \vec{v} \mapsto A\vec{v} + \vec{b} \bmod m$$

Wir zeigen wie ein Known-Plaintext-Angriff den Schlüssel $(A, \vec{b})$ findet. Dazu verwendet der Angreifer $n + 1$ Klartexte $P_i \in \mathbb{Z}_m^n$, $0 \leq i \leq n$, und die zugehörigen Schlüsseltexte $C_i = AP_i + \vec{b} \bmod m$, $0 \leq i \leq n$. Dann ist

$$C_i - C_0 \equiv A(P_i - P_0) \bmod m$$

Ist P die Matrix

$$P = (P_1 - P_0, \ldots, P_n - P_0) \bmod m$$

deren Spalten die Differenzen $(P_i - P_0) \bmod m$, $1 \leq i \leq n$, sind, und ist C die Matrix

$$C = (C_1 - C_0, \ldots, C_n - C_0) \bmod m,$$

deren Spalten die Differenzen $(C_i - C_0) \bmod m$, $1 \leq i \leq n$, sind, dann gilt

$$AP \equiv C \bmod m.$$

Ist det P teilerfremd zu m, so ist

$$A \equiv C(p' \operatorname{adj} P) \bmod m,$$

wobei p' das Inverse von $\det(P) \bmod m$ ist. Weiter ist

$$\vec{b} = C_0 - AP_0.$$

Damit ist der Schlüssel aus $n + 1$ Paaren von Klar- und Schlüsseltexten bestimmt worden. Ist die Chiffre sogar linear, so kann man $P_0 = C_0 = \vec{0}$ setzen, und es ist $\vec{b} = 0$. Dann benötigt man nur n Klartext-Schlüsseltext-Paare.

Beispiel 3.36 Wir zeigen, wie eine Hill-Chiffre mit Blocklänge 2 gebrochen werden kann. Angenommen, man weiß, dass HAND in FOOT verschlüsselt wird. Damit wird $P_1 = (7, 0)$ zu $C_1 = (5, 14)$ und $P_2 = (13, 3)$ zu $C_2 = (14, 19)$ verschlüsselt. Wir erhalten also $P = \begin{pmatrix} 7 & 13 \\ 0 & 3 \end{pmatrix}$ und $C = \begin{pmatrix} 5 & 14 \\ 14 & 19 \end{pmatrix}$. Es ist det $P = 21$ teilerfremd zu 26. Das Inverse von 21 mod 26 ist 5. Also ist

$$A = 5C(\operatorname{adj} P) \bmod 26 = 5 * \begin{pmatrix} 5 & 14 \\ 14 & 19 \end{pmatrix} \begin{pmatrix} 3 & 13 \\ 0 & 7 \end{pmatrix} \bmod 26 = \begin{pmatrix} 23 & 9 \\ 2 & 15 \end{pmatrix}.$$

Tatsächlich ist $AP = C$.

3.20 Sichere Blockchiffren

Da sichere Blockchiffren sehr wichtige Bausteine für sichere Verschlüsselungsverfahren sind, behandeln wir zuletzt in diesem Kapitel Konstruktionsprinzipien für sichere Blockchiffren.

3.20.1 Konfusion und Diffusion

Wichtige Konstruktionsprinzipien sind große *Konfusion* und *Diffusion*. Sie wurden von Shannon vorgeschlagen, der die kryptographische Sicherheit im Rahmen seiner *Informationstheorie* untersuchte (siehe [68]). In Kap. 4 geben wir eine Einführung in die Shannonsche Theorie.

Die Konfusion einer Blockchiffre ist groß, wenn die statistische Verteilung der Chiffre-texte in einer so komplizierten Weise von der Verteilung der Klartexte abhängt, dass ein Angreifer diese Abhängigkeit nicht ausnutzen kann. Die Verschiebungschiffre hat zum Beispiel viel zu geringe Konfusion. Die Wahrscheinlichkeitsverteilung der Klartextzei-chen überträgt sich unmittelbar auf die Chiffretextzeichen.

Die Diffusion einer Blockchiffre ist groß, wenn jedes einzelne Bit des Klartextes und jedes einzelne Bit des Schlüssel möglichst viele Bits des Chiffretextes beeinflußt.

Man sieht, dass Konfusion und Diffusion intuitive aber nicht mathematisch formali-sierte Begriffe sind. Sie zeigen aber, wie sichere Blockchiffren konstruiert werden sollen.

Neben den Prinzipien Konfusion und Diffusion postuliert Shannon, dass eine sichere Blockchiffre gegen alle bekannten Angriffe resistent sein muss. Wie wir im Abschn. 3.19 gesehen haben, dürfen sichere Blockchiffren zum Beispiel nicht affin linear sein. Aber das genügt nicht. Angriff durch vollständige Suche im Schlüsselraum wurde schon in Ab-schn. 3.4.2 behandelt. Wir geben einen Überblick über weitere bekannte Angriffe. Mehr Details finden sich in [38].

3.20.2 Time-Memory Trade-Off

Ist ein Klartext P mit dem zugehörigen Chiffretext C bekannt, dann kann die Rechenzeit für die vollständige Suche beschleunigt werden, wenn entsprechend mehr Speicherplatz verwendet wird. Hat der Schlüsselraum N Elemente dann benötigt der Time-Memory-Trade-Off-Algorithmus von M. Hellman [34] Zeit und Platz $O(N^{2/3})$ um den geheimen Schlüssel, der bei der Verschlüsselung von P verwendet wurde, zu finden. Der Algorith-mus erfordert eine Vorberechnung, die Zeit $O(N)$ braucht. Eine Verallgemeinerung dieser Strategie findet man in [28].

Wir beschreiben den Algorithmus. Die Verschlüsselungsfunktion der Blockchiffre wird mit E bezeichnet. Der Schlüsselraum $\mathcal{K}$ der Blockchiffre, die angegriffen wird, hat N Ele-mente. Die Blockchiffre hat Blocklänge n. Das verwendete Alphabet ist Σ. Wir nehmen an, dass ein Klartext P und der zugehörige Schlüsseltext C bekannt sind. Gesucht ist der verwendete Schlüssel. Sei

$$m = \lceil N^{1/3} \rceil.$$

Wähle m Funktionen

$$g_k : \Sigma^n \to \mathcal{K}, \quad 1 \le k \le m$$

zufällig. Die Funktionen g_k machen aus Klartexten oder Chiffretexten Schlüssel.

Wähle m Schlüssel $K_i, 1 \le i \le m$, zufällig und setze

$$K_k(i, 0) = K_i, 1 \le i, k \le m.$$

Damit können jetzt folgende Schlüsseltabellen berechnet werden:

$$K_k(i, j) = g_k(E(K_k(i, j - 1), P)), \quad 1 \le i, j, k \le m. \tag{3.17}$$

Die k-te Schlüsseltabelle hat also die in Tab. 3.4 dargestellte Form.

Tab. 3.4 Die k-te Schlüsseltabelle im Time-Memory-Trade-Off

$$
\begin{array}{ccccccc}
K_k(1,0) & \xrightarrow{g_k} & K_k(1,1) & \xrightarrow{g_k} & \cdots & \xrightarrow{g_k} & K_k(1,m) \\
K_k(2,0) & \xrightarrow{g_k} & K_k(2,1) & \xrightarrow{g_k} & \cdots & \xrightarrow{g_k} & K_k(2,m) \\
\cdots & & & & & & \cdots \\
K_k(m,0) & \xrightarrow{g_k} & K_k(m,1) & \xrightarrow{g_k} & \cdots & \xrightarrow{g_k} & K_k(m,m)
\end{array}
$$

Die Anzahl der Tabelleneinträge ist ungefähr N. Um den geheimen Schlüssel zu finden berechnen wir

$$g_k(c), 1 \leq k \leq m.$$

Wir prüfen, ob

$$K_k(i,j) = g_k(C)$$

gilt für Indizes $i, j, k \in \{1, \ldots, m\}$. Da

$$K_k(i,j) = g_k(E(K_k(i, j-1), P))$$

gilt, ist es gut möglich, dass $K_k(i, j-1)$ der gesuchte Schlüssel ist. Wir überprüfen also, ob

$$c = E(K_k(i, j-1), (x))$$

gilt. Wenn ja, ist der gesuchte Schlüssel $K(i, j-1)$.

So wie das Verfahren bis jetzt beschrieben worden ist, erfordert es Berechnung von ungefähr $N^{1/3}$ Schlüsseln aber die Speicherung von N Schlüsseln. Damit ist der Speicherplatzbedarf zu groß. Statt dessen werden tatsächlich nur die letzten Spalten der Tabellen, also die Werte $K_k(i,m)$, $1 \leq i \leq m$ gespeichert.

Um den Schlüssel zu finden, der aus einem Klartext P einen Schlüsseltext C macht, berechnen wir

$$K(1,k) = g_k(C), 1 \leq k \leq m$$

und dann

$$K(j,k) = g_k(E(K(j-1,k), P)), \quad 1 \leq k \leq m, 1 < j \leq m.$$

Wir versuchen, einen dieser Schlüssel in unserer Tabelle zu finden. Wir suchen also Indizes $i, j, k \in \{1, \ldots, m\}$ mit der Eigenschaft

$$K(j,k) = K_k(i,m).$$

Sobald diese gefunden sind, liegt es nahe zu vermuten, dass $K(1,k) = K_k(i, m-j+1)$ und der verwendete Schlüssel $K_k(i, m-j)$ ist. Wir konstruieren diesen Schlüssel und prüften, ob $C = E(K_k(i, m-j), P)$ ist. Wenn ja, ist der gesuchte Schlüssel gefunden. Unter geeigneten Voraussetzungen kann man zeigen, dass auf diese Weise der gesuchte Schlüssel mit hoher Wahrscheinlichkeit gefunden wird. Die Anzahl der untersuchten Schlüssel ist ungefähr $N^{2/3}$. Speichert man die letzten Spalten der Tabellen als Hashtabellen, ist die gesamte Laufzeit $O(N^{2/3})$, wenn man davon ausgeht, dass die Berechnung jedes einzelnen Schlüssels und jeder Tabellenzugriff Zeit $O(1)$ benötigt.

3.20.3 Differentielle Kryptoanalyse

Die differentielle Kryptoanalyse [13] wurde 1990 von Biham und Shamir erfunden, um den DES anzugreifen. Diese Technik kann aber gegen Blockchiffren im allgemeinen angewendet werden. Differentielle Angriffe wurden zum Beispiel auch auf IDEA, SAFER K und Skipjack angewendet. Die Referenzen finden sich in [38].

Die differentielle Kryptoanalyse ist ein Chosen-Plaintext-Angriff. Aus vielen Paaren Klartext-Schlüsseltext versucht der Angreifer den verwendeten Schlüssel zu bestimmen. Dabei verwendet er die „Differenzen" der Klar- und Schlüsseltexte, d. h. sind P und P' Klartexte und sind C und C' die zugehörigen Schlüsseltexte, dann berechnet der Angreifer $P \oplus P'$ und $C \oplus C'$. Er nutzt aus, dass in vielen Verschlüsselungsverfahren aus dem Paar $(P \oplus P', C \oplus C')$ Rückschlüsse auf den verwendeten Schlüssel gezogen werden können.

3.20.4 Algebraische Kryptoanalyse

In diesem Abschnitt beschreiben wir, wie das Problem, eine Blockchiffre zu brechen, auf die Aufgabe reduziert werden kann, ein System multivariater Gleichungssysteme zu lösen. Dies ist eine neue und Erfolg versprechende Technik der Kryptoanalyse.

Betrachte eine Blockchiffre mit Alphabet $\mathbb{Z}_2$, Blocklänge n und Schlüsselraum $\mathbb{Z}_2^m$ für $n, m \in \mathbb{N}$. Wir zeigen, dass die Verschlüsselungsfunktion $E(K, P)$, $K \in \mathbb{Z}_2^m$, $P \in \mathbb{Z}_2^m$ als Tupel von Polynomfunktionen mit Koeffizienten im Körper GF(2) in n Klartext-Variablen $p_1, \ldots, p_n$, und m Schlüssel-Variablen $k_1, \ldots, k_m$ geschrieben werden kann. Schreibe

$$p = (p_1, \ldots, p_n), k = (k_1, \ldots, k_m).$$

Für jeden Schlüssel $K = (K_1, \ldots, K_m) \in \mathbb{Z}_2^m$ und jeden Schlüsseltext $P = (P_1, \ldots, P_n)$ $\in \mathbb{Z}_2^n$ definieren wir das Monom

$$M_{(P,K)} = \left(\prod_{i=1}^{n} (p_i + P_i + 1) \right) \left(\prod_{j=1}^{m} (k_j + K_j + 1) \right). \tag{3.18}$$

Beispiel 3.37 Sei $n = 2, m = 1$. Dann erhalten wir die folgenden Monome

$$M_{(0,0),(0)} = (p_1 + 1)(p_2 + 1)(k_1 + 1)$$
$$M_{(0,0),(1)} = (p_1 + 1)(p_2 + 1)k_1$$
$$M_{(0,1),(0)} = (p_1 + 1)p_2(k_1 + 1)$$
$$M_{(0,1),(1)} = (p_1 + 1)p_2 k_1$$
$$M_{(1,0),(0)} = p_1(p_2 + 1)(k_1 + 1)$$
$$M_{(1,0),(1)} = p_1(p_2 + 1)k_1$$

$$M_{(1,1),(0)} = p_1 p_2 (k_1 + 1)$$
$$M_{(1,1),(1)} = p_1 p_2 k_1$$

Wenn man in das Monom $M_{(P,K)}$ die Werte P und K für p und k einsetzt, dann erhält man

$$M_{(P,K)}(P, K) = 1, \qquad (3.19)$$

weil in GF(2) die Regel $1 + 1 = 0$ gilt. Wenn man aber $P' \neq P$ und $K' \neq K$ für p und k einsetzt, dann erhält man

$$M_{(P,K)}(P', K') = 0, \qquad (3.20)$$

weil wenigstens einer der Faktoren auf der rechten Seite in (3.18) den Wert Null hat. Setzt man also

$$P(p, k) = \sum_{P \in GF(2)^n, \, K \in GF(2)^m} E(K, P) M_{(P,K)}(p, k) \qquad (3.21)$$

dann gilt tatsächlich

$$P(P, K) = E(K, P), \quad P \in GF(2)^n, K \in GF(2)^m. \qquad (3.22)$$

Beispiel 3.38 Wir setzen Beispiel 3.37 fort. Sei $n = 2, m = 1$ und sei die Verschlüsselungsfunktion durch

P	00	01	10	11
$E(0, P)$	01	00	11	10
$E(1, P)$	11	10	01	00

definiert. Dann erhalten wir

$$P(p, k) = (P_1(p, k), P_2(p, k))$$

mit

$$P_1(p, k) = (p_1 + 1)(p_2 + 1)k_1 + (p_1 + 1)p_2 k_1$$
$$+ p_1(p_2 + 1)(k_1 + 1) + p_1 p_2 (k_1 + 1)$$

und

$$P_2(p, k) = (p_1 + 1)(p_2 + 1)(k_1 + 1) + (p_1 + 1)(p_2 + 1)k_1$$
$$+ p_1(p_2 + 1)(k_1 + 1) + p_1(p_2 + 1)k_1 .$$

Angenommen, ein Angreifer will einen Known-Plaintext-Angriff anwenden. Er weiß also Klartexte und zugehörige Schlüsseltexte. Aber die Schlüsselbits sind ihm unbekannt. Er kann dann (3.22) verwenden, um ein multivariates Gleichungssystem für diese Schlüsselbitvariablen aufzustellen. Solche multivariaten Systeme können mit Methoden aus der algorithmischen algebraischen Geometrie gelöst werden. Aber diese Lösung kann sehr aufwändig sein. Es gibt aber zahreiche Modifikationen dieser Methode, die die Gleichungssysteme deutlich einfacher machen.

Beispiel 3.39 Wir setzen Beispiel 3.38 fort. Angenommen, ein Angreifer weiß, dass der Klartext $(0, 0)$ den Schlüsseltext $(0, 1)$ liefert. Dann bekommt er folgende Polynomgleichungen

$$k_1 = 0$$
$$1 = 1.$$

Daraus ergibt sich $k_1 = 0$.

3.21 Übungen

Übung 3.1 Der Schlüsseltext JIVSOMPMQUVQA wurde mit der Verschiebungschiffre erzeugt. Ermitteln Sie den Schlüssel und den Klartext.

Übung 3.2 Zeigen Sie, dass auf folgende Weise ein Kryptosystem definiert ist.

Sei P ein String über $\{A,B,\ldots,Z\}$. Wähle zwei Schlüssel K_1 und K_2 für die Verschiebungschiffre. Verschlüssele Zeichen mit ungeradem Index unter Verwendung von K_1 und die mit geradem Index unter Verwendung von K_2. Dann kehre die Reihenfolge der Zeichen um.

Bestimmen Sie den Klartextraum, den Schlüsseltextraum und den Schlüsselraum.

Übung 3.3 Zeigen Sie, dass die Verschlüsselungsfunktionen eines Kryptosystems immer injektiv sind.

Übung 3.4 Bestimmen Sie die Anzahl der Wörter der Länge n über einem Alphabet Σ, die sich nicht ändern, wenn sie umgekehrt werden.

Übung 3.5 Sei Σ ein Alphabet. Zeigen Sie, dass die Menge Σ^* zusammen mit der Konkatenation eine Halbgruppe mit neutralem Element ist. Welches ist das neutrale Element? Ist diese Halbgruppe sogar eine Gruppe?

Übung 3.6 Wieviele verschiedene Verschlüsselungsfunktionen kann eine Blockchiffre mit Alphabet $\mathbb{Z}_2$ und Blocklänge n höchstens haben?

Übung 3.7 Welches der folgenden Systeme ist ein Verschlüsselungsverfahren? Geben Sie gegebenenfalls Klartextraum, Schlüsseltextraum, Schlüsselraum, Verschlüsselungs- und Entschlüsselungsfunktion an. In der Beschreibung werden Buchstaben aus $\Sigma = \{A,B,\ldots,Z\}$ gemäß Tab. 3.1 durch Zahlen ersetzt.

1. Jeder Buchstabe σ aus Σ wird durch $k\sigma \bmod 26$ ersetzt, $k \in \{1, 2, \ldots, 26\}$.
2. Jeder Buchstabe σ aus Σ wird durch $k\sigma \bmod 26$ ersetzt, $k \in \{1, 2, \ldots, 26\}$, $\gcd(k, 26) = 1$.

Übung 3.8 Geben Sie ein Beispiel für ein Kryptosystem, das Verschlüsselungsfunktionen besitzt, die zwar injektiv aber nicht surjektiv sind.

Übung 3.9 Bestimmen Sie die Anzahl der Bitpermutationen der Menge $\mathbb{Z}_2^n$, $n \in \mathbb{N}$. Bestimmen Sie auch die Anzahl der zirkulären Links- und Rechtsshifts von $\mathbb{Z}_2^n$.

Übung 3.10 Eine *Transposition* ist eine Permutation, die zwei Elemente vertauscht und die anderen unverändert lässt. Zeigen Sie, dass jede Permutation als Komposition von Transpositionen dargestellt werden kann.

Übung 3.11 Geben Sie eine Permutation von $\mathbb{Z}_2^n$ an, die keine Bitpermutation ist.

Übung 3.12 Geben Sie eine Permutation von $\mathbb{Z}_2^n$ an, die nicht affin linear ist.

Übung 3.13 Sei X eine Menge. Man zeige, dass die Menge $S(X)$ der Permutationen von X eine Gruppe bezüglich der Hintereinanderausführung ist. Man zeige auch, dass diese Gruppe im allgemeinen nicht kommutativ ist.

Übung 3.14 Entschlüsseln Sie 111111111111 im ECB-Mode, im CBC-Mode, im CFB-Mode und im OFB-Mode. Verwenden Sie die Permutationschiffre mit Blocklänge 3 und Schlüssel

$$k = \begin{pmatrix} 1 & 2 & 3 \\ 2 & 3 & 1 \end{pmatrix}.$$

Der Initialisierungsvektor ist 000. Im OFB- und CFB-Mode verwenden Sie $r = 2$.

Übung 3.15 Verschlüsseln Sie den String 101010101010 im ECB-Mode, im CBC-Mode, im CFB-Mode und im OFB-Mode. Verwenden Sie die Permutationschiffre mit Blocklänge 3 und Schlüssel

$$k = \begin{pmatrix} 1 & 2 & 3 \\ 2 & 1 & 3 \end{pmatrix}.$$

Der Initialisierungsvektor ist 000. Im OFB- und CFB-Mode verwenden Sie $r = 2$.

Übung 3.16 Sei $k = 1010101$, $c = 1110011$ und $w = 1110001\ 1110001\ 1110001$. Verschlüsseln Sie w unter Verwendung der Stromchiffre aus Abschn. 3.12.

Übung 3.17 Man zeige, dass man die Stromchiffre, die mit Hilfe eines linearen Schieberegisters erzeugt wird, auch mit einer Blockchiffre im OFB-Mode erzeugen kann, sofern die Länge der verschlüsselten Wörter ein Vielfaches der Blocklänge und $C_1 = 1$ ist.

Übung 3.18 Bestimmen Sie die Determinante der Matrix

$$\begin{pmatrix} 1 & 2 & 3 \\ 2 & 3 & 1 \\ 3 & 1 & 2 \end{pmatrix}.$$

Übung 3.19 Geben Sie eine geschlossene Formel für die Determinante einer 3×3-Matrix an.

Übung 3.20 Finden Sie eine injektive affin lineare Abbildung $(\mathbb{Z}/2\mathbb{Z})^3 \to (\mathbb{Z}/2\mathbb{Z})^3$ die $(1, 1, 1)$ auf $(0, 0, 0)$ abbildet.

Übung 3.21 Bestimmen Sie die Inverse der Matrix

$$\begin{pmatrix} 1 & 1 & 1 \\ 1 & 1 & 0 \\ 1 & 0 & 0 \end{pmatrix}$$

mod 2.

Übung 3.22 Geben Sie einen Schlüssel für eine affin lineare Chiffre mit Alphabet $\{A,B,C,\ldots,Z\}$ und Blocklänge 3 an, mit dem „ROT" in „GUT" verschlüsselt wird.

Sicherheitsmodelle 4

In Kap. 3 wurden eine Reihe von historischen Verschlüsselungsverfahren beschrieben. Es stellte sich heraus, dass sie alle affin linear und daher unsicher sind. Es fragt sich also, ob es mathematisch beweisbar sichere Verschlüsselungsverfahren gibt. Um diese Frage beantworten zu können, führen wir in diesem Kapitel mathematische Modelle der Sicherheit von Verschlüsselungsverfahren ein. Anschließend diskutieren wir, ob es Kryptosysteme gibt, die gemäß dieser Modelle beweisbar sicher sind. Das erste solche Sicherheitsmodell und ein in diesem Modell sicheres Verschlüsselungsverfahren wurde 1949 von Claude Shannon [68] vorgestellt. Wir beginnen mit der Beschreibung dieses Modells. Es stellt sich dabei heraus, dass der Sicherheitsbegriff von Shannon zu restriktiv ist. Er wurde deshalb in den 1980er Jahren weiterentwickelt. Grundlegend dafür sind Arbeiten von Shafi Goldwasser und Silvio Micali (siehe [32]). Dieses Kapitel diskutiert auch das weiterentwickelte Modell.

4.1 Perfekte Geheimhaltung

In diesem Abschnitt erläutern wir das Modell der perfekten Geheimhaltung von Claude Shannon.

Im Modell von Shannon benutzt Alice ein Kryptosystem **E** mit endlichem Klartextraum **P**, endlichem Schlüsseltextraum **C** und endlichem Schlüsselraum **K**. Der Schlüsselerzeugungsalgorithmus **KeyGen** wählt Schlüssel aus dem Schlüsselraum. Jeder Schlüssel wird aber nur einmal zum Verschlüsseln verwendet. Danach wird ein neuer Schlüssel gewählt. Verschlüsselungsalgorithmus und Entschlüsselungsalgorithmus sind deterministisch. Die entsprechenden Verschlüsselungs- und Entschlüsselungsfunktionen werden mit **Enc** und **Dec** bezeichnet.

Das Modell erlaubt Angreifern nur Ciphertext-Only-Angriffe. Komplexere Angriffe, also Chosen-Plaintext-Angriffe oder Chosen-Ciphertext-Angriffe, sind nämlich nicht möglich, weil jeder Schlüssel nur einmal verwendet werden kann. Darum ist es auch

© Springer-Verlag Berlin Heidelberg 2016
J. Buchmann, *Einführung in die Kryptographie*, Springer-Lehrbuch,
DOI 10.1007/978-3-642-39775-2_4

kein Problem, dass der Verschlüsslungsalgorithmus deterministisch ist, obwohl in Abschn. 3.4.2 erklärt wurde, dass deterministische Verschlüsselung immer Chosen-Plaintext-Angriffe möglich macht. Solche Angriffe setzen eben voraus, dass Schlüssel mehrfach verwendet werden.

Angreifer haben gewisse Kontextinformationen und wissen, dass nicht alle Klartexte gleich wahrscheinlich sind. Wenn die Kommunikationspartner zum Beispiel Deutsche sind, sind englische Klartexte eher unwahrscheinlich. Sind Alice und Bob von Beruf Lehrer, dann ist die Wahrscheinlichkeit dafür, dass in einer Nachricht von Alice an Bob das Wort „Schüler" vorkommt, groß. Diese Kontextinformationen werden so modelliert, dass die Klartexte gemäß einer Wahrscheinlichkeitsverteilung $\mathrm{Pr_P}$ auftreten. Sie ist möglichen Angreifern bekannt. Für einen Klartext P ist $\mathrm{Pr_P}(P)$ die Wahrscheinlichkeit dafür, dass der Klartext P ausgewählt und verschlüsselt wird. Die Kenntnis von $\mathrm{Pr_P}$ haben Angreifer a priori. Sie brauchen dafür keine Schlüsseltexte zu kennen.

Der Schlüsselerzeugungsalgorithmus wählt Schlüssel gemäß einer Wahrscheinlichkeitsverteilung $\mathrm{Pr_K}$. Aus $\mathrm{Pr_P}$ und $\mathrm{Pr_K}$ erhält man eine Wahrscheinlichkeitsverteilung Pr auf $\mathbf{P} \times \mathbf{K}$. Für einen Klartext P und einen Schlüssel K ist $\mathrm{Pr}(P, K)$ die Wahrscheinlichkeit dafür, dass Alice den Klartext P wählt und mit dem Schlüssel K verschlüsselt. Es gilt

$$\mathrm{Pr}(P, K) = \mathrm{Pr_P}(P)\,\mathrm{Pr_K}(K) \tag{4.1}$$

und dadurch ist Pr festgelegt. Ab jetzt betrachten wir nur noch diese Wahrscheinlichkeitsverteilung. Sei $P \in \mathbf{P}$. Zur Vereinfachung bezeichnen wir mit P auch das Ereignis $\{(P, K) : K \in \mathbf{K}\}$. Tritt es auf, wird der Klartext P verschlüsselt. Mit dieser Schreibweise gilt wegen (4.1)

$$\mathrm{Pr}(P) = \sum_{K \in \mathbf{K}} \mathrm{Pr}(P, K) = \mathrm{Pr_P}(P) \sum_{K \in \mathbf{K}} \mathrm{Pr_K}(K) = \mathrm{Pr_P}(P). \tag{4.2}$$

Dies rechtfertigt die Doppelbedeutung von P. Entsprechend bezeichnen wir mit $K \in \mathbf{K}$ auch das Ereignis, dass der Schlüssel K ausgewählt wird, also das Ereignis $\{(P, K) : P \in \mathbf{P}\}$. Wie in (4.2) zeigt man

$$\mathrm{Pr}(K) = \mathrm{Pr_K}(K). \tag{4.3}$$

Nach (4.1) sind die Ereignisse P und K unabhängig. Für $C \in \mathbf{K}$ bezeichne C das Ereignis, dass das Ergebnis der Verschlüsselung von P mit Schlüssel K der Schlüsseltext C ist, also das Ereignis $\{(P, K) : \mathbf{Enc}(K, P) = C\}$.

Jetzt erklären wir, wie Shannon die Sicherheit des Verschlüsselungsverfahrens $\mathbf{E}$ modelliert. Ein Angreifer kennt die Wahrscheinlichkeitsverteilung $\mathrm{Pr_P}$ auf den Klartexten und hat damit eine Basisinformation, die ihm das Entschlüsseln erleichern kann. Jetzt sieht er einen Schlüsseltext C. Wann lernt er etwas aus C? Wenn das Auftreten von C die Wahrscheinlichkeitsverteilung auf den Klartexten verändert, wenn also manche Klartexte wahrscheinlicher als vorher sind und andere weniger wahrscheinlich, sobald der Schlüsseltext C aufgetreten ist. Mit anderen Worten: der Angreifer lernt nichts aus C, wenn sich die Wahrscheinlichkeitsverteilung auf den Klartexten nach Auftreten von C nicht ändert. Dies rechtfertigt die folgende Definition.

Definition 4.1 Das Kryptosystem **E** heißt *perfekt geheim*, wenn die Ereignisse, dass ein bestimmter Schlüsseltext auftritt und dass ein bestimmter Klartext vorliegt, unabhängig sind, wenn also $\Pr(P \mid C) = \Pr(P)$ für alle Klartexte P und alle Schlüsseltexte C gilt.

Beispiel 4.1 Sei **P** $= \mathbb{Z}_2$, $\Pr(0) = 1/4$, $\Pr(1) = 3/4$. Weiter sei **K** $= \{A, B\}$, $\Pr(A) = 1/4$, $\Pr(B) = 3/4$. Schließlich sei **C** $= \{a, b\}$. Dann ist die Wahrscheinlichkeit dafür, dass das Zeichen 1 auftritt und mit dem Schlüssel B verschlüsselt wird, $\Pr(1)\Pr(B) = 3/4 \cdot 3/4 = 9/16$. Die Verschlüsselungsfunktion **Enc** sei folgendermaßen definiert:

$$\mathbf{Enc}(A, 0) = a, \mathbf{Enc}(A, 1) = b, \mathbf{Enc}(B, 0) = b, \mathbf{Enc}(B, 1) = a.$$

Die Wahrscheinlichkeit dafür, dass der Schlüsseltext a auftritt, ist $\Pr(a) = \Pr(0, A) + \Pr(1, B) = 1/16 + 9/16 = 5/8$. Die Wahrscheinlichkeit dafür, dass der Schlüsseltext b auftritt, ist $\Pr(b) = \Pr(1, A) + \Pr(0, B) = 3/16 + 3/16 = 3/8$.

Wir berechnen nun die bedingten Wahrscheinlichkeiten $\Pr(P \mid C)$ für alle Klartexte P und alle Schlüsseltexte C. Es ist $\Pr(0 \mid a) = 1/10$, $\Pr(1 \mid a) = 9/10$, $\Pr(0 \mid b) = 1/2$, $\Pr(1 \mid b) = 1/2$. Diese Ergebnisse zeigen, dass das beschriebene Kryptosystem nicht perfekt geheim ist. Wenn Oskar zum Beispiel den Schlüsseltext a beobachtet, kann er ziemlich sicher sein, dass der zugehörige Klartext 1 war.

Wir stellen noch eine äquivalente Definition von perfekt sicherer Verschlüsselung vor, die bei der Einführung der Sicherheitsmodelle in den folgenden Abschnitten nützlich sein wird.

Theorem 4.1 *Das Kryptosystem* **E** *ist genau dann perfekt geheim, wenn für alle Paare* (P_0, P_1) *von Klartexten und für alle Schlüsseltexte C gilt:* $\Pr(C \mid P_0) = \Pr(C \mid P_1)$, *wenn also die Wahrscheinlichkeit dafür, dass beim Verschlüsseln ein Chiffretext C ensteht unabhängig vom verschlüsselten Klartext ist.*

Beweis Übung 4.3. □

Perfekt geheim heißt also, dass die Verteilungen auf den Schlüsseltexten bei Verschlüsselung zweier unterschiedlicher Klartexte identisch ist. Diese Charakterisierung ermöglicht es, zu zeigen, dass Verschlüsselungsverfahren, die durch Verwendung von Blockchiffren im ECB-Mode entstehen, keine perfekte Geheimhaltung bieten. Dies wird im nächsten Beispiel dargestellt.

Beispiel 4.2 Wir verwenden eine Blockchiffre über dem Alphabet $\mathbb{Z}_2$ mit Blocklänge n im ECB-Mode. Zur Vereinfachung der Beschreibung legen wir außerdem fest, dass der

ECB-Mode nur Klartexte verschlüsselt, die aus 2 Blöcken bestehen. Der für diesen Spezialfall gegebene Beweis der Unsicherheit kann leicht verallgemeinert werden. Klartext- und Chiffretextraum sind also $\mathbb{Z}_2^{2n}$. Die Wahrscheinlichkeitsverteilung auf den Klartexten und Schlüsseln sei die Gleichverteilung.

Sei $P_0 = 0^{2n}$, sei C_0 der entsprechende Chiffretext und sei $P_1 = 0^n 1^n$. Dann ist $C_0 = CC$ mit $C \in \mathbb{Z}_2^n$. Nun gilt $\Pr(C_0|P_0) > 0$ aber $\Pr(C_0|P_1) = 0$, weil zwei verschiedene Blöcke nie zu zwei gleichen Blöcken verschlüsselt werden. Also ist das Kryptosystem gemäß Theorem 4.1 nicht perfekt geheim.

Der berühmte Satz von Shannon, den wir jetzt beweisen, charakterisiert perfekt geheime Verschlüsselungsverfahren.

Theorem 4.2 *Sei* $|\mathbf{P}| = |\mathbf{K}| = |\mathbf{C}| < \infty$ *und sei* $\Pr(P) > 0$ *für jeden Klartext* P. *Das Kryptosystem* $\mathbf{E}$ *ist genau dann perfekt geheim, wenn die Wahrscheinlichkeitsverteilung auf dem Schlüsselraum die Gleichverteilung ist und wenn es für jeden Klartext* P *und jeden Schlüsseltext* C *genau einen Schlüssel* K *gibt mit* $\mathbf{Enc}(K, P) = C$.

Beweis Angenommen, das Verschlüsselungssystem ist perfekt geheim. Sei P ein Klartext. Wenn es einen Schlüsseltext C gibt, für den es keinen Schlüssel K gibt mit $\mathbf{Enc}(K, P) = C$, dann ist $0 < \Pr(P) \neq \Pr(P|C) = 0$. Aber dies widerspricht der perfekten Geheimhaltung. Für jeden Schlüsseltext C gibt es also einen Schlüssel K mit $\mathbf{Enc}(K, P) = C$. Da aber die Anzahl der Schlüssel gleich der Anzahl der Schlüsseltexte ist, gibt es für jeden Schlüsseltext C genau einen Schlüssel K mit $\mathbf{Enc}(K, P) = C$. Dies beweist die zweite Behauptung.

Um die erste Behauptung zu beweisen, fixiere einen Schlüsseltext C. Für einen Klartext P sei $K(P)$ der eindeutig bestimmte Schlüssel mit $\mathbf{Enc}(K(P), P) = C$. Weil es genauso viele Klartexte wie Schlüssel gibt, ist

$$\mathbf{K} = \{K(P) : P \in \mathbf{P}\} \tag{4.4}$$

Wir zeigen, dass für alle $P \in \mathbf{P}$ die Wahrscheinlichkeit für $K(P)$ gleich der Wahrscheinlichkeit für C ist. Dann ist die Wahrscheinlichkeit für $K(P)$ unabhängig von P. Da aber nach (4.4) jeder Schlüssel K mit einem $K(P)$, $P \in \mathbf{P}$ übereinstimmt, sind alle Schlüssel gleich wahrscheinlich.

Sei $P \in \mathbf{P}$. Wir zeigen $\Pr(K(P)) = \Pr(C)$. Nach Theorem 1.8 gilt für jeden Klartext P

$$\Pr(P|C) = \frac{\Pr(C|P)\Pr(P)}{\Pr(C)} = \frac{\Pr(K(P))\Pr(P)}{\Pr(C)}. \tag{4.5}$$

Weil das Verschlüsselungssystem perfekt geheim ist, gilt $\Pr(P|C) = \Pr(P)$. Aus (4.5) folgt daher $\Pr(K(P)) = \Pr(C)$, und dies ist unabhängig von P.

Wir beweisen die Umkehrung. Angenommen, die Wahrscheinlichkeitsverteilung auf dem Schlüsselraum ist die Gleichverteilung und für jeden Klartext p und jeden Schlüsseltext C gibt es genau einen Schlüssel $K = K(P, C)$ mit $\mathbf{Enc}(K, P) = C$. Dann folgt

$$\Pr(P \,|\, C) = \frac{\Pr(P) \Pr(C \,|\, P)}{\Pr(C)} = \frac{\Pr(P) \Pr(K(P, C))}{\sum_{Q \in \mathbf{P}} \Pr(Q) \Pr(K(Q, C))}. \tag{4.6}$$

Nun ist $\Pr(K(P, C)) = 1/|\mathbf{K}|$, weil alle Schlüssel gleich wahrscheinlich sind. Außerdem ist

$$\sum_{Q \in \mathbf{P}} \Pr(Q) \Pr(K(Q, C)) = \frac{\sum_{Q \in \mathbf{P}} \Pr(Q)}{|\mathbf{K}|} = \frac{1}{|\mathbf{K}|}.$$

Setzt man dies in (4.6) ein, so folgt $\Pr(P \,|\, C) = \Pr(P)$, wie behauptet. □

Beispiel 4.3 Aus Theorem 4.2 folgt, dass das Kryptosystem aus Beispiel 4.1 perfekt geheim wird, wenn man $\Pr(A) = \Pr(B) = 1/2$ setzt.

4.2 Das Vernam-One-Time-Pad

Das bekannteste Kryptosystem, dessen perfekte Geheimhaltung wir mit Theorem 4.2 beweisen können, ist das *Vernam-One-Time-Pad (OTP)*. Sei n eine natürliche Zahl. Das Vernam-One-Time-Pad verschlüsselt Bitstrings der Länge n. Schlüsselraum, Klartextraum und Chiffretextraum sind $\mathbf{K} = \mathbf{P} = \mathbf{C} = \mathbb{Z}_2^n$. Der Schlüsselerzeugungsalgorithmus wählt zufällig und gleichverteilt einen Schlüssel $K \in \mathbb{Z}_2^n$. Der Verschlüsselungsalgorithmus implementiert die Verschlüsselungsfunktion

$$\mathbf{Enc} : \mathbb{Z}_2^{2n} \to \mathbb{Z}_2^n, \quad (K, P) \mapsto P \oplus K.$$

Der Entschlüsselungsalgorithmus implementiert dieselbe Funktion

$$\mathbf{Dec} : \mathbb{Z}_2^{2n} \to \mathbb{Z}_2^n, \quad (K, C) \mapsto C \oplus K.$$

Theorem 4.3 *Das Vernam-One-Time-Pad ist perfekt sicher.*

Beweis Die Behauptung folgt aus Theorem 4.2. Auf dem Schlüsselraum wird die Gleichverteilung gewählt und für jeden Klartext P und jeden Schlüsseltext C gibt es genau einen Schlüssel K mit $C = P \oplus K$, nämlich $K = P \oplus C$. □

Das OTP wurde 1917 von Gilbert Vernam erfunden und patentiert. Aber erst 1949 formulierte Claude Shannon das Modell der perfekten Geheimhaltung und bewies, dass das OTP perfekt geheim ist.

Welche Bedeutung hat das OTP in der Praxis? Der Umstand, dass die Schlüssel dieselbe Länge haben müssen wie die Klartexte und nur einmal verwendet werden dürfen,
schränkt die Praktikabilität des OTP ein. Dagegen ist der Verschlüsselungsalgorithmus
sehr effizient. Er führt nur Additionen modulo 2 durch. Der große Vorteil des OTP ist
seine perfekte Geheimhaltung. Angreifer können aus Chiffretexten niemals etwas über
die verschlüsselten Klartexte lernen. Alle anderen Verschlüsselungsverfahren bieten nur
einen zeitlich begrenzten Schutz. Wenn ein Angreifer also Schlüsseltexte abfängt und
hinreichend lange aufbewahrt, kann er sie schließlich entschlüsseln. Wenn aber Daten
elektronisch kommuniziert werden, die langfristig vertraulich bleiben müssen, wie zum
Beispiel Gesundheitsdaten, ist möglicherweise langfristiger Schutz nötig. Das nächste
Beispiel zeigt, wie das OTP eingesetzt werden kann.

Beispiel 4.4 Das Außenministerium eines Landes möchte mit einer Botschaft vertraulich
kommunizieren. Weil die Nachrichten langfristig vertraulich bleiben sollen, bringt ein Kurier einmal im Jahr ein Speichermedium mit Zufallsbits in die Botschaft. Eine Kopie des
Speichermediums bleibt im Außenministerium. Die Zufallsbits werden nach und nach eingesetzt, um mittels OTP die Vertraulichkeit der Kommunikation zwischen Botschaft und
Außenministerium zu schützen. Bei jeder neuen Kommunikation werden neue Zufallsbits
verwendet. Weil moderne Speichermedien eine sehr hohe Kapazität haben, kann auf diese
Weise die perfekte Vertraulichkeit der gesamten Kommunikation innerhalb eines Jahres
sichergestellt werden.

Im Beispiel 4.4 genügt der Schutz der Vertraulichkeit nicht. Die kommunizierten Daten
müssen zum Beispiel auch vor Veränderung geschützt werden. Techniken dafür werden
später beschrieben.

Das OTP erlaubt den langfristigen Schutz der Vertraulichkeit bei elektronischer Kommunikation. In vielen Fällen ist es aber auch nötig, die Vertraulichkeit gespeicherter Daten
langfristig zu schützen, zum Beispiel in elektronischen Archiven. Dafür ist das OTP leider ungeeignet. Wird ein Archiv nämlich mit dem OTP geschützt, muss dazu ein Schlüssel
verwendet werden, der genauso groß ist wie das Archiv. Die Vertraulichkeit dieses Schlüssels muss dann sichergestellt werden. Dies ist aber genauso aufwändig, wie das Archiv
selbst zu schützen und nichts ist gewonnen. Die Vertraulichkeit gespeicherter Daten kann
mit Hilfe von Secret-Sharing-Techniken erreicht werden. Dies wird in Kap. 15 besprochen.

4.3 Semantische Sicherheit

Abschn. 4.1 stellt ein mathematisches Modell für perfekte Geheimhaltung vor. In diesem
Modell wird für jede Verschlüsselung ein neuer Schlüssel gewählt. Wird ein Schlüssel
mehrfach verwendet, sind perfekt vertrauliche Verschlüsselungsverfahren dagegen unsicher. Dies zeigt das nächste Beispiel.

Beispiel 4.5 Angenommen, im OTP wird ein Schlüssel K mehrfach verwendet und dem Angreifer ist das Klartext-Schlüsseltext-Paar (P, C) bekannt, in dem C durch Verschlüsselung mit K aus P entsteht. Dann kann der Angreifer den Schlüssel K ermitteln. Er muss nur $P \oplus C = P \oplus P \oplus K = K$ berechnen.

In der Praxis werden aber fast immer Verschlüsselungsverfahren verwendet, die Schlüssel mehrfach benutzen. Für solche Verschlüsselungsverfahren ist das Modell der perfekten Vertraulichkeit ungeeignet. In den 1980er Jahren entwickelten Shafi Goldwasser und Silvio Micali das realistischere Modell der *semantischen Sicherheit* (siehe [32]). Es schwächt das Modell der perfekten Geheimhaltung ab. Semantische Sicherheit verlangt nicht mehr, dass die Verteilung auf den Chiffretexten unabhängig vom verschlüsselten Klartext sein muss, wie das bei perfekter Geheimhaltung gemäß Theorem 4.1 der Fall sein muss. Statt dessen genügt es für semantische Sicherheit, dass Angreifer die Verteilungen auf den Chiffretexten für verschiedene gleich lange Klartexte *mit ihren Möglichkeiten* nicht unterscheiden können. Das nächste Beispiel zeigt, das eine Anpassung der Sicherheitsanforderungen an die Möglichkeiten von Angreifern tatsächlich zu praktikablen Sicherheitsverfahren führt.

Beispiel 4.6 Ein Dieb stiehlt eine Kreditkarte. Er versucht, mit dieser Karte Geld abzuheben. Die Karte ist mit einer vierstelligen PIN geschützt. Es gibt 10000 solche PINs. Die kann der Dieb durchprobieren. Das ginge sehr schnell, wenn dem Durchprobieren nicht Grenzen gesetzt wären. Ein Fehlbedienungszähler sorgt dafür, dass die Karte nach drei Fehlversuchen unbrauchbar wird. Der Dieb hat also nur die Möglichkeit, dreimal zu raten. Die Chance, des Angreifers, bei dreimaligem Raten erfolgreich zu sein, ist $3/10000$. Nach gängiger Auffassung ist diese Wahrscheinlichkeit klein genug um die Kreditkarte zu schützen. Gleichzeitig sind vierstellige PINs praktikabel, weil Benutzer sich solche PINs merken können. Bei längeren PINs wird das schon schwieriger.

Wir stellen jetzt das mathematische Modell der semantischen Sicherheit eines symmetrischen Kryptosystems

$$\mathbf{E} = (\mathbf{K}, \mathbf{P}, \mathbf{C}, \mathbf{KeyGen}, \mathbf{Enc}, \mathbf{Dec})$$

vor. In diesem Modell ist es das Ziel des Angreifers, die Wahrscheinlichkeitsverteilung auf Chiffretexten zu zwei verschiedenen aber gleich langen Klartexten zu unterscheiden. Die Bedingung, dass die Klartexte gleich lang sein müssen, kommt daher, dass die Länge der Klartexte die Länge der Chiffretexte bestimmt. Es ist also im Allgemeinen nicht zu erreichen, dass Chiffretextverteilungen zu Klartexten unterschiedlicher Länge ununterscheidbar sind.

Wir beschreiben zunächst Angreifer auf die semantische Sicherheit von **E**. Ein solcher Angreifer ist ein probabilistischer Algorithmus. Er bekommt einen Schlüsseltext C, der entweder die Verschlüsselung eines Klartextes P_0 und oder eines anderen Klartextes

P_1 ist. A entscheidet, welcher der Klartext verschlüsselt wurde, indem der Algorithmus entweder 0 oder 1 ausgibt. A ist erfolgreich, wenn die Antwort stimmt.

Wir beschreiben A genauer. Die beiden Klartexte P_0 und P_1 haben gleiche Länge. Ohne diese Forderung gäbe es keine semantisch sicheren Verschlüsselungsverfahren. Solche Chiffren sollen ja keine Unterscheidung zwischen den Verschlüsselungen zweier verschiedener Klartexte zulassen. Aber diese Unterscheidungsaufgabe ist zu leicht, wenn die Klartexte unterschiedliche Länge haben. Als nächstes wird festgelegt, dass A die Klartexte selbst wählt. Warum? Wenn ein Angreifer nicht zwischen Verschlüsselungen selbst gewählter Klartexte unterscheiden kann, kann er erst recht nicht zwischen Verschlüsselungen von Klartexten aus anderer Quelle unterscheiden. Er kann ja die Klartexte so wählen, wie es alle möglichen anderen Quellen tun. Jetzt müssen wir noch erklären, wie A die Verschlüsselung von P_0 oder P_1 erhält. Dazu hat A Zugriff auf ein *Orakel* $\mathbf{Enc}_{b,K}$. Dabei ist b ein Bit und K ein Schlüssel. Das Orakel verhält sich wie ein Unterprogramm, hat also eine Eingabe, nämlich (P_0, P_1), und eine Ausgabe, nämlich $C = \mathbf{Enc}(K, P_b)$. A sieht aber nicht, was das Orakel macht. Um zu zeigen, dass A Zugriff auf das Orakel $\mathbf{Enc}_{b,K}$ hat, schreiben wir $A^{\mathbf{Enc}_{b,K}}$.

Das nächste Beispiel zeigt einen Angreifer auf die semantische Sicherheit von Verschlüsselung im ECB-Mode, der wie oben beschrieben arbeitet. Die Idee dazu findet sich bereits in Beispiel 4.2.

Beispiel 4.7 Wie in Beispiel 4.2 verwenden wir eine Blockchiffre über dem Alphabet $\mathbb{Z}_2$, nennen n seine Blocklänge und betrachten das Verschlüsselungsverfahren, das Klartexte der Länge $2n$ im ECB-Mode verschlüsselt. Der Angreifer 4.1 hat Zugriff auf das Orakel $\mathbf{Enc}_{b,K}$ für einen Schlüssel K und ein Bit $b \in \mathbb{Z}_2$.

Angreifer 4.1 ($A^{\mathbf{Enc}_{b,K}}$)

(Angreifer auf die semantische Sicherheit von ECB)

> Der Angreifer kennt die Blocklänge n der verwendeten Blockchiffre
> $P_0 \leftarrow 1^{2n}$
> $P_1 \leftarrow 0^n 1^n$
> $C \leftarrow \mathbf{Enc}_{b,K}(P_0, P_1)$
> **if** $C = XX$ mit $X \in \mathbb{Z}_2^n$ **then**
> > **return** 0
> **else**
> > **return** 1
> **end if**

Dieser Angreifer ist sehr effizient und gibt immer das richtige Bit b zurück. Er zeigt, dass ECB-Verschlüsselung nicht semantisch sicher ist.

Tab. 4.1 Sicherheitslevel

Schutz bis	Sicherheitslevel
2020	2^{96}
2030	2^{112}
2040	2^{128}
für absehbare Zukunft	2^{256}

Beispiel 4.7 beschreibt einen sehr einfachen Angreifer, der mit Wahrscheinlichkeit 1 entscheiden kann, welcher Klartext verschlüsselt wurde. Im allgemeinen haben es Angreifer aber nicht so leicht. Wir werden daher die Definition der semantischen Sicherheit noch etwas weiter entwickeln, um aussagen zu können, was Angreifer mit akzeptabler Laufzeit und Erfolgswahrscheinlichkeit sind.

Wir erläutern zuerst, was unter der Laufzeit eines Angreifers zu verstehen ist. Sie ist die Anzahl der Bit-Operationen, die der entsprechende probalistische Algorithmus im schlechtesten Fall benötigt. Dabei werden die Orakel-Aufrufe folgendermaßen berücksichtigt: Orakel verwenden eine Bit-Operation, um ihren Rückgabewert zu liefern. Der Algorithmus muss zusätzlich eine Bit-Operation pro Bit aufwenden, das er vom Rückgabewert liest. Um den schlechtesten Fall zu bestimmen, werden alle möglichen Münzwürfe im Angreiferalgorithmus und Rückgabewerte des Verschlüsselungsorakels berücksichtigt. Das nächste Beispiel bestimmt die Laufzeit des Angreifers aus Beispiel 4.7.

Beispiel 4.8 Wir bestimmen die Laufzeit, die der Angreifer aus Beispiel 4.7 verbraucht. Die Bestimmung der beiden Klartexte erfordert $4n$ Bit-Operationen. Der Angreifer ruft das Orakel einmal auf. Das Orakel gibt einen Schlüsseltext der Länge $2n$ zurück. Der Angreiferalgorithmus muss den gesamten Schlüsseltext lesen, um seine Struktur zu bestimmen. Dafür verwendet er nach obiger Konvention $2n$ Bit-Operationen. Die Analyse der Schlüsseltextes verwendet $O(n)$ Bit-Operationen. Damit ist die Laufzeit des Angreiferalgorithmus $O(n)$ und zwar für alle möglichen Münzwürfe und Rückgabewerte des Orakels.

Um aussagen zu können, dass es keine Angreifer mit akzeptabler Laufzeit gibt, wird häufig der Begriff des *Sicherheitslevels* verwendet. Dabei handelt es sich um eine natürliche Zahl l. Sicherheitslevel l bedeutet, dass alle Angriffe die nicht mehr als 2^l Operationen benötigen, erfolglos sind. Solange Angreifer also aufgrund von technologischen Beschränkungen höchstens 2^l Operationen ausführen können, kann es keine erfolgreichen Angriffe geben und das Verfahren ist sicher. Angreifer, die weniger als 2^l Operationen verwenden, werden also als realistisch eingeschätzt. Angreifer, die mehr Operationen verwenden, dagegen nicht. Welches Sicherheitslevel angemessen ist, hängt davon ab, wie lange die Sicherheit gewährleistet werden soll. Nach dem Mooreschen Gesetz verdoppelt sich nämlich die Geschwindigkeit von Computern alle 18 Monate. In Tab. 4.1 werden angemessene Sicherheitslevel angegeben. Die Werte wurden im Rahmen des EU-Projekts ECRYPT II ermittelt (siehe [73]).

Als nächstes erläutern wir, wie der Erfolg des Angreifers modelliert wird. Um diesen Erfolg zu bestimmen, verwenden wir ein *Experiment*. In einem solchen Experiment wählen wir die Eingaben für den Angreifer einschließlich des Orakels, auf das er Zugriff hat, zufällig. Im Experiment ist der Angreifer entweder erfolgreich oder nicht. Relevant für die Güte des Angriffs ist die Erfolgswahrscheinlichkeit. Für den Erfolg des Angreifers auf die semantische Sicherheit eines Verschlüsselungsverfahrens ist Experiment 4.1 relevant.

Experiment 4.1 ($\mathrm{Exp}_E^{sem}(A)$)

(Experiment, das über den Erfolg eines Angreifers auf die semantische Sicherheit des symmetrischen Kryptosystems **E** entscheidet)

$$b \xleftarrow{\$} \mathbb{Z}_2$$

$$K \leftarrow \mathbf{KeyGen}$$

$$b' \leftarrow A^{\mathbf{Enc}_{b,K}}$$

if $b = b'$ **then**

  return 1

else

  return 0

end if

Um den Erfolg des Angreifers zu bestimmen, wird sein *Vorteil* (englisch: *advantage*) in Experiment 4.1 herangezogen, der folgendermaßen definiert ist:

$$\mathbf{Adv}_E^{sem}(A) = 2\Pr[\mathrm{Exp}_E^{sem}(A) = 1] - 1. \tag{4.7}$$

Diese Definition geht davon aus, dass ein Angreifer sein Rückgabe-Bit immer zufällig und gleichverteilt wählen kann. Dann ist seine Erfolgswahrscheinlichkeit $1/2$. Der Vorteil misst also die Wahrscheinlichkeit, die über $1/2$ hinausgeht. Wenn der Angreifer mit Wahrscheinlichkeit 1 den richtigen Wert zurückgibt, ist sein Vorteil 1. Rät der Angreifer nur, ist sein Vorteil 0. Offensichtlich hat der Angreifer aus Beispiel 4.7 den Vorteil 1.

Zum Schluss definieren wir semantische Sicherheit von symmetrischen Kryptosystemen.

Definition 4.2 Sei $T \in \mathbb{N}$ und $\varepsilon > 0$. Das Kryptosystem **E** bietet semantische (T, ε)-Sicherheit, wenn der Vorteil aller Angreifer gegen die semantische Sicherheit von **E**, die höchstens Laufzeit T haben, durch ε beschränkt ist.

Um diese Definition anwenden zu können, muss noch ein angemessenes Sicherheitslevel und der zulässige Vorteil festgelegt werden. Sicherheitslevel, die Schutz für bestimmte Zeitintervalle bieten, sind in Tab. 4.1 gezeigt. Eine mögliche Wahl für den maximal erlaubten Vorteil ist $1/l$, wobei l das gewählte Sicherheitslevel ist. Soll ein Kryptosystem also bis zum Jahr 2020 sicher sein, darf der Vorteil von Angreifern, die höchstens die Laufzeit 2^{96} haben, nicht größer als $1/2^{96}$ sein.

4.4 Chosen-Plaintext-Sicherheit

Das Modell der semantischen Sicherheit berücksichtigt nur Ciphertext-Only-Angriffe. In Abschn. 3.4.2 wurden aber komplexere Angriffe beschrieben. In diesem Abschnitt beschreiben wir das Modell der *Chosen-Plaintext-Sicherheit (CPA-Sicherheit)*. In diesem Modell hat der Angreifer die Möglichkeit, sich Klartexte seiner Wahl verschlüsseln zu lassen. Genauer gesagt modellieren wir adaptive Chosen-Plaintext-Angriffe, in denen der Angreifer die zu verschlüsselnden Klartexte in Abhängigkeit von seinen vorherigen Berechnungen wählen darf. Das beschriebene Modell wird auch *Ununterscheidbarkeit bei Chosen-Plaintext-Angriffen* (Englisch: *Indistinguishability under Chosen-Plaintext-Attack (IND-CPA)* genannt. Das Ziel des Angreifers ist es nämlich, Wahrscheinlichkeitsverteilungen auf Klartexten zu unterschiedlichen Chiffretexten zu unterscheiden.

Wir gehen wieder davon aus, dass ein Verschlüsselungsverfahren

$$\mathbf{E} = (\mathbf{K}, \mathbf{P}, \mathbf{C}, \mathbf{KeyGen}, \mathbf{Enc}, \mathbf{Dec})$$

verwendet wird. Chosen-Plaintext-Angreifer auf $\mathbf{E}$ entsprechen Angreifern auf die semantische Sicherheit von $\mathbf{E}$. Sie haben aber zusätzlich zu dem Orakel $\mathbf{Enc}_{b,K}$, das einen von zwei Klartexten verschlüsselt, auch Zugriff auf ein Verschlüsselungsorakel $\mathbf{Enc}_K$, das eingegebene Klartexte verschlüsselt, ohne dabei den geheimen Schlüssel K preiszugeben. Chosen-Plaintext-Angreifer dürfen dieses Orakel so oft aufrufen, bis ihre erlaubte Laufzeit verbraucht ist. Die Definition des Erfolgs eines Chosen-Plaintext-Angreifers verwendet das Experiment 4.2. Der einzige Unterschied zum Experiment 4.1 besteht darin, dass der Angreifer zusätzlich Zugriff auf das Orakel $\mathbf{Enc}_K$ erhält, das er so oft aufrufen darf, wie es seine Zeitbeschränkung erlaubt.

Experiment 4.2 ($\mathbf{Exp}_{\mathbf{E}}^{\mathsf{cpa}}(A)$)

(Experiment, das über den Erfolg eines Chosen-Plaintext-Angreifers auf das Verschlüsselungsverfahren $\mathbf{E}$ entscheidet)

$$b \xleftarrow{\$} \mathbb{Z}_2$$

$$K \xleftarrow{\$} \mathbf{K}$$

$$b' \leftarrow A^{\mathbf{Enc}_{b,K}, \mathbf{Enc}_K}$$

if $b = b'$ **then**

    return 1

else

    return 0

end if

Der Vorteil des Angreifers ist definiert wie im Modell der semantischen Sicherheit:

$$\mathbf{Adv}_E^{cpa}(A) = 2\Pr[\mathrm{Exp}_E^{cpa}(A) = 1] - 1. \tag{4.8}$$

Wir geben nun einige Beispiele für Verschlüsselungsverfahren, die gegen Chosen-Plaintext-Angriffe unsicher sind.

Beispiel 4.9 Wir zeigen, dass deterministische, zustandslose Verschlüsselungsverfahren nicht CPA-sicher sind. Angreifer 4.2 greift die CPA-Sicherheit des deterministischen zustandslosen Verschlüsselungsverfahrens **E** erfolgreich an.

Angreifer 4.2 $(A^{\mathrm{Enc}_{b,K},\mathrm{Enc}_K})$

(Angreifer auf die CPA-Sicherheit von deterministischen, zustandslosen Verschlüsselungsverfahren)

    Wähle zwei verschiedene, gleich lange Klartexte P_0 und

      P_1 aus **P**.

    $C_0 \leftarrow \mathbf{Enc}_K(P_0)$

    $C \leftarrow \mathbf{Enc}_{b,K}(P_0, P_1)$

    if $C = C_0$ **then**

      return 0

    else

      return 1

    end if

Der Angreifer benötigt nur wenige Operationen: Die Auswahl zweier Klartexte, zwei Orakelaufrufe und ein Vergleich. Sein Vorteil ist 1, weil die Verschlüsselungsfunktionen $\mathbf{Enc}_K$, die zu einem deterministischen zustandslosen Verschlüsselungsverfahren gehören, injektiv sind.

Beispiel 4.10 Wir zeigen, dass Verschlüsselung im CBC-CTR-Mode nicht CPA-sicher ist. Verwendet wird eine Blockchiffre mit Blocklänge n und Verschlüsselungsfunktion E. Angreifer 4.3 greift die CPA-Sicherheit des CBC-CTR-Verschlüsselungsverfahrens **E** erfolgreich an.

Angreifer 4.3 ($A^{\text{Enc}_{b,K},\text{Enc}_K}$)

(Angreifer auf die CPA-Sicherheit von CBC-CTR-Verschlüsselungsverfahren)

Der Angreifer kennt die Blocklänge n der verwendeten Blockschiffre

$C_0 \leftarrow \mathbf{Enc}_K(0^n)$

$C \leftarrow \mathbf{Enc}_{b,K}(0^n, 0^{n-1}1)$

if $C = C_0$ **then**

> **return** 1

else

> **return** 0

end if

Auch dieser Angreifer benötigt nur wenige Operationen: zwei Orakelaufrufe und ein Vergleich. Außerdem ist sein Vorteil 1, weil bei jedem Aufruf der Verschlüsselungsfunktion der Zähler um eins erhöht wird. Das wird in Übung 4.4 gezeigt.

4.5 Chosen-Ciphertext-Sicherheit

In Abschn. 3.4.2 wurde ein weiterer Angriffstyp vorgestellt: der Chosen-Ciphertext-Angriff. In diesem Abschnitt wollen wir auch diesen Angriffstyp formal modellieren. Das entsprechende Modell heißt *Chosen-Ciphertext-Sicherheit, Indistinguishabilty under Chosen-Ciphertext-Attack (IND-CCA)* oder kurz *CCA-Sicherheit*. Sei $\mathbf{E} = (\mathbf{K}, \mathbf{P}, \mathbf{C}, \mathbf{KeyGen}, \mathbf{Enc}, \mathbf{Dec})$ ein Verschlüsselungsverfahren.

Wie im Chosen-Plaintext-Modell hat der Angreifer Zugriff auf die Orakel $\mathbf{Enc}_{b,K}$ und $\mathbf{Enc}_K$. Das erste Orakel darf er einmal auf ein Paar von Klartexten gleicher Länge anwenden; das zweite so oft es seine Laufzeitbeschränkung zulässt. Im Chosen-Ciphertext-Modell hat der Angreifer aber noch zusätzlich Zugriff auf das $\mathbf{Dec}_K$-Orakel. Es entschlüsselt gegebene Schlüsseltexte so oft es die Laufzeitbeschränkung des Angreifers zulässt. Könnte der Angreifer das Entschlüsselungsorakel auf alle Chiffretexte anwenden, hätte er leichtes Spiel. Er könnte das Verschlüsselungsorakel ein Paar von Klartexten verschlüsseln lassen und dann mit dem Entschlüsselungsorakel herausfinden, ob der linke oder der rechte Klartext von $\mathbf{Enc}_{b,K}$ verschlüsselt wurde. Ein Modell, das dies zulässt, ist nicht sinnvoll. In einem solchen Modell gibt es keine Sicherheit durch Verschlüsselung. Das Modell soll aber nur die Möglichkeit berücksichtigen, dass ein Angreifer vorübergehend Zugriff auf einen Entschlüsselungsmechanismus hat, aber diesen Mechanismus nicht für die Klartexte nutzen kann, die ihn primär interessieren. Daher gilt im Chosen-Ciphertext-Modell die Regel, dass das Entschlüsselungsorakel nur Chiffretexte entschlüsselt, die nicht zuvor durch eins der Orakel $\mathbf{Enc}_K$ oder $\mathbf{Enc}_{b,K}$ verschlüsselt wurden. Die weitere Formalisierung in Analogie zum Chosen-Plaintext-Modell überlassen wir dem Leser in Übung 4.8

Wir zeigen nun, dass im Chosen-Ciphertext-Modell CTR-Mode-Verschlüsselung unsicher ist.

Beispiel 4.11 Wir nehmen an, dass das Verschlüsselungsverfahren **E** entsteht, indem eine Blockschiffre der Blocklänge n im CTR-Mode angewendet wird. Angreifer 4.4 greift erfolgreich die Sicherheit des CRT-Mode an.

Angreifer 4.4 ($A^{\mathrm{Enc}_{b,K}, \mathrm{Enc}_K, \mathrm{Dec}_K}$)

(Angreifer auf die CCA-Sicherheit von Verschlüsselung im CTR-Mode)

> Der Angreifer kennt die Blocklänge n der
>
> verwendeten Blockchiffre
>
> $C = \mathbf{Enc}_{b,K}(0^n, 1^n),$
>
> $P \leftarrow \mathbf{Dec}_K(C \oplus 1^n)$
>
> **if** $P = 1^n$ **then**
>
> > **return** 0
>
> **else**
>
> > **return** 1
>
> **end if**

Der Angreifer hat lineare Laufzeit in der Blocklänge n, ist also sehr effizient. Wir zeigen, dass sein Vorteil 1 ist. Angenommen, $b = 0$. Dann ergibt die Verschlüsselung

$$C = 0^n \oplus E(K, \mathrm{IV} + 1), \tag{4.9}$$

wobei E die Verschlüsselungsfunktion der Blockchiffre bezeichnet. Die Anwendung des Entschlüsslungsorakels liefert

$$\begin{aligned}
P &= C \oplus 1^n \oplus E(K, \mathrm{IV} + 1) \\
&= 0^n \oplus E(K, \mathrm{IV} + 1) \oplus 1^n \oplus E(K, \mathrm{IV} + 1) \\
&= 1^n.
\end{aligned}$$

Nun sei $b = 1$. Dann gilt

$$C = 1^n \oplus E(K, \mathrm{IV} + 1) \tag{4.10}$$

und

$$\begin{aligned}
P &= C \oplus 1^n \oplus \mathbf{Enc}(K, \mathrm{IV} + 1) \\
&= 1^n \oplus \mathbf{Enc}(K, \mathrm{IV} + 1) \oplus 1^n \oplus \mathbf{Enc}(K, \mathrm{IV} + 1) \\
&= 0^n.
\end{aligned}$$

Der Angreifer gibt also immer den richtigen Wert von b aus.

4.6 Übungen

Übung 4.1 Zeigen Sie, dass die Verschiebungschiffre perfekt geheim ist, wenn die Klartexte einzelne Zeichen sind. Erklären Sie, warum, dies sinnvoll ist. Was passiert, wenn längere Texte verschlüsselt werden?

Übung 4.2 Betrachten Sie die lineare Blockchiffre mit Blocklänge n und Alphabet $\mathbb{Z}_2^n$. Wählen Sie auf dem Schlüsselraum aller Matrizen $A \in \mathbb{Z}_2^{(n,n)}$ mit $\det(A) \equiv 1 \bmod 2$ die Gleichverteilung. Ist dieses Kryptosystem perfekt geheim, wenn jeder neue Klartext der Länge n mit einem neuen Schlüssel verschlüsselt wird?

Übung 4.3 Beweisen Sie Theorem 4.1.

Übung 4.4 Zeigen Sie, dass der Angreifer 4.3 den Vorteil 1 hat.

Übung 4.5 Zeigen Sie, dass affin lineare Blockchiffren im IND-CPA-Modell unsicher sind. Geben Sie dazu einen IND-CPA-Angreifer für solche Blockchiffren an und bestimmen sie seine Laufzeit und seinen Vorteil.

Übung 4.6 Formalisieren Sie das IND-CCA-Modell. Definieren Sie dazu Angreifer im IND-CCA-Modell und seine Laufzeit. Definieren Sie auch den Vorteil eines Angreifers im IND-CCA-Modell.

Übung 4.7 Zeigen Sie, dass das Verschlüsselungsverfahren, das bei Verwendung von Blockchiffren im CBC-Mode mit zufälligem Initialisierungsvektor im IND-CCA-Modell unsicher ist. Geben Sie dazu einen IND-CCA-Angreifer für solche Blockchiffren an und bestimmen sie seine Laufzeit und seinen Vorteil.

Übung 4.8 Formalisieren Sie das INDCCA-Modell.

Der DES-Algorithmus

5

In Kap. 3 wurden Kryptosysteme eingeführt und einige historische symmetrische Verschlüsselungsverfahren beschrieben. Die Verfahren aus Kap. 3 konnten aber alle gebrochen werden, weil sie affin linear sind. Perfekt sichere Systeme wurden in Kap. 4 beschrieben. Sie stellten sich aber als ineffizient heraus. In diesem Kapitel wird das DES-Verfahren beschrieben. Das DES-Verfahren war viele Jahre lang der Verschlüsselungsstandard in den USA und wird weltweit eingesetzt. Das einfache DES-Verfahren gilt aber nicht mehr als sicher genug. Inzwischen wurde vom US-amerikanischen National Institute of Standards als Nachfolger von DES das Rijndael-Verschlüsselungsverfahren ausgewählt [1], das im nächsten Kapitel beschrieben wird. Als sicher gilt aber nach wie vor die Dreifachvariante Triple-DES (siehe Abschn. 3.9). Außerdem ist DES ein wichtiges Vorbild für neue symmetrische Verfahren.

5.1 Feistel-Chiffren

Der DES-Algorithmus ist eine sogenannte *Feistel-Chiffre*. Wir erläutern in diesem Abschnitt, wie Feistel-Chiffren funktionieren.

Benötigt wird eine Blockchiffre mit Alphabet $\{0, 1\}$. Die Verschlüsselungsfunktion zum Schlüssel K sei f_K. Daraus kann man folgendermaßen eine Feistel-Chiffre konstruieren. Die Feistel-Chiffre ist eine Blockchiffre mit Blocklänge $2t$, $t \in \mathbb{N}$ und Alphabet $\{0, 1\}$. Man legt einen Schlüsselraum $\mathcal{K}$ fest. Außerdem legt man eine *Rundenzahl* $r \geq 1$ fest und wählt eine Methode, die aus einem Schlüssel $k \in \mathcal{K}$ eine Folge $K_1, \ldots, K_r$ von Rundenschlüsseln konstruiert. Die Rundenschlüssel gehören zum Schlüsselram der zugrundeliegenden Blockchiffre.

Die Verschlüsselungsfunktion E_k der Feistel-Chiffre zum Schlüssel $k \in \mathcal{K}$ funktioniert so: Sei p ein Klartext der Länge $2t$. Den teilt man in zwei Hälften der Länge t auf. Man schreibt also $p = (L_0, R_0)$. Dabei ist L_0 die linke Hälfte des Klartextes, und R_0 ist seine rechte Hälfte. Danach konstruiert man eine Folge $((L_i, R_i))_{1 \leq i \leq r}$ nach folgender

© Springer-Verlag Berlin Heidelberg 2016
J. Buchmann, *Einführung in die Kryptographie*, Springer-Lehrbuch,
DOI 10.1007/978-3-642-39775-2_5

Vorschrift:

$$(L_i, R_i) = (R_{i-1}, L_{i-1} \oplus f_{K_i}(R_{i-1})), \quad 1 \le i \le r. \tag{5.1}$$

Dann setzt man

$$E_k(L_0, R_0) = (R_r, L_r).$$

Die Sicherheit der Feistel-Chiffre hängt natürlich zentral von der Sicherheit der internen Blockchiffre ab. Deren Sicherheit wird aber durch iterierte Verwendung noch gesteigert.

Wir erläutern die Entschlüsselung der Feistel-Chiffre. Aus (5.1) folgt unmittelbar

$$(R_{i-1}, L_{i-1}) = (L_i, R_i \oplus f_{K_i}(L_i)), \quad 1 \le i \le r. \tag{5.2}$$

Daher kann man unter Verwendung der Schlüsselfolge $(K_r, K_{r-1}, \ldots, K_1)$ in r Runden das Paar (R_0, L_0) aus dem Schlüsseltext (R_r, L_r) zurückgewinnen. Die Feistel-Chiffre wird also entschlüsselt, indem man sie mit umgekehrter Schlüsselfolge auf den Schlüsseltext anwendet.

5.2   Der DES-Algorithmus

Das DES-Verschlüsselungsverfahren ist eine leicht modifizierte Feistel-Chiffre mit Alphabet $\{0, 1\}$ und Blocklänge 64. Wir erläutern seine Funktionsweise im Detail.

5.2.1   Klartext- und Schlüsselraum

Klartext- und Schlüsseltextraum des DES ist $\mathcal{P} = \mathcal{C} = \{0, 1\}^{64}$. Die DES-Schlüssel sind Bitstrings der Länge 64, die folgende Eigenschaft haben: Teilt man einen String der Länge 64 in acht Bytes auf, so ist jeweils das letzte Bit eines jeden Bytes so gesetzt, dass die Quersumme aller Bits im betreffenden Byte ungerade ist. Es ist also

$$\mathcal{K} = \left\{(b_1, \ldots, b_{64}) \in \{0, 1\}^{64} : \sum_{i=1}^{8} b_{8k+i} \equiv 1 \mod 2, 0 \le k \le 7\right\}.$$

Die ersten sieben Bits eines Bytes in einem DES-Schlüssel legen das achte Bit fest. Dies ermöglicht Korrektur von Speicher- und Übertragungsfehlern. In einem DES-Schlüssel sind also nur 56 Bits frei wählbar. Insgesamt gibt es $2^{56} \sim 7.2 * 10^{16}$ viele DES-Schlüssel. Der DES-Schlüssel für Ver- und Entschlüsselung ist derselbe.

Beispiel 5.1 Ein gültiger DES Schlüssel ist hexadezimal geschrieben

$$133457799BBCDFF1.$$

Seine Binärentwicklung findet sich in Tab. 5.1.

Tab. 5.1 Gültiger DES-
Schlüssel

0	0	0	1	0	0	1	1
0	0	1	1	0	1	0	0
0	1	0	1	0	1	1	1
0	1	1	1	1	0	0	1
1	0	0	1	1	0	1	1
1	0	1	1	1	1	0	0
1	1	0	1	1	1	1	1
1	1	1	1	0	0	0	1

5.2.2 Die initiale Permutation

Wir werden jetzt den DES-Algorithmus im einzelnen beschreiben. Bei Eingabe eines Klartextwortes p arbeitet er in drei Schritten.

Zusätzlich zur Feistel-Verschlüsselung wird im ersten Schritt auf p eine *initiale Permutation* IP angewandt. Dies ist eine für das Verfahren fest gewählte, vom Schlüssel unabhängige, Bitpermutation auf Bitvektoren der Länge 64. Die Permutation IP und die entsprechende inverse Permutation findet man in Tab. 5.2

Tab. 5.2 ist folgendermaßen zu verstehen. Ist $p \in \{0, 1\}^{64}$, $p = p_1 p_2 p_3 \ldots p_{64}$, dann ist $\mathrm{IP}(p) = p_{58} p_{50} p_{42} \ldots p_7$.

Auf das Ergebnis dieser Permutation wird eine 16-Runden Feistel-Chiffre angewendet. Zuletzt wird die Ausgabe als

$$c = \mathrm{IP}^{-1}(R_{16} L_{16})$$

erzeugt.

5.2.3 Die interne Blockchiffre

Als nächstes wird die interne Blockchiffre beschrieben. Ihr Alphabet ist $\{0, 1\}$, ihre Blocklänge ist 32 und ihr Schlüsselraum ist $\{0, 1\}^{48}$. Wir erläutern, wie die Verschlüsselungsfunktion f_K zum Schlüssel $K \in \{0, 1\}^{48}$ funktioniert (siehe Abb. 5.1).

Tab. 5.2 Die initiale Permutation IP

IP							
58	50	42	34	26	18	10	2
60	52	44	36	28	20	12	4
62	54	46	38	30	22	14	6
64	56	48	40	32	24	16	8
57	49	41	33	25	17	9	1
59	51	43	35	27	19	11	3
61	53	45	37	29	21	13	5
63	55	47	39	31	23	15	7

IP^{-1}							
40	8	48	16	56	24	64	32
39	7	47	15	55	23	63	31
38	6	46	14	54	22	62	30
37	5	45	13	53	21	61	29
36	4	44	12	52	20	60	28
35	3	43	11	51	19	59	27
34	2	42	10	50	18	58	26
33	1	41	9	49	17	57	25

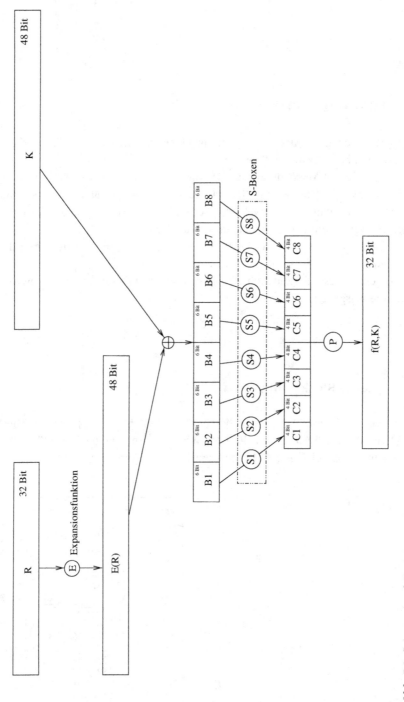

Abb. 5.1 Schema der f-Funktion im DES

Tab. 5.3 Die Funktionen E
und P

		E						P		
32	1	2	3	4	5	16	7	20	21
4	5	6	7	8	9	29	12	28	17
8	9	10	11	12	13	1	15	23	26
12	13	14	15	16	17	5	18	31	10
16	17	18	19	20	21	2	8	24	14
20	21	22	23	24	25	32	27	3	9
24	25	26	27	28	29	19	13	30	6
28	29	30	31	32	1	22	11	4	25

Das Argument $R \in \{0,1\}^{32}$ wird mittels einer Expansionsfunktion $E : \{0,1\}^{32} \to \{0,1\}^{48}$ verlängert. Diese Funktion ist in Tab. 5.3 dargestellt. Ist $R = R_1 R_2 \dots R_{32}$, dann ist $E(R) = R_{32} R_1 R_2 \dots R_{32} R_1$.

Anschließend wird der String $E(R) \oplus K$ gebildet und in 8 Blöcke B_i, $1 \le i \le 8$, der Länge 6 aufgeteilt. Es wird also

$$E(R) \oplus K = B_1 B_2 B_3 B_4 B_5 B_6 B_7 B_8 \qquad (5.3)$$

gebildet mit $B_i \in \{0,1\}^6$, $1 \le i \le 8$. Im nächsten Schritt werden Funktionen

$$S_i : \{0,1\}^6 \to \{0,1\}^4, \quad 1 \le i \le 8$$

verwendet (die sogenannten S-Boxen), die unten noch genauer beschrieben sind. Mit diesen Funktionen wird der String

$$C = C_1 C_2 C_3 C_4 C_5 C_6 C_7 C_8$$

berechnet, wobei $C_i = S_i(B_i)$, $1 \le i \le 8$, ist. Er hat die Länge 32. Dieser Bitstring wird gemäß der Permutation P aus Tab. 5.3 permutiert. Das Ergebnis ist $f_K(R)$.

5.2.4 Die S-Boxen

Wir beschreiben nun die Funktionen S_i, $1 \le i \le 8$. Diese Funktionen heißen S-Boxen. Sie werden in Tab. 5.4 dargestellt. Jede S-Box wird durch eine Tabelle mit vier Zeilen und 16 Spalten beschrieben. Für einen String $B = b_1 b_2 b_3 b_4 b_5 b_6$ wird der Funktionswert $S_i(B)$ folgendermaßen berechnet. Man interpretiert die natürliche Zahl mit Binärentwicklung $b_1 b_6$ als Zeilenindex und die natürliche Zahl mit Binärentwicklung $b_2 b_3 b_4 b_5$ als Spaltenindex. Den Eintrag in dieser Zeile und Spalte der S-Box stellt man binär dar und füllt diese Binärentwicklung vorne so mit Nullen auf, dass ihre Länge 4 wird. Das Ergebnis ist $S_i(B)$.

Zeile	Spalte															
	[0]	[1]	[2]	[3]	[4]	[5]	[6]	[7]	[8]	[9]	[10]	[11]	[12]	[13]	[14]	[15]
								S_1									
[0]	14	4	13	1	2	15	11	8	3	10	6	12	5	9	0	7
[1]	0	15	7	4	14	2	13	1	10	6	12	11	9	5	3	8
[2]	4	1	14	8	13	6	2	11	15	12	9	7	3	10	5	0
[3]	15	12	8	2	4	9	1	7	5	11	3	14	10	0	6	13
								S_2									
[0]	15	1	8	14	6	11	3	4	9	7	2	13	12	0	5	10
[1]	3	13	4	7	15	2	8	14	12	0	1	10	6	9	11	5
[2]	0	14	7	11	10	4	13	1	5	8	12	6	9	3	2	15
[3]	13	8	10	1	3	15	4	2	11	6	7	12	0	5	14	9
								S_3									
[0]	10	0	9	14	6	3	15	5	1	13	12	7	11	4	2	8
[1]	13	7	0	9	3	4	6	10	2	8	5	14	12	11	15	1
[2]	13	6	4	9	8	15	3	0	11	1	2	12	5	10	14	7
[3]	1	10	13	0	6	9	8	7	4	15	14	3	11	5	2	12
								S_4									
[0]	7	13	14	3	0	6	9	10	1	2	8	5	11	12	4	15
[1]	13	8	11	5	6	15	0	3	4	7	2	12	1	10	14	9
[2]	10	6	9	0	12	11	7	13	15	1	3	14	5	2	8	4
[3]	3	15	0	6	10	1	13	8	9	4	5	11	12	7	2	14
								S_5									
[0]	2	12	4	1	7	10	11	6	8	5	3	15	13	0	14	9
[1]	14	11	2	12	4	7	13	1	5	0	15	10	3	9	8	6
[2]	4	2	1	11	10	13	7	8	15	9	12	5	6	3	0	14
[3]	11	8	12	7	1	14	2	13	6	15	0	9	10	4	5	3
								S_6									
[0]	12	1	10	15	9	2	6	8	0	13	3	4	14	7	5	11
[1]	10	15	4	2	7	12	9	5	6	1	13	14	0	11	3	8
[2]	9	14	15	5	2	8	12	3	7	0	4	10	1	13	11	6
[3]	4	3	2	12	9	5	15	10	11	14	1	7	6	0	8	13
								S_7									
[0]	4	11	2	14	15	0	8	13	3	12	9	7	5	10	6	1
[1]	13	0	11	7	4	9	1	10	14	3	5	12	2	15	8	6
[2]	1	4	11	13	12	3	7	14	10	15	6	8	0	5	9	2
[3]	6	11	13	8	1	4	10	7	9	5	0	15	14	2	3	12
								S_8									
[0]	13	2	8	4	6	15	11	1	10	9	3	14	5	0	12	7
[1]	1	15	13	8	10	3	7	4	12	5	6	11	0	14	9	2
[2]	7	11	4	1	9	12	14	2	0	6	10	13	15	3	5	8
[3]	2	1	14	7	4	10	8	13	15	12	9	0	3	5	6	11

Tab. 5.4 S-Boxen des DES

Beispiel 5.2 Wir berechnen $S_1(001011)$. Das erste Bit des Argumentes ist 0 und und das letzte Bit ist 1. Also ist der Zeilenindex die ganze Zahl mit Binärentwicklung 01, also 1. Die vier mittleren Bits des Argumentes sind 0101. Dies ist die Binärentwicklung von 5. Also ist der Spaltenindex 5. In der ersten S-Box steht in Zeile 1 und Spalte 5 die Zahl 2. Die Binärentwicklung von 2 ist 10. Also ist $S_1(001011) = 0010$.

5.2.5 Die Rundenschlüssel

Zuletzt muss noch erklärt werden, wie die Rundenschlüssel berechnet werden. Sei ein DES-Schlüssel $k \in \{0, 1\}^{64}$ gegeben. Daraus werden Rundenschlüssel K_i, $1 \leq i \leq 16$, der Länge 48 generiert. Dazu definiert man v_i, $1 \leq i \leq 16$, folgendermaßen:

$$v_i = \begin{cases} 1 & \text{für } i \in \{1, 2, 9, 16\} \\ 2 & \text{andernfalls.} \end{cases}$$

Nun werden zwei Funktionen

$$\text{PC1} : \{0, 1\}^{64} \rightarrow \{0, 1\}^{28} \times \{0, 1\}^{28}, \quad \text{PC2} : \{0, 1\}^{28} \times \{0, 1\}^{28} \rightarrow \{0, 1\}^{48},$$

benutzt. Diese Funktionen werden unten beschrieben. Mit diesen Bausteinen erhält man die Schlüssel so:

1. Setze $(C_0, D_0) = \text{PC1}(k)$.
2. Für $1 \leq i \leq 16$ berechne K_i folgendermaßen. Setze C_i auf den String, den man durch einen zirkulären Linksshift um v_i Stellen aus C_{i-1} gewinnt und D_i auf den String, den man durch einen zirkulären Linksshift um v_i Stellen aus D_{i-1} gewinnt. Berechne dann $K_i = \text{PC2}(C_i, D_i)$.

Die Funktion PC1 bildet einen Bitstring k der Länge 64 auf zwei Bitstrings C und D der Länge 28 ab. Dies geschieht gemäß der Tab. 5.5. Die obere Hälfte der Tabelle beschreibt, welche Bits aus K in C verwendet werden. Ist $k = k_1 k_2 \ldots k_{64}$, dann ist $C = k_{57} k_{49} \ldots k_{36}$. Die untere Hälfte dient der Konstruktion von D, also $D = k_{63} k_{55} \ldots k_4$. Die Funktion PC2 bildet umgekehrt ein Paar (C, D) von Bitstrings der Länge 28 (also einen Bitstring der Länge 56) auf einen Bitstring der Länge 48 ab. Die Funktion wird in Tab. 5.5 dargestellt. Der Wert $\text{PC2}(b_1 \ldots b_{56})$ ist $b_{14} b_{17} \ldots b_{32}$.

Dies beendet die Beschreibung des DES-Algorithmus.

PC1							PC2					
57	49	41	33	25	17	9	14	17	11	24	1	5
1	58	50	42	34	26	18	3	28	15	6	21	10
10	2	59	51	43	35	27	23	19	12	4	26	8
19	11	3	60	52	44	36	16	7	27	20	13	2
63	55	47	39	31	23	15	41	52	31	37	47	55
7	62	54	46	38	30	22	30	40	51	45	33	48
14	6	61	53	45	37	29	44	49	39	56	34	53
21	13	5	28	20	12	4	46	42	50	36	29	32

Tab. 5.5 Die Funktionen PC1 und PC2

5.2.6   Entschlüsselung

Um einen Chiffretext zu entschlüsseln, wendet man DES mit der umgekehrten Schlüssel-folge auf ihn an.

5.3   Ein Beispiel für DES

Im folgenden illustrieren wir die Arbeit von DES an einem Beispiel.

Verschlüsselt wird das Wort $p = 0123456789ABCDEF$. Dessen Binärentwicklung ist

0	0	0	0	0	0	0	1
0	0	1	0	0	0	1	1
0	1	0	0	0	1	0	1
0	1	1	0	0	1	1	1
1	0	0	0	1	0	0	1
1	0	1	0	1	0	1	1
1	1	0	0	1	1	0	1
1	1	1	0	1	1	1	1

Die Anwendung von IP ergibt

1	1	0	0	1	1	0	0
0	0	0	0	0	0	0	0
1	1	0	0	1	1	0	0
1	1	1	1	1	1	1	1
1	1	1	1	0	0	0	0
1	0	1	0	1	0	1	0
1	1	1	1	0	0	0	0
1	0	1	0	1	0	1	0

In der ersten Zeile von IP(p) steht die umgekehrte zweite Spalte von p, in der zweiten Zeile von IP(p) steht die umgekehrte vierte Spalte von p usw. Damit ist

$$L_0 = 11001100000000011001100111111111,$$
$$R_0 = 11110000101010101111000010101010.$$

Wir verwenden den DES-Schlüssel aus Beispiel 5.1. Der ist

$$133457799BBCDFF1.$$

Seine Binärentwicklung ist

$$
\begin{array}{cccccccc}
0 & 0 & 0 & 1 & 0 & 0 & 1 & 1 \\
0 & 0 & 1 & 1 & 0 & 1 & 0 & 0 \\
0 & 1 & 0 & 1 & 0 & 1 & 1 & 1 \\
0 & 1 & 1 & 1 & 1 & 0 & 0 & 1 \\
1 & 0 & 0 & 1 & 1 & 0 & 1 & 1 \\
1 & 0 & 1 & 1 & 1 & 1 & 0 & 0 \\
1 & 1 & 0 & 1 & 1 & 1 & 1 & 1 \\
1 & 1 & 1 & 1 & 0 & 0 & 0 & 1
\end{array}
$$

Daraus berechnen wir den ersten Rundenschlüssel. Es ist

$$C_0 = 111100001100110010101011111, D_0 = 0101010101100110011110001111$$
$$C_1 = 111000011001100101010101111, D_1 = 1010101011001100111100011110$$

und daher

$$K_1 = 0001\ 1011\ 0000\ 0010\ 1110\ 1111\ 1111\ 1100\ 0111\ 0000\ 0111\ 0010.$$

Daraus gewinnt man

$$E(R_0) \oplus K_1 = 0110\ 0001\ 0001\ 0111\ 1011\ 1010\ 1000\ 0110\ 0110\ 0101\ 0010\ 0111,$$
$$f_{K_1}(R_0) = 0010\ 0011\ 0100\ 1010\ 1010\ 1001\ 1011\ 1011$$

und schließlich

$$R_1 = 1110\ 1111\ 0100\ 1010\ 0110\ 0101\ 0100\ 0100.$$

Die anderen Runden werden analog berechnet.

5.4 Sicherheit des DES

Seit seiner Einführung ist der DES sorgfältig erforscht worden. Dabei wurden spezielle Verfahren entwickelt, mit denen man den DES angreifen kann. Die wichtigsten sind die differentielle und die lineare Kryptoanalyse. Beschreibungen dieser Angriffe und Referenzen finden sich in [49] und [71]. Bis jetzt ist aber der erfolgreichste Angriff die vollständige Durchsuchung des Schlüsselraums. Mit speziellen Computern und weltweiten Computernetzen ist es heute möglich, DES-verschlüsselte Dokumente in wenigen Tagen zu entschlüsseln. Es wird erwartet, dass in Kürze DES auf einem PC gebrochen werden kann, weil PCs immer schneller werden.

DES kann heute nur noch als sicher gelten, wenn die in Abschn. 3.9 vorgestellte Dreifachverschlüsselung verwendet wird. Es ist dazu wichtig, festzustellen, dass die DES-Verschlüsselungsfunktionen nicht abgeschlossen unter Hintereinanderausführung sind. Sie bilden also keine Untergruppe der Permutationsgruppe $S_{64!}$. Würden die DES-Verschlüsselungsfunktionen eine Gruppe bilden, dann könnte man für zwei DES-Schlüssel k_1, k_2 einen dritten DES-Schlüssel k_3 finden, für den $\text{DES}_{k_1} \circ \text{DES}_{k_2} = \text{DES}_{k_3}$ gelten würde. Mehrfachverschlüsselung würde also keinen Sicherheitsvorteil bieten. Es ist bekannt, dass die 2^{56} DES-Verschlüsselungsfunktionen eine Gruppe erzeugen, die wenigstens die Ordnung 10^{2499} hat (siehe [49]).

5.5 Übungen

Übung 5.1 Verifizieren Sie das Beispiel aus Abschn. 5.3 und berechnen Sie die zweite Runde.

Übung 5.2 Berechnen Sie die dritte Verschlüsselungsrunde in Abschn. 5.3.

Übung 5.3 Zeigen Sie, dass für $m, k \in \{0, 1\}^{64}$ immer $\overline{\text{DES}(m, k)} = \text{DES}(\bar{m}, \bar{k})$ gilt.

Übung 5.4 Zeigen Sie, dass man C_{16} und D_{16} aus C_1 und D_1 durch einen zirkulären Rechtsshift um eine Position erhält.

Übung 5.5
1. Zeigen Sie, dass C_{16} und D_{16} aus C_1 und D_1 durch einen zirkulären Rechtsshift der Länge 1 entstehen.
2. Gelte $K_1 = K_2 = \ldots = K_{16}$. Zeigen Sie, dass alle Bits in C_1 gleich sind und ebenso alle Bits in D_1 gleich sind.
3. Folgern Sie, dass es genau vier DES-Schlüssel gibt, für die alle Teilschlüssel gleich sind. Dies sind die *schwachen DES-Schlüssel*.
4. Geben Sie die vier schwachen DES-Schlüssel an.

Übung 5.6 Welche der im DES verwendeten Funktionen IP $E(R) \oplus K$, S_i, $1 \leq i \leq 8$, P, PC1, PC2 sind für festen Schlüssel K linear und welche nicht? Beweisen sie die Linearität oder geben Sie Gegenbeispiele an.

Der AES-Algorithmus

6

1997 wurde vom National Institute of Standards and Technology (NIST) der Auswahl-prozess für einen Nachfolger des DES begonnen. Unter den Einreichungen war auch die Rijndael-Chiffre. Sie ist benannt nach den beiden Erfindern Rijmen und Daemen. Dieses Verfahren wurde am 26. November 2001 als Advanced Encryption Standard (AES) standardisiert.

AES ist eine Blockchiffre mit Alphabet $\mathbb{Z}_2$. Sie ist ein Spezialfall der Rijndael-Chiffre. Die Rijndael-Chiffre lässt andere Blocklängen und andere Schlüsselräume als AES zu. Wir beschreiben hier die Rijndael-Chiffre und AES als Spezialfall.

6.1 Bezeichnungen

Um die Rijndael-Chiffre zu beschreiben, werden folgende Größen benötigt:

Nb Die Klartext- und Chiffretextblöcke bestehen aus Nb vielen 32-Bit Wörtern, $4 \leq$ Nb ≤ 8.

Die Rijndael-Blocklänge ist also $32 * $ Nb.

Für AES ist Nb $= 4$. Die AES-Blocklänge ist also 128.

Nk Die Schlüssel bestehen aus Nk vielen 32-Bit Wörtern, $4 \leq$ Nk ≤ 8

Der Rijndael-Schlüsselraum ist also $\mathbb{Z}_2^{32 * Nk}$.

Für AES ist Nk $= 4$, 6 oder 8.

Der AES-Schlüsselraum ist also $\mathbb{Z}_2^{128}$, $\mathbb{Z}_2^{192}$ oder $\mathbb{Z}_2^{256}$.

Nr Anzahl der Runden.

$$\text{Für AES ist } Nr = \begin{cases} 10 & \text{für Nk} = 4, \\ 12 & \text{für Nk} = 6, \\ 14 & \text{für Nk} = 8. \end{cases}$$

© Springer-Verlag Berlin Heidelberg 2016
J. Buchmann, *Einführung in die Kryptographie*, Springer-Lehrbuch,
DOI 10.1007/978-3-642-39775-2_6

In den folgenden Beschreibungen werden die Datentypen byte und word benutzt. Ein byte ist ein Bitvektor der Länge 8. Ein word ist ein Bitvektor der Länge 32. Klartext und Chiffretext werden als zweidimensionale byte-Arrays dargestellt. Diese Arrays haben vier Zeilen und Nb Spalten. Im AES-Algorithmus sieht ein Klartext oder Chiffretext also so aus:

$$
\begin{pmatrix}
s_{0,0} & s_{0,1} & s_{0,2} & s_{0,3} \\
s_{1,0} & s_{1,1} & s_{1,2} & s_{1,3} \\
s_{2,0} & s_{2,1} & s_{2,2} & s_{2,3} \\
s_{3,0} & s_{3,1} & s_{3,2} & s_{3,3}
\end{pmatrix}
\tag{6.1}
$$

Die Rijndael-Schlüssel sind word-Arrays der Länge Nk. Die Rijndael-Chiffre expandiert einen Schlüssel key mit der Funktion KeyExpansion zu dem expandierten Schlüssel w. Danach verschlüsselt sie einen Klartextblock in mit dem expandierten Schlüssel w zu dem Schlüsseltextblock out. Hierzu wird Cipher verwendet. In den folgenden Abschnitten beschreiben wir zuerst den Algorithmus Cipher und dann den Algorithmus KeyExpansion.

6.2   Cipher

Wir beschreiben die Funktion Cipher, die in Abb. 6.1 dargestellt ist. Eingabe ist der Klartextblock byte in[4,Nb] und der expandierte Schlüssel word w[Nb*(Nr+1)]. Ausgabe ist der Chiffretextblock byte out[4,Nb]. Zuerst wird der Klartext in in das byte-Array state kopiert. Nach einer initialen Transformation durchläuft state Nr Runden und wird dann als Chiffretext zurückgegeben. In den ersten Nr − 1 Runden werden nacheinander die Transformationen SubBytes, ShiftRows, MixColumns und AddRoundKey angewendet. In der letzten Runde werden nur noch die Transformationen SubBytes, ShiftRows und AddRoundKey angewendet. AddRoundKey ist auch die initiale Transformation.

In den folgenden Abschnitten werden die Transformationen im einzelnen beschrieben.

Abb. 6.1 Die AES-Funktion Cipher

```
Cipher(byte in[4,Nb], byte out[4,Nb], word w[Nb*(Nr+1)])
begin
    byte state[4,Nb]
    state = in
    AddRoundKey(state, w[0, Nb-1])
    for round = 1 step 1 to Nr-1
        SubBytes(state)
        ShiftRows(state)
        MixColumns(state)
        AddRoundKey(state, w[round*Nb, (round+1)*Nb-1])
    end for
    SubBytes(state)
    ShiftRows(state)
    AddRoundKey(state, w[Nr*Nb, (Nr+1)*Nb-1])
    out = state
end
```

6.2.1 Identifikation der Bytes mit Elementen von $\mathrm{GF}(2^8)$

Bytes spielen eine zentrale Rolle in der Rijndael-Chiffre. Sie können auch als ein Paar von Hexadezimalzahlen geschrieben werden.

Beispiel 6.1 Das Paar $\{2F\}$ von Hexadezimalzahlen entspricht dem Paar 0010 1111 von Bitvektoren der Länge vier, also dem Byte 00101111. Das Paar $\{A1\}$ von Hexadezimalzahlen entspricht dem Paar 1010 0001 von Bitvektoren, also dem Byte 10100001.

Bytes werden in der Rijndael-Chiffre mit Elementen des endlichen Körpers $\mathrm{GF}(2^8)$ identifiziert. Als erzeugendes Polynom (siehe Abschn. 2.20) wird das über $\mathrm{GF}(2)$ irreduzible Polynom

$$m(X) = X^8 + X^4 + X^3 + X + 1 \tag{6.2}$$

gewählt. Damit ist

$$\mathrm{GF}(2^8) = \mathrm{GF}(2)(\alpha)$$

wobei α der Gleichung

$$\alpha^8 + \alpha^4 + \alpha^3 + \alpha + 1 = 0$$

genügt. Ein Byte

$$(b_7, b_6, b_5, b_4, b_3, b_2, b_1, b_0)$$

entspricht also dem Element

$$\sum_{i=0}^{7} b_i \alpha^i$$

Damit können Bytes multipliziert und addiert werden. Falls sie von Null verschieden sind, können sie auch invertiert werden. Für das Inverse von b wird b^{-1} geschrieben. Wir definieren auch $0^{-1} = 0$.

Beispiel 6.2 Das Byte $b = (0,0,0,0,0,0,1,1)$ entspricht dem Körperelement $\alpha + 1$. Gemäß Beispiel 2.42 ist $(\alpha + 1)^{-1} = \alpha^7 + \alpha^6 + \alpha^5 + \alpha^4 + \alpha^2 + \alpha$. Daher ist $b^{-1} = (1,1,1,1,0,1,1,0)$.

6.2.2 SubBytes

SubBytes(state) ist eine nicht-lineare Funktion. Sie transformiert die einzelnen Bytes. Die Transformation wird S-Box genannt. Aus jedem Byte b von state macht die S-Box das neue Byte

$$b \leftarrow Ab^{-1} \oplus c \tag{6.3}$$

mit

$$A = \begin{pmatrix} 1 & 0 & 0 & 0 & 1 & 1 & 1 & 1 \\ 1 & 1 & 0 & 0 & 0 & 1 & 1 & 1 \\ 1 & 1 & 1 & 0 & 0 & 0 & 1 & 1 \\ 1 & 1 & 1 & 1 & 0 & 0 & 0 & 1 \\ 1 & 1 & 1 & 1 & 1 & 0 & 0 & 0 \\ 0 & 1 & 1 & 1 & 1 & 1 & 0 & 0 \\ 0 & 0 & 1 & 1 & 1 & 1 & 1 & 0 \\ 0 & 0 & 0 & 1 & 1 & 1 & 1 & 1 \end{pmatrix}, \quad c = \begin{pmatrix} 1 \\ 1 \\ 0 \\ 0 \\ 0 \\ 1 \\ 1 \\ 0 \end{pmatrix}.$$

Diese S-Box kann tabelliert werden, weil sie nur 2^8 mögliche Argumente hat. Dann kann die Anwendung von SubBytes durch Table-Lookups realisiert werden.

Beispiel 6.3 Wir berechnen, welches Byte die S-Box aus dem Vektor $b = (0,0,0,0,0,0, 1,1)$ macht. Nach Beispiel 6.2 ist $b^{-1} = (1,1,1,1,0,1,1,0)$. Damit gilt $Ab^{-1} + c = (0,1,1,0,0,1,1,1)$.

Die S-Box garantiert die Nicht-Linearität von AES.

6.2.3 ShiftRows

Sei s ein state, also ein durch AES teiltransformierter Klartext. Schreibe s als Matrix. Die Einträge sind Bytes. Die Matrix hat 4 Zeilen und Nb Spalten. Im Fall von AES ist diese Matrix

$$\begin{pmatrix} s_{0,0} & s_{0,1} & s_{0,2} & s_{0,3} \\ s_{1,0} & s_{1,1} & s_{1,2} & s_{1,3} \\ s_{2,0} & s_{2,1} & s_{2,2} & s_{2,3} \\ s_{3,0} & s_{3,1} & s_{3,2} & s_{3,3} \end{pmatrix} \tag{6.4}$$

ShiftRows wendet auf die Zeilen dieser Matrix einen zyklischen Linksshift an. Genauer: ShiftRows hat folgende Wirkung:

$$\begin{pmatrix} s_{0,0} & s_{0,1} & s_{0,2} & s_{0,3} \\ s_{1,0} & s_{1,1} & s_{1,2} & s_{1,3} \\ s_{2,0} & s_{2,1} & s_{2,2} & s_{2,3} \\ s_{3,0} & s_{3,1} & s_{3,2} & s_{3,3} \end{pmatrix} \rightarrow \begin{pmatrix} s_{0,0} & s_{0,1} & s_{0,2} & s_{0,3} \\ s_{1,1} & s_{1,2} & s_{1,3} & s_{1,0} \\ s_{2,2} & s_{2,3} & s_{2,0} & s_{2,1} \\ s_{3,3} & s_{3,0} & s_{3,1} & s_{3,2} \end{pmatrix} \tag{6.5}$$

Im Allgemeinen wird die i-te Zeile um c_i Positionen nach links verschoben, wobei c_i in Tab. 6.1 zu finden ist. Diese Transformation sorgt bei Anwendung in mehreren Runden für hohe Diffusion.

Tab. 6.1 Zyklischer Linksshift
in ShiftRows

Nb	c_0	c_1	c_2	c_3
4	0	1	2	3
5	0	1	2	3
6	0	1	2	3
7	0	1	2	4
8	0	1	3	4

6.2.4 MixColumns

Für $0 \le j < \text{Nb}$ wird die Spalte

$$s_j = (s_{0,j}, s_{1,j}, s_{2,j}, s_{3,j})$$

von state mit dem Polynom

$$s_{0,j} + s_{1,j}x + s_{2,j}x^2 + s_{3,j}x^3 \in GF(2^8)[x] \tag{6.6}$$

identifiziert. Die Transformation MixColumns setzt

$$s_j \leftarrow (s_j * a(x)) \bmod (x^4 + 1), \quad 0 \le j < \text{Nb}, \tag{6.7}$$

wobei

$$a(x) = \{03\} * x^3 + \{01\} * x^2 + \{01\} * x + \{02\}. \tag{6.8}$$

Das kann auch als lineare Transformation in $GF(2^8)^4$ beschrieben werden. MixColumns setzt nämlich

$$s_j \leftarrow \begin{pmatrix} \{02\} & \{03\} & \{01\} & \{01\} \\ \{01\} & \{02\} & \{03\} & \{01\} \\ \{01\} & \{01\} & \{02\} & \{03\} \\ \{03\} & \{01\} & \{01\} & \{02\} \end{pmatrix} s_j \quad 0 \le j < \text{Nb}. \tag{6.9}$$

Diese Transformation sorgt für eine Diffusion innerhalb der Spalten von state.

6.2.5 AddRoundKey

Sind $s_0, \dots, s_{\text{Nb}-1}$ die Spalten von state, dann setzt der Aufruf der Funktion AddRoundKey(state, w[l*Nb, (l+1)*Nb-1])

$$s_j \leftarrow s_j \oplus w[l * \text{Nb} + j], \quad 0 \le j < \text{Nb}, \tag{6.10}$$

wobei $\oplus$ das bitweise $\oplus$ ist. Die Wörter des Rundenschlüssels werden also mod 2 zu den Spalten von state addiert. Dies ist eine sehr einfache und effiziente Transformation, die die Transformation einer Runde schlüsselabhängig macht.

6.3 KeyExpansion

Der Algorithmus KeyExpansion, der in Abb. 6.2 gezeigt wird, macht aus dem Rijndael-Schlüssel key, der ein byte-array der Länge 4*Nk ist, einen expandierten Schlüssel w, der ein word-array der Länge Nb*(Nr+1) ist. Die Verwendung des expandierten Schlüssels wurde in Abschn. 6.2 erklärt. Zuerst werden die ersten Nk Wörter im expandierten Schlüssel w mit den Bytes des Schlüssels key gefüllt. Die folgenden Wörter in w werden erzeugt, wie es im Pseudocode von KeyExpansion beschrieben ist. Die Funktion word schreibt die Bytes einfach hintereinander.

Wir beschreiben nun die einzelnen Prozeduren.

SubWord bekommt als Eingabe ein Wort. Dieses Wort kann als Folge (b_0, b_1, b_2, b_3) von Bytes dargestellt werden. Auf jedes dieser Bytes wird die Funktion SubBytes angewendet. Jedes dieser Bytes wird gemäß (6.3) transformiert. Die Folge

$$(b_0, b_1, b_2, b_3) \leftarrow (Ab_0^{-1} + c, Ab_1^{-1} + c, Ab_2^{-1} + c, Ab_3^{-1} + c) \qquad (6.11)$$

der transformierten Bytes wird zurückgegeben.

Die Funktion RotWord erhält als Eingabe ebenfalls ein Wort (b_0, b_1, b_2, b_3). Die Ausgabe ist

$$(b_0, b_1, b_2, b_3) \leftarrow (b_1, b_2, b_3, b_0). \qquad (6.12)$$

Außerdem ist

$$\text{Rcon[n]} = (\{02\}^n, \{00\}, \{00\}, \{00\}). \qquad (6.13)$$

```
KeyExpansion(byte key[4*Nk], word w[Nb*(Nr+1)], Nk)
begin
   word temp
   i = 0
   while (i < Nk)
      w[i] = word(key[4*i], key[4*i+1], key[4*i+2], key[4*i+3])
      i = i+1
   end while
   i = Nk
   while (i < Nb * (Nr+1)]
      temp = w[i-1]
      if (i mod Nk = 0)
         temp = SubWord(RotWord(temp)) xor Rcon[i/Nk]
      else if (Nk > 6 and i mod Nk = 4)
         temp = SubWord(temp)
      end if
      w[i] = w[i-Nk] xor temp
      i = i + 1
   end while
end
```

Abb. 6.2 Die AES-Funktion KeyExpansion

6.4   **Ein Beispiel**

Wir präsentieren ein Beispiel für die Anwendung der AES-Chiffre. Das Beispiel stammt von Brian Gladman (brg@gladman.uk.net).

Die Bezeichnungen haben folgende Bedeutung:

input   Klartext
k_sch   Rundenschlüssel für Runde r
start   state zu Beginn von Runde r
s_box   state nach Anwendung der S-Box SubBytes
s_row   state nach Anwendung von ShiftRows
m_col   state nach Anwendung von MixColumns
output   Schlüsseltext

```
PLAINTEXT:     3243f6a8885a308d313198a2e0370734
KEY:           2b7e151628aed2a6abf7158809cf4f3c
ENCRYPT        16 byte block, 16 byte key
R[00].input    3243f6a8885a308d313198a2e0370734
R[00].k_sch    2b7e151628aed2a6abf7158809cf4f3c
R[01].start    193de3bea0f4e22b9ac68d2ae9f84808
R[01].s_box    d42711aee0bf98f1b8b45de51e415230
R[01].s_row    d4bf5d30e0b452aeb84111f11e2798e5
R[01].m_col    046681e5e0cb199a48f8d37a2806264c
R[01].k_sch    a0fafe1788542cb123a339392a6c7605
R[02].start    a49c7ff2689f352b6b5bea43026a5049
R[02].s_box    49ded28945db96f17f39871a7702533b
R[02].s_row    49db873b453953897f02d2f177de961a
R[02].m_col    584dcaf11b4b5aacdbe7caa81b6bb0e5
R[02].k_sch    f2c295f27a96b9435935807a7359f67f
R[03].start    aa8f5f0361dde3ef82d24ad26832469a
R[03].s_box    ac73cf7befc111df13b5d6b545235ab8
R[03].s_row    acc1d6b8efb55a7b1323cfdf457311b5
R[03].m_col    75ec0993200b633353c0cf7cbb25d0dc
R[03].k_sch    3d80477d4716fe3e1e237e446d7a883b
R[04].start    486c4eee671d9d0d4de3b138d65f58e7
R[04].s_box    52502f2885a45ed7e311c807f6cf6a94
R[04].s_row    52a4c89485116a28e3cf2fd7f6505e07
R[04].m_col    0fd6daa9603138bf6fc0106b5eb31301
R[04].k_sch    ef44a541a8525b7fb671253bdb0bad00
R[05].start    e0927fe8c86363c0d9b1355085b8be01
R[05].s_box    e14fd29be8fbfbba35c89653976cae7c
R[05].s_row    e1fb967ce8c8ae9b356cd2ba974ffb53
```

```
R[05].m_col    25d1a9adbd11d168b63a338e4c4cc0b0
R[05].k_sch    d4d1c6f87c839d87caf2b8bc11f915bc
R[06].start    f1006f55c1924cef7cc88b325db5d50c
R[06].s_box    a163a8fc784f29df10e83d234cd503fe
R[06].s_row    a14f3dfe78e803fc10d5a8df4c632923
R[06].m_col    4b868d6d2c4a8980339df4e837d218d8
R[06].k_sch    6d88a37a110b3efddbf98641ca0093fd
R[07].start    260e2e173d41b77de86472a9fdd28b25
R[07].s_box    f7ab31f02783a9ff9b4340d354b53d3f
R[07].s_row    f783403f27433df09bb531ff54aba9d3
R[07].m_col    1415b5bf461615ec274656d7342ad843
R[07].k_sch    4e54f70e5f5fc9f384a64fb24ea6dc4f
R[08].start    5a4142b11949dc1fa3e019657a8c040c
R[08].s_box    be832cc8d43b86c00ae1d44dda64f2fe
R[08].s_row    be3bd4fed4e1f2c80a642cc0da83864d
R[08].m_col    00512fd1b1c889ff54766dcdfa1b99ea
R[08].k_sch    ead27321b58dbad2312bf5607f8d292f
R[09].start    ea835cf00445332d655d98ad8596b0c5
R[09].s_box    87ec4a8cf26ec3d84d4c46959790e7a6
R[09].s_row    876e46a6f24ce78c4d904ad897ecc395
R[09].m_col    473794ed40d4e4a5a3703aa64c9f42bc
R[09].k_sch    ac7766f319fadc2128d12941575c006e
R[10].start    eb40f21e592e38848ba113e71bc342d2
R[10].s_box    e9098972cb31075f3d327d94af2e2cb5
R[10].s_row    e9317db5cb322c723d2e895faf090794
R[10].k_sch    d014f9a8c9ee2589e13f0cc8b6630ca6
R[10].output   3925841d02dc09fbdc118597196a0b32
```

6.5 InvCipher

Die Entschlüsselung der Rijndael-Chiffre wird von der Funktion InvCipher besorgt, die in Abb. 6.3 dargestellt ist. Die Spezifikation der Funktionen InvShiftRows und InvSubBytes ergibt sich aus der Spezifikation von ShiftRows und SubBytes.

```
InvCipher(byte in[4*Nb], byte out[4*Nb], word w[Nb*(Nr+1)])
begin
   byte state[4,Nb]
   state = in
   AddRoundKey(state, w[Nr*Nb, (Nr+1)*Nb-1])
   for round = Nr-1 step -1 downto 1
      InvShiftRows(state)
      InvSubBytes(state)
      AddRoundKey(state, w[round*Nb, (round+1)*Nb-1])
      InvMixColumns(state)
   end for
   InvShiftRows(state)
   InvSubBytes(state)
   AddRoundKey(state, w[0, Nb-1])
   out = state
end
```

Abb. 6.3 Die AES-Funktion InvCipher

6.6 Übungen

Übung 6.1 Stellen Sie die AES-S-Box wie in Tab. 17.1 dar.

Übung 6.2 Beschreiben Sie die Funktionen InvShiftRows, InvSubBytes und InvMixColumns.

Übung 6.3 Entschlüsseln Sie den Schlüsseltext aus Abschn. 6.4 mit InvCipher.

Primzahlerzeugung

7

Für Public-Key-Kryptosysteme braucht man häufig zufällige große Primzahlen. Dazu erzeugt man natürliche Zahlen der richtigen Größe und prüft, ob sie Primzahlen sind. In diesem Kapitel zeigen wir, wie man effizient entscheiden kann, ob eine natürliche Zahl eine Primzahl ist. Wir diskutieren außerdem, wie man die natürlichen Zahlen erzeugen muss, um annähernd eine Gleichverteilung auf den Primzahlen der gewünschten Größe zu erhalten.

M. Agraval, N. Kayal und N. Saxena [2] stellen einen deterministischen Polynomzeitalgorithmus vor, der entscheidet, ob eine vorgelegte natürliche Zahl eine Primzahl ist. Dieser Algorithmus ist aber für die Praxis noch zu ineffizient.

Mit kleinen lateinischen Buchstaben werden ganze Zahlen bezeichnet.

7.1 Probedivision

Sei n eine natürliche Zahl. Wir möchten gerne wissen, ob n eine Primzahl ist oder nicht. Eine einfache Methode, das festzustellen, beruht auf folgendem Satz.

Theorem 7.1 *Wenn n eine zusammengesetzte natürliche Zahl ist, dann hat n einen Primteiler p, der nicht größer ist als $\sqrt{n}$.*

Beweis Da n zusammengesetzt ist, kann man $n = ab$ schreiben mit $a > 1$ und $b > 1$. Es gilt $a \leq \sqrt{n}$ oder $b \leq \sqrt{n}$. Andernfalls wäre $n = ab > \sqrt{n}\sqrt{n} = n$. Nach Theorem 1.6 haben a und b Primteiler. Diese Primteiler teilen auch n und daraus folgt die Behauptung.
□

Um festzustellen, ob n eine Primzahl ist, braucht man also nur für alle Primzahlen p, die nicht größer als $\sqrt{n}$ sind, zu testen, ob sie n teilen. Dazu muss man diese Primzahlen bestimmen oder in einer Tabelle nachsehen. Diese Tabelle kann man mit dem Sieb des

© Springer-Verlag Berlin Heidelberg 2016
J. Buchmann, *Einführung in die Kryptographie*, Springer-Lehrbuch,
DOI 10.1007/978-3-642-39775-2_7

Eratosthenes berechnen (siehe [4]). Man kann aber auch testen, ob n durch eine ungerade Zahl teilbar ist, die nicht größer als $\sqrt{n}$ ist. Wenn ja, dann ist n keine Primzahl. Andernfalls ist n eine Primzahl. Diese Verfahren bezeichnet man als *Probedivision*.

Beispiel 7.1 Wir wollen mit Probedivision feststellen, ob $n = 15413$ eine Primzahl ist. Es gilt $\lfloor \sqrt{n} \rfloor = 124$. Also müssen wir testen, ob eine der Primzahlen $p \leq 124$ ein Teiler von n ist. Die Primzahlen $p \leq 124$ sind 2, 3, 5, 7, 11, 13, 17, 19, 23, 29, 31, 37, 41, 43, 47, 53, 59, 61, 67, 71, 73, 79, 83, 89, 97, 101, 103, 107, 109, 113. Keine dieser Primzahlen teilt n. Daher ist n selbst eine Primzahl.

Probedivision kann man auch verwenden, um die Primfaktorzerlegung einer natürlichen Zahl zu finden. Man hört dann nicht auf, wenn ein Primteiler gefunden ist, sondern man sucht den nächsten Primteiler, den übernächsten usw., bis man fertig ist.

Beispiel 7.2 Mit Probedivision wollen wir die Zahl 476 faktorisieren. Der erste Primteiler, den wir finden, ist 2 und $476/2 = 238$. Der nächste Primteiler ist wieder 2 und $238/2 = 119$. Der nächste Primteiler ist 7 und $119/7 = 17$. Die Zahl 17 ist eine Primzahl. Also ist $476 = 2^2 * 7 * 17$ die Primfaktorzerlegung von 476.

In Faktorisierungsalgorithmen verwendet man Probedivision mit Primzahlen bis 10^6, um die kleinen Primteiler zu finden.

Um den Aufwand der Probedivision mit Primzahlen zu bestimmen, geben wir eine Abschätzung für die Anzahl der Primzahlen unterhalb einer Schranke an. Man benutzt folgende Bezeichnung:

Definition 7.1 Ist x eine positive reelle Zahl, so bezeichnet $\pi(x)$ die Anzahl der Primzahlen, die nicht größer als x sind.

Beispiel 7.3 Es ist $\pi(1) = 0$, $\pi(4) = 2$. Wie wir in Beispiel 7.1 gesehen haben, ist $\pi(124) = 30$.

Folgenden Satz erwähnen wir ohne Beweis (siehe [62]). Darin bezeichnet log den natürlichen Logarithmus.

Theorem 7.2
1. *Für $x \geq 17$ gilt $\pi(x) > x/\log x$.*
2. *Für $x > 1$ gilt $\pi(x) < 1.25506(x/\log x)$.*

Aus Theorem 7.2 folgt, dass man wenigstens $\sqrt{n}/\log \sqrt{n}$ Probedivisionen braucht, um zu beweisen, dass eine natürliche Zahl n eine Primzahl ist. Im RSA-Verfahren benutzt man Primzahlen, die größer als 10^{154} sind. Um die Primalität einer solchen Zahl zu beweisen, müsste man mehr als $10^{154/2} / \log 10^{154/2} > 5.8 * 10^{71}$ Probedivisionen machen. Das ist nicht durchführbar. In den nächsten Abschnitten geben wir effizientere Verfahren an, die die Primalität einer Zahl überprüfen.

7.2   Der Fermat-Test

Verfahren, die beweisen, dass eine Zahl n eine Primzahl ist, sind aufwendig. Es gibt aber eine Reihe von Verfahren, die feststellen können, dass eine natürliche Zahl mit hoher Wahrscheinlichkeit eine Primzahl ist. Solche Verfahren heißen Primzahltests. Der Fermat-Test ist ein solcher Primzahltest. Er beruht auf dem kleinen Satz von Fermat (siehe Theorem 2.13). Dieser Satz wird in folgender Version benötigt.

Theorem 7.3 (Kleiner Satz von Fermat) *Ist n eine Primzahl, so gilt $a^{n-1} \equiv 1 \bmod n$ für alle $a \in \mathbb{Z}$ mit $\gcd(a, n) = 1$.*

Dieses Theorem eröffnet die Möglichkeit festzustellen, dass eine natürliche Zahl n zusammengesetzt ist. Man wählt eine natürliche Zahl $a \in \{1, 2, \ldots, n - 1\}$. Man berechnet unter Verwendung der schnellen Exponentiation aus Abschn. 2.12 den Wert $y = a^{n-1} \bmod n$. Ist $y \neq 1$, so ist n nach Theorem 7.3 keine Primzahl, also zusammengesetzt. Ist dagegen $y = 1$, so kann n sowohl eine Primzahl als auch zusammengesetzt sein, wie das folgende Beispiel zeigt.

Beispiel 7.4 Betrachte die Zahl $n = 341 = 11 * 31$. Es gilt

$$2^{340} \equiv 1 \bmod 341$$

obwohl n zusammengesetzt ist. Dagegen ist

$$3^{340} \equiv 56 \bmod 341.$$

Nach dem kleinen Satz von Fermat ist 341 also zusammengesetzt.

Wenn der Fermat-Test bewiesen hat, dass n zusammengesetzt ist, dann hat er damit noch keinen Teiler von n gefunden. Er hat nur gezeigt, dass n eine Eigenschaft fehlt, die alle Primzahlen haben. Daher kann der Fermat-Test auch nicht als Faktorisierungsalgorithmus verwendet werden.

7.3   Carmichael-Zahlen

Der Fermat-Test kann also zeigen, dass eine Zahl n zusammengesetzt ist. Er kann aber nicht beweisen, dass n eine Primzahl ist. Wenn der Fermat-Test aber für viele Basen a keinen Beweis gefunden hat, dass n zusammengesetzt ist, scheint es wahrscheinlich zu sein, dass n eine Primzahl ist. Wir werden nun zeigen, dass es natürliche Zahlen gibt, deren Zusammengesetztheit der Fermat-Test nicht feststellen kann.

Wir brauchen zwei Begriffe. Ist n eine ungerade zusammengesetzte Zahl und gilt für eine ganze Zahl a die Kongruenz

$$a^{n-1} \equiv 1 \bmod n,$$

so heißt n *Pseudoprimzahl* zur Basis a. Ist n eine Pseudoprimzahl zur Basis a für alle ganzen Zahlen a mit $\gcd(a, n) = 1$, dann heißt n *Carmichael-Zahl*. Die kleinste Carmichael-Zahl ist $561 = 3 \cdot 11 \cdot 17$. Man kann beweisen, dass es unendlich viele Carmichael-Zahlen gibt. Weil es Pseudoprimzahlen und Carmichael-Zahlen gibt, ist der Fermat-Test für die Praxis nicht besonders geeignet. Besser geeignet ist der Miller-Rabin-Test, den wir unten beschreiben. Um dessen Gültigkeit zu beweisen, brauchen wir aber noch eine Charakterisierung von Carmichael-Zahlen.

Theorem 7.4 *Eine ungerade zusammensetzte Zahl $n \geq 3$ ist genau dann eine Carmichael-Zahl, wenn n quadratfrei ist, also keinen mehrfachen Primfaktor hat, und wenn für jeden Primteiler p von n die Zahl $p - 1$ ein Teiler von $n - 1$ ist.*

Beweis Sei $n \geq 3$ eine Carmichael-Zahl. Dann gilt

$$a^{n-1} \equiv 1 \bmod n \tag{7.1}$$

für jede ganze Zahl a, die zu n teilerfremd ist. Sei p ein Primteiler von n und sei a eine Primitivwurzel mod p, die zu n teilerfremd ist. Eine solche Primitivwurzel kann man nach dem Chinesischen Restsatz konstruieren. Dann folgt aus (7.1)

$$a^{n-1} \equiv 1 \bmod p.$$

Nach Theorem 2.9 muss die Ordnung $p - 1$ von a ein Teiler von $n - 1$ sein. Wir müssen noch zeigen, dass p^2 kein Teiler von n ist. Dazu benutzt man ein ähnliches Argument. Angenommen, p^2 teilt n. Dann ist $(p - 1)p$ ein Teiler von $\varphi(n)$ und man kann sogar zeigen, dass es in der primen Restklassengruppe mod n ein Element der Ordnung p gibt. Daraus folgt wie oben, dass p ein Teiler von $n - 1$ ist. Das geht aber nicht, weil p ein Teiler von n ist.

Sei umgekehrt n quadratfrei und sei $p - 1$ ein Teiler von $n - 1$ für alle Primteiler p von n. Sei a eine zu n teilerfremde natürliche Zahl. Dann gilt

$$a^{p-1} \equiv 1 \bmod p$$

nach dem kleinen Satz von Fermat und daher

$$a^{n-1} \equiv 1 \bmod p$$

weil $n - 1$ ein Vielfaches von $p - 1$ ist. Dies impliziert

$$a^{n-1} \equiv 1 \bmod n$$

weil die Primteiler von n paarweise verschieden sind. $\qquad\square$

7.4 Der Miller-Rabin-Test

Im Gegensatz zum Fermat-Test findet der Miller-Rabin-Test nach hinreichend vielen Versuchen für jede natürliche Zahl heraus, ob sie zusammengesetzt ist oder nicht.

Der Miller-Rabin-Test verwendet eine Verschärfung des kleinen Satzes von Fermat. Die Situation ist folgende. Es sei n eine ungerade natürliche Zahl und es sei

$$s = \max\{r \in \mathbb{N} : 2^r \text{ teilt } n - 1\}. \tag{7.2}$$

Damit ist also 2^s die größte Potenz von 2, die $n - 1$ teilt. Setze

$$d = (n - 1)/2^s. \tag{7.3}$$

Dann ist d eine ungerade Zahl. Folgendes Resultat ist für den Miller-Rabin-Test fundamental.

Theorem 7.5 *Ist n eine Primzahl und ist a eine zu n teilerfremde ganze Zahl, so gilt mit den Bezeichnungen von oben entweder*

$$a^d \equiv 1 \bmod n \tag{7.4}$$

oder es gibt ein r in der Menge $\{0, 1, \ldots, s - 1\}$ mit

$$a^{2^r d} \equiv -1 \bmod n. \tag{7.5}$$

Beweis Sei a eine ganze Zahl, die zu n teilerfremd ist. Die Ordnung der primen Restklassengruppe mod n ist $n - 1 = 2^s d$, weil n eine Primzahl ist. Nach Theorem 2.10 ist die Ordnung k der Restklasse $a^d + n\mathbb{Z}$ eine Potenz von 2. Ist diese Ordnung $k = 1 = 2^0$, dann gilt

$$a^d \equiv 1 \bmod n.$$

Ist $k > 1$, dann ist $k = 2^l$ mit $1 \leq l \leq s$. Nach Theorem 2.10 hat die Restklasse $a^{2^{l-1} d} + n\mathbb{Z}$ die Ordnung 2. Nach Übung 2.20 ist das einzige Element der Ordnung 2 aber $-1 + n\mathbb{Z}$. Also gilt für $r = l - 1$

$$a^{2^r d} \equiv -1 \bmod n.$$

Man beachte, dass $0 \leq r < s$ gilt. $\qquad\square$

Wenigstens eine der Bedingungen aus Theorem 7.5 ist notwendig dafür, dass n eine Primzahl ist. Findet man also eine ganze Zahl a, die zu n teilerfremd ist und für die weder (7.4) noch (7.5) für ein $r \in \{0, \ldots, s - 1\}$ gilt, so ist bewiesen, dass n keine Primzahl, sondern zusammengesetzt ist. Eine solche Zahl a heißt *Zeuge* gegen die Primalität von n.

Beispiel 7.5 Sei $n = 561$. Mit Hilfe des Fermat-Tests kann nicht festgestellt werden, dass n zusammengesetzt ist, weil n eine Carmichael-Zahl ist. Aber $a = 2$ ist ein Zeuge gegen die Primalität von n, wie wir jetzt zeigen. Es ist $s = 4$, $d = 35$ und $2^{35} \equiv 263 \bmod 561$, $2^{2*35} \equiv 166 \bmod 561$, $2^{4*35} \equiv 67 \bmod 561$, $2^{8*35} \equiv 1 \bmod 561$. Also ist 561 nach Theorem 7.5 keine Primzahl.

Im nächsten Satz wird die Anzahl der Zeugen gegen die Primalität einer zusammengesetzten Zahl abgeschätzt.

Theorem 7.6 *Ist $n \geq 3$ eine ungerade zusammengesetzte Zahl, so gibt es in der Menge $\{1, \ldots, n-1\}$ höchstens $(n-1)/4$ Zahlen, die zu n teilerfremd und keine Zeugen gegen die Primalität von n sind.*

Beweis Sei $n \geq 3$ eine ungerade zusammengesetzte natürliche Zahl.

Wir wollen die Anzahl der $a \in \{1, 2, \ldots, n-1\}$ abschätzen, für die $\gcd(a, n) = 1$ gilt und zusätzlich

$$a^d \equiv 1 \bmod n \tag{7.6}$$

oder

$$a^{2^r d} \equiv -1 \quad \bmod n \tag{7.7}$$

für ein $r \in \{0, 1, \ldots, s-1\}$. Wenn es kein solches a gibt, sind wir fertig. Angenommen es gibt einen solchen Nicht-Zeugen a. Dann gibt es auch einen, für den (7.7) gilt. Erfüllt a nämlich (7.6), dann erfüllt $-a$ die Bedingung (7.7). Sei k der größte Wert von r, für den es ein a mit $\gcd(a, n) = 1$ und (7.7) gibt. Wir setzen

$$m = 2^k d.$$

Die Primfaktorzerlegung von n sei

$$n = \prod_{p|n} p^{e(p)}.$$

Wir definieren die folgenden Untergruppen von $(\mathbb{Z}/n\mathbb{Z})^*$:

$$J = \{a + n\mathbb{Z} : \gcd(a, n) = 1, a^{n-1} \equiv 1 \bmod n\},$$
$$K = \{a + n\mathbb{Z} : \gcd(a, n) = 1, a^m \equiv \pm 1 \bmod p^{e(p)} \text{ für alle } p|n\},$$
$$L = \{a + n\mathbb{Z} : \gcd(a, n) = 1, a^m \equiv \pm 1 \bmod n\},$$
$$M = \{a + n\mathbb{Z} : \gcd(a, n) = 1, a^m \equiv 1 \bmod n\}.$$

Dann gilt
$$M \subset L \subset K \subset J \subset (\mathbb{Z}/n\mathbb{Z})^*.$$

Für jedes zu n teilerfremde a, das kein Zeuge gegen die Primalität von n ist, gehört die Restklasse $a + n\mathbb{Z}$ zu L. Wir werden die Behauptung des Satzes beweisen, indem wir zeigen, dass der Index von L in $(\mathbb{Z}/n\mathbb{Z})^*$ wenigstens 4 ist.

Der Index von M in K ist eine Potenz von 2, weil das Quadrat jedes Elementes von K in M liegt. Der Index von L in K ist daher auch eine Potenz von 2, etwa 2^j. Ist $j \geq 2$, sind wir fertig.

Ist $j = 1$, so hat n zwei Primteiler. Nach Übung 7.5 ist n keine Carmichael-Zahl und daher ist J eine echte Untergruppe von $(\mathbb{Z}/n\mathbb{Z})^*$, der Index von J in $(\mathbb{Z}/n\mathbb{Z})^*$ wenigstens 2. Weil der Index von L in K nach Definition von m ebenfalls 2 ist, ist der Index von L in $(\mathbb{Z}/n\mathbb{Z})^*$ wenigstens 4.

Sei schließlich $j = 0$. Dann ist n eine Primzahlpotenz. Man kann für diesen Fall verifizieren, dass J genau $p - 1$ Elemente hat, nämlich genau die Elemente der Untergruppe der Ordnung $p - 1$ der zyklischen Gruppe $(\mathbb{Z}/p^e\mathbb{Z})^*$. Daher ist der Index von J in $(\mathbb{Z}/n\mathbb{Z})^*$ wenigstens 4, es sei denn, $n = 9$. Für $n = 9$ kann man die Behauptung aber direkt verifizieren.   □

Beispiel 7.6 Wir bestimmen alle Zeugen gegen die Primalität von $n = 15$. Es ist $n - 1 = 14 = 2 * 7$. Mit den Bezeichnungen aus (7.2) und (7.3) gilt $s = 1$ und $d = 7$. Eine zu 15 teilerfremde Zahl a ist nach Theorem 7.5 genau dann ein Zeuge gegen die Primalität von n, wenn $a^7 \bmod 15 \neq 1$ und $a^7 \bmod 15 \neq -1$. Folgende Tabelle enthält die entsprechenden Reste:

a	1	2	4	7	8	11	13	14
$a^7 \bmod 15$	1	8	4	13	2	11	7	14

Die Anzahl der zu 15 teilerfremden Zahlen in $\{1, 2, \ldots, 14\}$, die keine Zeugen gegen die Primalität von n sind, ist $2 \leq (15 - 1)/4 = 7/2$.

Wenn man den Miller-Rabin-Test auf die ungerade Zahl n anwenden will, wählt man zufällig und gleichverteilt eine Zahl $a \in \{2, 3, \ldots, n - 1\}$. Ist $\gcd(a, n) > 1$, dann ist n zusammengesetzt. Andernfalls berechnet man $a^d, a^{2d}, \ldots, a^{2^{s-1}d}$. Findet man dabei einen Zeugen gegen die Primalität von n, dann ist bewiesen, dass n zusammengesetzt ist. Nach Theorem 7.6 ist die Wahrscheinlichkeit dafür, dass man keinen Zeugen findet und dass n zusammengesetzt ist, höchstens $1/4$. Wiederholt man den Miller-Rabin-Test t-mal und ist n zusammengesetzt, so ist die Wahrscheinlichkeit dafür, dass kein Zeuge gegen die Primalität gefunden wird, höchstens $(1/4)^t$. Für $t = 10$ ist dies $1/2^{20} \approx 1/10^6$. Dies ist sehr unwahrscheinlich. Genauere Analysen des Verfahrens haben gezeigt, dass die Fehlerwahrscheinlichkeit noch kleiner ist.

7.5   Zufällige Wahl von Primzahlen

In vielen Public-Key-Verfahren müssen bei der Schlüsselerzeugung zufällige Primzahlen mit fester Bitlänge erzeugt werden. Wir beschreiben ein Verfahren zur Konstruktion solcher Primzahlen.

Wir wollen eine zufällige Primzahl erzeugen, deren Bitlänge k ist. Dazu erzeugen wir zuerst eine zufällige ungerade k-Bit-Zahl n. Wir setzen das erste und letzte Bit von n auf 1 und die restlichen $k - 2$ Bits wählen wir unabhängig und zufällig gemäß der Gleichverteilung. Danach überprüfen wir, ob n eine Primzahl ist. Zunächst prüfen wir, ob n durch eine Primzahl unterhalb einer Schranke B teilbar ist. Man nennt das *Probedivision*. Diese Primzahlen stehen in einer Tabelle. Typischerweise ist $B = 10^6$. Wurde kein Teiler von n gefunden, so wird der Miller-Rabin-Test auf n (mit t Wiederholungen) angewendet. Wenn dabei kein Zeuge gegen die Primalität von n gefunden wird, so gilt n als Primzahl. Andernfalls ist bewiesen, dass n zusammengesetzt ist, und der Test muss mit einer neuen Zufallszahl gemacht werden. Die Wiederholungszahl t wird so gewählt, dass die Fehlerwahrscheinlichkeit des Miller-Rabin-Tests hinreichend klein ist. Bei der Suche nach einer Primzahl mit mehr als 1000 Bits reicht es für eine Fehlerwahrscheinlichkeit von weniger als $(1/2)^{80}$ aus, $t = 3$ zu wählen. Die Auswahl der Primzahlschranke B hängt davon ab, wie schnell bei der verwendeten Hard- und Software eine Probedivision im Verhältnis zu einem Miller-Rabin-Test ausgeführt werden kann.

7.6 Übungen

Übung 7.1 Beweisen Sie mit dem Fermat-Test, dass 1111 keine Primzahl ist.

Übung 7.2 Bestimmen Sie $\pi(100)$. Vergleichen Sie ihr Resultat mit den Schranken aus Theorem 7.2.

Übung 7.3 Bestimmen Sie die kleinste Pseudoprimzahl zur Basis 2.

Übung 7.4 Beweisen Sie mit dem Fermat-Test, dass die fünfte Fermat-Zahl $F_5 = 2^{2^5} + 1$ zusammengesetzt ist. Beweisen Sie, dass jede Fermat-Zahl eine Pseudoprimzahl zur Basis 2 ist.

Übung 7.5 Zeigen Sie, dass eine Carmichael-Zahl wenigstens drei verschiedene Primteiler hat.

Übung 7.6 Verwenden Sie den Miller-Rabin-Test, um zu beweisen, dass die fünfte Fermat-Zahl $F_5 = 2^{2^5} + 1$, die in Beispiel 1.13 definiert ist, zusammengesetzt ist. Vergleichen Sie die Effizienz dieser Berechnung mit der Berechnung in Übung 7.4.

Übung 7.7 Beweisen Sie mit dem Miller-Rabin-Test, dass die Pseudoprimzahl n aus Übung 7.3 zusammengesetzt ist. Bestimmen Sie dazu den kleinsten Zeugen gegen die Primalität von n.

Übung 7.8 Bestimmen Sie die Anzahl der Miller-Rabin-Zeugen für die Zusammenge-setztheit von 221 in $\{1, 2, \ldots, 220\}$. Vergleichen Sie Ihr Resultat mit der Schranke aus Theorem 7.6.

Übung 7.9 Schreiben Sie ein Programm, dass den Miller-Rabin-Test implementiert und bestimmen Sie damit die kleinste 512-Bit-Primzahl.

Public-Key Verschlüsselung

8

8.1 Idee

Die Idee der Public-Key-Verschlüsselung wurde bereits in Abschn. 3.3 erwähnt. Dies wird wird hier noch einmal aufgegriffen und vertieft.

Ein zentrales Problem, das bei der Anwendung der bis jetzt beschriebenen symmetrischen Verschlüsselungsverfahren auftritt, ist die Verteilung und Verwaltung der Schlüssel. Immer wenn Alice und Bob miteinander geheim kommunizieren wollen, müssen sie vorher einen geheimen Schlüssel austauschen. Dafür muss ein sicherer Kanal zur Verfügung stehen. Ein Kurier muss den Schlüssel überbringen oder eine andere Lösung muss gefunden werden. Dieses Problem wird um so schwieriger, je mehr Teilnehmer in einem Netzwerk miteinander geheim kommunizieren wollen. Wenn es n Teilnehmer im Netz gibt und wenn alle miteinander vertraulich kommunizieren wollen, dann besteht eine Möglichkeit, das zu organisieren, darin, dass je zwei Teilnehmer miteinander einen geheimen Schlüssel austauschen. Dabei müssen dann $n(n-1)/2$ Schlüssel geheim übertragen werden, und genausoviele Schlüssel müssen irgendwo geschützt gespeichert werden. Im Januar 2015 gab es ungefähr drei Milliarden Internet-Nutzer. Wollten die alle einen Schlüssel austauschen wären das etwa $3 \cdot 10^{18}$ Schlüssel. Das wäre organisatorisch nicht zu bewältigen.

Eine andere Möglichkeit besteht darin, die gesamte Kommunikation über eine zentrale Stelle laufen zu lassen. Jeder Teilnehmer muss dann mit der Zentrale einen Schlüssel austauschen. Dieses Vorgehen setzt voraus, dass jeder Teilnehmer der Zentralstelle vertraut. Die Zentralstelle kennt ja alle geheimen Schlüssel und kann die gesamte Kommunikation mithören. Tatsächlich wird ein solcher Ansatz bei der Mobil-Telefonie (GSM – Global System for Mobile Communications) verwendet. Im GSM-System kommen viele verschiedene Zentralstellen zum Einsatz, die jeweils nur für einen beschränkten Kreis von Nutzerinnen und Nutzern zuständig sind und miteinander verbunden sind.

In diesem Kapitel präsentieren wir einen weiteren sehr wichtigen Ansatz: die Public-Key-Kryptographie. Die Idee dafür wurde 1976 von Diffie und Hellman [25] entwickelt. Kurz darauf schlugen Rivest, Shamir und Adleman [59] mit RSA ein solches Verfahren

© Springer-Verlag Berlin Heidelberg 2016

J. Buchmann, *Einführung in die Kryptographie*, Springer-Lehrbuch,
DOI 10.1007/978-3-642-39775-2_8

Tab. 8.1 Verzeichnis öffentlicher Schlüssel

Name	öffentlicher Schlüssel
Buchmann	131213112359127531923753134123
Bob	8422834964509823610263113576768
Alice	546282919826246381210250532510
⋮	⋮

vor. Die Public-Key-Kryptographie vereinfacht das Schlüsselmanagment in großen Netz-
werken erheblich und benötigt keine Zentralstellen, die alle Chiffretexte entschlüsseln
können.

Die Idee der Public-Key-Kryptographie besteht darin, statt eines Schlüssels für Ver-
und Entschlüsselung ein *Schlüsselpaar* (e, d) zu verwenden. Der Schlüssel e dient zum
Verschlüsseln (englisch: Encryption) und kann öffentlich gemacht werden. Darum heißt
er *öffentlicher Schlüssel*. Der Schlüssel d erlaubt es, die mit e erzeugten Chiffretexte
wieder zu entschlüsseln (englisch: Decryption). Er muss genauso geheim bleiben, wie
der Schlüssel eines symmetrischen Verschlüsselungsverfahrens. Darum heißt er *privater
Schlüssel*. Der private Schlüssel darf also nicht mit vertrebarem Aufwand aus dem öffentlichen Schlüssel berechenbar sein.

Wie vereinfacht Public-Key-Kryptographie das Schlüsselmanagement? Wenn Alice
vertrauliche Nachrichten erhalten möchte, erzeugt sie ein Schlüsselpaar (e, d) und veröffentlicht e in einem öffentlich zugänglichen Verzeichnis, wie es in Tab. 8.1 gezeigt ist.
Bob verschlüsselt vertrauliche Nachrichten an Alice mit ihrem öffentlichem Schlüssel e.
Alice verwendet ihren privaten Schlüssel d, um diese Nachrichten zu entschlüsseln. Der
Austausch eines geheimen Schlüssels ist also nicht mehr erforderlich. Tatsächlich können
alle, die vertrauliche Nachrichten für Alice verschlüsseln wollen, dazu denselben öffentlichen Schlüssel e verwenden. Da niemand außer Alice den privaten Schlüssel d kennt,
kann nur sie alle diese Nachrichten lesen.

Bei Verwendung von Public-Key-Kryptographie wird der Austausch geheimer Schlüssel unnötig, aber die Authentizität der öffentlichen Schlüssel muss gewährleistet sein.
Wer an Alice eine Nachricht schicken will, muss nämlich sicher sein, dass der öffentliche Schlüssel, den er aus dem öffentlichen Schlüsselverzeichnis erhält, tatsächlich der
öffentliche Schlüssel von Alice ist. Mit diesem Thema beschäftigt sich Kap. 16. Gelingt
es einem Angreifer, den öffentlichen Schlüssel von Alice in der Datenbank durch seinen
eigenen zu ersetzen, dann kann er die Nachrichten, die für Alice bestimmt sind, lesen.
Das öffentliche Schlüsselverzeichnis muss also vor Veränderung geschützt werden. Dazu
werden elektronische Signaturen verwendet, die in Kap. 12 eingeführt werden.

Leider sind die bekannten Public-Key-Verfahren nicht so effizient wie viele sym-
metrische Verfahren. Darum benutzt man in der Praxis Kombinationen aus Public-
Key-Verfahren und symmetrischen Verfahren. Eine Möglichkeit ist das sogenannte
Hybridverfahren, das in Abschn. 3.3 beschrieben wurde.

8.2 Definition

Wir geben nun eine formale Definition von Public-Key-Verschlüsselungsverfahren. Sie ähnelt der Definition von Private-Key-Verschlüsselungsverfahren. Es gibt allerdings einige Unterschiede. Schlüssel werden durch Schlüsselpaare ersetzt. Sie bestehen aus einem öffentlichen Schlüssel und dem zugehörigen privaten Schlüssel. Bei Public-Key-Verfahren entspricht es der gängigen Praxis, Schlüssel in Abhängigkeit eines Sicherheitsparameters zu wählen. Die Schlüssel für die Public-Key-Verschlüsselungssysteme RSA und ElGamal können beliebig groß sein. Bei symmetrischen Verfahren ist das nicht der Fall. Die Schlüsselgröße von DES ist auf 56 Bit festgelegt. Die Schlüsselgröße von AES ist 128, 192 oder 256 Bit. Sobald diese Schlüsselgröße nicht mehr ausreicht, muss das AES-Verfahren modifiziert werden. Der Algorithmus zur Schlüsselerzeugung eines Public-Key-Verschlüsselungsverfahrens erhält also als Eingabe einen Sicherheitsparameter $k \in \mathbb{N}$. Er wählt die Größe der Schlüssel in Abhängigkeit von diesem Sicherheitsparameter. Tatsächlich ist die Eingabe der Bitstring 1^k, also die unäre Kodierung von k. Damit ist k die Eingabelänge des Algorithmus. Dies ist wichtig, weil verlangt wird, dass der Algorithmus polynomielle Laufzeit hat. Polynomiell bedeutet dann: polynomiell in k. Und das ist gewünscht.

Definition 8.1 Ein *Public-Key-Verschlüsselungsverfahren* oder *Public-Key-Kryptosystem* ist ein Tupel $(\mathbf{K}, \mathbf{P}, \mathbf{C}, \mathbf{KeyGen}, \mathbf{Enc}, \mathbf{Dec})$ mit folgenden Eigenschaften:

1. $\mathbf{K}$ ist eine Menge von Paaren. Sie heißt *Schlüsselraum*. Ihre Elemente (e, d) heißen *Schlüsselpaare*. Ist $(e, d) \in \mathbf{K}$, so heißt die Komponente e *öffentlicher Schlüssel* und die Komponente d *privater Schlüssel*.
2. $\mathbf{P}$ ist eine Menge. Sie heißt *Klartextraum*. Ihre Elemente heißen *Klartexte*.
3. $\mathbf{C}$ ist eine Menge. Sie heißt *Chiffretextraum*. Ihre Elemente heißen *Chiffretexte* oder *Schlüsseltexte*.
4. $\mathbf{KeyGen}$ ist ein probabilistischer Polynomzeit-Algorithmus. Er heißt *Schlüsselerzeugungsalgorithmus*. Bei Eingabe von 1^k für ein $k \in \mathbb{N}$ gibt er ein Schlüsselpaar $(e, d) \in K$ zurück. Wir schreiben dann $(e, d) \leftarrow \mathbf{KeyGen}(1^k)$. Mit $\mathbf{K}(k)$ bezeichnen wir die Menge aller Schlüsselpaare, die $\mathbf{KeyGen}$ bei Eingabe von 1^k zurückgeben kann. Mit $\mathbf{Pub}(k)$ bezeichnen wir die Menge aller öffentlichen Schlüssel, die als erste Komponente eines Schlüsselpaares $(e, d) \in \mathbf{K}(k)$ auftreten kann. Die Menge aller zweiten Komponenten dieser Schlüsselpaare bezeichnen wir mit $\mathbf{Priv}(k)$. Außerdem bezeichnet $\mathbf{P}(e) \subset \mathbf{P}$ die Menge der Klartexte, die mit einem öffentlichen Schlüssel e verschlüsselt werden können.
5. $\mathbf{Enc}$ ist ein probabilistischer Polynomzeit-Algorithmus. Er heißt *Verschlüsselungsalgorithmus*. Bei Eingabe von 1^k, $k \in \mathbb{N}$, eines öffentlichen Schlüssels $e \in \mathbf{Pub}(k)$ und eines Klartextes $P \in \mathbf{P}(e)$ gibt er einen Chiffretext C zurück. Wir schreiben dann $C \leftarrow \mathbf{Enc}(1^k, e, P)$.

6. **Dec** ist ein deterministischer Algorithmus. Er heißt *Entschlüsselungsalgorithmus*. Er entschlüsselt korrekt: Sei $k \in \mathbb{N}$, $(e, d) \in \mathbf{K}(k)$, $P \in \mathbf{P}(e)$ und $C \leftarrow \mathbf{Enc}(1^k, e, P)$. Dann gilt $P \leftarrow \mathbf{Dec}(1^k, d, C)$.

8.2.1 Sicherheit

In Abschn. 3.4 wurde die Sicherheit von symmetrischen Verschlüsselungsverfahren modelliert. Das Sicherheitsmodell für Public-Key-Verfahren ist dem ähnlich. Der entscheidende Unterschied besteht aber darin, dass Angreifer von Public-Key-Verfahren den öffentlichen Schlüssel kennen.

Genauso wie bei symmetrischen Verschlüsselungsverfahren ist es das Ziel eines Angreifers auf ein Public-Key-Kryptosystem aus Chiffretexten möglichst viel über die entsprechenden Klartexte zu erfahren. Dazu kann der Angreifer versuchen, private Schlüssel zu berechnen oder Informationen über die Klartexte zu gewinnen, die zu einzelnen Schlüsseltexten gehören.

Auch die Angriffsmethoden sind ähnlich wie bei symmetrischen Kryptosystemen. Allerdings müssen wir keine Ciphertext-Only-Angiffe berücksichtigen. Alle Angreifer kennen den öffentlichen Schlüssel. Sie können ihn also benutzen, um Klartexte ihrer Wahl zu verschlüsseln. Alle Angreifer können also mindestens Chosen-Plaintext-Angriffe ausführen. Auch Chosen-Ciphertext-Angriffe sind möglich. Allerdings müssen Angreifer dazu zeitweise die Möglichkeit haben, Chiffretexte zu entschlüsseln ohne den entsprechenden privaten Schlüssel zu kennen.

Bevor in Abschn. 8.5 Sicherheitsmodelle für Public-Key-Verschlüsselungsver fahren diskutiert werden, besprechen wir im nächsten Abschnitt zunächst das berühmteste Public-Key-Verfahren RSA.

8.3 Das RSA-Verfahren

Das RSA-Verfahren, benannt nach seinen Erfindern Ron Rivest, Adi Shamir und Len Adleman, war das erste Public-Key Verschlüsselungsverfahren und ist noch heute das wichtigste. Seine Sicherheit hängt eng mit der Schwierigkeit zusammen, große Zahlen in ihre Primfaktoren zu zerlegen.

8.3.1 Schlüsselerzeugung

Wir erklären, wie ein RSA-Schlüsselpaar erzeugt wird. Der Sicherheitsparameter sei eine Zahl $k \in \mathbb{N}$.

Der Schlüsselerzeugungsalgorithmus wählt zwei Primzahlen p und q (siehe Abschn. 7.5) mit der Eigenschaft, dass der *RSA-Modul*

$$n = pq$$

eine k-Bit-Zahl ist. Zusätzlich wählt der Algorithmus eine natürliche Zahl e mit

$$1 < e < \varphi(n) = (p-1)(q-1) \text{ und } \gcd(e, (p-1)(q-1)) = 1 \qquad (8.1)$$

und berechnet eine natürliche Zahl d mit

$$1 < d < (p-1)(q-1) \text{ und } de \equiv 1 \bmod (p-1)(q-1). \qquad (8.2)$$

Da $\gcd(e, (p-1)(q-1)) = 1$ ist, gibt es eine solche Zahl d tatsächlich. Sie kann mit dem erweiterten euklidischen Algorithmus berechnet werden (siehe Abschn. 1.6.3). Man beachte, dass e stets ungerade ist. Der öffentliche Schlüssel ist das Paar (n, e). Der private Schlüssel ist d.

Beispiel 8.1 Sei $k = 8$. Als Primzahlen wählt der Algorithmus die Zahlen $p = 11$ und $q = 23$. Also ist $n = 253 = 11111101$ ist, und $(p-1)(q-1) = 10 * 22 = 4 \cdot 5 \cdot 11$. Das kleinstmögliche e ist $e = 3$. Der erweiterte euklidische Algorithmus liefert $d = 147$.

Der RSA-Schlüsselraum besteht also aus allen Paaren $((n, e), d)$, die bei der obigen Konstruktion entstehen. Damit RSA sicher ist, müssen die Primfaktoren p und q geeignet gewählt werden. Üblich ist folgendes: der Sicherheitsparameter k wird als gerade Zahl gewählt, die heutzutage mindestens 1024 Bit lang ist. Die Primzahlen p und q werden wie in Abschn. 7.5 beschrieben als $k/2$-Bit-Zufallsprimzahlen gewählt. Dies wird in Abschn. 8.3.4 genauer diskutiert.

8.3.2 Verschlüsselung

Der RSA-Klartextraum ist $\mathbb{Z}_n$. Will Alice einen Klartext $m \in \mathbb{Z}_m$ für Bob verschlüsseln, besorgt sie sich seinen öffentlichen Schlüssel (e, n) und berechnet den Chiffretext

$$c = m^e \bmod n. \qquad (8.3)$$

Alle, die den öffentlichen Schlüssel (n, e) kennen, können diese Verschlüsselung durchführen. Bei der Berechnung von $m^e \bmod n$ wird schnelle Exponentiation verwendet (siehe Abschn. 2.12), damit die Verschlüsselung schnell genug geht. Die Performanz von RSA wird in Abschn. 8.3.8 erläutert.

Beispiel 8.2 Wie in Beispiel 8.1 ist $n = 253$ und $e = 3$. Der Klartextraum ist also $\{0, 1, \ldots, 252\}$. Die Zahl $m = 165$ wird zu $165^3 \bmod 253 = 110$ verschlüsselt.

Das beschriebene RSA-Verfahren kann nur sehr kurze Klartexte verschlüsseln. Wir zeigen nun, wie man eine Art RSA-Blockchiffre realisieren kann, die zur Verschlüsselung beliebig langer Klartexte verwendet werden kann. Dies ist eher von theoretischem Interesse, weil die RSA-Verschlüsselung langer Klartexte viel langsamer ist als die Verschlüsselung mit symmetrischen Chiffren. In der Praxis wird statt dessen die in Abschn. 3.3 dargestellte Hybridverschlüsselung verwendet. Dabei wird ein symmetrischer Schlüssel RSA-verschlüsselt. Lange Klartexte werden mit diesem Schlüssel symmetrisch verschlüsselt. Der Empfänger entschlüsselt zuerst den symmetrischen Schlüssel und dann den symmetrisch verschlüsselten Klartext.

Wir nehmen an, dass das verwendete Alphabet Σ genau N Zeichen hat und die Zeichen die Zahlen $0, 1, \ldots, N - 1$ sind. Wir setzen

$$r = \lfloor \log_N n \rfloor. \tag{8.4}$$

Ein Block $m_1 \ldots m_r, m_i \in \Sigma, 1 \leq i \leq r$, wird in die Zahl

$$m = \sum_{i=1}^{r} m_i N^{r-i}$$

verwandelt. Man beachte, dass wegen (8.4)

$$0 \leq m \leq (N - 1) \sum_{i=1}^{r} N^{r-i} = N^r - 1 < n$$

gilt. Im folgenden werden wir die Blöcke mit den durch sie dargestellten Zahlen identifizieren. Der Block m wird verschlüsselt, indem $c = m^e \bmod n$ bestimmt wird. Die Zahl c kann dann wieder zur Basis N geschrieben werden. Die N-adische Entwicklung von c kann aber die Länge $k + 1$ haben. Wir schreiben also

$$c = \sum_{i=0}^{r} c_i N^{k-i} \quad c_i \in \Sigma, 0 \leq i \leq r.$$

Der Schlüsseltextblock ist dann

$$c = c_0 c_1 \ldots c_r.$$

In der beschriebenen Weise bildet RSA Blöcke der Länge r injektiv auf Blöcke der Länge $r + 1$ ab. Dies ist keine Blockchiffre im Sinne von Definition 3.4. Trotzdem kann man mit der beschriebenen Blockversion des RSA-Verfahrens den ECB-Mode und den CBC-Mode (mit einer kleinen Modifikation) zum Verschlüsseln anwenden. Es ist aber nicht möglich, den CFB-Mode oder den OFB-Mode zu benutzen, weil in beiden Modes nur die Verschlüsselungsfunktion verwendet wird, und die ist ja öffentlich. Also kennt sie auch jeder Angreifer.

Beispiel 8.3 Wir setzen Beispiel 8.1 fort. Verwende $\Sigma = \{0, a, b, c\}$ mit der Entsprechung

0	a	b	c
0	1	2	3

Bei Verwendung von $n = 253$ ist $k = \lfloor \log_4 253 \rfloor = 3$. Das ist die Länge der Klartextblöcke. Die Länge der Schlüsseltextblöcke ist also 4. Es soll der Klartextblock *abb* verschlüsselt werden. Dieser entspricht dem String 122 und damit der Zahl

$$m = 1 * 4^2 + 2 * 4^1 + 2 * 4^0 = 26.$$

Diese Zahl wird zu

$$c = 26^3 \bmod 253 = 119$$

verschlüsselt. Schreibt man diese zur Basis 4, so erhält man

$$c = 1 * 4^3 + 3 * 4^2 + 1 * 4^1 + 3 * 4^0.$$

Der Schlüsseltextblock ist dann

$$acac.$$

Der hier beschriebene Verschlüsselungsalgorithmus ist deterministisch. Wie in Abschn. 3.4.2 erwähnt, kann diese Variante von RSA nicht sicher sein. Sichere Varianten werden in Abschn. 8.3.10 beschrieben.

8.3.3 Entschlüsselung

Die Entschlüsselung von RSA beruht auf folgendem Satz.

Theorem 8.1 *Sei (n, e) ein öffentlicher und d der entsprechende private Schlüssel im RSA-Verfahren. Dann gilt*

$$(m^e)^d \bmod n = m$$

für jede natürliche Zahl m mit $0 \leq m < n$.

Beweis Da $ed \equiv 1 \bmod (p-1)(q-1)$ ist, gibt es eine ganze Zahl l, so dass

$$ed = 1 + l(p-1)(q-1)$$

ist. Daher ist

$$(m^e)^d = m^{ed} = m^{1+l(p-1)(q-1)} = m(m^{(p-1)(q-1)})^l.$$

Aus dieser Gleichung erkennt man, dass

$$(m^e)^d \equiv m(m^{(p-1)})^{(q-1)l} \equiv m \bmod p$$

gilt. Falls p kein Teiler von m ist, folgt diese Kongruenz aus dem kleinen Satz von Fermat (siehe Theorem 2.13). Andernfalls ist die Behauptung trivial. Dann sind nämlich beide Seiten der Kongruenz 0 mod p. Genauso sieht man ein, dass

$$(m^e)^d \equiv m \bmod q$$

gilt. Weil p und q verschiedene Primzahlen sind, erhält man also

$$(m^e)^d \equiv m \bmod n.$$

Da $0 \le m < n$ ist, erhält man die Behauptung des Satzes. $\square$

Wurde also c wie in (8.3) berechnet, kann m mittels

$$m = c^d \bmod n$$

rekonstruiert werden. Damit ist gezeigt, dass das RSA-Verfahren tatsächlich ein Public-Key-Kryptosystem ist.

Beispiel 8.4 Wir schließen die Beispiele 8.1 und 8.3 ab. Dort wurde ja $n = 253$, $e = 3$ und $d = 147$ gewählt. Außerdem wurde $c = 119$ berechnet. Tatsächlich gilt 119^{147} mod $253 = 26$. Damit ist der Klartext rekonstruiert.

8.3.4 Sicherheit des privaten Schlüssels

Damit RSA sicher ist, muss es praktisch unmöglich sein, aus dem öffentlichen Schlüssel (n, e) den privaten Schlüssel d zu berechnen. In diesem Abschnitt werden wir zeigen, dass die Bestimmung des privaten Schlüssels d aus dem öffentlichen Schlüssel (n, e) genauso schwierig ist, wie die Zerlegung des RSA-Moduls n in seine Primfaktoren. Was ist die Bedeutung dieses Ergebnisses? Niemand kann beweisen, dass RSA sicher ist. Also möchte man möglichst viele und starke Argumente sammeln, die die Sicherheit von RSA belegen. Ein solches Argument lautet: Das Faktorisierungsproblem gilt seit Jahrhunderten als schwierig (siehe Kap. 9). Das Finden des privaten RSA-Schlüssels ist genauso schwierig. Ist das Argument überzeugend? Es ist ein Indiz für die Sicherheit von RSA, beweist sie aber nicht, denn es lässt Gegenargumente zu. Erstens kann RSA vielleicht gebrochen werden, ohne den privaten Schlüssel zu finden. In den folgenden Abschnitten werden wir zeigen, dass das unter bestimmten Bedingungen tatsächlich möglich ist. Zweitens ist nicht sicher, dass Faktorisieren schwer ist. Seit langem ist zum Beispiel bekannt, dass Quantencomputer das Faktorisierungsproblem in Polynomzeit lösen können (siehe [69]).

Trotzdem gilt: sind die RSA-Parameter richtig gewählt und wird eine sichere RSA-Variante verwendet, so besteht die einzige heute bekannte Möglichkeit, RSA auf einem klassischen Computer zu brechen, darin, den RSA-Modul zu faktorisieren.

Die beschriebene Eigenschaft teilt das RSA-Verfahren mit den anderen Public-Key-Verfahren. Ihre Sicherheit steht in engem Zusammenhang mit der Lösbarkeit schwieriger Berechnungsprobleme von allgemeinem mathematischen Interesse. Es ist aber nicht klar, dass diese Berechnungsprobleme wirklich schwierig sind.

Wir beweisen jetzt die angekündigte Äquivalenz.

Wenn der Angreifer Oskar die Primfaktoren p und q des RSA-Moduls n kennt, kann er aus n und dem Verschlüsselungsexponenten e den privaten Schlüssel d durch Lösen der Kongruenz $de \equiv 1 \bmod (p-1)(q-1)$ berechnen.

Wir zeigen, dass die Umkehrung auch gilt, wie man nämlich aus n, e, d die Faktoren p und q berechnet.

Dazu setzen wir

$$s = \max\{t \in \mathbb{N} : 2^t \text{ teilt } ed - 1\}.$$

und

$$k = (ed - 1)/2^s.$$

Lemma 8.1 *Für alle zu n teilerfremden ganzen Zahlen a gilt* $\mathrm{order}(a^k + n\mathbb{Z}) \in \{2^i : 0 \leq i \leq s\}$.

Beweis Sei a eine zu n teilerfremde ganze Zahl. Nach Theorem 8.1 gilt $a^{ed-1} \equiv 1 \bmod n$. Daraus folgt $(a^k)^{2^s} \equiv 1 \bmod n$. Also impliziert Theorem 2.9, dass die Ordnung von $a^k + n\mathbb{Z}$ ein Teiler von 2^s ist. $\square$

Der Algorithmus, der n faktorisiert, beruht auf folgendem Theorem.

Theorem 8.2 *Sei a eine zu n teilerfremde ganze Zahl. Wenn die Ordnung von a^k mod p und mod q verschieden ist, so ist* $1 < \gcd(a^{2^t k} - 1, n) < n$ *für ein* $t \in \{0, 1, 2, \ldots, s-1\}$.

Beweis Nach Lemma 8.1 liegt die Ordnung von a^k mod p und mod q in der Menge $\{2^i : 0 \leq i \leq s\}$. Sei die Ordnung von a^k mod p größer als die von a^k mod q. Die Ordnung von a^k mod q sei 2^t. Dann gilt $t < s$, $a^{2^t k} \equiv 1 \bmod q$, aber $a^{2^t k} \not\equiv 1 \bmod p$ und daher $\gcd(a^{2^t k} - 1, n) = q$. $\square$

Um n zu faktorisieren, wählt man zufällig und gleichverteilt eine Zahl a in der Menge $\{1, \ldots, n-1\}$. Dann berechnet man $g = \gcd(a, n)$. Ist $g > 1$, so ist g ein echter Teiler von n. Der wurde ja gesucht. Also ist der Algorithmus fertig. Ist $g = 1$, so berechnet man

$$g = \gcd(a^{2^t k} - 1, n), \quad t = s-1, s-2, \ldots, 0.$$

Findet man dabei einen Teiler von n, dann ist der Algorithmus fertig. Andernfalls wird ein neues a gewählt und dieselben Operationen werden für dieses a ausgeführt. Wir wollen jetzt zeigen, dass in jeder Iteration dieses Verfahrens die Wahrscheinlichkeit dafür, dass ein Primteiler von n gefunden wird, wenigstens $1/2$ ist. Die Wahrscheinlichkeit dafür, dass das Verfahren nach r Iterationen einen Faktor gefunden hat, ist dann mindestens $1 - 1/2^r$.

Theorem 8.3 *Die Anzahl der zu n primen Zahlen a in der Menge* $\{1, 2, \ldots, n-1\}$, *für die* a^k mod p *und* mod q *eine verschiedene Ordnung hat, ist wenigstens* $(p-1)(q-1)/2$.

Beweis Sei g eine Primitivwurzel mod p und mod q. Eine solche existiert nach dem chinesischen Restsatz 2.18.

Zuerst nehmen wir an, die Ordnung von g^k mod p sei größer als die Ordnung von g^k mod q. Diese beiden Ordnungen sind nach Lemma 8.1 Potenzen von 2. Sei x eine ungerade Zahl in $\{1, \ldots, p-1\}$ und sei $y \in \{0, 1, \ldots, q-2\}$. Sei a eine Lösung der simultanen Kongruenz

$$a \equiv g^x \bmod p, \quad a \equiv g^y \bmod q. \tag{8.5}$$

Dann ist die Ordnung von a^k mod p dieselbe wie die Ordnung von g^k mod p. Die Ordnung von a^k mod q ist aber höchstens so groß wie die Ordnung von g^k mod q, also kleiner als die Ordnung von a^k mod p. Schließlich sind diese Lösungen mod n paarweise verschieden, weil g eine Primitivwurzel mod p und q ist. Damit sind $(p-1)(q-1)/2$ zu n teilerfremde Zahlen a gefunden, für die die Ordnung von a^k mod p und q verschieden ist.

Ist die Ordnung von g^k mod q größer als die mod p, so geht man genauso vor.

Sei schließlich angenommen, dass die Ordnung von g^k mod p und mod q gleich ist. Da $p-1$ und $q-1$ beide gerade sind, ist diese Ordnung wenigstens 2. Wir bestimmen die gesuchten Zahlen a wieder als Lösung der simultanen Kongruenz (8.5). Die Exponentenpaare (x, y) müssen diesmal aber aus einer geraden und einer ungeraden Zahl bestehen. Es bleibt dem Leser überlassen, zu verifizieren, dass es $(p-1)(q-1)/2$ mod n verschiedene Lösungen gibt, und diese die gewünschte Eigenschaft haben. □

Aus Theorem 8.3 folgt unmittelbar, dass die Erfolgswahrscheinlichkeit des Faktorisierungsverfahrens in jeder Iteration wenigstens $1/2$ ist.

Beispiel 8.5 In Beispiel 8.1 ist $n = 253$, $e = 3$ und $d = 147$. Also ist $ed - 1 = 440$. Wenn man $a = 2$ verwendet, so erhält man $\gcd(2^{220} - 1, 253) = \gcd(2^{110} - 1, 253) = 253$. Aber $\gcd(2^{55} - 1, 253) = 23$.

8.3.5 Auswahl von p und q

Um die Faktorisierung des RSA-Moduls schwer genug zu machen, müssen RSA-Moduln hinreichend groß gewählt werden. Nach dem Moorschen Gesetz verdoppelt sich die Anzahl der Operationen, die Computer pro Zeiteinheit ausführen können, alle 18 Monate. Die Mindestgröße der RSA-Moduln muss also entsprechend vergrößert werden. Tab. 8.2 zeigt empfohlene Mindestgrößen Für RSA-Moduln. Die Werte wurden im Rahmen des EU-Projekts ECRYPT II ermittelt (siehe [73]).

Tab. 8.2 Mindestgröße von RSA-Moduln	Schutz bis	Mindestgröße
	2015	1248
	2020	1776
	2030	2432
	2040	3248
	für absehbare Zukunft	15.424

Die Primfaktoren p und q werden solange als zufällige $k/2$-Bit-Primzahlen gewählt, bis $n = pq$ eine k-Bit-Zahl ist. Die zufällige Wahl von p und q stellt sicher, dass keine Faktorisierungsalgorithmen verwendet werden können, die die spezielle Struktur der Faktoren ausnutzen. Ein Beispiel für einen solchen Algorithmus ist das Pollard-$p - 1$-Verfahren aus Abschn. 9.2.

8.3.6 Auswahl von e

Der öffentliche Schlüssel e wird so gewählt, dass die Verschlüsselung effizient möglich ist, ohne dass die Sicherheit gefährdet wird. Die Wahl von $e = 2$ ist natürlich immer ausgeschlossen, weil $\varphi(n) = (p-1)(q-1)$ gerade ist und $\gcd(e, (p-1)(q-1)) = 1$ gelten muss. Der kleinste mögliche Verschlüsselungsexponent ist also $e = 3$, wenn $\gcd(3, (p-1)(q-1)) = 1$ ist. Verwendet man diesen Exponenten, so benötigt die Verschlüsselung nur eine Quadrierung und eine Multiplikation mod n.

Beispiel 8.6 Sei $n = 253$, $e = 3$, $m = 165$. Um m^e mod n zu berechnen, bestimmt man m^2 mod $n = 154$. Dann berechnet man m^3 mod $n = ((m^2 \bmod n) * m) \bmod n = 154 * 165 \bmod 253 = 110$.

Die Verwendung des Verschlüsselungsexponenten $e = 3$ ist aber nicht ungefährlich. Ein Angreifer kann nämlich der sogenannte *Low-Exponent-Angriff* anwenden. Diese beruht auf folgendem Satz.

Theorem 8.4 *Seien* $e \in \mathbb{N}$, $n_1, n_2, \ldots, n_e \in \mathbb{N}$ *paarweise teilerfremd und* $m \in \mathbb{N}$ *mit* $0 \le m < n_i$, $1 \le i \le e$. *Sei* $c \in \mathbb{N}$ *mit* $c \equiv m^e \bmod n_i$, $1 \le i \le e$, *und* $0 \le c < \prod_{i=1}^{e} n_i$. *Dann folgt* $c = m^e$.

Beweis Die Zahl $c' = m^e$ erfüllt die simultane Kongruenz $c' \equiv m^e \bmod n_i$, $1 \le i \le e$ und es gilt $0 \le c' < \prod_{i=1}^{e} n_i$, weil $0 \le m < n_i$, $1 \le i \le e$, vorausgesetzt ist. Da eine solche Lösung der simultanen Kongruenz aber nach dem chinesischen Restsatz eindeutig bestimmt ist, folgt $c = c'$. $\square$

Der Low-Exponent-Angriff nutzt Theorem 8.4 aus. Er ist anwendbar, wenn die Voraussetzungen aus diesem Theorem erfüllt sind, wenn also ein Klartext m mit demselben öffentlichen Exponenten e und e zueinander paarweise teilerfremden Moduln verschlüsselt wird. Es ist zum Beispiel denkbar, dass eine Bank an e verschiedene Kunden dieselbe Nachricht verschlüsselt sendet. Dabei werden die verschiedenen öffentlichen Schlüssel n_i, $1 \leq i \leq e$, der Kunden benutzt, aber immer derselbe Verschlüsselungsexponent e. Dann kann der Angreifer den Klartext m folgendermaßen berechnen. Er kennt die Schlüsseltexte $c_i = m^e \bmod n_i$, $1 \leq i \leq e$. Mit dem chinesischen Restsatz berechnet er eine ganze Zahl c mit $c \equiv c_i \bmod n_i$, $1 \leq i \leq e$ und $0 \leq c < \prod_{i=1}^{e} n_i$. Nach Theorem 8.4 gilt $c = m^e$. Also kann der Angreifer m finden, indem er aus c die e-te Wurzel zieht. Dies ist in Polynomzeit möglich.

Beispiel 8.7 Wir wählen $e = 3$, $n_1 = 143$, $n_2 = 391$, $n_3 = 899$, $m = 135$. Dann ist $c_1 = 60$, $c_2 = 203$, $c_3 = 711$. Um den chinesischen Restsatz zu verwenden berechne x_1, x_2, x_3 mit $x_1 n_2 n_3 \equiv 1 \bmod n_1$, $n_1 x_2 n_3 \equiv 1 \bmod n_2$ und $n_1 n_2 x_3 \equiv 1 \bmod n_3$. Es ergibt sich $x_1 = -19$, $x_2 = -62$, $x_3 = 262$. Dann ist $c = (c_1 x_1 n_2 n_3 + c_2 n_1 x_2 n_3 + c_3 n_1 n_2 x_3) \bmod n_1 n_2 n_3 = 2460375$ und $m = 2460375^{1/3} = 135$.

Man kann den Low-Exponent-Angriff verhindern, indem man die Klartextblöcke kürzer wählt, als das eigentlich nötig ist, und die letzten Bits zufällig wählt. Dann ist es praktisch ausgeschlossen, dass zweimal derselbe Block verschlüsselt wird.

Eine andere Möglichkeit, den Low-Exponent-Angriff zu verhindern, besteht darin, größere Verschlüsselungsexponenten zu wählen, die aber immer noch eine effiziente Verschlüsselung zulassen. Üblich ist $e = 2^{16} + 1$ (siehe Übung 8.7).

8.3.7 Auswahl von d

Wird bei der Schlüsselerzeugung der öffentliche RSA-Schlüssel zuerst gewählt, zum Beispiel so, wie im vorigen Abschnitt vorgeschlagen, so ensteht ein privater Schlüssel d, der in der Größenordnung von n liegt. Es gibt aber Situationen, in denen es wünschenswert sein könnte, d zuerst zu wählen und dabei möglichst klein zu machen. Wird der private RSA-Schlüssel zum Beispiel auf einer Chipkarte gespeichert, so ist es gut, wenn auch die Entschlüsselung auf dieser Karte stattfindet. Dann muss der private RSA-Schlüssel die Chipkarte nie verlassen und ist so besser geschützt. Chipkarten haben aber keine besonders gute Performanz. Ein kleiner privater RSA-Schlüssel beschleunigt die Entschlüsselung. Es stellt sich aber heraus, dass eine solche Wahl von d nicht sicher ist. D. Boneh und G. Durfee haben nämlich in [17] bewiesen, dass das RSA-Verfahren gebrochen werden kann, wenn $d < n^{0.292}$ ist.

8.3.8 Performanz

Die RSA-Verschlüsselung erfordert eine Exponentiation modulo n. Die Verschlüsselung ist um so effizienter, je kleiner der Exponent ist. Bei kleinen Exponenten muss man aber

Vorkehrungen gegen den Low-Exponent-Angriff treffen. Angriff und Gegenmaßnahmen wurden in Abschn. 8.3.6 beschrieben. Wird zum Beispiel $e = 2^{16} + 1$ gewählt, so benötigt die RSA-Verschlüsselung 16 Quadrierungen und eine Multiplikation modulo n.

Die Entschlüsselung eines RSA-verschlüsselten Textes erfordert ebenfalls eine Exponentiation modulo n. Diesmal ist aber der Exponent d in derselben Größenordnung wie n. Die Verwendung kleiner Entschlüsselungsexponenten ist unsicher, wie in Abschn. 8.3.7 dargestellt wurde. Ist k die Bitlänge von n, so erfordert die Entschlüsselung k Quadrierungen modulo n und $k/2$ Multiplikationen modulo n^d, wenn man davon ausgeht, dass die Hälfte der Bits in der Binärentwicklung von n den Wert 1 haben. Da in der Praxis RSA-Moduln wenigstens die Länge 1024 haben, sind also wenigstens 1024 Quadrierungen und 512 Multiplikationen nötig. Oft werden RSA-Entschlüsselungen auf langsamen Chipkarten durchgeführt. Um eine hinreichende Performanz zu erzielen, werden auf den Chipkarten Koprozessoren eingesetzt, um die Arithmetik modulo n zu beschleunigen.

Die RSA-Entschlüsselung kann mit dem Chinesischen Restsatz beschleunigt werden. Sei $((n, e), d)$ das RSA-Schlüsselpaar von Alice. Sie möchte den Schlüsseltext c entschlüsseln. Sie berechnet

$$m_p = c^d \bmod p, \quad m_q = c^d \bmod q$$

und löst dann die simultane Kongruenz

$$m \equiv m_p \bmod p, \quad m \equiv m_q \bmod q.$$

Dann ist m der ursprüngliche Klartext. Um die simultane Kongruenz zu lösen, berechnet Alice mit dem erweiterten euklidischen Algorithmus ganze Zahlen y_p und y_q mit

$$y_p p + y_q q = 1.$$

Dann setzt sie

$$m = (m_p y_q q + m_q y_p p) \bmod n.$$

Man beachte, dass die Zahlen $y_p p \bmod n$ und $y_q q \bmod n$ nicht von der zu entschlüsselnden Nachricht abhängen, und daher ein für allemal vorberechnet werden können.

Beispiel 8.8 Um die Entschlüsselung aus Beispiel 8.4 zu beschleunigen, berechnet Alice

$$m_p = 119^7 \bmod 11 = 4, \quad m_q = 119^{15} \bmod 23 = 3,$$

sowie $y_p = -2$, $y_q = 1$ und setzt dann

$$m = (4 * 23 - 3 * 2 * 11) \bmod 253 = 26.$$

Wir zeigen, dass Entschlüsseln mit dem chinesischen Restsatz effizienter ist als das Standardverfahren. Dazu machen wir einige teilweise vereinfachende Annahmen. Wir nehmen an, dass der RSA-Modul n eine k-Bit-Zahl ist, dass die Primfaktoren p und q

jeweils $k/2$-Bit-Zahlen sind und dass die Hälfte der Bits in d den Wert 1 hat. Die Multiplikation zweier Zahlen in $\{0, \ldots, n-1\}$ und die anschließende Reduktion des Ergebnisses modulo n benötigt Zeit Ck^2, wobei C eine Konstante ist. Wir verwenden also zur Multiplikation die Schulmethode. Die Berechnung $m = c^d \bmod n$ kostet Zeit $(3/2)Ck^3$,

Bei der Berechnung von m_p und m_q kann wegen des kleinen Satzes von Fermat der Exponent d durch $d_p = d \bmod p-1$ beziehungsweise $d_q = d \bmod q-1$ ersetzt werden. Wir nehmen ebenfalls an, dass die Hälfte der Bits in diesen Exponenten den Wert 1 hat. Dann kostet die Berechnung von m_p und m_q jeweils Zeit $(3/2)C(k/2)^3 = (3/16)k^3$, insgesamt also $(3/8)k^3$. Ignoriert man also die Zeit, die zur Berechnung im chinesischen Restsatz verwendet wird, so hat man eine Beschleunigung um den Faktor 4. Die Anwendung des chinesischen Restsatzes erlaubt eine Vorberechnung und erfordert dann nur noch zwei modulare Multiplikationen. Weil d so groß ist, kann man die Zeit dafür tatsächlich ignorieren. Entschlüsseln mit dem chinesischen Restsatz ist also etwa viermal so schnell wie die Standard-Entschlüsselungsmethode.

8.3.9   Multiplikativität

Sei (n, e) ein öffentlicher RSA-Schlüssel. Werden damit zwei Nachrichten m_1 und m_2 verschlüsselt, so sieht der Angreifer

$$c_1 = m_1^e \bmod n, \quad c_2 = m_2^e \bmod n.$$

Es gilt dann

$$c = c_1 c_2 \bmod n = (m_1 m_2)^e \bmod n.$$

Kennt der Angreifer also die beiden Klartext-Schlüsseltext-Paare (m_1, c_1) und (m_2, c_2), so kann er $c = c_1 c_2 \bmod n$ zu $m = m_1 m_2$ entschlüsseln. Die hier beschriebene Multiplikativität von RSA erlaubt Chosen-Ciphertext-Angriffe. Angenommen, ein Angreifer möchte den Chiffretext c entschlüsseln. Er wählt einen Klartext m_1 und verschlüsselt ihn zu

$$c_1 = m_1^e \bmod n.$$

Anschließend berechnet er

$$c_2 = c c_1^{-1} \bmod n.$$

Dabei ist c_1^{-1} das Inverse von c_1 modulo n. Der Angreifer lässt c_2 zu m_2 entschlüsseln und kann so c zu $m = m_1 m_2$ entschlüsseln.

8.3.10   Sichere Verwendung

In diesem Abschnitt wurden eine Reihe von Angriffen auf das RSA-Verfahren beschrieben, die selbst dann möglich sind, wenn die RSA-Parameter sicher gewählt sind. Darum wird in der Praxis *RSA-OAEP* verwendet. Die Abkürzung OAEP steht für *Optimal Asymmetric Encryption*. Diese Variante findet sich im Standard PKCS# 1 [56]. Sie beruht auf dem OAEP-Verfahren von Bellare und Rogaway [8]. Eine Verbesserung stammt von Shoup [70].

Wir erläutern die Funktionsweise von RSA-OAEP. Sei t eine natürliche Zahl mit der Eigenschaft, dass die maximale Laufzeit, die ein Angreiferalgorithmus verbrauchen kann, deutlich kleiner als 2^t ist. Sei k die binäre Länge des RSA-Moduls. Also ist $k \geq 1024$ und sei $l = k - t - 1$. Benötigt werden eine Expansionsfunktion

$$G : \{0, 1\}^t \rightarrow \{0, 1\}^l$$

und eine Kompressionsfunktion

$$H : \{0, 1\}^l \rightarrow \{0, 1\}^t.$$

Diese Funktionen sind öffentlich bekannt. Der Klartextraum ist $\{0, 1\}^l$. Soll ein Klartext $m \in \{0, 1\}^l$ verschlüsselt werden, so wird zuerst eine Zufallszahl $r \in \{0, 1\}^t$ gewählt. Dann wird der Chiffretext

$$c = ((m \oplus G(r)) \circ (r \oplus H(m \oplus G(r))))^e \bmod n$$

berechnet. Bei der Entschlüsselung berechnet der Empfänger zuerst

$$(m \oplus G(r)) \circ (r \oplus H(m \oplus G(r))) = c^d \bmod n.$$

Dann kann er

$$r = (r \oplus H(m \oplus G(r))) \oplus H(m \oplus G(r))$$

und danach

$$m = (m \oplus G(r)) \oplus G(r)$$

berechnen. Der Klartext wird also zu $m \oplus G(r)$ randomisiert. Der Zufallswert r wird zu $(r \oplus H(m \oplus G(r)))$ maskiert.

8.3.11 Verallgemeinerung

Wir erklären, wie man das RSA-Verfahren verallgemeinern kann. Sei G eine endliche Gruppe, in der alle effizient rechnen können. Die Ordnung o dieser Gruppe sei nur Alice bekannt. Alice wählt einen Verschlüsselungsexponenten $e \in \{2, \ldots, o - 1\}$, der zu o teilerfremd ist. Ihr öffentlicher Schüssel ist (G, e). Der private Schlüssel ist eine Zahl $d \in \{2, \ldots, o-1\}$, für die $ed \equiv 1 \bmod o$ gilt. Will man eine Nachricht $m \in G$ verschlüsseln, so berechnet man $c = m^e$. Es gilt dann $c^d = m^{ed} = m^{1+ko} = m$ für eine ganze Zahl k.

Auf diese Weise kann c also entschlüsselt werden. Die Funktion

$$G \to G, \quad m \mapsto m^e$$

ist eine sogenannte *Trapdoor-One-Way-Permutation* oder einfach *Trapdoor-Permutation*. Sie ist bijektiv und kann leicht berechnet werden. Sie kann aber nicht in vertretbarer Zeit invertiert werden. Aber die Kenntnis eines Geheimnisses, hier die Gruppenordnung, erlaubt es, diese Funktion effizient zu invertieren.

Das beschriebene Verfahren ist tatsächlich eine Verallgemeinerung des RSA-Verfahrens: Im RSA-Verfahren ist $G = (\mathbb{Z}/n\mathbb{Z})^*$. Die Kenntnis des öffentlichen RSA-Schlüssels (n, e) erlaubt es, effizient in G zu rechnen. Die Ordnung von G ist $o = (p - 1)(q - 1)$. Ist die Ordnung bekannt, so können, wie in Abschn. 8.3.4 beschrieben, die Faktoren p und q berechnet und damit der private RSA-Schlüssel bestimmt werden. Solange also die Faktorisierung von n nicht bekannt ist, ist auch die Ordnung von $G = (\mathbb{Z}/n\mathbb{Z})^*$ geheim.

Es sind andere Realisierungen dieses Prinzips vorgeschlagen worden, etwa die Verwendung von elliptischen Kurven über $\mathbb{Z}/n\mathbb{Z}$ mit $n = pq$. Die Schwierigkeit, die Ordnung dieser Gruppen zu berechnen, beruht aber in allen Fällen auf der Schwierigkeit, natürliche Zahlen in ihre Primfaktoren zu zerlegen. Es ist eine interessante Frage, ob sich auf andere Weise Gruppen mit geheimer Ordnung erzeugen lassen, die man in einem RSA-ähnlichen Schema einsetzen könnte.

8.4   Das Rabin-Verschlüsselungsverfahren

Es ist sehr vorteilhaft, wenn die Sicherheit eines Verschlüsselungsverfahrens auf die Schwierigkeit eines wichtigen mathematischen Problems zurückgeführt werden kann, das auch ohne die kryptographische Anwendung von Bedeutung ist. Ein solches mathematisches Problem wird nämlich von vielen Mathematikern weltweit bearbeitet. Solange es ungelöst ist, bleibt das Kryptoverfahren sicher. Wird es aber gelöst und wird damit das Kryptosystem unsicher, so wird diese Entdeckung wahrscheinlich schnell bekannt, und man kann entsprechende Vorkehrungen treffen. Bei rein kryptographischen Problemen ist es eher möglich, dass nur ein kleiner Kreis von Personen, z. B. ein Geheimdienst, die Lösung findet und dies den meisten Benutzern verborgen bleibt. Die arglosen Benutzer verwenden dann vielleicht ein unsicheres System in der trügerischen Annahme, es sei sicher.

Die Sicherheit des RSA-Verfahrens hängt zwar mit der Schwierigkeit des Faktorisierungsproblems für natürliche Zahlen zusammen. Es ist aber nicht bekannt, ob das Problem, RSA zu brechen, genauso schwer wie das Faktorisierungsproblem für natürliche Zahlen ist. Anders ist es mit dem Rabin-Verfahren, das nun erklärt wird. Wir werden sehen, dass die Schwierigkeit, das Rabin-Verfahren mit einem Ciphertext-Only-Angriff zu brechen, äquivalent zu einem bestimmten Faktorisierungsproblem ist. Allerdings erweist sich das Verfahren als angreifbar durch Chosen-Cipertext-Angriffe. Zuerst wird aber die Funktionsweise des Rabin-Verfahrens beschrieben.

8.4.1 Schlüsselerzeugung

Alice wählt zufällig zwei Primzahlen p und q mit $p \equiv q \equiv 3 \bmod 4$. Die Kongruenzbedingung vereinfacht und beschleunigt die Entschlüsselung, wie wir unten sehen werden. Aber auch ohne diese Kongruenzbedingung funktioniert das Verfahren. Alice berechnet $n = pq$. Die Primzahlen p und q sind so gewählt, dass der *Rabin-Modul n* eine k-Bit-Zahl ist. Dabei ist k der Sicherheitsparameter. Alices öffentlicher Schlüssel ist der Rabin-Modul n. Ihr geheimer Schlüssel ist (p, q).

8.4.2 Verschlüsselung

Wie beim RSA-Verfahren ist der Klartextraum die Menge $\{0, \ldots, n-1\}$. Um einen Klartext m zu verschlüsseln, besorgt sich Bob den öffentlichen Schlüssel n von Alice und berechnet

$$c = m^2 \bmod n.$$

Der Schlüsseltext ist c.

Wie das RSA-Verfahren kann auch das Rabin-Verfahren zu einer Art Blockchiffre gemacht werden, indem Buchstabenblöcke als Zahlen in der Menge $\{0, 1, \ldots, n-1\}$ aufgefasst werden.

8.4.3 Entschlüsselung

Alice berechnet den Klartext m aus dem Schlüsseltext c durch Wurzelziehen. Dazu geht sie folgendermaßen vor. Sie berechnet

$$m_p = c^{(p+1)/4} \bmod p, \quad m_q = c^{(q+1)/4} \bmod q.$$

Dann sind $\pm m_p + p\mathbb{Z}$ die beiden Quadratwurzeln von $c + p\mathbb{Z}$ in $\mathbb{Z}/p\mathbb{Z}$ und $\pm m_q + q\mathbb{Z}$ die beiden Quadratwurzeln von $c + q\mathbb{Z}$ in $\mathbb{Z}/q\mathbb{Z}$ (siehe Übung 2.21). Die vier Quadratwurzeln von $c + n\mathbb{Z}$ in $\mathbb{Z}/n\mathbb{Z}$ kann Alice mit Hilfe des chinesischen Restsatzes berechnen. Dies funktioniert nach derselben Methode wie die Entschlüsselung eines RSA-Chiffretextes mit dem chinesischen Restsatz. Alice bestimmt mit dem erweiterten euklidischen Algorithmus Koeffizienten $y_p, y_q \in \mathbb{Z}$ mit

$$y_p p + y_q q = 1.$$

Dann berechnet sie

$$r = (y_p p m_q + y_q q m_p) \bmod n, \quad s = (y_p p m_q - y_q q m_p) \bmod n.$$

Man verifiziert leicht, dass $\pm r$, $\pm s$ die vier Quadratwurzeln von c in der Menge $\{0, 1, \ldots, n-1\}$ sind. Eine dieser Quadratwurzeln muss die Nachricht m sein, es ist aber nicht a priori klar, welche.

Beispiel 8.9 Alice verwendet die Primzahlen $p = 11, q = 23$. Dann ist $n = 253$. Bob will die Nachricht $m = 158$ verschlüsseln. Er berechnet

$$c = m^2 \bmod n = 170.$$

Alice berechnet $y_p = -2, y_q = 1$ wie in Beispiel 8.8. Sie ermittelt die Quadratwurzeln

$$m_p = c^{(p+1)/4} \bmod p = c^3 \bmod p = 4,$$
$$m_q = c^{(q+1)/4} \bmod q = c^6 \bmod q = 3.$$

Sie bestimmt

$$r = (y_p p m_q + y_q q m_p) \bmod n = -2 * 11 * 3 + 23 * 4 \bmod n = 26$$

und

$$s = (y_p p m_q - y_q q m_p) \bmod n = -2 * 11 * 3 - 23 * 4 \bmod n = 95.$$

Die Quadratwurzeln von 170 mod 253 in $\{1, \ldots, 252\}$ sind $26, 95, 158, 227$. Eine dieser Quadratwurzeln ist der Klartext.

Es gibt verschiedene Methoden, aus den vier Quadratwurzeln den richtigen Klartext auszusuchen. Alice kann einfach diejenige Nachricht auswählen, die ihr am wahrscheinlichsten erscheint. Das ist aber nicht besonders treffsicher und möglicherweise wählt Alice die falsche Nachricht aus. Es ist auch möglich, den Klartexten eine spezielle Struktur zu geben. Dann Wählt Alice also die Quadratwurzel aus, die die betreffende Struktur aufweist. Man kann z. B. nur Klartexte m zulassen, in denen die letzten 64 Bit gleich den vorletzten 64 Bit sind. Verwendet man aber das Rabin-Verfahren in dieser Art, so kann man die Äquivalenz zum Faktorisierungsproblem nicht mehr beweisen.

8.4.4   Effizienz

Rabin-Verschlüsselung erfordert nur eine Quadrierung modulo n. Das ist sogar effizienter als die RSA-Verschlüsselung mit dem Exponenten 3, bei der eine Quadrierung und eine Multiplikation mod n nötig ist. Die Entschlüsselung erfordert je eine modulare Exponentiation mod p und mod q und die Anwendung des chinesischen Restsatzes. Das entspricht dem Aufwand, der zur RSA-Entschlüsselung bei Anwendung des chinesischen Restsatz nötig ist.

8.4.5   Sicherheit

Wir zeigen, dass Angreifer, die die Fähigkeit, haben, Rabin zu entschlüsseln, den RSA-Modul faktorisieren können.

Angenommen, es gibt einen erfolgreichen Ciphertext-Only-Angriff. Der Angreifer kann also zu jedem Quadrat $c + n\mathbb{Z}$ eine Quadratwurzel $m + n\mathbb{Z}$ bestimmen, sagen wir mit einem Algorithmus A. Der Algorithmus A liefert bei Eingabe von $c \in \{0, 1, \ldots, n-1\}$ eine ganze Zahl $m \leftarrow A(c)$, $m \in \{0, 1, \ldots, n-1\}$, für die die Restklasse $m + n\mathbb{Z}$ eine Quadratwurzel von $c + n\mathbb{Z}$ ist.

Um n zu faktorisieren, wählt Oskar zufällig und gleichverteilt eine Zahl $x \in \{1, \ldots, n-1\}$. Wenn $\gcd(x, n) \neq 1$ ist, hat Oskar den Modul n faktorisiert. Andernfalls berechnet er

$$c = x^2 \bmod n \text{ und } m \leftarrow A(c).$$

Die Restklasse $m + n\mathbb{Z}$ ist eine der Quadratwurzeln von $c + n\mathbb{Z}$. Sie muss nicht mit $x + n\mathbb{Z}$ übereinstimmen. Aber m erfüllt eines der folgenden Bedingungspaare

$$m \equiv x \bmod p \text{ und } m \equiv x \bmod q, \tag{8.6}$$

$$m \equiv -x \bmod p \text{ und } m \equiv -x \bmod q, \tag{8.7}$$

$$m \equiv x \bmod p \text{ und } m \equiv -x \bmod q, \tag{8.8}$$

$$m \equiv -x \bmod p \text{ und } m \equiv x \bmod q. \tag{8.9}$$

Im Fall (8.6) ist $m = x$ und $\gcd(m - x, n) = n$. Im Fall (8.7) ist $m = n - x$ und $\gcd(m-x, n) = 1$. Im Fall (8.8) ist $\gcd(m-x, n) = p$. Im Fall (8.9) ist $\gcd(m-x, n) = q$. Da x zufällig gewählt wurde, tritt jeder dieser Fälle mit derselben Wahrscheinlichkeit auf. Daher wird bei einem Durchlauf des Verfahrens die Zahl n mit Wahrscheinlichkeit $\geq 1/2$ faktorisiert, und bei k Durchläufen des Verfahrens wird n mit Wahrscheinlichkeit $\geq 1 - (1/2)^k$ zerlegt.

Beispiel 8.10 Wie in Beispiel 8.9 ist $n = 253$. Angenommen, ein Angreifer kann mit dem Algorithmus A Quadratwurzeln modulo 253 bestimmen. Er wählt $x = 17$ und stellt fest, dass $\gcd(17, 253) = 1$ ist. Als nächstes bestimmt Oskar $c = 17^2 \bmod 253 = 36$. Die Quadratwurzeln von 36 mod 253 sind 6, 17, 236, 247. Es ist $\gcd(6 - 17, n) = 11$ und $\gcd(247 - 17, 253) = 23$. Wenn A also eine dieser beiden Quadratwurzeln berechnet, hat der Angreifer die Faktorisierung von n gefunden.

Im beschriebenen Faktorisierungsverfahren wurde vorausgesetzt, dass der Klartextraum aus allen Zahlen in der Menge $\{0, 1, \ldots, n-1\}$ besteht. Die Argumentation ist nicht mehr richtig, wenn der Klartextraum wie in Abschn. 8.4.3 auf Klartexte mit bestimmter Struktur eingeschränkt wird. Dann kann der Algorithmus A nämlich nur Verschlüsselungen dieser speziellen Klartexte entschlüsseln. Der Angreifer muss dann x mit dieser speziellen Struktur wählen. Die anderen Quadratwurzeln von $x^2 + n\mathbb{Z}$ haben mit hoher Wahrscheinlichkeit nicht die spezielle Struktur. Darum liefert A auch nur die Quadratwurzel x, die Oskar ohnehin schon kannte.

Folgt aus der Argumentation dieses Abschnitts, dass das Rabin-Verfahren sicher ist? Leider nicht! Im nächsten Abschnitt erklären wir nämlich einen erfolgreichen Chosen-Chipertext-Algorithmus gegen das Rabin-Verfahren.

8.4.6 Ein Chosen-Ciphertext-Angriff

Wir haben gesehen, dass ein Angreifer natürliche Zahlen faktorisieren kann, wenn er das Rabin-Verfahren brechen kann. Man kann dies als Sicherheitsvorteil ansehen. Andererseits erlaubt dieser Umstand aber auch einen Chosen-Ciphertext-Angriff.

Angenommen, der Angreifer kann einen selbst gewählten Schlüsseltext entschlüsseln. Dann wählt er $x \in \{1, \ldots, n-1\}$ zufällig und berechnet den Schlüsseltext $c = x^2$ mod n. Diesen Schlüsseltext entschlüsselt er anschließend. Wie wir in Abschn. 8.4.5 gesehen haben, kann der Angreifer danach den Modul n mit Wahrscheinlichkeit $1/2$ faktorisieren.

Um den Chosen-Ciphertext-Angriff zu verhindern, kann man, wie in 8.4.3 beschrieben, den Klartextraum auf Klartexte mit bestimmter Struktur beschränken.

Einige Angriffe, die beim RSA-Verfahren möglich sind, kann man auch auf das Rabin-Verfahren anwenden. Dies gilt insbesondere für den Low-Exponent-Angriff, den Angriff, der bei zu kleinem Klartextraum möglich ist, und die Ausnutzung der Multiplikativität. Die Details werden in den Übungen behandelt.

8.4.7 Sichere Verwendung

Will man das Rabin-Verfahren sicher machen, muss man es so verwenden, wie das in Abschn. 8.3.10 beschrieben wurde.

8.5 Sicherheitsmodelle

Sicherheitsmodelle für symmetrische Verschlüsselungsverfahren wurden in Kap. 4 behandelt. In diesem Abschnitt beschreiben wir analoge Modelle für Public-Key-Verfahren. Chosen-Plaintext-Angriffe sind allerdings die einfachsten Angriffe auf Public-Key-Kryptosystem. Alle Angreifer kennen nämlich die öffentlichen Schlüssel und können damit Klartexte ihrer Wahl verschlüsseln. Darum fallen bei Public-Key-Verfahren die Modelle der semantischen Sicherheit und der Chosen-Plaintext-Sicherheit zusammen.

8.5.1 Chosen-Plaintext-Sicherheit

Das Modell der *Chosen-Plaintext-Sicherheit* hat viele Ähnlichkeiten mit dem entsprechenden Modell für symmetrische Chiffren (siehe Abschn. 4.4). Chosen-Plaintext-Sicherheit wird auch *CPA-Sicherheit*, *semantische Sicherheit* oder *Indistinguishability-Under-Chosen-Plaintext-Attack (IND-CPA)*genannt.

Ein CPA-Angreifer auf ein Public-Key-Kryptosystem

$$\mathbf{E} = (\mathbf{K}, \mathbf{P}, \mathbf{C}, \mathbf{KeyGen}, \mathbf{Enc}, \mathbf{Dec})$$

ist ein probabilitischer Algorithmus A. Seine Eingabe ist ein Sicherheitsparameter $k \in \mathbb{N}$ und ein öffentlicher Schlüssel e aus der Menge $\mathbf{Pub}(k)$. Ziel des Angreifers ist es, zwischen Wahrscheinlichkeitsverteilungen von Chiffretexten zu zwei unterschiedlichen, gleich langen Klartexten zu unterscheiden. Wie im entsprechenden Modell für symmetrische Chiffren erzeugt der Angreifer dieses Klartextpaar selbst. Der Angreifer bekommt die Verschlüsselung eines der beiden Klartexte und soll entscheiden, welcher Klartext verschlüsselt wurde. Den entsprechenden Chiffretext erhält der Angreifer auch hier von einem Orakel, auf das er einmal zugreifen darf. Dieses Orakel ist $\mathbf{Enc}_{b,e}$. Dabei ist b ein Bit und e der gewählte öffentliche Schlüssel aus $\mathbf{Pub}(k)$. Erhält das Orakel ein Paar (P_0, P_1) von Klartexten gleicher Länge, so gibt es den Chiffretext $C \leftarrow \mathbf{Enc}(e, P_b)$ zurück. Ist also $b = 0$, verschlüsselt das Orakel den linken Klartext des Paares (P_0, P_1). Ist $b = 1$, verschlüsselt das Orakel den rechten Klartext dieses Paares. Um zu zeigen, dass der Angreifer Zugriff auf das Orakel $\mathbf{Enc}_{b,e}$ hat, schreiben wir $A^{\mathbf{Enc}_{b,e}}$. Der Angreifer erzeugt also ein Paar (P_0, P_1) von Klartexten gleicher Länge und ruft das Orakel mit diesem Paar als Eingabe auf. Das Orakel gibt die Verschlüsselung von P_b zurück. Das Orakel modelliert alle Möglichkeiten des Angreifers, an die Verschlüsselung von P_0 oder P_1 zu kommen. Anschließend versucht der Angreifer, b zu bestimmen. Er gibt also ein Bit b' zurück. Ist $b = b'$, so hat der Angreifer Erfolg und andernfalls nicht. Die Bedingung, dass die beiden Klartexte gleiche Länge haben müssen, ist plausibel, weil Klartext- und Chiffretextlängen typischerweise korreliert sind und darum Wahrscheinlichkeitsverteilungen auf Schlüsseltexten zu Klartexten unterschiedlicher Länge immer leicht unterscheidbar sind. Das zeigt Beispiel 4.2. Auch der Vorteil des Angreifers wird wie in Abschn. 4.4 definiert. Dazu wird Experiment 8.1 verwendet.

Experiment 8.1 ($\mathrm{Exp}_{\mathbf{E}}^{\mathrm{CPA}}(A, k)$)

(Experiment, das über den Erfolg eines Angreifer auf die semantische Sicherheit des Public-Key-Kryptosystems $\mathbf{E}$ entscheidet)

$$b \xleftarrow{\$} \{0, 1\}$$

$$(e, d) \leftarrow \mathbf{KeyGen}(1^k)$$

$$b' \leftarrow A^{\mathbf{Enc}_{b,K}}(1^k, e)$$

if $b = b'$ **then**

    return 1

else

    return 0

end if

Für $k \in \mathbb{N}$ ist der Vorteil eines Angreifers A gegen das Public-Key-Kryposystem $\mathbf{E}$

$$\mathbf{Adv}_{\mathbf{E}}^{\mathrm{CPA}}(A, k) = 2 \Pr[\mathrm{Exp}_{\mathbf{E}}^{\mathrm{CPA}}(A, k) = 1] - 1. \tag{8.10}$$

Die Laufzeit von CPA-Angreifern ist genauso definiert, wie die Laufzeit von Angreifern gegen die semantische Sicherheit oder die CPA-Sicherheit von symmetrischen Kryptosystemen. Damit können wir jetzt die CPA-Sicherheit von Public-Key-Verschlüsselungsverfahren definieren.

Definition 8.2 Seien $T : \mathbb{N} \to \mathbb{N}$ und $\varepsilon : \mathbb{N} \to [0, 1]$ Funktionen. Ein Public-Key-Verschlüsselungsverfahren **E** heißt (T, ε)-sicher gegen Chosen-Plaintext-Angriffe, wenn für alle $k \in \mathbb{N}$ und alle Chosen-Plaintext-Angreifer A, die höchstens Laufzeit $T(k)$ haben, gilt: $Adv_{\mathbf{E}}^{\mathrm{CPA}}(A, k) < \varepsilon(k)$.

Wir definieren auch asymptotische Sicherheit von Public-Key-Verschlüsselungsverfahren.

Definition 8.3 Ein Public-Key-Verschlüsselungsverfahren **E** ist asymptotisch sicher gegen Chosen-Plaintext-Angriffe, wenn für alle $c > 0$ und alle polynomiell beschränkten CPA-Angreifer A gilt: $Adv_{\mathbf{E}}^{\mathrm{CPA}}(A, k) = \mathrm{O}(1/k^c)$.

Weil für Public-Key-Verfahren Chosen-Plaintext-Sicherheit und semantische Sicherheit dasselbe sind, nennt man Public-Key-Kryptosysteme, die gegen Chosen-Plaintext-Angriffe sicher sind auch *semantisch sicher*. Auch die Bezeichnung *IND-CPA-sicher* wird verwendet. Sie steht für *Indistinguishability under Chosen Plaintext Attacks* und bezieht sich darauf, dass Angreifer die Verschlüsselung unterschiedlicher Klartexte nicht unterscheiden können.

8.5.2 Chosen-Ciphertext-Sicherheit

IND-CPA-Sicherheit ist nicht das stärkste Sicherheitsmodell. Wie bei symmetrischen Verschlüsselungsverfahren sind auch hier Chosen-Ciphertext-Angriffe möglich. Ein solcher Angriff auf das RSA-Verfahren wird zum Beispiel von Bleichenbacher in [15] beschrieben. Eine Formalisierung von IND-CCA-Angriffen wird dem Leser als Übung überlassen.

Es kann gezeigt werden, dass IND-CCA-sichere Public-Key-Verschlüsselungssysteme, einem Angreifer auch keine Möglichkeit bieten, den Schlüsseltext so zu verändern, dass sich der Klartext in kontrollierter Weise ändert. Diese Eigenschaft heißt *Non-Malleability*.

8.5.3 Sicherheitsbeweise

Heute sind keine nachweisbar schwierigen mathematischen Probleme bekannt, die zur Konstruktion von Public-Key-Verschlüsselungsverfahren verwendet werden können. Daher gibt es auch keine beweisbar sicheren Public-Key-Verschlüsselungsverfahren. Statt dessen werden *Sicherheitsreduktionen* verwendet. In einer solchen Reduktion wird bewiesen, dass Polynomzeit-Angreifer auf das Public-Key-Kryptosystem genutzt werden können, um Polynomzeitalgorithmen zur Lösung von Berechnungsproblemen zu konstruieren, die in Wirklichkeit als schwer angesehen werden. Zum Beispiel konnte in Abschn. 8.4.5 ein Rabin-Angreifer, der entschlüsseln kann, zur Konstruktion eines Faktorisierungsalgorithmus verwendet werden. Solange die zugrundeliegenden Berechnungsprobleme also schwer sind, kann es solche Polynomzeit-Angreifer nicht geben. Sicherheitsreduktionen erlauben es also, die Sicherheit von kryptographischen Verfahren auf die Schwierigkeit von Berechnungsproblemen zurückzuführen. Warum ist das ein gutes Argument? Wenn die Berechnungsprobleme „prominent" und gut untersucht sind wie zum Beispiel das Faktorisierungsproblem, erhöht das (vielleicht) die Wahrscheinlichkeit, dass sie schwer bleiben oder zumindest schnell bekannt würde, wenn effiziente Algorithmen zu ihrer Lösung gefunden werden. Im letzteren Fall könnte man die unsicheren Verfahren schnell ersetzen (wenn es Ersatz gibt).

Die Aussagekraft von Sicherheitsreduktionen wird aber dadurch eingeschränkt, dass sie oft nicht explizit sind, sondern die asymptotischen Notationen O oder *o* verwenden. Dann kann kein Zusammenhang zwischen schwierigen Instanzen der zugrundeliegenden Berechnungsprobleme und sicheren Parametern des Public-Key-Kryptosystems hergestellt werden. Es wäre aber wünschenswert, Aussagen von der Art: „das Verfahren hat 100-Bit-Sicherheit wenn 1024-Bit RSA-Moduln verwendet werden" beweisen zu können. Das geht nur, wenn die Reduktion explizit ist.

Bellare und Rogaway konnten in [8] zeigen, dass die Chosen-Ciphertext-Sicherheit des RSA-OAEP-Verfahrens auf die Schwierigkeit des *RSA-Problems* reduziert werden kann. Das RSA-Problem besteht darin, für einen k-Bit RSA-Modul n und einen öffentlichen Schlüssel $e \in \mathbf{Pub}(k)$ die Permutation

$$\mathbb{Z}_n \to \mathbb{Z}_n, \quad m \mapsto m^e \mod n \tag{8.11}$$

zu invertieren. Die Reduktion ist explizit, erlaubt es also, einen Zusammenhang zwischen den Instanzen des RSA-Problems und den RSA-Parametern herzustellen. Allerdings wird im Beweis das *Random-Oracle-Modell* verwendet wird. In diesem Modell geht man davon aus, dass die Expansionsfunktion G und die Kompressionsfunktion H zufällig aus der jeweiligen Menge aller solcher Funktionen gewählt wurde. Dies ist keine realistische Annahme, weil eine solche zufällige Wahl unmöglich ist. Es gibt eine riesige Zahl solcher Funktionen und es gibt keine Möglichkeit, sie in effizienter Weise darzustellen. Daher erlaubt der Reduktionsbeweis nicht die Bestimmung sicherer RSA-Parameter. Die Aussagekraft des Sicherheitsbeweises von Bellare und Rogaway wird auch dadurch eingeschränkt, dass sie die Sicherheit des RSA-OAEP-Verfahrens nicht auf das Faktorisierungsproblem für RSA-Moduln sondern auf das RSA-Problem reduzieren, das weniger prominent ist. Trotzdem ist RSA-OAEP von großer praktischer Bedeutung weil das ursprüngliche RSA-Verfahren leicht angreifbar ist.

8.6   Diffie-Hellman-Schlüsselaustausch

In diesem Abschnitt beschreiben wir das Verfahren von Diffie und Hellman, geheime Schlüssel über unsichere Leitungen auszutauschen. Das Diffie-Hellman-Verfahren ist zwar kein Public-Key-Verschlüsselungsverfahren, aber es ist die Grundlage des ElGamal-Verfahrens, das als nächstes behandelt wird.

Die Situation ist folgende: Alice und Bob wollen mit einem symmetrischen Verschlüsselungsverfahren kommunizieren. Sie sind über eine unsichere Leitung verbunden und haben noch keinen Schlüssel ausgetauscht. Das Diffie-Hellman-Verfahren erlaubt es Alice und Bob, einen geheimen Schlüssel über die öffentliche, nicht gesicherte Leitung auszutauschen, ohne dass ein Zuhörer den Schlüssel erfährt.

Die Sicherheit des Diffie-Hellman-Verfahrens beruht nicht auf dem Faktorisierungsproblem für natürliche Zahlen, sondern auf einem anderen zahlentheoretischen Problem, das wir hier kurz vorstellen.

8.6.1   Diskrete Logarithmen

Sei p eine Primzahl. Wir wissen, dass die prime Restklassengruppe mod p zyklisch ist von der Ordnung $p - 1$. Sei g eine Primitivwurzel mod p. Dann gibt es für jede Zahl $A \in \{1, 2, \ldots, p - 1\}$ genau einen Exponenten $a \in \{0, 1, 2, \ldots, p - 2\}$ mit

$$A \equiv g^a \bmod p.$$

Dieser Exponent a heißt *diskreter Logarithmus* von A zur Basis g. Wir schreiben $a = \log_g A$. Die Berechnung solcher diskreter Logarithmen gilt als schwieriges Problem. Bis heute sind keine effizienten Algorithmen bekannt, die dieses Problem lösen.

Beispiel 8.11 Sei $p = 13$. Eine Primitivwurzel modulo 13 ist 2. In der folgenden Tabelle finden sich die diskreten Logarithmen aller Elemente der Menge $\{1, 2, \ldots, 12\}$ zur Basis 2.

A	1	2	3	4	5	6	7	8	9	10	11	12
$\log_2 A$	0	1	4	2	9	5	11	3	8	10	7	6

Diskrete Logarithmen kann man auch in anderen zyklischen Gruppen definieren. Sei G eine endliche zyklische Gruppe der Ordnung n mit Erzeuger g und sei A ein Gruppenelement. Dann gibt es einen Exponenten $a \in \{0, 1, \ldots, n - 1\}$ mit

$$A = g^a.$$

Dieser Exponent a heißt dann auch *diskreter Logarithmus* von A zur Basis g. Wir werden sehen, dass sich das Diffie-Hellman-Verfahren in allen Gruppen G sicher implementieren lässt, in denen die Berechnung diskreter Logarithmen schwer und die Ausführung der Gruppenoperationen leicht ist.

Beispiel 8.12 Betrachte die additive Gruppe $\mathbb{Z}/n\mathbb{Z}$ für eine natürliche Zahl n. Sie ist zyklisch von der Ordnung n. Ein Erzeuger dieser Gruppe ist $1+n\mathbb{Z}$. Sei $A \in \{0, 1, \ldots, n-1\}$. Der diskrete Logarithmus a von $A + n\mathbb{Z}$ zur Basis $1 + n\mathbb{Z}$ genügt der Kongruenz

$$A \equiv a \bmod n.$$

Also ist $a = A$. Die anderen Erzeuger von $\mathbb{Z}/n\mathbb{Z}$ sind die Restklassen $g + n\mathbb{Z}$ mit $\gcd(g, n) = 1$. Der diskrete Logarithmus a von $A + n\mathbb{Z}$ zur Basis $g + n\mathbb{Z}$ genügt der Kongruenz

$$A \equiv ga \bmod n.$$

Diese Kongruenz kann man mit dem erweiterten euklidischen Algorithmus lösen. In $\mathbb{Z}/n\mathbb{Z}$ gibt es also ein effizientes Verfahren zur Berechnung diskreter Logarithmen. Daher ist diese Gruppe für die Implementierung des Diffie-Hellman-Verfahrens ungeeignet.

8.6.2 Schlüsselaustausch

Das Diffie-Hellman-Verfahren funktioniert folgendermaßen: Bob und Alice wollen sich auf einen Schlüssel K einigen, haben aber nur eine Kommunikationsverbindung zur Verfügung, die abgehört werden kann. Bob und Alice einigen sich auf eine Primzahl p und eine Primitivwurzel g modulo p in $\mathbb{Z}_p$. Statt einer Primimitiwurzel kann auch eine ganze Zahl g gewählt werden, die modulo p hinreichend hohe Ordnung hat. Die Auswahl von p und g wird in Abschn. 8.6.4 diskutiert. Die Primzahl p und die Primitivwurzel g können öffentlich bekannt sein.

Alice wählt eine natürliche Zahl $a \in \{0, 1, \ldots, p - 2\}$ zufällig. Sie berechnet

$$A = g^a \bmod p$$

und schickt das Ergebnis A an Bob. Aber sie hält den Exponenten a geheim. Bob wählt eine natürliche Zahl $b \in \{0, 1, \ldots, p - 2\}$ zufällig. Er berechnet

$$B = g^b \bmod p$$

und schickt das Ergebnis an Alice. Den Exponenten b hält er geheim. Um den geheimen Schlüssel zu berechnen, berechnet Alice

$$B^a \bmod p = g^{ab} \bmod p,$$

und Bob berechnet

$$A^b \bmod p = g^{ab} \bmod p.$$

Der gemeinsame Schlüssel ist

$$K = g^{ab} \bmod p.$$

Beispiel 8.13 Sei $p = 17, g = 3$. Alice wählt den Exponenten $a = 7$, berechnet g^a mod $p = 11$ und schickt das Ergebnis $A = 11$ an Bob. Bob wählt den Exponenten $b = 4$, berechnet g^b mod $p = 13$ und schickt das Ergebnis $B = 13$ an Alice. Alice berechnet B^a mod $p = 4$. Bob berechnet A^b mod $p = 4$. Also ist der ausgetauschte Schlüssel 4.

8.6.3 Das Diffie-Hellman-Problem

Ein Lauscher an der unsicheren Leitung erfährt die Zahlen p, g, A und B. Er erfährt aber nicht die diskreten Logarithmen a von A und b von B zur Basis g. Er muss den geheimen Schlüssel $K = g^{ab}$ mod p berechnen. Das nennt man das *Diffie-Hellman-Problem (DH)*. Es besteht also darin, bei Eingabe von p, g, A, B die Zahl $K = g^{ab}$ mod p zu bestimmen. Um dieses Problem von dem weiter unten besprochenen Decisional-Diffie-Hellman-Problem abzugrenzen, nennt man es auch *Computational-Diffie-Hellman-Problem (CDH)*.

Wer diskrete Logarithmen mod p berechnen kann, ist in der Lage, das Diffie-Hellman-Problem zu lösen. Das ist auch die einzige bekannte allgemein anwendbare Methode, um das Diffie-Hellman-Verfahren zu brechen. Es ist aber nicht bewiesen, dass das tatsächlich die einzige Methode ist, ob also jemand, der das Diffie-Hellman-Problem effizient lösen kann, auch diskrete Logarithmen effizient berechnen kann.

Solange das Diffie-Hellman-Problem nicht in vertretbarer Zeit lösbar ist, ist es für einen Angreifer unmöglich, den geheimen Schlüssel zu bestimmen. Soll es aber für den Angreifer unmöglich sein, aus der öffentlich verfügbaren Information irgendwelche Informationen über den transportierten Schlüssel zu gewinnen, muss das *Decisional-Diffie-Hellman-Problem (DDH)* unangreifbar sein (siehe [16]). Dieses Problem lässt sich folgendermaßen beschreiben. Ein Angreifer erhält drei Zahlen: $A = g^a$ mod p, $B = g^b$ mod p, $C = g^c$ mod p. Dabei wurden entweder a, b, c zufällig und gleichverteilt in $\{0, \dots, p-2\}$ gewählt oder $c = ab$ mod $(p-1)$ gesetzt. Im zweiten Fall heißt (A, B, C) *Diffie-Hellman-Tripel*. Der Angreifer muss entscheiden, ob ein solches Tripel vorliegt oder nicht. Kann er das nicht, ist es ihm unmöglich, aus g^a und g^b Rückschlüsse auf g^{ab} zu ziehen. Wer das Diffie-Helman-Problem lösen kann, ist offensichtlich auch dazu in der Lage, das Decisional-Diffie-Hellman-Problem lösen. Umgekehrt ist das nicht klar. Tatsächlich erscheint DDH in der primen Restklassengruppe modulo einer Primzahl p leichter als CDH. Der Grund dafür besteht in folgender einfachen Beobachtung.

Theorem 8.5 *Sei p eine Primzahl, sei g eine Primitivwurzel modulo p und seien $a, b \in \{0, \dots, p-2\}$. Dann ist g^{ab} genau dann ein quadratischer Rest modulo p, wenn g^a oder g^b ein quadratischer Rest ist modulo p.*

Beweis Das Theorem folgt daraus, dass eine Potenz von g genau dann ein quadratischer Rest modulo p ist, wenn der Exponent gerade ist. $\qquad\square$

DDH-Angreifer 8.1 nutzt Theorem 8.5 aus. Die Idee ist, dass der Angreifer prüft, ob das Kriterium aus Theorem 8.5 erfüllt ist. Wenn es erfüllt ist, gibt er 1 zurück. Das bedeutet, dass er das Tripel für ein Diffie-Hellman-Tripel hält. Andernfalls gibt er 0 zurück. Er glaubt also, dass kein Diffie-Hellman-Tripel vorliegt. Damit liegt der Angreifer nicht immer richtig, aber, wie wir zeigen werden, häufig.

Angreifer 8.1 $(A(p, g, A, B, C))$

(DDH-Unterscheider)

$$\textbf{if } \left(\left(\frac{A}{p} \right) = 1 \text{ oder } \left(\frac{B}{p} \right) = 1 \right) \text{ und } \left(\frac{C}{p} \right) = 1 \textbf{ then}$$

$$\quad \textbf{return } 1$$

$$\textbf{else}$$

$$\quad \textbf{return } 0$$

$$\textbf{end if}$$

Die Wirksamkeit des Angreifers wird im Experiment 8.2 überprüft.

Experiment 8.2 $(\text{Exp}_{p,g}^{\text{DDH}}(A))$

(Experiment, das über den Erfolg eines DDH-Unterscheiders A entscheidet)

$$a \overset{\$}{\leftarrow} \{0, \dots, p-2\}$$

$$A \leftarrow g^a \bmod p$$

$$b \overset{\$}{\leftarrow} \{0, \dots, p-2\}$$

$$B \leftarrow g^b \bmod p$$

$$x \overset{\$}{\leftarrow} \{0, 1\}$$

$$\textbf{if } x = 0 \textbf{ then}$$

$$\quad c \overset{\$}{\leftarrow} \{0, \dots, p-2\}$$

$$\textbf{else}$$

$$\quad c \leftarrow ab \bmod (p-1)$$

$$\textbf{end if}$$

$$C \leftarrow g^c \bmod p$$

$$x' \leftarrow A(p, g, A, B, C)$$

if $x = x'$ **then**

   return 1

else

   return 0

end if

Im Experiment 8.2 können Angreifer immer raten. Dann ist ihre Erfolgswahrscheinlichkeit $1/2$. Der Vorteil eines DDH-Unterscheiders A ist darum

$$\mathbf{Adv}_{p,g}(A) = 2 \Pr[\mathrm{Exp}_{p,g}^{\mathrm{DDH}}(A) = 1] - 1. \qquad (8.12)$$

Theorem 8.6 *Der Vorteil des DDH-Angreifers 8.1 ist* $1/2$.

Beweis Wenn im Experiment $x = 1$ gewählt wird, dann gibt der Unterscheider die richtige Antwort. Dies geschieht mit Wahrscheinlichkeit $1/2$. Angenommen, $x = 0$ wird gewählt. Wir analysieren die Wahrscheinlichkeit, mit der der Algorithmus in diesem Fall falsch antwortet. Dies ist in Tab. 8.3 dargestellt. Hier steht „R" für einen quadratischen Rest und „N" für einen quadratischen Nichtrest.

Jede Zeile in dieser Tabelle tritt mit Wahrscheinlichkeit $1/16$ auf. Mit Wahrscheinlichkeit $1/4$ wählt der Angreifer also $x = 0$ und gibt dann die falsche Antwort. Der Angreifer antwortet also mit Wahrscheinlichkeit $3/4$ richtig. Sein Vorteil ist $1/2$. $\square$

8.6.4 Auswahl von p

Wie sollen die Primzahl p und die Basiszahl g gewählt werden? Die Primzahl p muss so gewählt werden, dass es unmöglich ist, mit den heute bekannten Algorithmen diskrete Logarithmen modulo p zu berechnen. Algorithmen zur Berechnung von diskreten Logarithmen werden in Kap. 10 behandelt. Eine Übersicht über die Mindestgrößen von

	A	B	C	Antwort
Tab. 8.3 Antworten des DDH-Angreifers	R	R	R	falsch
	R	R	NR	richtig
	R	NR	R	falsch
	R	NR	NR	richtig
	NR	R	R	falsch
	NR	R	NR	richtig
	NR	NR	R	richtig
	NR	NR	NR	falsch

Tab. 8.4 Mindestgröße von	Schutz bis	Mindestgröße
Diffie-Hellman-Primzahlen	2015	1248
	2020	1776
	2030	2432
	2040	3248
	für absehbare Zukunft	15.424

Tab. 8.5 Mindestgröße von	Schutz bis	Bitlänge von q
Untergruppen von Primzahl-	2015	160
ordnung	2020	192
	2030	224
	2040	256
	für absehbare Zukunft	512

Primzahlen in Abhängigkeit von der erwarteten Schutzdauer findet sich in Tab. 8.4. Sie wurde im Projekt ECRYPT II ermittelt (siehe [73]).

Es ist außerdem nötig, p so zu wählen, dass die bekannten DL-Algorithmen kein leichtes Spiel haben. Man muss z. B. vermeiden, dass $p - 1$ nur kleine Primfaktoren hat. Sonst können diskrete Logarithmen mod p nämlich mit dem Algorithmus von Pohlig-Hellman (siehe Abschn. 10.5) berechnet werden. Man muss auch vermeiden, dass p für das Zahlkörpersieb besonders geeignet ist. Dies ist der Fall, wenn es ein irreduzibles Polynom vom Grad 5 gibt, das sehr kleine Koeffizienten und eine Nullstelle mod p hat.

Nun zur Auswahl von g. Die erste Idee war, g als Primitivwurzel modulo p zu wählen. Das ist im Allgemeinen aber schwer. Wählt man aber spezielle Primzahlen, etwa $p = 2q + 1$ mit einer Primzahl q, so lässt sich eine Primitivwurzel modulo p leicht finden (siehe Abschn. 2.22).

In Abschn. 8.6.3 wurde aber gezeigt, dass bei einer Auswahl von g als Primitivwurzel das Decisional-Diffie-Hellman-Problem angegriffen werden kann. Wählt man statt dessen g so, dass die Restklasse von g modulo p Primzahlordnung q hat mit einer hinreichend großen Primzahl q, dann gilt DDH nach heutiger Auffassung als schwierig. Mindestgrößen für q mit der entsprechenden Schutzdauer finden sich in Tab. 8.5.

Wie findet man ein solches p und g? Das macht Algorithmus 8.1. Bei Eingabe zweier Sicherheitsparameter $k_1, k_2 \in \mathbb{N}$, $k_1 > k_2$ berechnet er eine k_1-Bit Primzahl von der Form $p = mq + 1$. Dabei ist q eine k_2-Bit-Primzahl und m ist eine natürliche Zahl. Außerdem berechnet Algorithmus 8.1 findDHParameters eine Basiszahl g, deren Restklasse modulo p die Ordnung q hat. Mindestgrößen für k_1 und k_2 finden sich in den Tab. 8.4 und 8.5

Algorithmus 8.1 (findDHParameters(k_1, k_2))

(Erzeugung sicherer Parameter für den Diffie-Hellman-Schlüsselaustausch)

> **repeat**
>
> > Wähle zufällige k_2-Bit-Primzahl q
> >
> > Wähle zufällig eine natürliche $(k_1 - k_2)$-Bit-Zahl m
>
> **until** $p = mq + 1$ ist k_1-Bit-Primzahl
>
> **repeat**
>
> > $x \xleftarrow{\$} \{2, \ldots, p-2\}$
> >
> > $g \leftarrow x^m \bmod p$
>
> **until** $g \not\equiv 1 \bmod p$
>
> **return** (p, q, g)

Die Korrektheit des Algorithmus sieht man so: Nach Theorem 2.12 ist die Ordnung der Restklasse von g ein Teiler von $p - 1 = mq$. Nach Theorem 2.10 ist die Ordnung von g^m modulo p also entweder q oder 1. Der Test im Algorithmus zeigt, welcher Fall vorliegt.

Die Analyse der Laufzeit von Algorithmus SecureDHParameters nehmen wir nicht vor. Dazu müsste man zum Beispiel die Anzahl der Zahlen von der Form $mq + 1$ untersuchen, die Primzahlen sind. Dies ist ein schwieriges Problem der analytischen Zahlentheorie. Wir merken aber an, dass die Wahl von x erfolgreich ist, wenn x eine Primitivwurzel modulo p ist. Nach Theorem 2.11 ist die Anzahl der Primitivwurzeln in der Menge $\{2, \ldots, p - 2\}$ mindestens $\varphi(p - 1)$ und in [62] wird gezeigt, dass $\varphi(p - 1) \geq (p - 1)/(6 \ln \ln(p - 1))$ gilt.

8.6.5 Man-In-The-Middle-Angriff

Die Berechnung des geheimen Schlüssels ist nicht der einzig mögliche Angriff auf das Diffie-Hellman-Protokoll. Ein wichtiges Problem besteht darin, dass Alice und Bob nicht sicher sein können, dass die Nachricht tatsächlich vom jeweils anderen kommt. Ein Angreifer Oskar kann z. B. die *Man-In-The-Middle-Attacke* verwenden. Er tauscht sowohl mit Alice als auch mit Bob einen geheimen Schlüssel aus. Alice glaubt, der Schlüssel komme von Bob und Bob glaubt, der Schlüssel komme von Alice. Alle Nachrichten, die Alice dann an Bob sendet, fängt Oskar ab, entschlüsselt sie und verschlüsselt sie mit dem zweiten Schlüssel und sendet sie an Bob.

8.6.6 Andere Gruppen

Man kann das Diffie-Hellman-Verfahren in allen zyklischen Gruppen sicher implementieren, in denen die Gruppenoperationen effizient realisierbar sind und in denen das Diffie-

Hellman-Problem bzw. das Decisional-Diffie-Hellman-Problem schwer zu lösen sind. Insbesondere muss es schwer sein, diskrete Logarithmen in G zu berechnen. In Kap. 13 werden wir Beispiele für solche Gruppen noch behandeln. Hier schildern wir nur das Prinzip.

Alice und Bob einigen sich auf eine endliche zyklische Gruppe G und einen Erzeuger g von G. Sei n die Ordnung von G. Um zu vermeiden, dass der Angriff gegen DDH aus Abschn. 8.6.3 angewendet werden kann, wählt man G so, dass n eine Primzahl ist. Alice wählt eine natürliche Zahl $a \in \{0, \ldots, n-1\}$ zufällig. Sie berechnet

$$A = g^a$$

und schickt das Ergebnis A an Bob. Bob wählt eine natürliche Zahl $b \in \{0, \ldots, n-1\}$ zufällig. Er berechnet

$$B = g^b$$

und schickt das Ergebnis an Alice. Alice berechnet nun

$$B^a = g^{ab}$$

und Bob berechnet

$$A^b = g^{ab}.$$

Der gemeinsame Schlüssel ist

$$K = g^{ab}.$$

Die Probleme CDH und DDH aus Abschn. 8.6.3 können leicht auf andere endliche Gruppen verallgemeinert werden wie auch der dort beschriebene Angriff. Er wird vermieden, wenn Gruppen von Primzahlordnung verwendet werden.

8.7 Das ElGamal-Verschlüsselungsverfahren

Das ElGamal-Verfahren hängt eng mit dem Diffie-Hellman-Schlüsselaustausch zusammen. Seine Sicherheit beruht auf der Schwierigkeit, das Diffie-Hellman-Problem in $(\mathbb{Z}/p\mathbb{Z})^*$ zu lösen.

8.7.1 Schlüsselerzeugung

Alice wählt einen Sicherheitsparameter k, eine k-Bit Primzahl p und eine Primitivwurzel $g \bmod p$ wie in Abschn. 2.22 beschrieben. Dann wählt sie zufällig und gleichverteilt einen Exponenten $a \in \{0, \ldots, p-2\}$ und berechnet

$$A = g^a \bmod p.$$

Der öffentliche Schlüssel von Alice ist (p, g, A). Der private Schlüssel von Alice ist der Exponent a. Man beachte, dass Alice im Diffie-Hellman-Verfahren den Wert A an Bob schickt. Im ElGamal-Verfahren liegt also der Schlüsselanteil von Alice ein für allemal fest und ist öffentlich.

Es wird sich in Abschn. 8.7.7 herausstellen, dass die hier beschriebene Wahl keine Chosen-Plaintext-Sicherheit des ElGamal-Verfahrens ermöglicht, weil das Decisional-Diffie-Hellman-Problem in der primen Restklassengruppe modulo p unsicher ist (siehe Abschn. 8.6.3). Wählt man $p = lq + 1$ mit einer hinreichend großen Primzahl q und ersetzt g durch $g^l \bmod p$, dann wird ElGamal in einer Untergruppe von $(\mathbb{Z}/p\mathbb{Z})^*$ der Ordnung q implementiert, in der DDH als schwer gilt.

8.7.2 Verschlüsselung

Der Klartextraum ist die Menge $\{1, \ldots, p - 1\}$. Um einen Klartext m zu verschlüsseln, besorgt sich Bob den öffentlichen Schlüssel (p, g, A) von Alice. Er wählt eine Zufallszahl $b \in \{0, \ldots, p - 2\}$ und berechnet

$$B = g^b \bmod p.$$

Die Zahl B ist der Schlüsselanteil von Bob aus dem Diffie-Hellman-Verfahren. Bob bestimmt

$$c = A^b m \bmod p.$$

Bob multipliziert also den Klartext m mit dem Diffie-Hellman-Schlüssel $A^b \bmod p = g^{ab} \bmod p$. Der Schlüsseltext ist (B, c).

8.7.3 Entschlüsselung

Alice hat von Bob den Schlüsseltext (B, c) erhalten, und sie kennt ihren geheimen Schlüssel a. Um den Klartext m zu rekonstruieren, bestimmt Alice den Exponenten $x = p - 1 - a$. Weil $0 \le a \le p - 2$ ist, gilt $1 \le x \le p - 1$. Dann berechnet Alice $B^x c \bmod p$. Dies ist der ursprüngliche Klartext, wie die folgende Rechnung zeigt:

$$B^x c \equiv g^{b(p-1-a)} A^b m \equiv (g^{p-1})^b (g^a)^{-b} A^b m \equiv A^{-b} A^b m \equiv m \bmod p.$$

Beispiel 8.14 Alice wählt $p = 23$, $g = 7$, $a = 6$ und berechnet den Wert $A = g^a \bmod p = 4$. Ihr öffentlicher Schlüssel ist dann $(p = 23, g = 7, A = 4)$. Ihr geheimer Schlüssel ist $a = 6$. Bob will $m = 7$ verschlüsseln. Er wählt $b = 3$, berechnet $B = g^b \bmod p = 21$ und $c = A^b m \bmod p = 11$. Der Schlüsseltext ist $(B, c) = (21, 11)$. Alice entschlüsselt $B^{p-1-6} c \bmod p = 7 = m$.

8.7.4 Effizienz

Die ElGamal-Entschlüsselung erfordert eine modulare Exponentiation wie das RSA-Verfahren. Die ElGamal-Entschlüsselung kann jedoch nicht mit dem chinesischen Restsatz beschleunigt werden.

Die Verschlüsselung mit dem ElGamal-Verfahren erfordert zwei modulare Exponentiationen, nämlich die Berechnung von A^b mod p und $B = g^b$ mod p. Im Gegensatz dazu erfordert die Verschlüsselung beim RSA-Verfahren nur eine Exponentiation modulo n. Die Primzahl p im ElGamal-Verfahren und der RSA-Modul n sind von derselben Größenordnung. Daher sind die einzelnen modularen Exponentiationen gleich teuer. Beim ElGamal-Verfahren kann Bob die Werte A^b mod p und $B = g^b$ mod p aber auf Vorrat vorberechnen, weil sie unabhängig von der zu verschlüsselnden Nachricht sind. Die vorberechneten Werte müssen nur in einer sicheren Umgebung, etwa auf einer Chipkarte, gespeichert werden. Dann benötigt die aktuelle Verschlüsselung nur eine Multiplikation modulo p. Das ist effizienter als die RSA-Verschlüsselung.

Beispiel 8.15 Wie in Beispiel 8.14 ist der öffentliche Schlüssel von Alice ($p = 23, g = 7, A = 4$). Ihr geheimer Schlüssel ist $a = 6$. Bevor Bob in die Situation kommt, eine Nachricht wirklich verschlüsseln zu müssen, wählt er $b = 3$ und berechnet $B = g^b$ mod $p = 21$ und $K = A^b$ mod $p = 18$. Später will Bob $m = 7$ verschlüsseln. Dann berechnet er einfach $c = K * m$ mod $23 = 11$. Der Schlüsseltext ist $(B, c) = (21, 11)$. Wieder entschlüsselt Alice $B^{p-1-6}c$ mod $p = 7 = m$.

Ein Effizienznachteil des ElGamal-Verfahrens besteht darin, dass der Schlüsseltext doppelt so lang ist wie der Klartext. Das nennt man *Nachrichtenexpansion*. Dafür ist das ElGamal-Verfahren aber ein randomisiertes Verschlüsselungsverfahren. Wir werden darauf in Abschn. 8.7.7 eingehen.

Die Länge der öffentlichen Schlüssel im ElGamal-Verfahren kann verkürzt werden, wenn im gesamten System dieselbe Primzahl p und dieselbe Primitivwurzel g mod p verwendet wird. Dies kann aber auch ein Sicherheitsrisiko sein, wenn sich herausstellt, dass für die verwendete Primzahl die Berechnung diskreter Logarithmen einfach ist.

8.7.5 ElGamal und Diffie-Hellman

Wer diskrete Logarithmen mod p berechnen kann, ist auch in der Lage, das ElGamal-Verfahren zu brechen. Er kann nämlich aus A den geheimen Exponenten a ermitteln und dann $m = B^{p-1-a}c$ mod p berechnen. Es ist aber nicht bekannt, ob jemand, der das ElGamal-Verfahren brechen kann, auch diskrete Logarithmen mod p bestimmen kann.

Das ElGamal-Verfahren ist aber genauso schwer zu brechen wie das Diffie-Hellman-Verfahren. Das kann man folgendermaßen einsehen. Angenommen, Oskar kann das Diffie-Hellmann-Problem lösen, d. h. aus p, g, A und B den geheimen Schlüssel g^{ab} mod

p berechnen. Oskar möchte einen ElGamal-Schlüsseltext (B, c) entschlüsseln. Er kennt auch den entsprechenden öffentlichen Schlüssel (p, g, A). Weil er Diffie-Hellman brechen kann, kann er $K = g^{ab} \bmod p$ bestimmen und damit den Klartext $K^{-1}c \bmod p$ rekonstruieren. Sei umgekehrt angenommen, dass Oskar das ElGamal-Verfahren brechen, also aus der Kenntnis von p, g, A, B und c die Nachricht m ermitteln kann, und zwar für jede beliebige Nachricht m. Wenn er den Schlüssel g^{ab} aus p, g, A, B ermitteln will, wendet er das Entschlüsselungsverfahren für ElGamal mit $p, g, A, B, c = 1$ an und erhält eine Nachricht m. Er weiß, dass $1 = g^{ab}m \bmod p$ ist. Daher kann er $g^{ab} \equiv m^{-1} \bmod p$ berechnen und hat den Schlüssel $g^{ab} \bmod p$ gefunden.

8.7.6 Parameterwahl

Um entsprechende Sicherheit zu garantieren, muss die Primzahl gemäß Tab. 8.4 gewählt werden. Außerdem muss die Primzahl p einige Zusatzbedingungen erfüllen, die es verhindern, dass diskrete Logarithmen in $(\mathbb{Z}/p\mathbb{Z})^*$ mit bekannten Methoden (Pohlig-Hellman-Algorithmus, Number-Field-Sieve) leicht berechnet werden können. Da man aber nicht alle möglichen Algorithmen zur Lösung des Diffie-Hellman-Problems vorhersagen kann, erscheint es am sichersten, die Primzahl p zufällig und gleichverteilt zu wählen.

Bei jeder neuen ElGamal-Verschlüsselung muss Bob einen neuen Exponenten b wählen. Wählt Bob nämlich zweimal dasselbe b und berechnet damit aus den Klartexten m und m' die Schlüsseltexte

$$c = A^b m \bmod p, \quad c' = A^b m' \bmod p,$$

so gilt

$$c'c^{-1} \equiv m'm^{-1} \bmod p.$$

Jeder Angreifer, der den Klartext m kennt, kann dann den Klartext m' gemäß der Formel

$$m' = c'c^{-1}m \bmod p$$

berechnen. Damit ist also ein Known-Plaintext-Angriff möglich.

8.7.7 Chosen-Plaintext-Sicherheit

Wir zeigen in diesem Abschnitt, dass das ursprüngliche ElGamal-Verfahren nicht Chosen-Plaintext-sicher ist, aber eine kleine Modifikation diese Eigenschaft hat. Der Chosen-Plaintext-Angreifer 8.2 verwendet dieselbe Methode wie der DDH-Angreifer 8.1. Er hat Zugriff auf das Orakel $\mathbf{Enc}_{b,e}$, das ein Paar von Klartexten (m_0, m_1) erhält und die Verschlüsselung von m_b mit dem öffentlichen Schlüssel e zurückgibt.

Angreifer 8.2 $(A^{\text{Enc}_{b,e}}(p, g, A))$

(Chosen-Plaintext-Angreifer auf das ElGamal-Verfahren)

> Wähle quadratischen Nichtrest m_0 modulo p
>
> Wähle quadratischen Rest m_1 modulo p
>
> $(B, c) \leftarrow \textbf{Enc}_{b,e}(m_0, m_1)$
>
> **if** $\left(\dfrac{A}{p}\right) = 1$ **oder** $\left(\dfrac{B}{p}\right) = 1$ **then**
>
> $\qquad l \leftarrow 1$
>
> **else**
>
> $\qquad l \leftarrow -1$
>
> **end if**
>
> **if** $l\left(\dfrac{c}{p}\right) = 1$ **then**
>
> $\qquad$ **return** 1
>
> **else**
>
> $\qquad$ **return** 0
>
> **end if**

Theorem 8.7 *Der Vorteil des Chosen-Plaintext-Angreifers 8.2 ist 1.*

Beweis Aufgrund von Theorem 8.5 ist der Wert l, den der Angreifer berechnet, das Legendre-Symbol des Schlüssels K aus dem ElGamal-Verfahren. Das Orakel $\textbf{Enc}_{b,e}$ verschlüsselt den Klartext m_b zu (c, B). Da $c \equiv K m_b \bmod p$ gilt, berechnet sich das Legendre-Symbol von m_b zu $l\left(\frac{c}{p}\right)$. Da die Legendre-Symbole von m_0 und m_1 verschieden sind, kann der Angreifer aus dem Legendre-Symbol von c erschließen, welcher Klartext verschlüsselt wurde. $\qquad\qquad\qquad\qquad\qquad\qquad\qquad\qquad\qquad\qquad\qquad\quad$ $\square$

Jetzt beweisen wir, dass die Sicherheit des ElGamal-Verfahrens gegen Chosen-Plaintext-Angriffe auf das Decisional-Diffie-Hellman-Problem in der zugrundeliegenden Gruppe reduziert werden kann. Sei also A ein Angreifer auf das ElGamal-Verfahren. Algorithmus 8.2 löst das DDH-Problem unter Verwendung von A. Seine Eingabe besteht aus p, A, B, C. Er muss entscheiden, ob (A, B, C) ein Diffie-Hellman-Tripel oder ein zufälliges Tripel ist. Dazu benutzt er den den Angreifer $A^{\text{Enc}_{b,e}}$ als Unterprogramm. Dieser Angreifer hat Zugriff auf das Orakel $\textbf{Enc}_{b,e}$, das bei Eingabe eines Klartextpaares (P_0, P_1) die ElGamal-Verschlüsselung des Klartextes P_b ausgibt. Der DDH-Unterscheider implementiert ein solches Orakel und stellt es dem Angreifer zur Verfügung. Die Implementierung funktioniert so: Es gibt bei Eingabe eines Klartextpaars (m_0, m_1) den Wert $(C m_b \bmod p, B)$ zurück, wobei C die dritte Komponente aus dem Eingabetripel des Algorithmus ist.

Algorithmus 8.2 (DDH^A (p, A, B, C))

(DDH-Unterscheider, der einen Chosen-Plaintext-Angreifer auf das ElGamal-Verfahren benutzt)

$$b \xleftarrow{\$} \mathbb{Z}_2$$
$$b' \leftarrow A^{\mathbf{Enc}_{b,e}}(p, g, A)$$

if $b = b'$ **then**

    return 1

else

    return 0

end if

Wir beweisen den Reduktionssatz.

Theorem 8.8 *Sei k die Bitlänge von p, sei $T(k)$ die Laufzeit des ElGamal-Angreifers A und sei $\mathbf{Adv}(k)$ sein Vorteil. Dann ist die Laufzeit von Algorithmus 8.2 $O(k) + T(k)$ und seine Erfolgswahrscheinlichkeit mindestens $1/2 + \mathbf{Adv}(k)/4$.*

Beweis Die Aussage über die Laufzeit kann aus der Konstruktion des von Algorithmus 8.2 leicht verifiziert werden.

Wir berechnen die Erfolgswahrscheinlichkeit des DDH-Algorithmus. Angenommen, der Vorteil des ElGamal-Angreifers ist $\varepsilon = \mathbf{Adv}(k)$. Wenn (A, B, C) ein Diffie-Hellman-Tripel ist, stimmt der Schlüsseltext, den $\mathbf{Enc}_{b,e}$ berechnet. Also ist die Erfolgswahrscheinlichkeit des DDH-Algorithmus in diesem Fall $(1 + \varepsilon)/2$. Falls (A, B, C) aber kein Diffie-Hellman-Tripel ist, kann der ElGamal-Angreifer im schlechtesten Fall nur raten, welcher Klartext verschlüsselt wurde. Seine Erfolgswahrscheinlichkeit ist $1/2$. Da beide Fälle mit Wahrscheinlichkeit $1/2$ auftreten, ist die Erfolgswahrscheinlichkeit des DDH-Algorithmus also

$$(1/2)(1 + \varepsilon)/2 + 1/4 = 1/2(1 + \varepsilon/2). \qquad \square$$

Theorem 8.8 zeigt, dass der Vorteil des DDH-Algorithmus mindestens halb so groß wie der Vorteil des ElGamal-Angreifers. Solange das DDH-Problem also schwierig ist, ist ElGamal sicher. Wählt man $p = kq + 1$ mit hinreichend großen Primzahlen p und q, und implementiert das ElGamal-Verfahren in der Untergruppe der Ordnung q der primen Restklassenguppe modulo p, so gilt nach heutiger Kenntnis das DDH-Problem als schwer. Theorem 8.8 impliziert die Sicherheit des ElGamal-Verfahrens gegen Chosen-Plaintext-Angriffe. Die Größe von p ergibt sich aus Tab. 8.4 und die Größe von q aus Tab. 8.5.

8.7.8 Chosen-Ciphertext-Sicherheit

Das ElGamal-Verschlüsselungsverfahren ist nicht sicher gegen Chosen-Ciphertext-Angriffe. Folgender Chosen-Ciphertext-Angriff kann nämlich jeden Schlüsseltext (B, c) entschlüsseln. Sei (p, g, A) der öffentliche ElGamal-Schlüssel. Sei außerdem o die Ordnung von g modulo p. Der Angreifer wählt einen Exponenten $r \in \{2, \ldots, o-1\}$ und einen ElGamal Klartext m_1. Dann setzt er

$$(B', c') = (g^r B, A^r c m_1) \bmod p. \tag{8.13}$$

Der Angreifer lässt sich den modifizierten Schlüsseltext (B', g') entschlüsseln. Der entsprechende Klartext sei m_2, dann ist die Entschlüsselung von (B, c) der Klartext

$$m = m_1^{-1} m_2. \tag{8.14}$$

Dass das stimmt, sieht man so. Der ursprüngliche Schlüsseltext ist

$$(B, c) = (g^b, A^b m) \bmod p \tag{8.15}$$

mit einem Exponenten $b \in \{2, \ldots o-1\}$. Darum ist

$$(B', c') = (g^{b+r}, A^{b+r} m m_1) \bmod p. \tag{8.16}$$

Die Entschlüsselung dieses Chiffretextes liefert $m_2 = m m_1 \bmod p$. Darum wird in (8.14) m richtig berechnet.

8.7.9 Homomorphie

Der Chosen-Ciphertext-Angriff aus Abschn. 8.7.8 beruht darauf, dass das ElGamal-Verschlüsselungsverfahren *homomorph* bezüglich Multiplikation ist. Um dies zu erklären, verwenden wir den öffentlichen ElGamal-Schlüssel (p, g, A). Sind dann

$$(B_i, c_i) = (g^{b_i} \bmod p, A^{b_i} m_i \bmod p), \quad i = 1, 2 \tag{8.17}$$

Verschlüsselungen der Klartexte m_1 und m_2, dann ist

$$(B_1 B_2 \bmod p, c_1 c_2 \bmod p) = (g^{b_1 + b_2} \bmod p, A^{b_1 + b_2} m_1 m_2 \bmod p) \tag{8.18}$$

eine ElGamal Verschlüsselung des Produktes $m_1 m_2 \bmod p$. Eine solche Eigenschaft ist zum Beispiel bei Verfahren, die elektronische Wahlen implementieren, nützlich.

8.7.10 Verallgemeinerung

Der wichtigste Vorteil des ElGamal-Verfahrens besteht darin, dass es sich nicht nur in der primen Restklassengruppe modulo einer Primzahl, sondern in jeder anderen zyklischen Gruppe G verwenden lässt. Es ist nur erforderlich, dass sich die Schlüsselerzeugung, Verschlüsselung und Entschlüsselung effizient durchführen lassen und dass das entsprechende Diffie-Hellman-Problem schwer zu lösen ist. Insbesondere muss die Berechnung diskreter Logarithmen in G schwer sein, weil sonst das Diffie-Hellman-Problem leicht zu lösen ist.

Es ist sehr wichtig, dass das ElGamal-Verfahren verallgemeinert werden kann, weil es immer möglich ist, dass jemand einen effizienten Algorithmus zur Berechnung diskreter Logarithmen in $(\mathbb{Z}/p\mathbb{Z})^*$ findet. Dann kann man das ElGamal-Verfahren in $(\mathbb{Z}/p\mathbb{Z})^*$ nicht mehr benutzen, weil es unsicher geworden ist. In anderen Gruppen kann das ElGamal-Verfahren aber immer noch sicher sein, und man kann dann diese Gruppen verwenden.

Folgende Gruppen sind z. B. zur Implementierung des ElGamal-Verfahrens geeignet:

1. Die Punktgruppe einer elliptischen Kurve über einem endlichen Körper.
2. Die Jakobische Varietät hyperelliptischer Kurven über endlichen Körpern.
3. Die Klassengruppe imaginär-quadratischer Ordnungen.

8.8 Übungen

Übung 8.1 Man zeige, dass man im RSA-Verfahren den Entschlüsselungsexponenten d auch so wählen kann, dass $de \equiv 1 \bmod \mathrm{lcm}(p-1, q-1)$ ist.

Übung 8.2 Bestimmen Sie alle für den RSA-Modul $n = 437$ möglichen Verschlüsselungsexponenten. Geben Sie eine Formel für die Anzahl der für einen RSA-Modul n möglichen Verschlüsselungsexponenten an.

Übung 8.3 Erzeugen Sie zwei 8-Bit-Primzahlen p und q so, dass $n = pq$ eine 16-Bit-Zahl ist und der öffentliche RSA-Schlüssel $e = 5$ verwendet werden kann. Berechnen Sie den privaten Schlüssel d zum öffentlichen Schlüssel $e = 5$. Verschlüsseln Sie den String 1101001101101111 mit dem öffentlichen Exponenten 5.

Übung 8.4 Alice verschlüsselt die Nachricht m mit Bobs öffentlichem RSA-Schlüssel $(899, 11)$. Der Schlüsseltext ist 468. Bestimmen Sie den Klartext.

Übung 8.5 Entwerfen Sie einen polynomiellen Algorithmus, der bei Eingabe von natürlichen Zahlen c und e entscheidet, ob c eine e-te Potenz ist und wenn dies der Fall ist, auch noch die e-te Wurzel von c berechnet. Beweisen Sie, dass der Algorithmus tatsächlich polynomielle Laufzeit hat.

Übung 8.6 Implementieren Sie den Algorithmus aus Übung 8.5.

Übung 8.7 Wieviele Operationen erfordert die RSA-Verschlüsselung mit Verschlüsselungsexponent $e = 2^{16} + 1$?

Übung 8.8 Die Nachricht m wird mit den öffentlichen RSA-Schlüsseln $(391, 3)$, $(55, 3)$ und $(87, 3)$ verschlüsselt. Die Schlüsseltexte sind 208, 38 und 32. Verwenden Sie die Low-Exponent-Attacke, um m zu finden.

Übung 8.9 (Common-Modulus-Attacke) Wenn man mit dem RSA-Verfahren eine Nachricht m zweimal verschlüsselt, und zwar mit den öffentlichen Schlüsseln (n, e) und (n, f), und wenn $\gcd(e, f) = 1$ gilt, dann kann man den Klartext m aus den beiden Schlüsseltexten $c_e = m^e$ mod n und $c_f = m^f$ mod n berechnen. Wie geht das?

Übung 8.10 Die Nachricht m wird mit den öffentlichen RSA-Schlüsseln $(493, 3)$ und $(493, 5)$ verschlüsselt. Die Schlüsseltexte sind 293 und 421. Verwenden Sie die Common-Modulus-Attacke, um m zu finden.

Übung 8.11 Sei $n = 1591$. Der öffentliche RSA-Schlüssel von Alice ist (n, e) mit minimalem e. Alice erhält die verschlüsselte Nachricht $c = 1292$. Entschlüsseln Sie diese Nachricht mit Hilfe des chinesischen Restsatzes.

Übung 8.12 Angenommen, der RSA-Modul ist $n = 493$, der Verschlüsselungsexponent ist $e = 11$, und der Entschlüsselungsexponent ist $d = 163$. Verwenden Sie die Methode aus Abschn. 8.3.4, um n zu faktorisieren.

Übung 8.13 (Cycling-Attacke) Sei (n, e) ein öffentlicher RSA-Schlüssel. Für einen Klartext $m \in \{0, 1, \ldots, n - 1\}$ sei $c = m^e$ mod n der zugehörige Schlüsseltext. Zeigen Sie, dass es eine natürliche Zahl k gibt mit

$$m^{e^k} \equiv m \bmod n.$$

Beweisen Sie für ein solches k:

$$c^{e^{k-1}} \equiv m \bmod n.$$

Ist dies eine Bedrohung für RSA?

Übung 8.14 Sei $n = 493$ und $e = 3$. Bestimmen Sie den kleinsten Wert von k, für den die Cycling-Attacke aus Übung 8.13 funktioniert.

Übung 8.15 Bob verschlüsselt Nachrichten an Alice mit dem Rabin-Verfahren. Er verwendet dieselben Parameter wie in Beispiel 8.9. Die Klartexte sind Blöcke in $\{0,1\}^8$, in denen die ersten beiden Bits mit den letzten beiden Bits übereinstimmen. Kann Alice alle Klartexte eindeutig entschlüsseln?

Übung 8.16 Sei $n = 713$ ein öffentlicher Rabin-Schlüssel und sei $c = 289$ ein Schlüsseltext, den man durch Rabin-Verschlüsselung mit diesem Modul erhalten hat. Bestimmen Sie alle möglichen Klartexte.

Übung 8.17 Übertragen Sie die Low-Exponent-Attacke und die Multiplikativitäts-Attacke, die beim RSA-Verfahren besprochen wurden, auf das Rabin-Verfahren und schlagen Sie entsprechende Gegenmaßnahmen vor.

Übung 8.18 Wie kann der Rabin-Modul $n = 713$ mit zwei möglichen Klartexten aus Übung 8.16 faktorisiert werden?

Übung 8.19 Wie kann man aus zwei ElGamal-Schlüsseltexten einen dritten ElGamal-Schlüsseltext machen, ohne den geheimen ElGamal-Schlüssel zu kennen? Wie kann man diesen Angriff verhindern?

Übung 8.20 Alice erhält den ElGamal-Chiffretext $(B = 30, c = 7)$. Ihr öffentlicher Schlüssel ist $(p = 43, g = 3)$. Bestimmen Sie den zugehörigen Klartext.

Übung 8.21 Der öffentliche ElGamal-Schlüssel von Bob sei $p = 53, g = 2, A = 30$. Alice erzeugt damit den Schlüsseltext $(24, 37)$. Wie lautet der Klartext?

Faktorisierung

9

Wie wir gezeigt haben, hängt die Sicherheit des RSA-Verfahrens und die Sicherheit des Rabin-Verfahrens eng mit der Schwierigkeit zusammen, natürliche Zahlen in ihre Primfaktoren zu zerlegen. Es ist nicht bekannt, ob das Faktorisierungsproblem für natürliche Zahlen leicht oder schwer ist. In den letzten Jahrzehnten wurden immer effizientere Faktorisierungsmethoden entwickelt. Trotzdem ist RSA heute immer noch sicher, wenn man die Parameter richtig wählt. Es könnte aber sein, dass schon bald ein so effizienter Faktorisierungsalgorithmus gefunden wird und RSA nicht mehr sicher ist. Daher ist es wichtig, kryptographische Systeme so zu implementieren, dass die grundlegenden Verfahren leicht ersetzt werden können.

In diesem Kapitel beschreiben wir einige Faktorisierungsalgorithmen. Dabei ist n immer eine natürliche Zahl, von der schon bekannt ist, dass sie zusammengesetzt ist. Das kann man z. B. mit dem Fermat-Test oder mit dem Miller-Rabin-Test feststellen (siehe Abschn. 7.2 und Abschn. 7.4). Diese Tests bestimmen aber keinen Teiler von n. Wir skizzieren die Faktorisierungsverfahren nur. Für weitere Details sei auf [42] und [18] verwiesen. Die beschriebenen Algorithmen sind in der Bibliothek *LiDIA*[47] implementiert.

9.1 Probedivison

Um die kleinen Primfaktoren von n zu finden, berechnet man die Liste aller Primzahlen unter einer festen Schranke B. Dafür kann man das Sieb des Erathostenes verwenden (siehe [4]). Dann bestimmt man für jede Primzahl p in dieser Liste den maximalen Exponenten $e(p)$, für den p die Zahl n teilt. Eine typische Schranke ist $B = 10^6$.

Beispiel 9.1 Wir wollen die Zahl $n = 3^{21} + 1 = 10460353204$ faktorisieren. Probedivision aller Primzahlen bis 50 ergibt die Faktoren 2^2, 7^2 und 43. Dividiert man die Zahl n durch diese Faktoren, so erhält man $m = 1241143$. Es ist $2^{m-1} \equiv 793958 \bmod m$. Nach dem kleinen Satz von Fermat ist m also zusammengesetzt.

© Springer-Verlag Berlin Heidelberg 2016
J. Buchmann, *Einführung in die Kryptographie*, Springer-Lehrbuch,
DOI 10.1007/978-3-642-39775-2_9

9.2 Die $p-1$-Methode

Es gibt Faktorisierungsmethoden, die Zahlen mit bestimmten Eigenschaften besonders gut zerlegen können. Solche Zahlen müssen als RSA- oder Rabin-Moduln vermieden werden. Als Beispiel für einen solchen Faktorisierungsalgorithmus beschreiben wir die $(p-1)$-Methode von John Pollard.

Das $(p-1)$-Verfahren ist für zusammengesetzte Zahlen n geeignet, die einen Primfaktor p haben, für den $p-1$ nur kleine Primfaktoren hat. Man kann dann nämlich ohne p zu kennen ein Vielfaches k von $p-1$ bestimmen. Wie das geht, beschreiben wir unten. Für dieses Vielfache k gilt nach dem kleinen Satz von Fermat

$$a^k \equiv 1 \mod p$$

für alle ganzen Zahlen a, die nicht durch p teilbar sind. Das bedeutet, dass p ein Teiler von $a^k - 1$ ist. Ist $a^k - 1$ nicht durch n teilbar, so ist $\gcd(a^k - 1, n)$ ein echter Teiler von n. Damit ist n faktorisiert.

Der Algorithmus von Pollard verwendet als Kandidaten für k die Produkte aller Primzahlpotenzen, die nicht größer als eine Schranke B sind, also

$$k = \prod_{q \in \mathbb{P}, q^e \leq B} q^e.$$

Wenn die Primzahlpotenzen, die $p-1$ teilen, alle kleiner als B sind, dann ist k ein Vielfaches von $p-1$. Der Algorithmus berechnet $g = \gcd(a^k - 1, n)$ für eine geeignete Basis a. Wird dabei kein Teiler von n gefunden, so wird ein neues B verwendet.

Beispiel 9.2 Die Zahl $n = 1241143$ ist in Beispiel 9.1 übriggeblieben. Sie muss noch faktorisiert werden. Wir setzen $B = 13$. Dann ist $k = 8*9*5*7*11*13$ und

$$\gcd(2^k - 1, n) = 547.$$

Also ist $p = 547$ ein Teiler von n. Der Kofaktor ist $q = 2269$. Sowohl 547 als auch 2269 sind Primzahlen.

Eine Weiterentwicklung der $(p-1)$-Methode ist die Faktorisierungsmethode mit elliptischen Kurven (ECM). Sie funktioniert für beliebige zusammengesetzte Zahlen n.

9.3 Das Quadratische Sieb

Einer der effizientesten Faktorisierungsalgorithmen ist das Quadratische Sieb (QS), das in diesem Abschnitt beschrieben wird.

9.3.1 Das Prinzip

Wieder soll die zusammengesetzte Zahl n faktorisiert werden. Wir beschreiben, wie man einen echten Teiler von n findet. Wenn n wie im RSA-Verfahren Produkt zweier Primzahlen ist, dann ist damit die Primfaktorzerlegung von n gefunden. Andernfalls müssen die gefundenen Faktoren ihrerseits faktorisiert werden.

Im Quadratischen Sieb werden ganze Zahlen x und y bestimmt, für die

$$x^2 \equiv y^2 \mod n \tag{9.1}$$

und

$$x \not\equiv \pm y \mod n \tag{9.2}$$

gilt. Dann ist n nämlich ein Teiler von $x^2 - y^2 = (x-y)(x+y)$, aber weder von $x - y$ noch von $x + y$. Also ist $g = \gcd(x - y, n)$ ein echter Teiler von n und das Berechnungsziel ist erreicht.

Beispiel 9.3 Sei $n = 7429$, $x = 227$, $y = 210$. Dann ist $x^2 - y^2 = n$, $x - y = 17$, $x + y = 437$. Daher ist $\gcd(x - y, n) = 17$. Das ist ein echter Teiler von n.

9.3.2 Bestimmung von x und y

Das beschriebene Prinzip wird auch in anderen Faktorisierungsalgorithmen, z. B. im Zahlkörpersieb (Number Field Sieve, siehe [44]), angewendet. Die Verfahren unterscheiden sich aber in der Art und Weise, wie x und y berechnet werden. Wir beschreiben, wie das im Quadratischen Sieb gemacht wird.

Sei

$$m = \lfloor \sqrt{n} \rfloor$$

und

$$f(X) = (X + m)^2 - n.$$

Wir erläutern das Verfahren zuerst an einem Beispiel.

Beispiel 9.4 Wie in Beispiel 9.3 sei $n = 7429$. Dann ist $m = 86$ und $f(X) = (X + 86)^2 - 7429$. Es gilt

$$f(-3) = 83^2 - 7429 = -540 = -1 * 2^2 * 3^3 * 5$$
$$f(1) = 87^2 - 7429 = 140 = 2^2 * 5 * 7$$
$$f(2) = 88^2 - 7429 = 315 = 3^2 * 5 * 7.$$

Hieraus folgt

$$83^2 \equiv -1 * 2^2 * 3^3 * 5 \bmod 7429$$

$$87^2 \equiv 2^2 * 5 * 7 \bmod 7429$$

$$88^2 \equiv 3^2 * 5 * 7 \bmod 7429$$

Multipliziert man die letzten beiden Kongruenzen, so erhält man

$$(87 * 88)^2 \equiv (2 * 3 * 5 * 7)^2 \bmod n.$$

Man kann also

$$x = 87 * 88 \bmod n = 227, \quad y = 2 * 3 * 5 * 7 \bmod n = 210$$

setzen. Das sind die Werte für x und y aus Beispiel 9.3.

In Beispiel 9.4 werden Zahlen s angegeben, für die $f(s)$ nur kleine Primfaktoren hat. Es wird ausgenutzt, dass

$$(s + m)^2 \equiv f(s) \bmod n \tag{9.3}$$

ist, und es werden Kongruenzen der Form (9.3) ausgewählt, deren Produkt auf der linken und rechten Seite ein Quadrat ergibt. Auf der linken Seite einer Kongruenz (9.3) steht ohnehin ein Quadrat. Das Produkt beliebiger linker Seiten ist also immer ein Quadrat. Auf der rechten Seite ist die Primfaktorzerlegung bekannt. Man erhält also ein Quadrat, wenn die Exponenten aller Primfaktoren und der Exponent von -1 gerade sind. Wir erklären als nächstes, wie geeignete Kongruenzen ausgewählt werden und anschließend, wie die Kongruenzen bestimmt werden.

9.3.3   Auswahl geeigneter Kongruenzen

In Beispiel 9.4 kann man direkt sehen, welche Kongruenzen multipliziert werden müssen, damit das Produkt der rechten Seiten der Kongruenzen ein Quadrat ergibt. Bei großen Zahlen n muss man die geeigneten Kongruenzen aus mehr als 100 000 möglichen Kongruenzen auswählen. Dann wendet man lineare Algebra an. Dies wird im nächsten Beispiel illustriert.

Beispiel 9.5 Wir zeigen, wie die Auswahl der geeigneten Kongruenzen in Beispiel 9.4 durch Lösung eines linearen Gleichungssystems erfolgt. Drei Kongruenzen stehen zur Wahl. Daraus sollen die Kongruenzen so ausgewählt werden, dass das Produkt der rechten Seiten ein Quadrat ergibt. Man sucht also Zahlen $\lambda_i \in \{0, 1\}$, $1 \leq i \leq 3$, für die

$$(-1 * 2^2 * 3^3 * 5)^{\lambda_1} * (2^2 * 5 * 7)^{\lambda_2} * (3^2 * 5 * 7)^{\lambda_3}$$
$$= (-1)^{\lambda_1} * 2^{2\lambda_1 + 2\lambda_2} * 3^{3\lambda_1 + 2\lambda_3} * 5^{\lambda_1 + \lambda_2 + \lambda_3} * 7^{\lambda_2 + \lambda_3}$$

ein Quadrat ist. Diese Zahl ist genau dann ein Quadrat, wenn der Exponent von -1 und die Exponenten aller Primzahlen gerade sind. Man erhält also das folgende Kongruenzensystem:

$$\lambda_1 \equiv 0 \bmod 2$$
$$2\lambda_1 + 2\lambda_2 \equiv 0 \bmod 2$$
$$3\lambda_1 + 2\lambda_3 \equiv 0 \bmod 2$$
$$\lambda_1 + \lambda_2 + \lambda_3 \equiv 0 \bmod 2$$
$$\lambda_2 + \lambda_3 \equiv 0 \bmod 2.$$

Die Koeffizienten der Unbekannten λ_i kann man modulo 2 reduzieren. Man erhält dann das vereinfachte System

$$\lambda_1 \equiv 0 \bmod 2$$
$$\lambda_1 + \lambda_2 + \lambda_3 \equiv 0 \bmod 2$$
$$\lambda_2 + \lambda_3 \equiv 0 \bmod 2.$$

Daraus erhält man die Lösung

$$\lambda_1 = 0, \quad \lambda_2 = \lambda_3 = 1.$$

Wir skizzieren kurz, wie das Quadratische Sieb geeignete Kongruenzen im allgemeinen findet.

Man wählt eine natürliche Zahl B. Gesucht werden kleine ganze Zahlen s, für die $f(s)$ nur Primfaktoren in der *Faktorbasis*

$$F(B) = \{p \in \mathbb{P} : p \le B\} \cup \{-1\}$$

hat. Solche Werte $f(s)$ heißen B-glatt. Tab. 9.1 gibt einen Eindruck von den Faktorbasisgrößen. Hat man soviele Zahlen s gefunden, wie die Faktorbasis Elemente hat, so stellt man das entsprechende lineare Kongruenzensystem auf und löst es. Da das Kongruenzensystem tatsächlich ein lineares Gleichungssystem über dem Körper $\mathbb{Z}/2\mathbb{Z}$ ist, kann man zu seiner Lösung den Gauß-Algorithmus verwenden. Da aber die Anzahl der Gleichungen und die Anzahl der Variablen sehr groß ist, verwendet man statt dessen spezialisierte Verfahren, auf die wir hier aber nicht näher eingehen.

9.3.4 Das Sieb

Es bleibt noch zu klären, wie die Zahlen s gefunden werden, für die $f(s)$ B-glatt ist. Man könnte für $s = 0, \pm 1, \pm 2, \pm 3, \dots$ den Wert $f(s)$ berechnen und dann durch Probedivision ausprobieren, ob $f(s)$ B-glatt ist. Das ist aber sehr aufwendig. Um herauszufinden,

Tab. 9.1 Siebintervall- und Faktorbasisgrößen

# Dezimalstellen von n	50	60	70	80	90	100	110	120
# Faktorbasis in Tausend	3	4	7	15	30	51	120	245
# Siebintervall in Millionen	0,2	2	5	6	8	14	16	26

dass $f(s)$ nicht B-glatt ist, muss man nämlich durch alle Primzahlen $p \leq B$ dividieren. Wie man in Tab. 9.1 sieht, sind die Faktorbasen sehr groß, und daher kann die Probedivison sehr lange dauern. Schneller geht ein Siebverfahren.

Wir beschreiben eine vereinfachte Form des Siebverfahrens. Man fixiert ein *Siebintervall*

$$S = \{-C, -C + 1, \ldots, 0, 1, \ldots, C\}.$$

Gesucht werden alle $s \in S$, für die $f(s)$ B-glatt ist. Man berechnet zuerst alle Werte $f(s)$, $s \in S$. Für jede Primzahl p der Faktorbasis dividiert man alle Werte $f(s)$ durch die höchstmögliche p-Potenz. Die B-glatten Werte $f(s)$ sind genau diejenigen, bei denen eine 1 oder -1 übrigbleibt.

Um herauszufinden, welche Werte $f(s) = (s + m)^2 - n$ durch eine Primzahl p der Faktorbasis teilbar sind, bestimmt man zuerst die Zahlen $s \in \{0, 1, \ldots, p - 1\}$, für die $f(s)$ durch p teilbar ist. Da das Polynom $f(X)$ höchstens zwei Nullstellen modulo p hat, sind das entweder zwei, eine oder keine Zahl s. Für kleine Primzahlen kann man die Nullstellen durch ausprobieren finden. Ist p groß, muss man andere Methoden anwenden (siehe [4]). Geht man von diesen Nullstellen in Schritten der Länge p nach rechts und links durch das Siebintervall, so findet man alle s-Werte, für die $f(s)$ durch p teilbar ist. Diesen Vorgang nennt man *Sieb* mit p. Man dividiert dabei nur die teilbaren Werte $f(s)$. Es gibt keine erfolglosen Probedivisionen mehr.

Beispiel 9.6 Wie in Beispiel 9.3 und Beispiel 9.4 sei $n = 7429$, $m = 86$ und $f(X) = (X + 86)^2 - 7429$. Als Faktorbasis wähle die Menge $\{2, 3, 5, 7\} \cup \{-1\}$ und als Siebintervall die Menge $\{-3, -2, \ldots, 3\}$. Das Sieb ist in Tab. 9.2 dargestellt.

Das Sieb kann noch sehr viel effizienter gestaltet werden. Das wird hier aber nicht weiter beschrieben. Wir verweisen statt dessen auf [58].

Tab. 9.2 Das Sieb

s	-3	-2	-1	0	1	2	3
$(s + m)^2 - n$	-540	-373	-204	-33	140	315	492
Sieb mit 2	-135		-51		35		123
Sieb mit 3	-5		-17	-11		35	41
Sieb mit 5	-1				7	7	
Sieb mit 7					1	1	

9.4 Analyse des Quadratischen Siebs

In diesem Abschnitt skizzieren wir die Analyse des Quadratischen Siebs, damit der Leser einen Eindruck erhält, warum das Quadratische Sieb effizienter ist als Probedivision. Die in der Analyse verwendeten Techniken gehen über den Rahmen dieses Buches hinaus. Darum werden sie nur angedeutet. Interessierten Lesern wird als Einstieg in eine vertiefte Beschäftigung mit dem Gegenstand [43] empfohlen.

Seien n, u, v reelle Zahlen und sei n größer als die Eulersche Konstante e. Dann schreibt man

$$L_n[u, v] = e^{v(\log n)^u (\log \log n)^{1-u}}. \tag{9.4}$$

Diese Funktion wird zur Beschreibung der Laufzeit von Faktorisierungsalgorithmen verwendet. Wir erläutern zuerst ihre Bedeutung.

Es ist

$$L_n[0, v] = e^{v(\log n)^0 (\log \log n)^1} = (\log n)^v \tag{9.5}$$

und

$$L_n[1, v] = e^{v(\log n)^1 (\log \log n)^0} = e^{v \log n}. \tag{9.6}$$

Ein Algorithmus, der die Zahl n faktorisieren soll, erhält als Eingabe n. Die binäre Länge von n ist $\lfloor \log_2 n \rfloor + 1 = O(\log n)$. Hat der Algorithmus die Laufzeit $L_n[0, v]$, so ist seine Laufzeit polynomiell, wie man aus (9.5) sieht. Dabei ist v der Grad des Polynoms. Der Algorithmus gilt dann als effizient. Die praktische Effizienz hängt natürlich vom Polynomgrad ab. Hat der Algorithmus die Laufzeit $L_n[1, v]$, so ist seine Laufzeit exponentiell, wie man aus (9.6) sieht. Der Algorithmus gilt als ineffizient. Hat der Algorithmus die Laufzeit $L_n[u, v]$ mit $0 < u < 1$, so ist heißt seine Laufzeit *subexponentiell*. Sie ist schlechter als polynomiell und besser als exponentiell. Die schnellsten Faktorisierungsalgorithmen haben subexponentielle Laufzeit.

Die Laufzeit der Probedivision zur Faktorisierung ist exponentiell.

Die Laufzeit des Quadratischen Siebs konnte bis jetzt nicht völlig analysiert werden. Wenn man aber einige plausible Annahmen macht, dann ist die Laufzeit des Quadratischen Siebs $L_n[1/2, 1+o(1)]$. Hierin steht $o(1)$ für eine Funktion, die gegen 0 konvergiert, wenn n gegen Unendlich strebt. Die Laufzeit des Quadratischen Siebs liegt also genau in der Mitte zwischen polynomiell und exponentiell.

Wir begründen die Laufzeit des Quadratischen Siebs. Im Quadratischen Sieb werden Schranken B und C festgelegt und dann werden diejenigen Zahlen s im Siebintervall $S = \{-C, -C + 1, \ldots, C\}$ bestimmt, für die

$$f(s) = (s + m)^2 - n = s^2 + 2ms + m^2 - n \tag{9.7}$$

B-glatt ist. Die Schranken B und C müssen so gewählt sein, dass die Anzahl der gefundenen Werte s genauso groß ist wie die Anzahl der Elemente der Faktorbasis.

Da $m = \lfloor \sqrt{n} \rfloor$, ist $m^2 - n$ sehr klein. Für kleines s ist $f(s)$ nach (9.7) daher in derselben Größenordnung wie $\sqrt{n}$. Wir nehmen an, dass der Anteil der B-glatten Werte $f(s)$, $s \in S$, genauso groß ist wie der Anteil der B-glatten Werte aller natürlichen Zahlen $\leq \sqrt{n}$. Diese Annahme wurde nie bewiesen, und es ist auch unklar, wie sie bewiesen werden kann. Sie ist aber experimentell verifizierbar und ermöglicht die Analyse des Quadratischen Siebs.

Die Anzahl der B-glatten natürlichen Zahlen unter einer Schranke x wird mit $\psi(x, B)$ bezeichnet. Sie wird im folgenden Satz abgeschätzt, der in [24] bewiesen wurde.

Theorem 9.1 *Sei ε eine positive reelle Zahl. Dann gilt für alle reellen Zahlen $x \geq 10$ und $w \leq (\log x)^{1-\varepsilon}$*

$$\psi(x, x^{1/w}) = xw^{-w+f(x,w)}$$

für eine Funktion f, die $f(x, w)/w \to 0$ für $w \to \infty$ und gleichmäßig für alle x erfüllt.

Theorem 9.1 bedeutet, dass der Anteil der $x^{1/w}$-glatten Zahlen, die kleiner gleich x sind, ungefähr w^{-w} ist.

Aus diesem Satz lässt sich folgendes Resultat ableiten:

Korollar 9.1 *Seien a, u, v positive reelle Zahlen. Dann gilt für $n \in \mathbb{N}, n \to \infty$*

$$\psi(n^a, L_n[u, v]) = n^a L_n[1 - u, -(a/v)(1 - u) + o(1)].$$

Beweis Es ist

$$L_n[u, v] = (e^{(\log n)^u (\log\log n)^{1-u}})^v = n^{v((\log\log n)/\log n)^{1-u}}.$$

Setzt man also

$$w = (a/v)((\log n)/(\log\log n))^{1-u}$$

und wendet Theorem 9.1 an, so erhält man

$$\psi(n^a, L_n[u, v]) = n^a w^{-w(1+o(1))}.$$

Nun ist

$$w^{-w(1+o(1))} = (e^{(1-u)(\log(a/v)+\log\log n-\log\log\log n)(-(a/v)((\log n)/(\log\log n))^{1-u}(1+o(1)))})^{1-u}.$$

Hierin ist

$$\log(a/v) + \log\log n - \log\log\log n = \log\log n(1 + o(1)).$$

Daher ist

$$w^{-w(1+o(1))}$$
$$= e^{(\log n)^{1-u}(\log\log n)^u(-(a/v)(1-u)+o(1))}$$
$$= L_n[1 - u, -(a/v)(1 - u) + o(1)].$$

Damit ist die Behauptung bewiesen. $\qquad\qquad\qquad\qquad\qquad\qquad\qquad\qquad\square$

Im Quadratischen Sieb werden Zahlen $f(s)$ erzeugt, die von der Größenordnung $n^{1/2}$ sind. In Korollar 9.1 ist also $a = 1/2$. Um ein s zu finden, für das $f(s)$ $L_n[u, v]$-glatt ist, braucht man nach Korollar 9.1 $L_n[1 - u, (1/(2v))(1 - u) + o(1)]$ Elemente im Siebintervall. Die Anzahl der Elemente der Faktorbasis ist höchstens $L_n[u, v]$. Insgesamt braucht man also $L_n[u, v]$ solche Werte s, damit man das Gleichungssystem lösen kann. Die Zeit zur Berechnung der passenden Werte für s ist also ein Vielfaches von $L_n[u, v]L_n[1 - u, (1/(2v))(1 - u) + o(1)]$. Dieser Wert wird minimal für $u = 1/2$. Wir wählen also $u = 1/2$.

Die Faktorbasis enthält also alle Primzahlen $p \leq B = L_n[1/2, v]$. Für jede erfolgreiche Zahl s braucht das Siebintervall $L_n[1/2, 1/(4v)]$ Elemente. Da insgesamt $L_n[1/2, v]$ erfolgreiche Werte s berechnet werden müssen, ist die Größe des Siebintervalls $L_n[1/2, v]L_n[1/2, 1/(4v)] = L_n[1/2, v + 1/(4v)]$.

Ein geeigneter Wert für v wird in der Analyse noch gefunden. Wir tragen zuerst die Laufzeiten für die einzelnen Schritte zusammen.

Die Berechnung der Quadratwurzeln von $f(X)$ modulo p für eine Primzahl p in der Faktorbasis ist in erwarteter Polynomzeit möglich. Daraus leitet man ab, dass die Zeit zur Berechnung der Wurzeln für alle Faktorbasiselemente $L_n[1/2, v + o(1)]$ ist.

Die Siebzeit pro Primzahl p ist $O(L_n[1/2, v + 1/(4v) + o(1)]/p)$, weil man in Schritten der Länge p durch ein Intervall der Länge $L[1/2, v]$ geht. Daraus kann man ableiten, dass die gesamte Siebzeit einschließlich der Vorberechnung $L_n[1/2, v + 1/(4v) + o(1)]$ ist.

Mit dem Algorithmus von Wiedemann, der ein spezialisierter Gleichungslöser für dünn besetzte Systeme ist, benötigt die Lösung des Gleichungssystems Zeit $L_n[1/2, 2v + o(1)]$. Der Wert $v = 1/2$ minimiert die Siebzeit und macht Siebzeit und Zeit zum Gleichungslösen gleich. Wir erhalten also insgesamt die Laufzeit $L_n[1/2, 1 + o(1)]$.

9.5 Effizienz anderer Faktorisierungsverfahren

Nach der Analyse des Quadratischen Siebs im letzten Abschnitt stellen sich zwei Fragen: Gibt es effizientere Faktorisierungsalgorithmen und gibt es Faktorisierungsverfahren, deren Laufzeit man wirklich beweisen kann?

Der effizienteste Faktorisierungsalgorithmus, dessen Laufzeit bewiesen werden kann, benutzt quadratische Formen. Es handelt sich um einen probabilistischen Algorithmus mit erwarteter Laufzeit $L_n[1/2, 1 + o(1)]$. Seine Laufzeit entspricht also der des Quadratischen Siebs. Die Laufzeit wurde in [45] bewiesen.

Die Elliptische-Kurven-Methode (ECM) ist ebenfalls ein probabilistischer Algorithmus mit erwarteter Laufzeit $L_p[1/2, \sqrt{1/2}]$ wobei p der kleinste Primfaktor von n ist. Während das Quadratische Sieb für Zahlen n gleicher Größe gleich lang braucht, wird ECM schneller, wenn n einen kleinen Primfaktor hat. Ist der kleinste Primfaktor aber von der Größenordnung $\sqrt{n}$, dann hat ECM die erwartete Laufzeit $L_n[1/2, 1]$ genau wie das Quadratische Sieb. In der Praxis ist das Quadratische Sieb in solchen Fällen sogar schneller.

Bis 1988 hatten die schnellsten Faktorisierungsalgorithmen die Laufzeit $L_n[1/2, 1]$. Es gab sogar die Meinung, dass es keine schnelleren Faktorisierungsalgorithmen geben könne. Wie man aus 9.1 sieht, ist das auch richtig, solange man versucht, natürliche Zahlen n mit glatten Zahlen der Größenordnung n^a für eine feste positive reelle Zahl a zu faktorisieren. Im Jahre 1988 zeigte aber John Pollard, dass es mit Hilfe der algebraischen Zahlentheorie möglich ist, zur Erzeugung der Kongruenzen (9.1) und (9.2) systematisch kleinere Zahlen zu verwenden. Aus der Idee von Pollard wurde das Zahlkörpersieb (Number Field Sieve, NFS). Unter geeigneten Annahmen kann man zeigen, dass es die Laufzeit $L_n[1/3, (64/9)^{1/3}]$ hat. Es ist damit einem Polynomzeitalgorithmus wesentlich näher als das Quadratische Sieb. Eine Sammlung von Arbeiten zum Zahlkörpersieb findet man in [44].

In den letzten zwanzig Jahren hat es dramatische Fortschritte bei der Lösung des Faktorisierungsproblems gegeben. Shor [69] hat bewiesen, dass auf Quantencomputern natürliche Zahlen in Polynomzeit faktorisiert werden können. Es ist nur nicht klar, ob und wann es entsprechende Quantencomputer geben wird. Aber es ist auch möglich, dass ein klassischer polynomieller Faktorisierungsalgorithmus gefunden wird. Mathematische Fortschritte sind eben nicht voraussagbar. Dann sind das RSA-Verfahren, das Rabin-Verfahren und all die anderen Verfahren, die ihre Sicherheit aus der Schwierigkeit des Faktorisierungsproblems beziehen, unsicher.

Aktuelle Faktorisierungsrekorde findet man zum Beispiel in [27]. So konnte im Dezember 2009 die von den RSA-Laboratories veröffentlichte 232-stellige Challenge-Zahl RSA-768 mit dem Zahlkörpersieb faktorisiert werden.

9.6 Übungen

Übung 9.1 (Fermat-Faktorisierungsmethode) Fermat faktorisierte eine Zahl n, indem er eine Darstellung $n = x^2 - y^2 = (x - y)(x + y)$ berechnete. Faktorisieren Sie auf diese Weise $n = 13199$ möglichst effizient. Funktioniert diese Methode immer? Wie lange braucht die Methode höchstens?

Übung 9.2 Faktorisieren Sie 831802500 mit Probedivision.

Übung 9.3 Faktorisieren Sie $n = 138277151$ mit der $p - 1$-Methode.

Übung 9.4 Faktorisieren Sie $n = 18533588383$ mit der $p - 1$-Methode.

Übung 9.5 Schätzen Sie die Laufzeit der $(p - 1)$-Methode ab.

Übung 9.6 Die *Random-Square-Methode* von Dixon ist der Quadratisches-Sieb-Methode ähnlich. Der Hauptunterschied besteht darin, dass die Relationen gefunden werden, indem $x^2 \bmod n$ faktorisiert wird, wobei x eine Zufallszahl in $\{1, \ldots, n - 1\}$ ist. Verwenden

Sie die Random-Square-Methode, um 11111 mit einer möglichst kleinen Faktorbasis zu faktorisieren.

Übung 9.7 Finden Sie mit dem quadratischen Sieb einen echten Teiler von 11111.

Übung 9.8 Zeichnen Sie die Funktion $f(k) = L_{2^k}[1/2, 1]$ für $k \in \{1, 2, \dots, 2048\}$.

Diskrete Logarithmen

10

In diesem Kapitel geht es um das Problem, diskrete Logarithmen zu berechnen (DL-Problem). Nur in Gruppen, in denen das DL-Problem schwierig zu lösen ist, können das ElGamal-Verschlüsselungsverfahren (siehe Abschn. 8.7) und viele andere Public-Key-Verfahren sicher sein. Daher ist das DL-Problem von großer Bedeutung in der Kryptographie.

Wir werden zuerst Algorithmen behandeln, die in allen Gruppen funktionieren. Dann werden spezielle Algorithmen für endliche Körper beschrieben. Eine Übersicht über Techniken und neuere Resultate findet man in [64] und in [42].

10.1 Das DL-Problem

In diesem Kapitel sei G eine endliche zyklische Gruppe der Ordnung n, γ sei ein Erzeuger dieser Gruppe und 1 sei das neutrale Element in G. Wir gehen davon aus, dass die Gruppenordnung n bekannt ist. Viele Algorithmen zur Lösung des DL-Problems funktionieren auch mit einer oberen Schranke für die Gruppenordnung. Ferner sei α ein Gruppenelement. Wir wollen die kleinste nicht negative ganze Zahl x finden, für die

$$\alpha = \gamma^x \tag{10.1}$$

gilt, d. h. wir wollen den *diskreten Logarithmus* von α zur Basis γ berechnen.

Man kann das DL-Problem auch allgemeiner formulieren: In einer Gruppe H, die nicht notwendig zyklisch ist, sind zwei Elemente α und γ gegeben. Gefragt ist, ob es einen Exponenten x gibt, der (10.1) erfüllt. Wenn ja, ist das kleinste nicht negative x gesucht. Man muss also erst entscheiden, ob es überhaupt einen diskreten Logarithmus gibt. Wenn ja, muss man ihn finden. In kryptographischen Anwendungen ist es aber fast immer klar, dass der diskrete Logarithmus existiert. Das Entscheidungsproblem ist also aus kryptographischer Sicht unbedeutend. Daher betrachten wir nur DL-Probleme in zyklischen Gruppen. Die Basis ist immer ein Erzeuger der Gruppe.

© Springer-Verlag Berlin Heidelberg 2016
J. Buchmann, *Einführung in die Kryptographie*, Springer-Lehrbuch,
DOI 10.1007/978-3-642-39775-2_10

10.2   Enumeration

Die einfachste Methode, den diskreten Logarithmus x aus (10.1) zu berechnen, besteht darin, für $x = 0, 1, 2, 3, \ldots$ zu prüfen, ob (10.1) erfüllt ist. Sobald die Antwort positiv ist, ist der diskrete Logarithmus gefunden. Dieses Verfahren bezeichnen wir als *Enumerationsverfahren*. Es erfordert $x - 1$ Multiplikationen und x Vergleiche in G. Man braucht dabei nur die Elemente α, γ und γ^x zu speichern. Also braucht man Speicherplatz für drei Gruppenelemente.

Beispiel 10.1 Wir bestimmen den diskreten Logarithmus von 3 zur Basis 5 in $(\mathbb{Z}/2017\mathbb{Z})^*$. Probieren ergibt $x = 1030$. Dafür braucht man 1029 Multiplikationen modulo 2017.

In kryptographischen Verfahren ist $x \geq 2^{160}$. Das Enumerationsverfahren ist dann nicht durchführbar. Man braucht dann nämlich wenigstens $2^{160} - 1$ Gruppenoperationen.

10.3   Shanks Babystep-Giantstep-Algorithmus

Eine erste Methode zur schnelleren Berechnung diskreter Logarithmen ist der Babystep-Giantstep-Algorithmus von Shanks. Bei diesem Verfahren muss man viel weniger Gruppenoperationen machen als bei der Enumeration, aber man braucht mehr Speicherplatz. Man setzt

$$m = \lceil \sqrt{n} \rceil$$

und macht den Ansatz

$$x = qm + r, \quad 0 \leq r < m.$$

Dabei ist r also der Rest und q ist der Quotient der Division von x durch m. Der Babystep-Giantstep-Algorithmus berechnet q und r. Dies geschieht folgendermaßen:
    Es gilt

$$\gamma^{qm+r} = \gamma^x = \alpha.$$

Daraus folgt

$$(\gamma^m)^q = \alpha \gamma^{-r}.$$

Man berechnet nun zuerst die Menge der *Babysteps*

$$B = \{(\alpha \gamma^{-r}, r) : 0 \leq r < m\}.$$

Findet man ein Paar $(1, r)$, so kann man $x = r$ setzen und hat das DL-Problem gelöst. Andernfalls bestimmt man

$$\delta = \gamma^m$$

und prüft, ob für $q = 1, 2, 3, \ldots$ das Gruppenelement δ^q als erste Komponente eines Elementes von B vorkommt, ob also ein Paar (δ^q, r) zu B gehört. Sobald dies der Fall ist, gilt

$$\alpha\gamma^{-r} = \delta^q = \gamma^{qm}$$

und man hat den diskreten Logarithmus

$$x = qm + r$$

gefunden. Die Berechnung der Elemente δ^q, $q = 1, 2, 3 \ldots$ nennt man *Giantsteps*. Um die Überprüfung, ob δ^q als erste Komponente eines Elementes der Babystep-Menge vorkommt, effizient zu gestalten, nimmt man die Elemente dieser Menge in eine Hashtabelle auf (siehe [22], Kapitel 12), wobei die erste Komponente eines jeden Elementes als Schlüssel dient.

Beispiel 10.2 Wir bestimmen den diskreten Logarithmus von 3 zur Basis 5 in $(\mathbb{Z}/2017\mathbb{Z})^*$. Es ist $\gamma = 5 + 2017\mathbb{Z}$, $\alpha = 3 + 2017\mathbb{Z}$, $m = \lceil\sqrt{2016}\rceil = 45$. Die Babystep-Menge ist

$$
\begin{aligned}
B = \{ & (3, 0), (404, 1), (1291, 2), (1065, 3), (213, 4), (446, 5), (896, 6), \\
& (986, 7), (1004, 8), (1411, 9), (1089, 10), (1428, 11), (689, 12), (1348, 13), \\
& (673, 14), (538, 15), (511, 16), (909, 17), (1392, 18), (1892, 19), (1992, 20), \\
& (2012, 21), (2016, 22), (1210, 23), (242, 24), (1662, 25), (1946, 26), \\
& (1196, 27), (1046, 28), (1016, 29), (1010, 30), (202, 31), (1654, 32), \\
& (1541, 33), (1115, 34), (223, 35), (448, 36), (493, 37), (502, 38), (1714, 39), \\
& (1553, 40), (714, 41), (1353, 42), (674, 43), (1345, 44) \}.
\end{aligned}
$$

Hierbei wurden die Restklassen durch ihre kleinsten nicht negativen Vertreter dargestellt. Man berechnet nun $\delta = \gamma^m = 45 + 2017\mathbb{Z}$. Die Giantsteps berechnen sich zu

$$45, 8, 360, 64, 863, 512, 853, 62, 773, 496, 133, 1951,$$
$$1064, 1489, 444, 1827, 1535, 497, 178, 1959, 1424, 1553.$$

Man findet $(1553, 40)$ in der Babystep-Menge. Es ist also $\alpha\gamma^{-40} = 1553 + 2017\mathbb{Z}$. Andererseits wurde 1553 als zweiundzwanzigster Giantstep gefunden. Also gilt

$$\gamma^{22*45} = \alpha\gamma^{-40}.$$

Damit ist

$$\gamma^{22*45+40} = \alpha.$$

Als Lösung des DL-Problems findet man $x = 22*45 + 40 = 1030$. Um die Babystep-Menge zu berechnen, brauchte man 45 Multiplikationen. Um die Giantsteps zu berechnen, musste man zuerst δ berechnen und dann brauchte man 21 Multiplikationen in G. Die Anzahl der Multiplikationen ist also deutlich geringer als beim Enumerationsverfahren, aber man muss viel mehr Elemente speichern. Außerdem muss man für 22 Gruppenelemente β prüfen, ob es ein Paar (β, r) in der Babystep-Menge gibt.

Wenn man unterstellt, dass es mittels einer Hashtabelle möglich ist, mit konstant vielen Vergleichen zu prüfen, ob ein gegebenes Gruppenelement erste Komponente eines Paares in der Babystep-Menge ist, dann kann man folgenden Satz leicht verifizieren.

Theorem 10.1 *Der Babystep-Giantstep-Algorithmus benötigt* $O(\sqrt{|G|})$ *Multiplikationen und Vergleiche in* G. *Er muss* $O(\sqrt{|G|})$ *viele Elemente in* G *speichern.*

Der Zeit- und Platzbedarf des Babystep-Giantstep-Algorithmus ist von der Größenordnung $\sqrt{|G|}$. Ist $|G| > 2^{160}$, so ist der Algorithmus in der Praxis nicht mehr einsetzbar.

10.4 Der Pollard-ρ-Algorithmus

Das Verfahren von Pollard, das in diesem Abschnitt beschrieben wird, benötigt wie der Babystep-Giantstep-Algorithmus $O(\sqrt{|G|})$ viele Gruppenoperationen, aber nur konstant viele Speicherplätze.

Wieder wollen wir das DL-Problem (10.1) lösen. Gebraucht werden drei paarweise disjunkte Teilmengen G_1, G_2, G_3 von G, deren Vereinigung die ganze Gruppe G ist. Sei die Funktion $f : G \to G$ definiert durch

$$f(\beta) = \begin{cases} \gamma\beta & \text{falls } \beta \in G_1, \\ \beta^2 & \text{falls } \beta \in G_2, \\ \alpha\beta & \text{falls } \beta \in G_3. \end{cases}$$

Wir wählen eine Zufallszahl x_0 in der Menge $\{1, \ldots, n\}$ und setzen $\beta_0 = \gamma^{x_0}$. Dann berechnen wir die Folge (β_i) nach der Rekursion

$$\beta_{i+1} = f(\beta_i).$$

Wir können die Glieder dieser Folge darstellen als

$$\beta_i = \gamma^{x_i} \alpha^{y_i}, \quad i \geq 0.$$

Dabei ist x_0 der zufällig gewählte Startwert, $y_0 = 0$, und es gilt

$$x_{i+1} = \begin{cases} x_i + 1 \mod n & \text{falls } \beta_i \in G_1, \\ 2x_i \mod n & \text{falls } \beta_i \in G_2, \\ x_i & \text{falls } \beta_i \in G_3 \end{cases}$$

und

$$y_{i+1} = \begin{cases} y_i & \text{falls } \beta_i \in G_1, \\ 2y_i \mod n & \text{falls } \beta_i \in G_2, \\ y_i + 1 \mod n & \text{falls } \beta_i \in G_3. \end{cases}$$

Da es nur endlich viele verschiedene Gruppenelemente gibt, müssen in dieser Folge zwei gleiche Gruppenelemente vorkommen. Es muss also $i \geq 0$ und $k \geq 1$ geben mit $\beta_{i+k} = \beta_i$. Das bedeutet, dass

$$\gamma^{x_i} \alpha^{y_i} = \gamma^{x_{i+k}} \alpha^{y_{i+k}}.$$

Daraus folgt

$$\gamma^{x_i - x_{i+k}} = \alpha^{y_{i+k} - y_i}.$$

Für den diskreten Logarithmus x von α zur Basis γ gilt also

$$(x_i - x_{i+k}) \equiv x(y_{i+k} - y_i) \mod n.$$

Diese Kongruenz muss man lösen. Ist die Lösung nicht eindeutig mod n, so muss man die richtige Lösung durch Ausprobieren ermitteln. Wenn das nicht effizient genug geht, weil zu viele Möglichkeiten bestehen, wiederholt man die gesamte Berechnung mit einem neuen Startwert x_0.

Wir schätzen die Anzahl der Folgenglieder β_i ab, die berechnet werden müssen, bis ein *Match* gefunden ist, also ein Paar $(i, i + k)$ von Indizes, für das $\beta_{i+k} = \beta_i$ gilt. Dazu verwenden wir das Geburtstagsparadox. Die Geburtstage sind die Gruppenelemente. Wir nehmen an, dass die Elemente der Folge $(\beta_i)_{i \geq 0}$ unabhängig und gleichverteilt zufällig gewählt sind. Das stimmt zwar nicht, aber sie ist so konstruiert, dass sie einer Zufallsfolge sehr ähnlich ist. Wie in Abschn. 1.3.1 gezeigt, werden $O(\sqrt{|G|})$ Folgenelemente benötigt, damit die Wahrscheinlichkeit für ein Match größer als $1/2$ ist.

So, wie der Algorithmus bis jetzt beschrieben wurde, muss man alle Tripel (β_i, x_i, y_i) speichern. Der Speicherplatzbedarf ist dann $O(\sqrt{|G|})$, wie beim Algorithmus von Shanks. Tatsächlich genügt es aber, nur ein Tripel zu speichern. Der Pollard-ρ-Algorithmus ist also viel Speicher-effizienter als der Algorithmus von Shanks. Am Anfang speichert man (β_1, x_1, y_1). Hat man gerade (β_i, x_i, y_i) gespeichert, so berechnet man (β_j, x_j, y_j) für $j = i + 1, i + 2, \ldots$ bis man ein Match (i, j) findet oder bis $j = 2i$ ist. Im letzteren Fall löscht man β_i und speichert statt dessen β_{2i}. Gespeichert werden also nur die Tripel (β_i, x_i, y_i) mit $i = 2^k$. Bevor gezeigt wird, dass im modifizierten Algorithmus wirklich ein Match gefunden wird, geben wir ein Beispiel:

Beispiel 10.3 Wir lösen mit dem Pollard-ρ-Algorithmus die Kongruenz

$$5^x \equiv 3 \mod 2017.$$

Alle Restklassen werden durch ihre kleinsten nicht negativen Vertreter dargestellt. Wir setzen

$$G_1 = \{1, \ldots, 672\}, G_2 = \{673, \ldots, 1344\}, G_3 = \{1345, \ldots, 2016\}.$$

Als Startwert nehmen wir $x_0 = 1023$. Wir geben nur die Werte für die gespeicherten Tripel an und zusätzlich das letzte Tripel, das die Berechnung des diskreten Logarithmus ermöglicht.

j	β_j	x_j	y_j
0	986	1023	0
1	2	29	0
2	10	31	0
4	250	33	0
8	1366	136	1
16	1490	277	8
32	613	447	155
64	1476	1766	1000
98	1476	966	1128

Man erkennt, dass

$$5^{800} \equiv 3^{128} \quad \text{mod } 2017$$

ist. Zur Berechnung von x müssen wir die Kongruenz

$$128x \equiv 800 \quad \text{mod } 2016$$

lösen. Da $\gcd(128, 2016) = 32$ ein Teiler von 800 ist, existiert eine Lösung, die mod 63 eindeutig ist. Um x zu finden, löst man erst

$$4z \equiv 25 \text{ mod } 63.$$

Wir erhalten $z = 22$. Der gesuchte diskrete Logarithmus ist einer der Werte $x = 22 + k * 63, 0 \le k < 32$. Für $k = 16$ findet man den diskreten Logarithmus $x = 1030$.

Auf die oben beschriebene Weise wird tatsächlich immer ein Match gefunden. Das wird in Abb. 10.1 illustriert und jetzt bewiesen.

Zuerst zeigen wir, dass die Folge $(\beta_i)_{i \ge 0}$ periodisch wird. Sei $(s, s + k)$ das erste Match. Dann ist $k > 0$ und $\beta_{s+k} = \beta_s$. Weiter gilt $\beta_{s+k+l} = \beta_{s+l}$ für alle $l \ge 0$. Das liegt an der Konstruktion der Folge $(\beta_i)_{i \ge 0}$. Die Folge wird also tatsächlich periodisch. Man kann sie zeichnen wie den griechischen Buchstaben ρ. Die *Vorperiode* ist die Folge $\beta_0, \beta_1, \ldots, \beta_{s-1}$. Sie hat die Länge s. Die *Periode* ist die Folge $\beta_s, \beta_{s+1}, \ldots, \beta_{s+k-1}$. Sie hat die Länge k.

Abb. 10.1 Der Pollard-ρ-
Algorithmus

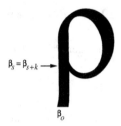

$$\beta_s = \beta_{s+k} \longrightarrow$$

$$\beta_0$$

Nun erläutern wir, wann ein Match gefunden wird. Ist $i = 2^j \geq s$, so liegt das gespeicherte Element β_i in der Periode. Ist zusätzlich $2^j \geq k$, so ist die Folge

$$\beta_{2^j+1}, \beta_{2^j+2}, \ldots, \beta_{2^{j+1}}$$

wenigstens so lang wie die Periode. Eins ihrer Glieder stimmt also mit β_{2^j} überein. Diese Folge wird aber berechnet, nachdem b_{2^j} gespeichert wurde, und alle ihre Elemente werden mit β_{2^j} verglichen. Bei diesen Vergleichen wird also ein Match gefunden. Da die Summe aus Vorperioden- und Periodenlänge $O(\sqrt{|G|})$ ist, wird also nach Berechnung von $O(\sqrt{|G|})$ Folgengliedern ein Match gefunden. Der Algorithmus braucht also $O(\sqrt{|G|})$ Gruppenoperationen und muss $O(1)$ Tripel speichern.

Der Algorithmus wird effizienter, wenn man nicht nur ein, sondern acht Tripel speichert. Das macht man so: Zuerst sind diese 8 Tripel alle gleich (β_0, x_0, y_0). Später werden die Tripel nach und nach durch andere ersetzt. Sei i der Index des letzten gespeicherten Tripels. Am Anfang ist $i = 1$.

Für $j = 1, 2, \ldots$ berechnet man nun (β_j, x_j, y_j) und macht folgendes:

1. Wenn β_j mit einem gespeicherten Gruppenelement übereinstimmt, bricht man die Berechnung der β_j ab und versucht, den diskreten Logarithmus zu bestimmen.
2. Wenn $j \geq 3i$ ist, löscht man das erste gespeicherte Tripel und nimmt (β_j, x_j, y_j) als neues letztes gespeichertes Tripel.

Diese Modifikation ändert aber nichts an der Laufzeit oder dem Speicherbedarf des Algorithmus.

10.5   Der Pohlig-Hellman-Algorithmus

Wir zeigen nun, wie man das Problem der Berechnung diskreter Logarithmen in G auf dasselbe Problem in Gruppen von Primzahlordnung reduzieren kann, wenn man die Faktorisierung der Gruppenordnung $|G|$ kennt. Es sei also

$$n = |G| = \prod_{p|n} p^{e(p)}$$

die Primfaktorzerlegung von $n = |G|$.

10.5.1   Reduktion auf Primzahlpotenzordnung

Für jeden Primteiler p von n setzen wir

$$n_p = n/p^{e(p)}, \quad \gamma_p = \gamma^{n_p}, \quad \alpha_p = \alpha^{n_p}.$$

Dann ist die Ordnung von γ_p genau $p^{e(p)}$ und es gilt

$$\gamma_p^x = \alpha_p.$$

Das Element α_p liegt also in der von γ_p erzeugten zyklischen Untergruppe von G. Daher existiert der diskrete Logarithmus von α_p zur Basis γ_p. Der folgende Satz beschreibt die Berechnung von x aus den diskreten Logarithmen der α_p zur Basis γ_p.

Theorem 10.2 *Für alle Primteiler p von n sei $x(p)$ der diskrete Logarithmus von α_p zur Basis γ_p. Außerdem sei $x \in \{0, 1, \ldots, n-1\}$ Lösung der simultanen Kongruenz $x \equiv x(p) \bmod p^{e(p)}$ für alle Primteiler p von n. Dann ist x der diskrete Logarithmus von α zur Basis γ.*

Beweis Es gilt

$$(\gamma^{-x}\alpha)^{n_p} = \gamma_p^{-x(p)}\alpha_p = 1$$

für alle Primteiler p von n. Daher ist die Ordnung des Elementes $\gamma^{-x}\alpha$ ein Teiler von n_p für alle Primteiler p von n und damit ein Teiler des größten gemeinsamen Teilers aller n_p. Dieser größte gemeinsame Teiler ist aber 1. Die Ordnung ist also 1 und damit gilt $\alpha = \gamma^x$.   □

Man kann also x berechnen, indem man zuerst alle $x(p)$ bestimmt und dann den chinesischen Restsatz anwendet. Zur Berechnung eines $x(p)$ braucht der Babystep-Giantstep-Algorithmus oder der Algorithmus von Pollard nur noch $O(\sqrt{p^{e(p)}})$ viele Gruppenoperationen. Wenn n mehr als einen Primfaktor hat, ist das bereits deutlich schneller als wenn einer dieser Algorithmen in der gesamten Gruppe G angewendet wird. Die Rechenzeit für den chinesischen Restsatz kann man vernachlässigen.

Beispiel 10.4 Wie in Beispiel 10.2 sei G die prime Restklassengruppe mod 2017. Ihre Ordnung ist

$$2016 = 2^5 * 3^2 * 7.$$

Nach obiger Reduktion muss man $x(2)$ in einer Untergruppe der Ordnung $2^5 = 32$ bestimmen, $x(3)$ wird in einer Untergruppe der Ordnung 9 berechnet und $x(7)$ in einer Untergruppe der Ordnung 7. Dies wird im nächsten Abschnitt noch weiter vereinfacht.

10.5.2   Reduktion auf Primzahlordnung

Im vorigen Abschnitt haben wir gesehen, dass man die Berechnung diskreter Logarithmen in einer zyklischen Gruppe, für die man die Faktorisierung der Gruppenordnung kennt, auf DL-Berechnungen in Gruppen von Primzahlpotenzordnung zurückführen kann. Jetzt vereinfachen wir das DL-Problem noch weiter. Wir zeigen, wie die DL-Berechnung in einer zyklischen Gruppe von Primzahlpotenzordnung auf DL-Berechnungen in Gruppen von Primzahlordnung reduziert werden kann.

Sei also $|G| = n = p^e$ für eine Primzahl p. Wir wollen (10.1) in dieser Gruppe lösen. Wir wissen, dass $x < p^e$ gelten muss. Gemäß Theorem 1.3 kann man x in der Form

$$x = x_0 + x_1 p + \ldots + x_{e-1} p^{e-1}, \quad 0 \le x_i < p, \quad 0 \le i \le e - 1 \tag{10.2}$$

schreiben. Wir zeigen, dass sich jeder Koeffizient x_i, $0 \le i \le e - 1$, als Lösung eines DL-Problems in einer Gruppe der Ordnung p bestimmen lässt.

Wir potenzieren die Gleichung $\gamma^x = \alpha$ mit p^{e-1}. Dann ergibt sich

$$\gamma^{p^{e-1} x} = \alpha^{p^{e-1}}. \tag{10.3}$$

Nun gilt nach (10.2)

$$p^{e-1} x = x_0 p^{e-1} + p^e (x_1 + x_2 p + \ldots x_{e-1} p^{e-2}). \tag{10.4}$$

Aus dem kleinen Satz von Fermat (siehe Theorem 2.13), (10.4) und (10.3) erhält man

$$(\gamma^{p^{e-1}})^{x_0} = \alpha^{p^{e-1}}. \tag{10.5}$$

Gemäß (10.5) ist der Koeffizient x_0 Lösung eines DL-Problems in einer Gruppe der Ordnung p, weil $\gamma^{p^{e-1}}$ die Ordnung p hat. Die anderen Koeffizienten bestimmt man rekursiv. Angenommen, $x_0, x_1, \ldots, x_{i-1}$ sind schon bestimmt. Dann gilt

$$\gamma^{x_i p^i + \ldots + x_{e-1} p^{e-1}} = \alpha \gamma^{-(x_0 + x_1 p + \ldots + x_{i-1} p^{i-1})}.$$

Bezeichne das Gruppenelement auf der rechten Seite mit α_i. Potenzieren dieser Gleichung mit p^{e-i-1} liefert

$$(\gamma^{p^{e-1}})^{x_i} = \alpha_i^{p^{e-i-1}}, \quad 0 \le i \le e - 1. \tag{10.6}$$

Zur Berechnung der Koeffizienten x_i hat man also e DL-Probleme in Gruppen der Ordnung p zu lösen.

Beispiel 10.5 Wie in Beispiel 10.2 lösen wir

$$5^x \equiv 3 \bmod 2017.$$

Die Gruppenordnung der primen Restklassengruppe mod 2017 ist

$$n = 2016 = 2^5 * 3^2 * 7.$$

Zuerst bestimmen wir $x(2) = x \bmod 2^5$. Wir erhalten $x(2)$ als Lösung der Kongruenz

$$(5^{3^2 * 7})^{x(2)} \equiv 3^{3^2 * 7} \bmod 2017.$$

Dies ergibt die Kongruenz

$$500^{x(2)} \equiv 913 \bmod 2017.$$

Um diese Kongruenz zu lösen, schreiben wir

$$x(2) = x_0(2) + x_1(2) * 2 + x_2(2) * 2^2 + x_3(2) * 2^3 + x_4(2) * 2^4.$$

Gemäß (10.6) ist $x_0(2)$ die Lösung von

$$2016^{x_0(2)} \equiv 1 \bmod 2017.$$

Man erhält $x_0(2) = 0$ und $\alpha_1 = \alpha_0 = 913 + 2017\mathbb{Z}$. Damit ist $x_1(2)$ Lösung von

$$2016^{x_1(2)} \equiv 2016 \bmod 2017.$$

Dies ergibt $x_1(2) = 1$ und $\alpha_2 = 1579 + 2017\mathbb{Z}$. Damit ist $x_2(2)$ Lösung von

$$2016^{x_2(2)} \equiv 2016 \bmod 2017.$$

Dies ergibt $x_2(2) = 1$ und $\alpha_3 = 1 + 2017\mathbb{Z}$. Damit ist $x_3(2) = x_4(2) = 0$. Insgesamt ergibt sich

$$x(2) = 6.$$

Nun berechnen wir

$$x(3) = x_0(3) + x_1(3) * 3.$$

Wir erhalten $x_0(3)$ als Lösung von

$$294^{x_0(3)} \equiv 294 \bmod 2017.$$

Dies ergibt $x_0(3) = 1$ und $\alpha_1 = 294 + 2017\mathbb{Z}$. Damit ist $x_1(3) = 1$ und

$$x(3) = 4.$$

Schließlich berechnen wir $x(7)$ als Lösung der Kongruenz

$$1879^{x(7)} \equiv 1879 \bmod 2017.$$

Also ist $x(7) = 1$. Wir erhalten dann x als Lösung der simultanen Kongruenz

$$x \equiv 6 \bmod 32, \quad x \equiv 4 \bmod 9, \quad x \equiv 1 \bmod 7.$$

Die Lösung ist $x = 1030$.

10.5.3 Gesamtalgorithmus und Analyse

Um die Gleichung (10.1) zu lösen, geht man im Algorithmus von Pohlig-Hellman folgendermaßen vor. Man berechnet die Werte $\gamma_p = \gamma^{n_p}$ und $\alpha_p = \alpha^{n_p}$ für alle Primteiler p von n. Anschließend werden die Koeffizienten $x_i(p)$ ermittelt für alle Primteiler p von n und $0 \le i \le e(p) - 1$. Dazu kann man den Algorithmus von Pollard oder den Babystep-Giantstep-Algorithmus von Shanks benutzen. Zuletzt wird der chinesische Restsatz benutzt, um den diskreten Logarithmus x zu konstruieren.

Der Aufwand, den der Pohlig-Hellman-Algorithmus zur Berechnung diskreter Logarithmen benötigt, kann folgendermaßen abgeschätzt werden.

Theorem 10.3 *Der Pohlig-Hellman-Algorithmus berechnet diskrete Logarithmen der Gruppe G unter Verwendung von* $O(\sum_{p\|G\|}(e(p)(\log|G| + \sqrt{p})) + (\log|G|)^2)$ *Gruppenoperationen.*

Beweis Wir benutzen dieselben Bezeichnungen wie im vorigen Abschnitt. Die Berechnung einer Ziffer von $x(p)$ für einen Primteiler p von $n = |G|$ erfordert $O(\log n)$ für die Potenzen und $O(\sqrt{p})$ für den Babystep-Giantstep-Algorithmus. Die Anzahl der Ziffern ist höchstens $e(p)$. Daraus folgt die Behauptung.   □

Theorem 10.5 zeigt, dass die Zeit, die der Pohlig-Hellman-Algorithmus zur Berechnung diskreter Logarithmen braucht, von der Quadratwurzel des größten Primteilers der Gruppenordnung dominiert wird. Wenn also der größte Primteiler der Gruppenordnung zu klein ist, kann man in der Gruppe leicht diskrete Logarithmen berechnen.

Beispiel 10.6 Die Zahl $p = 2 * 3 * 5^{278} + 1$ ist eine Primzahl. Ihre binäre Länge ist 649. Die Ordnung der primen Restklassengruppe mod p ist $p - 1 = 2 * 3 * 5^{278}$. Die Berechnung diskreter Logarithmen in dieser Gruppe ist sehr einfach, wenn man den Pohlig-Hellman-Algorithmus verwendet, weil der größte Primteiler der Gruppenordnung 5 ist. Darum kann man diese Primzahl p nicht im ElGamal-Verfahren benutzen.

10.6 Index-Calculus

Für die prime Restklassengruppe modulo einer Primzahl und genereller für die multiplikative Gruppe eines endlichen Körpers gibt es effizientere Methoden zur Berechnung diskreter Logarithmen, nämlich sogenannte Index-Calculus-Methoden. Sie sind eng verwandt mit Faktorisierungsverfahren wie dem Quadratischen Sieb und dem Zahlkörpersieb. Wir beschreiben hier die einfachste Version eines solchen Algorithmus.

10.6.1   Idee

Sei p eine Primzahl, g eine Primitivwurzel mod p und $a \in \{1, \ldots, p-1\}$. Wir wollen die Kongruenz

$$g^x \equiv a \bmod p \tag{10.7}$$

lösen. Dazu wählen wir eine Schranke B, bestimmen die Menge

$$F(B) = \{q \in \mathbb{P} : q \leq B\}.$$

Diese Menge ist die *Faktorbasis*. Eine ganze Zahl b heißt *B-glatt*, wenn in der Primfaktorzerlegung von b nur Primzahlen $q \leq B$ vorkommen.

Beispiel 10.7 Sei $B = 15$. Dann ist $F(B) = \{2, 3, 5, 7, 11, 13\}$. Die Zahl 990 ist 15-glatt. Ihre Primfaktorzerlegung ist nämlich $990 = 2 * 3^2 * 5 * 11$.

Wir gehen in zwei Schritten vor. Zuerst berechnen wir die diskreten Logarithmen für alle Faktorbasiselemente. Wir lösen also

$$g^{x(q)} \equiv q \bmod p \tag{10.8}$$

für alle $q \in F(B)$. Dann bestimmen wir einen Exponenten $y \in \{1, 2, \ldots, p-1\}$, für den $ag^y \bmod p$ B-glatt ist. Dann gilt also

$$ag^y \equiv \prod_{q \in F(B)} q^{e(q)} \bmod p \tag{10.9}$$

mit nicht negativen ganzen Exponenten $e(q)$, $q \in F(B)$. Aus (10.8) und (10.9) folgt

$$ag^y \equiv \prod_{q \in F(B)} q^{e(q)} \equiv \prod_{q \in F(B)} g^{x(q)e(q)} \equiv g^{\sum_{q \in F(B)} x(q)e(q)} \bmod p,$$

also

$$a \equiv g^{\sum_{q \in F(B)} x(q)e(q)-y} \bmod p.$$

Daher ist

$$x = \left(\sum_{q \in F(B)} x(q)e(q) - y \right) \bmod (p-1) \tag{10.10}$$

der gesuchte diskrete Logarithmus.

10.6.2   Diskrete Logarithmen der Faktorbasiselemente

Um die diskreten Logarithmen der Faktorbasiselemente zu berechnen, wählt man zufällige Elemente $z \in \{1, \ldots, p-1\}$ und berechnet $g^z \bmod p$. Man prüft, ob diese Zahlen B-glatt sind. Wenn ja, berechnet man die Zerlegung

$$g^z \bmod p = \prod_{q \in F(B)} q^{f(q,z)}.$$

Jeder Exponentenvektor $(f(q,z))_{q \in F(B)}$ heißt *Relation*.

Beispiel 10.8 Wir wählen $p = 2027$, $g = 2$ und bestimmen Relationen für die Faktorbasis $\{2, 3, 5, 7, 11\}$. Wir erhalten

$$3 * 11 = 33 \equiv 2^{1593} \bmod 2027$$
$$5 * 7 * 11 = 385 \equiv 2^{983} \bmod 2027$$
$$2^7 * 11 = 1408 \equiv 2^{1318} \bmod 2027$$
$$3^2 * 7 = 63 \equiv 2^{293} \bmod 2027$$
$$2^6 * 5^2 = 1600 \equiv 2^{1918} \bmod 2027.$$

Wenn man viele Relationen gefunden hat, kann man für die diskreten Logarithmen folgendermaßen ein lineares Kongruenzensystem aufstellen. Unter Verwendung von (10.8) erhält man

$$g^z \equiv \prod_{q \in F(B)} q^{f(q,z)} \equiv \prod_{q \in F(B)} g^{x(q)f(q,z)} \equiv g^{\sum_{q \in F(B)} x(q)f(q,z)} \bmod p.$$

Daher ist

$$z \equiv \sum_{q \in F(B)} x(q) f(q,z) \bmod (p-1) \tag{10.11}$$

für alle z. Für jede Relation hat man also eine Kongruenz gefunden. Wenn man $n = |F(B)|$ viele Relationen gefunden hat, versucht man die diskreten Logarithmen $x(q)$ durch Verwendung des Gaußalgorithmus zu berechnen und zwar modulo jedes Primteilers l von $p - 1$. Teilt ein Primteiler l die Ordnung $p - 1$ in höherer Potenz, dann berechnet man die $x(q)$ modulo dieser Potenz. Dadurch wird die lineare Algebra etwas schwieriger. Danach berechnet man die $x(q)$ mit dem chinesischen Restsatz.

Beispiel 10.9 Wir setzen Beispiel 10.8 fort. Der Ansatz

$$q \equiv g^{x(q)} \bmod 2027, \quad q = 2, 3, 5, 7, 11$$

führt mit den Relationen aus Beispiel 10.8 zu dem Kongruenzensystem

$$x(3) + x(11) \equiv 1593 \bmod 2026$$
$$x(5) + x(7) + x(11) \equiv 983 \bmod 2026$$
$$7x(2) + x(11) \equiv 1318 \bmod 2026 \tag{10.12}$$

$$2x(3) + x(7) \equiv 293 \bmod 2026$$

$$6x(2) + 2x(5) \equiv 1918 \bmod 2026.$$

Da $2026 = 2 * 1013$ ist, und 1013 eine Primzahl ist, lösen wir jetzt das Kongruenzensystem mod 2 und mod 1013. Es ergibt sich

$$x(3) + x(11) \equiv 1 \bmod 2$$
$$x(5) + x(7) + x(11) \equiv 1 \bmod 2$$
$$x(2) + x(11) \equiv 0 \bmod 2 \tag{10.13}$$
$$x(7) \equiv 1 \bmod 2.$$

Wir wissen bereits, dass $x(2) = 1$ ist, weil als Primitivwurzel $g = 2$ gewählt wurde. Daraus gewinnt man

$$x(2) \equiv x(5) \equiv x(7) \equiv x(11) \equiv 1 \bmod 2, \quad x(3) \equiv 0 \bmod 2. \tag{10.14}$$

Als nächstes berechnen wir die diskreten Logarithmen der Faktorbasiselemente mod 1013. Wieder ist $x(2) = 1$. Aus (10.12) erhalten wir

$$x(3) + x(11) \equiv 580 \bmod 1013$$
$$x(5) + x(7) + x(11) \equiv 983 \bmod 1013$$
$$x(11) \equiv 298 \bmod 1013 \tag{10.15}$$
$$2x(3) + x(7) \equiv 293 \bmod 1013$$
$$2x(5) \equiv 899 \bmod 1013.$$

Wir erhalten $x(11) \equiv 298 \bmod 1013$. Um $x(5)$ auszurechnen, müssen wir 2 mod 1013 invertieren. Wir erhalten $2 * 507 \equiv 1 \bmod 1013$. Daraus ergibt sich $x(5) \equiv 956 \bmod 1013$. Aus der zweiten Kongruenz erhalten wir $x(7) \equiv 742 \bmod 1013$. Aus der ersten Kongruenz erhalten wir $x(3) \equiv 282 \bmod 1013$. Unter Berücksichtigung von (10.14) erhalten wir schließlich

$$x(2) = 1, x(3) = 282, x(5) = 1969, x(7) = 1755, x(11) = 1311.$$

Man verifiziert leicht, dass dies korrekt ist.

10.6.3   Individuelle Logarithmen

Sind die diskreten Logarithmen der Faktorbasiselemente berechnet, bestimmt man den diskreten Logarithmus von a zur Basis g, indem man ein $y \in \{1, \ldots, p - 1\}$ zufällig bestimmt. Wenn $ag^y \bmod p$ B-glatt ist, wendet man (10.10) an. Andernfalls wählt man ein neues y.

Beispiel 10.10 Wir lösen

$$2^x \equiv 13 \bmod 2027.$$

Wir wählen $y \in \{1, \ldots, 2026\}$ zufällig, bis $13 * 2^y \bmod 2027$ nur noch Primfaktoren aus der Menge $\{2, 3, 5, 7, 11\}$ hat. Wir finden

$$2 * 5 * 11 = 110 \equiv 13 * 2^{1397} \bmod 2027.$$

Unter Verwendung von (10.10) ergibt sich $x = (1 + 1969 + 1311 - 1397) \bmod 2026 = 1884$.

10.6.4 Analyse

Man kann zeigen, dass der beschriebene Index-Calculus-Algorithmus die subexponentielle Laufzeit $L_p[1/2, c + o(1)]$ hat, wobei c eine Konstante ist, die von der technischen Umsetzung des Algorithmus abhängt. Die Analyse wird ähnlich durchgeführt wie die Analyse des quadratischen Siebs in Abschn. 9.4.

10.7 Andere Algorithmen

Es gibt eine Reihe effizienterer Varianten des Index-Calculus-Algorithmus. Der zur Zeit effizienteste Algorithmus ist das Zahlkörpersieb. Es hat die Laufzeit $L_p[1/3, (64/9)^{1/3}]$. Das Zahlkörpersieb zur DL-Berechnung wurde kurz nach der Erfindung des Zahlkörpersiebs zur Faktorisierung entdeckt. Rekordberechnungen von diskreten Logarithmen in endlichen Körpern findet man unter [26]. So wurde am 11. Juni 2014 ein diskreter Logarithmus modulo einer 180-stelligen Primzahl berechnet.

Alle DL-Probleme, die im Kontext der Kryptographie von Bedeutung sind, sind auf Quantencomputern leicht lösbar. Das wurde von Shor in [69] gezeigt. Es ist nur noch nicht klar, ob und wann es Quantencomputer geben wird.

10.8 Verallgemeinerung des Index-Calculus-Verfahrens

Das Index-Calculus-Verfahren ist nur für die prime Restklassengruppe modulo einer Primzahl erklärt worden. Die Verfahren von Shanks, Pollard oder Pohlig-Hellman funktionieren aber in beliebigen endlichen Gruppen. Auch das Index-Calculus-Verfahren kann verallgemeinert werden. In beliebigen Gruppen braucht man eine Faktorbasis von Gruppenelementen. Man muss zwischen den Gruppenelementen genügend Relationen finden, also Potenzprodukte, deren Wert die Eins in der Gruppe ist. Hat man die Relationen gefunden, kann man mit linearer Algebra die diskreten Logarithmen genauso berechnen, wie das oben beschrieben wurde. Die entscheidende Schwierigkeit ist die Bestimmung der Relationen. In primen Restklassengruppen kann man Relationen finden, weil man die Gruppenelemente in den Ring der ganzen Zahlen liften kann und dort die eindeutige Primfaktorzerlegung gilt. Für andere Gruppen wie z. B. die Punktgruppe elliptischer Kurven ist nicht bekannt, wie die Relationen gefunden werden können und daher ist in diesen Gruppen auch das Index-Calculus-Verfahren bis jetzt nicht anwendbar.

10.9 Übungen

Übung 10.1 Lösen Sie $3^x \equiv 693 \bmod 1823$ mit dem Babystep-Giantstep-Algorithmus.

Übung 10.2 Verwenden Sie den Babystep-Giantstep-Algorithmus, um den diskreten Logarithmus von 15 zur Basis 2 mod 239 zu berechnen.

Übung 10.3 Lösen Sie $a^x \equiv 507 \bmod 1117$ für die kleinste Primitivwurzel a mod 1117 mit dem Pohlig-Hellman-Algorithmus.

Übung 10.4 Verwenden Sie den Pohlig-Hellman-Algorithmus, um den diskreten Logarithmus von 2 zur Basis 3 mod 65537 zu berechnen.

Übung 10.5 Berechnen Sie mit dem Pollard-ρ-Algorithmus die Lösung von $g^x \equiv 15 \bmod 3167$ für die kleinste Primitivwurzel g mod 3167.

Übung 10.6 Verwenden Sie die Variante des Pollard-ρ-Algorithmus, die acht Tripel (β, x, y) speichert, um das DL-Problem $g^x \equiv 15 \bmod 3167$ für die kleinste Primitivwurzel g mod 3167 zu berechnen. Vergleichen Sie die Effizienz dieser Berechnung mit dem Ergebnis von Übung 10.5.

Übung 10.7 Berechnen Sie mit dem Index-Calculus-Algorithmus unter Verwendung der Faktorbasis $\{2, 3, 5, 7, 11\}$ die Lösung von $7^x \equiv 13 \bmod 2039$.

Hashfunktionen und MACS

Verschlüsselung sorgt für Vertraulichkeit. Vertraulichkeit ist aber nicht das einzige Schutzziel, das mit Kryptographie erreicht wird. Andere wichtige Schutzziele sind *Integrität* und *Authentizität*. Integrität bedeutet, dass Daten nicht verändert wurden. Authentizität garantiert, dass der Ursprung von Daten ermittelt werden kann. Wir geben zwei Beispiele, die diese beiden Schutzziele illustrieren:

Beispiel 11.1 Internet Browser speichern viele Zertifikate, die sichere Kommunikation zwischen dem Browser und Web-Anwendungen ermöglichen. Dies ist in Kap. 16 beschrieben. Die Zertifikate müssen nicht geheimgehalten werden. Die Sicherheit der Kommunikation hängt aber davon ab, dass die Zertifikate nicht verändert werden. Ihre Integrität muss also gewährleistet sein.

Beispiel 11.2 Bei *Phishing-Angriffen* schickt der Angreifer Nachrichten an Kundinnen und Kunden einer Bank, die aussehen wie Nachrichten der Bank selbst, und fordert die Kundinnen und Kunden darin auf, ihre geheimen Passwörter preiszugeben. Es ist darum für Empfängerinnen und Empfänger einer solchen Nachricht wichtig, festzustellen, ob die Nachricht *authentisch* ist, also ob die Nachricht wirklich von der Bank kommt oder nicht.

In diesem Kapitel behandeln wir *kryptographische Kompressionsfunktionen*, *Hashfunktionen* und *Message-Authentication-Codes*, die Integrität und Authentizität von Daten ermöglichen. Darüber hinaus haben diese kryptographischen Komponenten noch zahlreiche Anwendungen. Im gesamten Kapitel ist Σ ein Alphabet.

© Springer-Verlag Berlin Heidelberg 2016
J. Buchmann, *Einführung in die Kryptographie*, Springer-Lehrbuch,
DOI 10.1007/978-3-642-39775-2_11

11.1 Hashfunktionen und Kompressionsfunktionen

Wir definieren zuerst Hashfunktionen.

Definition 11.1 Eine *Hashfunktion* ist eine Abbildung

$$h : \Sigma^* \to \Sigma^n, \quad n \in \mathbb{N}.$$

Hashfunktionen bilden also beliebig lange Strings auf Strings fester Länge ab. Sie sind nie injektiv.

Beispiel 11.3 Die Abbildung, die jedem Wort $b_1 b_2 \ldots b_k$ aus $\mathbb{Z}_2^*$ die Zahl $b_1 \oplus b_2 \oplus b_3 \oplus \cdots \oplus b_k$ zuordnet, ist eine Hashfunktion. Sie bildet z. B. 01101 auf 1 ab. Allgemein bildet sie einen String b auf 1 ab, wenn die Anzahl der Einsen in b ungerade ist und auf 0 andernfalls.

Hashfunktionen können mit Hilfe von *Kompressionsfunktionen* erzeugt werden.

Definition 11.2 Eine Kompressionsfunktion ist eine Abbildung

$$h : \Sigma^m \to \Sigma^n, \quad n, m \in \mathbb{N}, \quad m > n.$$

Kompressionsfunktionen bilden also Strings einer festen Länge auf Strings kürzerer Länge ab.

Beispiel 11.4 Die Abbildung, die jedem Wort $b_1 b_2 \ldots b_m$ aus $\mathbb{Z}_2^m$ die Zahl $b_1 \oplus b_2 \oplus b_3 \oplus \cdots \oplus b_n$ zuordnet, ist eine Kompressionsfunktion, solange $1 \leq n < m$ ist.

Hashfunktionen und Kompressionsfunktionen werden für viele Zwecke gebraucht, z. B. um die Suche in Wörterbüchern zu unterstützen. Auch in der Kryptographie spielen sie eine wichtige Rolle. Kryptographische Hash- und Kompressionsfunktionen müssen Eigenschaften haben, die ihre sichere Verwendbarkeit garantieren. Diese Eigenschaften werden jetzt beschrieben.

Dabei ist $h : \Sigma^* \to \Sigma^n$ eine Hashfunktion oder $h : \Sigma^m \to \Sigma^n$ eine Kompressionsfunktion. Den Definitionsbereich von h bezeichnen wir mit D. Es ist also $D = \Sigma^*$, wenn h eine Hashfunktion ist, und es ist $D = \Sigma^m$, wenn h eine Kompressionsfunktion ist.

Um h in der Kryptographie verwenden zu können, verlangt man, dass der Wert $h(x)$ für alle $x \in D$ effizient berechenbar ist. Wir setzen dies im Folgenden voraus.

Die Funktion h heißt *Einwegfunktion*, wenn es praktisch unmöglich ist, zu einem $s \in \Sigma^n$ ein $x \in D$ mit $h(x) = s$ zu finden. In Abschn. 1.5 wurde erläutert, was „praktisch unmöglich" heißt.

Es ist nicht bekannt, ob es Einwegfunktionen gibt. Es gibt aber Funktionen, die nach heutiger Kenntnis Einwegfunktionen sind. Ihre Funktionswerte sind leicht zu berechnen, aber es ist kein Algorithmus bekannt, der die Funktion schnell genug umkehren kann.

Beispiel 11.5 Ist p eine gemäß Tab. 8.4 zufällig gewählte Primzahl und g eine Primitivwurzel mod p, dann ist nach heutiger Kenntnis die Funktion $f : \{0, 2, \ldots, p - 2\} \to \{1, 2, \ldots, p - 1\}$, $x \mapsto g^x$ mod p eine Einwegfunktion, weil kein effizientes Verfahren zur Berechnung diskreter Logarithmen bekannt ist (siehe Kap. 10).

Eine *Kollision* von h ist ein Paar $(x, x') \in D^2$ von Strings, für die $x \neq x'$ und $h(x) = h(x')$ gilt. Alle Hashfunktionen und Kompressionsfunktionen besitzen Kollisionen, weil sie nicht injektiv sind.

Beispiel 11.6 Eine Kollision der Hashfunktion aus Beispiel 11.3 ist ein Paar verschiedener Strings, die beide eine ungerade Anzahl von Einsen haben, also z. B. $(111, 001)$.

Die Funktion h heißt *schwach kollisionsresistent* (Englisch: *second preimage resistant*), wenn es praktisch unmöglich ist, für ein vorgegebenes $x \in D$ eine Kollision (x, x') zu finden. Nachfolgend findet sich ein Beispiel für die Verwendung einer schwach kollisionsresistenten Hashfunktion.

Beispiel 11.7 Alice möchte ein Verschlüsselungsprogramm auf ihrer Festplatte gegen unerlaubte Änderung schützen. Mit einer Hashfunktion $h : \Sigma^* \to \Sigma^n$ berechnet sie den Hashwert $y = h(x)$ dieses Programms x und speichert den Hashwert y auf ihrer persönlichen Chipkarte. Abends geht Alice nach Hause und nimmt ihre Chipkarte mit. Am Morgen kommt sie wieder in ihr Büro. Sie schaltet ihren Computer ein und will das Verschlüsselungsprogramm benutzen. Erst prüft sie aber, ob das Programm nicht geändert wurde. Sie berechnet den Hashwert $h(x)$ erneut und vergleicht das Resultat y' mit dem Hashwert y, der auf ihrer Chipkarte gespeichert ist. Wenn beide Werte übereinstimmen, wurde das Programm x nicht geändert. Falls h schwach kollisionsresistent ist, kann niemand ein verändertes Programm x' erzeugen mit $y' = h(x') = h(x) = y$.

Beispiel 11.7 zeigt eine typische Verwendung von kollisionsresistenten Hashfunktionen. Sie erlauben die Überprüfung der *Integrität* eines Textes, Programms, etc., also die Übereinstimmung mit dem Original. Mit der Hashfunktion kann die Integrität der Originaldaten auf die Integrität eines viel kleineren Hashwertes zurückgeführt werden. Dieser kleinere Hashwert kann an einem sicheren Ort, z. B. auf einer Chipkarte, gespeichert werden.

Die Funktion h heißt *(stark) kollisionsresistent*, wenn es praktisch unmöglich ist, irgendeine Kollision (x, x') von h zu finden. In manchen Anwendungen muss man Hashfunktionen benutzen, die stark kollisionsresistent sind. Ein wichtiges Beispiel sind elektronische Signaturen, die im nächsten Kapitel beschrieben werden. Jede stark kollisionsresistente Hashfunktion ist auch schwach kollisionsresistent. Außerdem ist jede schwach kollisionsresistente Hashfunktion auch eine Einwegfunktionen. Die Beweisidee ist folgende: Angenommen, es gibt einen Invertierungsalgorithmus, der zu einem Bild y ein Urbild x ausrechnen kann mit $y = h(x)$. Dann können wir einen Algorithmus konstruieren, der ein zweites Urbild eines Hashwertes $y = h(x)$, $x \in \Sigma^*$ berechnet. Dazu wendet unser Algorithmus den Invertierungsalgorithmus auf y an und erhält das Inverse x'. Ist $x' \neq x$, so ist x' offensichtlich ein zweites Urbild von y. Andernfalls hat unser Algorithmus versagt. Das ist aber sehr unwahrscheinlich, weil Hashwerte sehr viele Urbilder haben.

11.2 Geburtstagsangriff

In diesem Abschnitt beschreiben wir einen Algorithmus zur Berechnung von Kollisionen einer Kompressionsfunktion

$$h : \Sigma^m \to \Sigma^n.$$

Der Algorithmus heißt *Geburtstagsangriff*. Er kann leicht auf Hashfunktionen übertragen werden.

Der Geburtstagsangriff berechnet und speichert so viele Paare $(x, y = h(x))$, $x \in \Sigma^*$, wie es die zur Verfügung stehende Rechenzeit und der vorhandene Speicher zuläßt. Dabei werden die Urbilder x zufällig und gleichverteilt gewählt. Diese Paare werden nach der zweiten Komponente sortiert. Werden dabei zwei verschiedene Paare (x, y), (x', y) mit derselben zweiten Komponente gefunden, so ist eine Kollision (x, x') von h gefunden.

Das Geburtstagsparadox (siehe Abschn. 1.3.1) erlaubt die Analyse dieses Verfahrens. Die Hashwerte entsprechen den Geburtstagen. In Abschn. 1.3.1 wurde folgendes gezeigt: Wählt man k Argumente $x \in \Sigma^*$ zufällig aus, wobei

$$k \geq (1 + \sqrt{1 + (8 \ln 2)|\Sigma|^n})/2$$

ist, dann ist die Wahrscheinlichkeit dafür, dass zwei dieser Argumente denselben Hashwert haben, größer als $1/2$. Der Einfachheit halber nehmen wir an, dass $\Sigma = \mathbb{Z}_2$ ist. Dann brauchen wir

$$k \geq f(n) = (1 + \sqrt{1 + (8 \ln 2)2^n})/2.$$

Folgende Tabelle zeigt einige Werte von $\log_2(f(n))$.

n	50	100	150	200
$\log_2(f(n))$	25.24	50.24	75.24	100.24

Wenn man also etwas mehr als $2^{n/2}$ viele Hashwerte bildet, findet die Geburtstagsattacke mit Wahrscheinlichkeit $\geq 1/2$ eine Kollision. Um die Geburtstagsattacke zu verhindern, muss man n so groß wählen, dass es unmöglich ist, $2^{n/2}$ Hashwerte zu berechnen und zu speichern. Tab. 11.1 zeigt entsprechende Werte für n. Sie ergeben sich aus [73].

Tab. 11.1 Mindest-Hashlängen	Schutz bis zum Jahr a	Mindest-Hashlänge n_a
	2020	2^{192}
	2030	2^{224}
	2040	2^{256}
	für absehbare Zukunft	2^{512}

11.3 Kompressionsfunktionen aus Verschlüsselungsfunktionen

Genauso wenig wie es bekannt ist, ob es effiziente und sichere Blockchiffren gibt, weiß man, ob es kollisionsresistente Kompressionsfunktionen gibt. In der Praxis werden Kompressionsverfahren verwendet, deren Kollisionsresistenz bis jetzt nicht widerlegt wurde. Man kann Kompressionsfunktionen z. B. aus Verschlüsselungsfunktionen konstruieren. Dies wird nun beschrieben.

Wir benötigen eine Blockchiffre mit Blocklänge n und Klartextraum, Schlüsselraum und Schlüsseltextraum $\mathbb{Z}_2^n$. Die Verschlüsslungsfunktionen bezeichnen wir mit **Enc** : $\mathbb{Z}_2^n \times \mathbb{Z}_2^n \to \mathbb{Z}_2^n$. Die Hashwerte haben die Länge n. Mit Hilfe von **Enc** kann man auf folgende Weise Kompressionsfunktionen

$$h : \mathbb{Z}_2^n \times \mathbb{Z}_2^n \to \mathbb{Z}_2^n$$

definieren:

$$h(x_1, x_2) = \textbf{Enc}(x_1, x_2) \oplus x_2,$$
$$h(x_1, x_2) = \textbf{Enc}(x_1, x_2) \oplus x_1 \oplus x_2,$$
$$h(x_1, x_2) = \textbf{Enc}(x_1, x_2 \oplus x_1) \oplus x_2,$$
$$h(x_1, x_2) = \textbf{Enc}(x_1, x_2 \oplus x_1) \oplus x_1 \oplus x_2.$$

11.4 Hashfunktionen aus Kompressionsfunktionen

Wenn es kollisionsresistente Kompressionsfunktionen gibt, dann gibt es auch kollisionsresistente Hashfunktionen. R. Merkle hat nämlich ein Verfahren beschrieben, wie man aus einer kollisionsresistenten Kompressionsfunktion eine kollisionsresistente Hashfunktion machen kann. Dieses Verfahren beschreiben wir.

Sei

$$g : \mathbb{Z}_2^m \to \mathbb{Z}_2^n$$

eine Kompressionsfunktion und sei

$$r = m - n.$$

Weil g eine Kompressionsfunktion ist, gilt $r > 0$. Eine typische Situation ist die, dass $n = 128$ und $r = 512$ ist. Wir erläutern die Konstruktion von g für $r \geq 2$. Der Fall $r = 1$ bleibt dem Leser als Übung überlassen. Aus g will man eine Hashfunktion

$$h : \mathbb{Z}_2^* \to \mathbb{Z}_2^n$$

konstruieren. Sei also $x \in \mathbb{Z}_2^*$. Vor x wird eine minimale Anzahl von Nullen geschrieben, so dass die neue Länge durch r teilbar ist. An diesen String werden nochmal r Nullen angehängt. Jetzt wird die Binärentwicklung der Länge des originalen Strings x bestimmt.

Ihr werden so viele Nullen vorangestellt, dass ihre Länge durch $r - 1$ teilbar ist. Vor jedes $(r-1) * j$-te Zeichen, $j = 1, 2, 3, 4 \ldots$, dieser Binärentwicklung wird eine Eins geschrieben. Dieser neue String wird wiederum an den Vorigen angehängt. Der Gesamtstring wird in eine Folge

$$x = x_1 x_2 \ldots x_t, \quad x_i \in \mathbb{Z}_2^r, \quad 1 \le i \le t.$$

von Wörtern der Länge r zerlegt. Man beachte, dass alle Wörter, die aus der Binärentwicklung der Länge von x stammen, mit einer Eins beginnen.

Beispiel 11.8 Sei $r = 4$, $x = 111011$. Zuerst wird x in 0011 1011 verwandelt, damit die Länge durch 4 teilbar ist. An diesen String wird 0000 angehängt. Man erhält 0011 1011 0000. Die Originallänge von x ist 6. Die Binärentwicklung von 6 ist 110. Sie ist schon durch $r - 1 = 3$ teilbar. Wir stellen ihr eine 1 voran, hängen sie an das aktuelle x an und erhalten 0011 1011 0000 1110.

Der Hashwert $h(x)$ wird iterativ berechnet. Man setzt

$$H_0 = 0^n.$$

Das ist der String, der aus n Nullen besteht. Dann bestimmt man

$$H_i = g(H_{i-1} \circ x_i), \quad 1 \le i \le t.$$

Schließlich setzt man

$$h(x) = H_t.$$

Wir zeigen, dass h kollisionsresistent ist, wenn g kollisionsresistent ist. Wir beweisen dazu, dass man aus einer Kollision von h eine Kollision von g bestimmen kann.

Sei also (x, x') eine Kollision von h. Ferner seien $x_1, \ldots, x_t, x'_1, \ldots, x'_{t'}$ die zugehörigen Folgen von Blöcken der Länge r, die so wie oben beschrieben konstruiert sind. Die entsprechenden Folgen von Hashwerten seien $H_0, \ldots, H_t, H'_0, \ldots, H'_{t'}$.

Weil (x, x') eine Kollision ist, gilt $H_t = H'_{t'}$. Sei $t \le t'$. Wir vergleichen jetzt H_{t-i} mit $H'_{t'-i}$ für $i = 1, 2, \ldots, t - 1$. Angenommen, wir finden ein $i < t$ mit

$$H_{t-i} = H'_{t'-i}$$

und

$$H_{t-i-1} \ne H'_{t'-i-1}.$$

Dann gilt

$$H_{t-i-1} \circ x_{t-i} \ne H'_{t'-i-1} \circ x'_{t'-i}$$

und

$$g(H_{t-i-1} \circ x_{t-i}) = H_{t-i} = H'_{t'-i} = g(H'_{t'-i-1} \circ x'_{t'-i}).$$

Dies ist eine Kollision von g.

Sei nun angenommen, dass

$$H_{t-i} = H'_{t'-i} \quad 0 \le i \le t.$$

Unten zeigen wir, dass es einen Index i gibt mit $0 \le i \le t - 1$ und

$$x_{t-i} \ne x'_{t'-i}.$$

Daraus folgt

$$H_{t-i-1} \circ x_{t-i} \ne H'_{t'-i-1} \circ x'_{t'-i}$$

und

$$g(H_{t-i-1} \circ x_{t-i}) = H_{t-i} = H'_{t'-i} = g(H'_{t'-i-1} \circ x'_{t'-i}).$$

Also ist wieder eine Kollision von g gefunden.

Wir zeigen jetzt, dass es einen Index i gibt mit $0 \le i \le t - 1$ und

$$x_{t-i} \ne x'_{t'-i}.$$

Werden für die Darstellung der Länge von x weniger Wörter gebraucht als für die Darstellung der Länge von x', dann gibt es einen Index i, für den x_{t-i} nur aus Nullen besteht (das ist der String, der zwischen die Darstellung von x und seiner Länge geschrieben wurde) und für den $x'_{t'-i}$ eine führende 1 enthält (weil alle Wörter, die in der Darstellung der Länge von x' vorkommen, mit 1 beginnen).

Werden für die Darstellung der Längen von x und x' gleich viele Wörter gebraucht, aber sind diese Längen verschieden, dann gibt es einen Index i derart, dass x_{t-i} und $x'_{t'-i}$ in der Darstellung der Länge von x bzw. x' vorkommen und verschieden sind.

Sind die Längen von x und x' aber gleich, dann gibt es einen Index i mit $x_{t-i} \ne x'_{t'-i}$, weil x und x' verschieden sind.

Wir haben also gezeigt, wie man eine Kollision der Kompressionsfunktion aus einer Kollision der Hashfunktion gewinnt. Weil der Begriff „kollisionsresistent" aber nicht formal definiert wurde, haben wir dieses Ergebnis auch nicht als mathematischen Satz formuliert.

11.5   SHA-3

Wie schon erwähnt, gibt es keine nachweislich sicheren kryptographischen Hashfunktionen. Wir skizzieren die Funktionsweise von Keccak, eine Hashfunktion, die im Jahr 2012 als Secure Hash Algorithm 3 (SHA-3) von NIST standardisiert wurde und heute als sicher gilt.

Keccak verwendet einen mit 0 initialisierten Zustandsvektor aus 25 Wörtern mit je $w = 2^l$ Bits. Der Wert $l \in \{0, 1, \ldots 6\}$ ist ein Parameter des Verfahrens. Die Länge des

Zustandsvektors ist also $b = 25w$. Der zweite Parameter ist die Bitlänge n des gewünschten Hash-Wertes. Die Hashlänge liegt zwischen 224 und 512.

Die Eingabe von Keccak ist ein Bitstring x. Er wird zunächst so durch die Bitfolge $100 \ldots 0$ ergänzt, dass seine Länge durch $r = b - c$ teilbar ist, wobei $c = 2n$ ist.

Keccak verarbeitet seine Eingabe schrittweise. In jedem Schritt wird ein r-Bit-Abschnitt von x mit den ersten r Bits des Zustandsvektors mittels XOR verknüpft und der Zustandsvektor auf diese Weise modifiziert. Danach wird auf den gesamten Zustandsvektor eine Rundenfunktion f angewendet. Die Anzahl der Runden ist $12 + 2l$. Nach der letzten Runde werden die ersten n Bits des Zustandsvektors als Hash-Wert verwendet, falls $n \leq r$ ist. Anderenfalls werden die Bits des Hash-Wertes in mehreren Schritten entnommen und zwar jedesmal maximal r Bit. Zwischen den einzelnen Entnahmeschritten wird wieder die Rundenfunktion angewendet.

11.6 Eine arithmetische Kompressionsfunktion

Wir haben bereits erwähnt, dass nachweisbar kollisionsresistente Kompressionsfunktionen nicht bekannt sind. Es gibt aber eine Kompressionsfunktion, die jedenfalls dann kollisionsresistent ist, wenn es schwer ist, diskrete Logarithmen in $(\mathbb{Z}/p\mathbb{Z})^*$ zu berechnen. Sie wurde von Chaum, van Heijst und Pfitzmann erfunden. Wir erläutern diese Kompressionsfunktion.

Sei p eine Primzahl, $q = (p-1)/2$ ebenfalls eine Primzahl, a eine Primitivwurzel mod p und b zufällig gewählt in $\{1, 2, \ldots, p-1\}$. Betrachte folgende Funktion:

$$h : \{0, 1, \ldots, q-1\}^2 \to \{1, \ldots, p-1\}, \quad (x_1, x_2) \mapsto a^{x_1} b^{x_2} \bmod p. \qquad (11.1)$$

Dies ist zwar keine Kompressionsfunktion wie in Abschn. 11.1. Aber weil $q = (p-1)/2$ ist, bildet die Funktion Bitstrings (x_1, x_2), deren binäre Länge ungefähr doppelt so groß ist wie die binäre Länge von p, auf Bitstrings ab, die nicht länger sind als die binäre Länge von p. Man kann aus h leicht eine Kompressionsfunktion im Sinne von Abschn. 11.1 konstruieren.

Beispiel 11.9 Sei $q = 11$, $p = 23$, $a = 5$, $b = 4$. Dann ist $h(5, 10) = 5^5 \cdot 4^{10} \bmod 23 = 20 \cdot 6 \bmod 23 = 5$.

Eine Kollision von h ist ein Paar $(x, x') \in \{0, 1, \ldots, q-1\}^2 \times \{0, 1, \ldots, q-1\}^2$ mit $x \neq x'$ und $h(x) = h(x')$. Wir zeigen nun, dass jeder, der leicht eine Kollision von h finden kann, genauso leicht den diskreten Logarithmus von b zur Basis a modulo p ausrechnen kann.

Sei also (x, x') eine Kollision von h, $x = (x_1, x_2)$, $x' = (x_3, x_4)$, $x_i \in \{0, 1, \ldots, q-1\}$, $1 \leq i \leq 4$. Dann gilt

$$a^{x_1} b^{x_2} \equiv a^{x_3} b^{x_4} \bmod p$$

woraus
$$a^{x_1-x_3} \equiv b^{x_4-x_2} \bmod p$$

folgt. Bezeichne mit y den diskreten Logarithmus von b zur Basis a modulo p. Dann hat man also
$$a^{x_1-x_3} \equiv a^{y(x_4-x_2)} \bmod p.$$

Da a eine Primitivwurzel modulo p ist, impliziert diese Kongruenz
$$x_1 - x_3 \equiv y(x_4 - x_2) \bmod (p-1) = 2q. \tag{11.2}$$

Diese Kongruenz hat eine Lösung y, nämlich den diskreten Logarithmus von b zur Basis a. Das ist nur möglich, wenn $d = \gcd(x_4 - x_2, p - 1)$ ein Teiler von $x_1 - x_3$ ist (siehe Übung 2.11). Nach Wahl von x_2 und x_4 ist $|x_4 - x_2| < q$. Da $p - 1 = 2q$ ist, folgt daraus
$$d \in \{1, 2\}.$$

Ist $d = 1$, so hat (11.2) eine eindeutige Lösung modulo $p-1$. Man kann also sofort den diskreten Logarithmus als kleinste nicht negative Lösung dieser Kongruenz bestimmen. Ist $d = 2$, so hat die Kongruenz zwei verschiedene Lösungen mod $p - 1$ und man kann durch Ausprobieren herausfinden, welche die richtige ist.

Die Kompressionsfunktion aus (11.1) ist also kollisionsresistent, solange die Berechnung diskreter Logarithmen schwierig ist. Die Kollisionsresistenz wurde damit auf ein bekanntes Problem der Zahlentheorie reduziert. Man kann daher der Meinung sein, dass h sicherer ist als andere Kompressionsfunktionen. Weil die Auswertung von h aber modulare Exponentiationen erfordert, ist h auch sehr ineffizient und daher nur von theoretischem Interesse.

11.7   Message Authentication Codes

Kryptographische Hashfunktionen erlauben es zu überprüfen, ob eine Datei verändert wurde. Sie erlauben es aber nicht festzustellen, von wem eine Nachricht kommt. Ein *Message-Authentication-Code (MAC)* macht die Authentizität einer Nachricht überprüfbar.

Definition 11.3 Ein *Message-Authentication-Code-Algorithmus* oder *MAC-Algorithmus* ist ein Tupel $(\mathbf{K}, \mathbf{M}, \mathbf{S}, \mathbf{KeyGen}, \mathbf{Mac}, \mathbf{Ver})$ mit folgenden Eigenschaften:

1. $\mathbf{K}$ ist eine Menge. Sie heißt *Schlüsselraum*. Ihre Elemente heißen *Schlüssel*.
2. $\mathbf{M}$ ist eine Menge. Sie heißt *Nachrichtenraum*. Ihre Elemente heißen *Nachrichten*.
3. $\mathbf{S}$ ist eine Menge. Sie heißt *MAC-Raum*. Ihre Elemente heißen *MACs*.
4. $\mathbf{KeyGen}$ ist ein probabilistischer Algorithmus. Er heißt *Schlüsselerzeugungsalgorithmus*.

5. **Mac** ist ein probabilistischer Algorithmus, der zustandsbehaftet sein kann. Er heißt *MAC-Erzeugungsalgorithmus*. Bei Eingabe eines Schlüssels $K \in \mathbf{K}$ und einer Nachricht $M \in \mathbf{M}$ gibt er einen MAC $S \in \mathbf{S}$ zurück.

6. **Ver** ist ein deterministischer Algorithmus. Er heißt *Verifikationsalgorithmus*. Er gibt bei Eingabe eines Schlüssels $K \in \mathbf{K}$, einer Nachricht $M \in \mathbf{M}$ und eines MAC $S \in \mathbf{S}$ einen der Werte $b \in \mathbb{Z}_2$ aus. Der MAC S heißt *gültig*, wenn $b = 1$ ist und andernfalls *ungültig*.

7. Der MAC-Algorithmus verifiziert korrekt: für alle Schlüssel $K \in \mathbf{K}$, jede Nachricht $M \in \mathbf{M}$ und jeden MAC $S \in \mathbf{S}$ gilt $\mathbf{Ver}(K, M, S) = 1$ genau dann, wenn S ein Rückgabewert von $\mathbf{Mac}(K, M)$ ist.

Beispiel 11.10 Eine bekannte Klasse von MACs sind die *Keyed-Hash Message Authentication Codes (HMAC)*. Solche MACs werden aus kryptographischen Hashfunktionen konstruiert. Die Konstruktion wurde von Mihir Bellare, Ran Canetti und Hugo Krawczyk in [9] vorgeschlagen. Sei dazu

$$h : \mathbb{Z}_2^* \to \mathbb{Z}_2^n$$

eine kryptographische Hashfunktion. Dann kann man daraus folgendermaßen einen MAC mit endlichem Schlüsselraum $\mathbf{K} \subset \mathbb{Z}_2^*$, Nachrichtenraum $\mathbb{Z}_2^*$ und MAC-Raum $\mathbb{Z}_2^n$ machen. Der Schlüsselerzeugungsalgorithmus wählt zufällig und gleichverteilt einen Schlüssel $K \in \mathbf{K}$. Der MAC-Erzeugungsalgorithmus erhält als Eingabe einen Schlüssel $K \in \mathbf{K}$ und eine Nachricht $M \in \mathbb{Z}_2^*$. Ist der Schlüssel länger als n so wird er durch $h(K)$ ersetzt. Ist er kürzer als n, wird er so mit Nullen ergänzt, dass seine Länge n ist. Der Ausgabewert ist

$$h((K \oplus \mathrm{opad}) \circ (K \oplus \mathrm{ipad}) \circ M). \tag{11.3}$$

Hierbei ist opad ein String, der binär die Länge n hat und hexadezimal von der Form $0x5c5c5c\ldots5c5c$ ist. Außerdem ist ipad ein String, der binär die Länge n hat und hexadezimal von der Form $0x363636\ldots3636$ ist.

Das folgende Beispiel zeigt, wie man MACs benutzen kann.

Beispiel 11.11 Die Professorin Alice sendet per E-Mail an das Prüfungsamt eine Liste M der Matrikelnummern aller Studenten, die den Schein zur Vorlesung „Einführung in die Kryptographie" erhalten haben. Das Prüfungsamt muss sicher sein, dass die Nachricht tatsächlich von Alice kommt. Dazu benutzt Alice einen MAC-Algorithmus $(\mathbf{K}, \mathbf{M}, \mathbf{S}, \mathbf{KeyGen}, \mathbf{Mac}, VA)$. Alice und das Prüfungsamt tauschen einen geheimen Schlüssel $K \in \mathbf{K}$ aus. Mit ihrer Liste M schickt Alice auch den MAC $S = \mathbf{E}(K, M)$ an das Prüfungsamt. Bob, der Sachbearbeiter im Prüfungsamt, kann seinerseits den MAC $S' = \mathbf{Mac}(K, M')$ der erhaltenen Nachricht M' berechnen. Er akzeptiert die Nachricht, wenn $S = S'$ ist.

Beispiel 11.12 MACs können auch mit Hilfe von Blockchiffren konstruiert werden. Dabei wird die Nachricht im CBC-Mode verschlüsselt und der letzte Schlüsseltextblock als MAC verwendet.

MACs sind *sicher*, wenn es Angreifern nicht möglich ist, *existentielle Fälschungen* zu konstruieren. Eine existentielle Fälschung ist ein Paar (M, S), das aus einer Nachricht M und einem gültigen MAC S für M besteht. Dieses Paar muss der Angreifer konstruieren ohne den entsprechenden geheimen Schlüssel zu kennen. Sind existentielle Fälschungen unmöglich, so können Angreifer ohne Kenntnis des geheimen Schlüssels auch keine MACs für vorgegebene Nachrichten erzeugen.

Beispiel 11.13 Selbst wenn eine kryptographische Hashfunktion $h : \mathbb{Z}_2^* \to \mathbb{Z}_2^n$ nicht kollisionsresistent ist, kann der entsprechende MAC sicher sein. Das gilt zum Beispiel für den MD5 MAC.

Ein fomales Sicherheitsmodell für MACs kann in Analogie zum formalen Sicherheitsmodell für digitale Signaturen in Abschn. 12.10 formuliert werden.

11.8 Übungen

Übung 11.1 Konstruieren Sie eine Funktion, die eine Einwegfunktion ist, falls das Faktorisierungsproblem für natürliche Zahlen schwer zu lösen ist.

Übung 11.2 Für eine Permutation π in S_3 sei e_π die Bitpermutation für Bitstrings der Länge 3. Bestimmen Sie für jedes $\pi \in S_3$ die Anzahl der Kollisionen der Kompressionsfunktion $h_\pi(x) = e_\pi(x) \oplus x$.

Übung 11.3 Betrachten Sie die Hashfunktion $h : \mathbb{Z}_2^* \to \mathbb{Z}_2^*$, $k \mapsto \lfloor 10000(k(1 + \sqrt{5})/2) \bmod 1) \rfloor$, wobei die Strings k mit den durch sie dargestellten natürlichen Zahlen identifiziert werden und $r \bmod 1 = r - \lfloor r \rfloor$ ist für eine positive reelle Zahl r. Außerdem werden die Bilder durch Voranstellen von Nullen auf die maximal mögliche Länge aller Bilder verlängert.

1. Bestimmen Sie die maximale Länge der Bilder.
2. Geben Sie eine Kollision dieser Hashfunktion an.

Übung 11.4 Erläutern Sie die Konstruktion einer Hashfunktion aus einer Kompressionsfunktion aus Abschn. 11.4 für $r = 1$.

Digitale Signaturen 12

12.1 Idee

Eine weitere wichtige kryptographische Komponente ist die *elektronische* oder *digitale Signatur*. Ein elektronisches oder digitales *Signaturverfahren* besteht aus einem *Schlüsselerzeugungsalgorithmus*, einem *Signieralgorithmus* und einem *Verifikationsalgorithmus*. Der Schlüsselerzeugungsalgorithmus erzeugt Schlüsselpaare. In einem solchen Paar (d, e) ist d der *private Signierschlüssel* und e der zugehörige *öffentliche Verifikationsschlüssel*. Der Signieralgorithmus berechnet aus einem Dokument oder Datensatz x und einem Signierschlüssel d eine *elektronische* oder *digitale Signatur s*. Der Verifikationsalgorithmus bekommt als Eingabe das Dokument x, eine Signatur s und einen öffentlichen Schlüssel e. Wurde s mit dem zu e gehörenden Signierschlüssel d aus x berechnet, so gibt der Verfifiktionsalgorithms „gültig" zurück und anderfalls „ungültig".

Was beweist eine gültige digitale Signatur s eines Dokumentes d? Erstens zeigt sie die *Integrität* des Dokumentes: Es wurde seit der Erstellung der Signatur nicht geändert. Zweitens beweist die Signatur die *Authentizität* von d: Die Inhaberin Alice des geheimen Signierschlüssels ist die Urheberin des Dokumentes. Wenn x ein Vertrag ist, kann das zum Beispiel bedeuten, dass Alice dem Vertrag zustimmt. Drittens sorgt die Signatur für *Nicht-Abstreitbarkeit*: Alice kann auch zu einem späteren Zeitpunkt nicht bestreiten, dass sie die Urheberin des Dokumentes d ist, also zum Beispiel einen Vertrag unterschrieben hat. Digitale Signaturen können nämlich zu jedem Zeitpunkt allen verifiziert werden. Man nennt das *universelle Verifizierbarkeit*.

Die Anwendungen von elektronischen Signaturen sind vielfältig. Eine wichtige Anwendung ist der Authentizitätsnachweis für Software. So werden zum Beispiel täglich Milliarden von Updates für Anti-Virus-Software auf Computern installiert. Dabei ist es wichtig, dass sich die Computer, auf dem die Updates installiert werden, von ihrer Authentizität überzeugen können, also davon, dass sie wirklich vom Hersteller der Software kommt und es sich nicht um Schadsoftware von Dritten handelt. Installiert der Computer nämlich statt des Updates solche Schadsoftware, kann das verheerende Folgen haben.

© Springer-Verlag Berlin Heidelberg 2016   245
J. Buchmann, *Einführung in die Kryptographie*, Springer-Lehrbuch,
DOI 10.1007/978-3-642-39775-2_12

Die Schadsoftware kann zum Beispiel den Computer ausspionieren oder die Festplatte löschen. Andere Anwendungen elektronischer Signaturen sind zum Beispiel die Authentisierung von Emails und die Authentisierung und Nicht-Abstreitbarkeit elektronischer Steuererklärungen.

Im nächsten Abschnitt werden digitale Signaturen formal definiert.

12.2   Definition

Die Definition von digitalen Signaturverfahren ähnelt der Definition von Public-Key-Verschlüsselungsverfahren.

Definition 12.1 Ein *digitales* oder *elektronisches Signaturverfahren*   ist ein Tupel (**K**, **M**, **S**, **KeyGen**, **Sign**, **Ver**) mit folgenden Eigenschaften:

1. **K** ist eine Menge von Paaren. Sie heißt *Schlüsselraum*. Ihre Elemente heißen *Schlüsselpaare*. Ist $(e, d) \in$ **K**, so heißt die Komponente d *Signierschlüssel* oder *privater Schlüssel* und die Komponente e *Verifikationsschlüssel* oder *öffentlicher Schlüssel*.
2. **M** ist eine Menge. Sie heißt *Nachrichtenraum*. Ihre Elemente heißen *Nachrichten*.
3. **S** ist eine Menge. Sie heißt *Signaturraum*. Ihre Elemente heißen *Signaturen*.
4. **KeyGen** ist ein probabilistischer Polynomzeit-Algorithmus. Er heißt *Schlüsselerzeugungsalgorithmus*. Bei Eingabe von 1^k für ein $k \in \mathbb{N}$ gibt er ein Schlüsselpaar $(e, d) \in K$ zurück. Wir schreiben dann $(e, d) \leftarrow$ **KeyGen**(1^k). Mit **K**(k) bezeichnen wir die Menge aller Schlüsselpaare, die **KeyGen** bei Eingabe von 1^k zurückgeben kann. Mit **Pub**(k) bezeichnen wir die Menge aller öffentlichen Schlüssel, die als erste Komponente eines Schlüsselpaares $(e, d) \in$ **K**(k) auftreten kann. Die Menge aller zweiten Komponenten dieser Schlüsselpaare bezeichnen wir mit **Priv**(k). Außerdem bezeichnet **M**$(d) \subset$ **P** die Menge der Nachrichten, die mit einem privaten Schlüssel d signiert werden können.
5. **Sign** ist ein probabilistischer Polynomzeit-Algorithmus, der zustandsbehaftet sein kann. Er heißt *Signieralgorithmus*. Bei Eingabe von 1^k, $k \in \mathbb{N}$, eines privaten Schlüssels $d \in$ **Priv**(k) und einer Nachricht $m \in$ **M**(d) gibt er eine Signatur $s \in$ **S** zurück.
6. **Ver** ist ein deterministischer Algorithmus. Er heißt *Verifikationsalgorithmus*. Er gibt bei Eingabe von 1^k, $k \in \mathbb{N}$, eines öffentlichen Schlüssels $e \in$ **Pub**(k), einer Nachricht $m \in$ **M** und einer Signatur $s \in$ **S** ein Bit $b \in \{0, 1\}$ aus. Ist $b = 1$, so heißt die Signatur *gültig* und andernfalls *ungültig*.
7. Das Signaturverfahren veirfiziert korrekt: für alle $k \in \mathbb{N}$, jedes Schlüsselpaar $(e, d) \in$ **K**(k), jede Nachricht $m \in$ **M**(d) und jede Signatur $s \in$ **S** gilt **Ver**$(1^k, e, m, s) = 1$ genau dann, wenn s ein Rückgabewert von **Sign**$(1^k, d, m)$ ist.

Die meisten Signaturverfahren können beliebig lange Bitstrings signieren. Es ist dann **M**$(d) = \mathbb{Z}_2^*$ für alle privaten Schlüssel d. Es gibt aber auch andere Fälle, wie wir zum Beispiel in Abschn. 12.3 zeigen werden.

12.3   Das Lamport-Diffie-Einmal-Signaturverfahren

In diesem Abschnitt behandeln wir ein besonders einfaches Signaturverfahren: das *Lamport-Diffie-Einmal-Signaturverfahren* [41]. Wir bezeichnen es im Folgenden kurz mit LD-OTS, wobei OTS für *One-Time Signature Scheme* steht. Der Name kommt daher, dass in LD-OTS jedes Schlüsselpaar nur einmal benutzt werden darf. Im Folgenden sei k ein fest gewählter Sicherheitsparameter.

Für die Konstruktion der Schlüssel, die Signatur und die Verifikation verwendet LD-OTS eine Einwegfunktion

$$h : \{0,1\}^k \to \{0,1\}^k, k \in \mathbb{N}. \tag{12.1}$$

Einzige Sicherheitsvoraussetzung von LD-OTS ist die Einwegeigenschaft von h. Dies werden wir in Abschn. 12.10.4 begründen. Diese Voraussetzung ist minimal, weil die Existenz von sicheren Signaturverfahren und die Existenz von Einwegfunktionen äquivalent ist (siehe [60]). LD-OTS ist sehr flexibel. Jede neue Einwegfunktion führt zu einer neuen Variante von LD-OTS. Kandidaten für Einwegfunktionen können zum Beispiel mit Hilfe von kryptographischen Hashfunktionen und Blockchiffren konstruiert werden. Es ist aber keine Funktion h bekannt, die nachweislich die Einwegeigenschaft hat. Darum besteht immer die Möglichkeit, dass sich vermeintliche Einwegfunktionen als leicht invertierbar herausstellen. Wegen der großen Flexibilität von LD-OTS kann die unsichere Funktion dann leicht durch einen neuen Kandidaten ersetzt werde.

12.3.1   Schlüsselerzeugung

Die Signier- und Verifikationsschlüssel bestehen aus $2k$ Bitstrings der Länge k, also ist **Priv**$(k) = $ **Pub**$(k) = \mathbb{Z}_2^{(k,2k)}$. Ein LD-OTS-Signierschlüssel ist also eine Matrix

$$x = \big(x(0,1), x(1,1), x(0,2), x(1,2), \ldots, x(0,k), x(1,k)\big) \in \mathbb{Z}_2^{(k,2k)}.$$

Der zugehörige Verifikationsschlüssel ensteht, indem die Einwegfunktion auf Spalten des Signierschlüssels h angewendet wird. Er ist also

$$\begin{aligned}
y &= \big(y(0,1), y(1,1), y(0,2), y(1,2), \ldots, y(0,k), y(1,k)\big) \\
&= \big(h(x(0,1)), h(x(1,1)), h(x(0,2)), h(x(1,2)), \ldots, h(x(0,k)), h(x(1,k))\big).
\end{aligned}$$

Beispiel 12.1 Wir nehmen an, dass der Sicherheitsparameter $k = 3$ ist. Die Funktion h bildet (x_1, x_2, x_3) auf (x_3, x_2, x_1) ab. Es ist also

$$h(011) = 110, \quad h(001) = 100.$$

Das ist zwar keine Einwegfunktion, weil man die Urbilder leicht durch Ausprobieren findet, aber für $k = 3$ gibt es ohnehin keine Einwegfunktionen. Das Beispiel dient nur der Illustration. Der Signierschlüssel sei

$$(x(0,1), x(1,1), x(0,2), x(1,2), x(0,3), x(1,3)) = \begin{pmatrix} 1 & 0 & 1 & 0 & 0 & 1 \\ 1 & 1 & 1 & 1 & 1 & 0 \\ 1 & 0 & 0 & 0 & 1 & 1 \end{pmatrix}.$$

Der Verifikationsschlüssel ist dann

$$(y(0,1), y(1,1), y(0,2), y(1,2), y(0,3), y(1,3)) = \begin{pmatrix} 1 & 0 & 0 & 0 & 1 & 1 \\ 1 & 1 & 1 & 1 & 1 & 0 \\ 1 & 0 & 1 & 0 & 0 & 1 \end{pmatrix}.$$

12.3.2 Signatur

Bei Sicherheitsparameter k signiert LD-OTS Bitstrings der Länge k. Es ist also $\mathbf{M}(d) = \mathbb{Z}_2^k$ für alle Signierschlüssel $d \in \mathbf{Priv}(k)$. Sollen beliebig lange Dokumente signiert werden, kann zusätzlich eine kryptographische Hashfunktion verwendet werden, die solche Dokumente auf Strings der Länge k abbildet. Dann ist $\mathbf{M}(d) = \mathbb{Z}_2^*$ für $d \in \mathbf{Priv}(k)$.

Die Signatur einer Nachricht $m = (m_1, \ldots, m_k) \in \{0,1\}^k$ ist die Matrix

$$s = (s_1, \ldots, s_k) = (x(m_1, 1)), \ldots, x(m_k, k)).$$

Die Spalten der Signatur sind Spalten des Signierschlüssels. Ist $i \in \{1, \ldots, k\}$ und ist $m_i = 0$, so ist $x(0, i)$ die i-te Spalte in der Signatur. Ist $m_i = 1$, so ist diese Spalte $x(1, i)$. Die Signatur besteht also aus der Hälfte der Spalten des geheimen Signierschlüssels. Das ist auch der Grund dafür, dass jeder Signierschlüssel nur einmal verwendet werden darf.

Beispiel 12.2 Wir setzen Beispiel 12.1 fort. Der Signierschlüssel ist

$$(x(0,1), x(1,1), x(0,2), x(1,2), x(0,3), x(1,3)) = \begin{pmatrix} 1 & 0 & 1 & 0 & 0 & 1 \\ 1 & 1 & 1 & 1 & 1 & 0 \\ 1 & 0 & 0 & 0 & 1 & 1 \end{pmatrix}.$$

Signiert wird die Nachricht $m = (001)$. Die Signatur ist dann

$$s = (s_1, s_2, s_3) = (x(m_1, 1), x(m_2, 2), x(m_3, 3))$$

$$= (x(0,1), x(0,2), x(1,3)) = \begin{pmatrix} 1 & 1 & 1 \\ 1 & 1 & 0 \\ 1 & 0 & 1 \end{pmatrix}.$$

12.3.3 Verifikation

Der Verifizierer kennt die Einwegfunktion h, den Verifikationsschlüssel y, die Nachricht $m = (m_1, \ldots, m_k)$ und die Signatur $s = (s_1, \ldots, s_k)$. Er akzeptiert die Signatur, wenn

$$(h(s_1), \ldots, h(s_k)) = (y(m_1, 1), \ldots, y(m_k, k))$$

und weist sie andernfalls zurück.

Beispiel 12.3 Wir setzen Beispiel 12.2 fort. Der Verfizierer weiß, dass die Funktion h den String (x_1, x_2, x_3) auf (x_3, x_2, x_1) abbildet. Die signierte Nachricht ist $m = (001)$. Er kennt den Verifikationsschlüssel

$$(y(0,1), y(1,1), y(0,2), y(1,2), y(0,3), y(1,3)) = \begin{pmatrix} 1 & 0 & 0 & 0 & 1 & 1 \\ 1 & 1 & 1 & 1 & 1 & 0 \\ 1 & 0 & 1 & 0 & 0 & 1 \end{pmatrix}$$

und die Signatur

$$\begin{pmatrix} 1 & 1 & 1 \\ 1 & 1 & 0 \\ 1 & 0 & 1 \end{pmatrix}.$$

Um diese Signatur zu verifizieren, berechnet der Verifizierer

$$(h(s_1), h(s_2), h(s_3)) = \begin{pmatrix} 1 & 0 & 1 \\ 1 & 1 & 0 \\ 1 & 1 & 1 \end{pmatrix}$$

und prüft, ob

$$\begin{aligned} \big(h(s_1), h(s_2), h(s_3)\big) &= \big(y(m_1, 1), y(m_2, 2), y(m_3, 3)\big) \\ &= \big(y(0, 1), y(0, 2), y(1, 3)\big) \end{aligned} \tag{12.2}$$

gilt. Dies ist tatsächlich der Fall. Also akzeptiert der Verifizierer die Signatur.

12.4 Sicherheit

In Abschn. 8.2.1 wurde die Sicherheit von Public-Key-Verschlüsselungsverfahren diskutiert. Wir behandeln die Sicherheit von Algorithmen für digitale Signaturen analog.

12.4.1 Angriffsziele

Angreifer auf Signaturverfahren haben das Ziel, gültige Signaturen zu erzeugen ohne den entsprechenden Signierschlüssel zu kennen. Können sie diesen Signierschlüssel berechnen, ist das Verfahren *vollständig gebrochen*. Sie können dann nämlich alle Dokumente ihrer Wahl signieren. Es ist aber auch möglich, dass Angreifer Signaturen von Dokumenten ihrer Wahl zu fälschen versuchen, ohne vorher den Signierschlüssel zu bestimmen. Dies wird *selektive Fälschung* genannt. Dabei wird die Nachricht ausgesucht und dann die passende Signatur erzeugt. Schließlich ist es ein mögliches Angriffsziel, ohne Kenntnis des Signaturschlüssels ein Paar (m, s) so zu erzeugen, dass s eine gültige Signatur der Nachricht m ist. Im Gegensatz zur selektiven Fälschung wird nicht verlangt, dass die Angreifer die Nachricht zuerst auswählen. Sie können m und s simultan berechnen. Dies nennt man *existentielle Fälschung*. Sind existentielle Fälschungen relevant? Eine Anwendung von Signaturverfahren ist Identifikation. Alice kann Bob ihre Identität zum Beispiel dadurch beweisen, dass sie Bob eine gültig signierte Nachricht schickt. Dabei kommt es nicht auf den Inhalt der Nachricht an, sondern nur darauf, dass die Signatur gültig ist. Angenommen, ein Angreifer kann eine Nachricht m und eine gültige Alice-Signatur s für m erzeugen. Dann kann er das Paar (m, s) benutzen, um Bob davon zu überzeugen, dass er Alice ist. Diese Methode der Identifikation wird normalerweise nicht verwendet. Stattdessen schickt Bob eine Nachricht an Alice, die sie signieren soll. Aber die Überlegung zeigt trotzdem, dass existentielle Fälschungen nicht harmlos sind.

Wir geben nun Beispiele, wie diese Angriffsziele erreicht werden können.

Beispiel 12.4 LD-OTS ist eigentlich ein Einmal-Signaturverfahren. Also darf jeder Signierschlüssel nur für eine Signatur verwendet werden. Aber angenommen, das wird nicht beachtet und derselbe private Schlüssel wird verwendet, um die Dokumente 0^k und 1^k zu signieren, wobei k der verwendete Sicherheitsparameter ist. Dann können Angreifer aus diesen beiden Signaturen den Signierschlüssel konstruieren. Die Signatur von 0^k enthält nämlich k Bitstrings aus dem Signierschlüssel. Die Signatur von 1^k enthält die restlichen k Bitstrings aus dem Signierschlüssel. Damit ist LD-OTS vollständig gebrochen.

Beispiel 12.5 Angenommen, der Sicherheitsparameter für LD-OTS ist gerade, also $k = 2l, l \in \mathbb{N}$, und in LD-OTS wird der Signierschlüssel – regelwidrig – verwendet, um die Dokumente $0^l 1^l$ und 1^{2l} zu signieren. Dann können Angreifer alle Dokumente von der Form $m_1 1^l$ signieren mit $m_1 \in \mathbb{Z}_2^l$. Die beiden Signaturen enthalten nämlich die ersten l Spalten des Signierschlüssels. Angreifer haben also die Möglichkeit einer (eingeschränkten) selektiven Fälschung.

12.4.2 Angriffstypen

Genau wie bei Verschlüsselungsverfahren können auch Angreifer von Signaturverfahren über unterschiedliche Fähigkeiten verfügen. Dies erläutern wir im Folgenden. Das Ziel der Angreifer ist eine existentielle Fälschung.

No-Message-Angriff

Bei einem *No-Message-Angriff* kennt der Angreifer nur den öffentlichen Verifikationsschlüssel und sonst nichts. Wie diese Bezeichnung zustande kommt, wird erst deutlich, wenn die nächsten Angriffstypen besprochen werden. Dort stehen dem Angreifer nämlich Signaturen von Nachrichten (Messages) zur Verfügung.

Known-Message-Angriff

Angreifer kennen oft mehr als nur den öffentlichen Verifikationsschlüssel. Sie können zum Beispiel Kommunikationsverbindungen abhören und dabei Nachrichten und ihre Signaturen aufzeichnen. Diese Kenntnis können sie nutzen, um Signaturen zu fälschen. Dies nennt man *Known-Message-Angriff*. Beispiel 12.5 zeigt einen solchen Angriff.

Chosen-Message-Angriff

Der Angreifer kennt den Verifikationsschlüssel von Alice. Der Angreifer hat aber bei der Konstruktion einer existentiellen Fälschung mehr Möglichkeiten als der No-Message-Angreifer. Während der Konstruktion von (m, s) kann er jederzeit Alice-Signaturen von Nachrichten seiner Wahl bekommen. Diese Nachrichten dürfen nur nicht m sein. Beispiel 12.6 zeigt, dass Chosen-Message-Angriffe realistisch sind.

Beispiel 12.6 Ein Webserver will nur legitimierten Nutzern Zugang gewähren. Meldet sich ein Nutzer an, generiert der Webserver eine Zufallszahl und fordert den Nutzer auf, diese Zufallszahl zu signieren. Ist die Signatur gültig, wird der Zugang gewährt. Andernfalls nicht. Ein Angreifer kann sich als Webserver ausgeben und sich selbst gewählte Dokumente signieren lassen.

Chosen-Message-Angriffe werden in *adaptive* und *nicht-adaptive* unterschieden. Bei adaptiven Angriffen darf der Angreifer die Nachrichten, die er signieren lässt, in Abhängigkeit von den Signaturen wählen, die er vorher gesehen hat. Bei nicht-adaptiven Angriffen darf er das nicht sondern muss vor seiner Berechnung alle Signaturen anfordern. Im Folgenden verwenden wir aber den Begriff *Chosen-Message-Angriff* synonym mit *adaptiver Chosen-Message-Angriff*, weil nicht-adaptive Angriffe kaum eine Rolle spielen.

12.5 RSA-Signaturen

In Abschn. 8.3 wurde das erste Public-Key-Verschlüsselungsverfahren beschrieben: das RSA-Verfahren. Dieses Verfahren kann man auch zur Erzeugung digitaler Signaturen verwenden. Die Idee ist ganz einfach. Alice signiert ein Dokument m, indem sie das Dokument mit ihrem privaten Schlüssel d „entschlüsselt", also die Signatur $s = m^d \bmod n$ berechnet, wobei n der RSA-Modul ist. Bob verifiziert die Signatur s, indem er sie mit seinem öffentlichen Schlüssel „verschlüsselt", also $m' = s^e \bmod n$ berechnet. Ist m' identisch mit dem signierten Dokument m, so ist die Signatur gültig und andernfalls nicht. Es ist nämlich nach heutiger Kenntnis für hinreichend große Moduli n unmöglich, eine e-te Wurzel s modulo n aus m ohne Kenntnis von Alices privatem Schlüssel zu berechnen. Ein solches s kann also nur Alice berechnen.

12.5.1 Schlüsselerzeugung

Die Schlüsselerzeugung funktioniert genauso wie beim RSA-Verschlüsselungsverfahren, das in Abschn. 8.3.1 beschrieben wird.

Der Schlüsselerzeugungsalgorithmus wählt zwei Primzahlen p und q (siehe Abschn. 7.5) mit der Eigenschaft, dass der *RSA-Modul*

$$n = pq$$

eine k-Bit-Zahl ist. Zusätzlich wählt der Algorithmus eine natürliche Zahl e mit

$$1 < e < \varphi(n) = (p-1)(q-1) \text{ und } \gcd(e, (p-1)(q-1)) = 1 \tag{12.3}$$

und berechnet eine natürliche Zahl d mit

$$1 < d < (p-1)(q-1) \text{ und } de \equiv 1 \bmod (p-1)(q-1). \tag{12.4}$$

Da $\gcd(e, (p-1)(q-1)) = 1$ ist, gibt es eine solche Zahl d tatsächlich. Sie kann mit dem erweiterten euklidischen Algorithmus berechnet werden (siehe Abschn. 1.6.3). Man beachte, dass e stets ungerade ist. Der öffentliche Schlüssel ist das Paar (n, e). Der private Schlüssel ist d.

12.5.2 Signatur

Wir erläutern die einfachste Variante des RSA-Signieralgorithmus. Wir werden in Abschn. 12.5.4 zeigen, dass sie existentielle Fälschungen ermöglicht. Darum beschreibt Abschn. 12.5.6 einen modifizierten RSA-Signieralgorithmus.

Signiert werden Zahlen in der Menge $\mathbb{Z}_n$. Die *Signatur* von $m \in \mathbb{Z}_n$ ist

$$s = m^d \bmod n. \tag{12.5}$$

Hierbei ist d der private Signierschlüssel.

12.5.3 Verifikation

Der Verifikationsalgorithmus erhält den öffentlichen Schlüssel (n, e), ein Dokument $m \in \mathbb{Z}_n$ und die Signatur $s \in \mathbb{Z}_n$. Um die Signatur zu verifizieren, überprüft der Algorithmus, ob

$$m \equiv s^e \bmod n \tag{12.6}$$

gilt. Dass (12.6) stimmt, wenn die Signatur s korrekt gebildet wurde, folgt aus Theorem 8.1.

Wurde die RSA-Signatur gemäß (12.5) gebildet, kann der Verifikationsalgorithmus sogar auf die Eingabe m verzichten. Die Nachricht m wird ja bei der Verifikation in (12.6) konstruiert. Wenn die Nachricht m für den Verifizierer Sinn macht, kann er sicher sein, dass er von der Besitzerin des privaten Signierschlüssels signiert wurde. Dies nennt man *Signatur mit Nachrichten-Gewinnung*. Diese Eigenschaft ermöglicht gleichzeitig existentielle Fälschungen, wie wir in Abschn. 12.5.4 zeigen werden.

Beispiel 12.7 Alice wählt $p = 11, q = 23, e = 3$. Daraus ergibt sich $n = 253$ und $d = 147$. Alices öffentlicher Verifikationsschlüssel ist $(253, 3)$. Ihr privater Signierschlüssel ist 147.

Alice will an einem Geldautomaten 111 Euro abheben und dazu diesen Betrag signieren. Ihre Chipkarte berechnet $s = 111^{147} \bmod 253 = 89$. Der Geldautomat erhält die Signatur $s = 89$. Er berechnet $m = s^3 \bmod 253 = 111$. Damit weiß der Geldautomat, dass Alice 111 Euro abheben möchte.

12.5.4 Angriffe

So, wie die Erzeugung von RSA-Signaturen bisher beschrieben wurde, bestehen eine Reihe von Gefahren.

Eine einfache existentielle Fälschung funktioniert so: Oskar wählt eine Zahl $s \in \{0, \ldots, n-1\}$. Dann behauptet er, s sei eine RSA-Signatur von Alice. Wer diese Signatur verifizieren will, berechnet $m = s^e \bmod n$ und glaubt, Alice habe m signiert. Dies ist ein No-Message-Angriff. Das nächste Beispiel zeigt, dass eine solche Fälschung gravierende Folgen haben kann.

Beispiel 12.8 Wie in Beispiel 12.7 wählt Alice $p = 11, q = 23, e = 3$. Daraus ergibt sich $n = 253, d = 147$. Alices öffentlicher Schlüssel ist $(253, 3)$. Ihr privater Schlüssel ist 147.

Oskar möchte von Alices Konto Geld abheben. Er verwendet eine Chipkarte, die $s = 123$ an den Geldautomaten schickt. Der Geldautomat berechnet $m = 123^3 \bmod 253 = 52$. Er glaubt, dass Alice 52 Euro abheben will. Tatsächlich hat Alice die 52 Euro aber nie unterschrieben. Oskar hat ja nur eine zufällige Unterschrift gewählt.

Eine weitere Gefahr beim Signieren mit RSA kommt daher, dass das RSA-Verfahren multiplikativ ist. Sind $m_1, m_2 \in \mathbb{Z}_n$ und sind $s_1 = m_1^d \bmod n$ und $s_2 = m_2^d \bmod n$ die Signaturen von m_1 und m_2, dann ist

$$s = s_1 s_2 \bmod n = (m_1 m_2)^d \bmod n$$

die Signatur von $m = m_1 m_2$. Chosen-Message-Angreifer können die Multiplikativität von RSA ausnutzen, um die Signatur jeder Nachricht in $\mathbb{Z}_n$ zu fälschen. Soll nämlich die Nachricht $m \in \mathbb{Z}_n$ signiert werden, so wählt der Angreifer eine andere Nachricht $m_1 \in \mathbb{Z}_n$

mit $\gcd(m_1, n) = 1$. Dann berechnet er

$$m_2 = m\,m_1^{-1} \bmod n.$$

Dabei ist m_1^{-1} das Inverse von m_1 mod n. Der Chosen-Message-Angreifer lässt sich die beiden Nachrichten m_1 und m_2 signieren. Er erhält die Signaturen s_1 und s_2 und kann daraus die Signatur $s = s_1 s_2 \bmod n$ von m berechnen.

Das RSA-Signaturverfahren, so wie es bis jetzt beschrieben wurde, erlaubt also existentielle Fälschungen mit Hilfe von No-Message-Angriffen und selektive Fälschungen mittels Chosen-Message-Angriffen.

In den Abschn. 12.5.5 und 12.5.6 beschreiben wir Vorkehrungen gegen die beiden beschriebenen Gefahren.

Wir weisen noch auf eine weitere Angriffsmöglichkeit hin. Zu Beginn der Verifikation einer von Alice signierten Nachricht besorgt sich Bob ihren öffentlichen Schlüssel (n, e). Wenn es dem Angreifer Oskar gelingt, Bob seinen eigenen öffentlichen Schlüssel als den Schlüssel von Alice unterzuschieben, kann er danach Signaturen erzeugen, die Bob als Signaturen von Alice anerkennt. Es ist also wichtig, dass Bob den authentischen öffentlichen Schlüssel von Alice hat. Er muss sich von der Authentizität des öffentlichen Schlüssels von Alice überzeugen können. Dazu werden Public-Key-Infrastrukturen verwendet, die in Kap. 16 diskutiert werden.

12.5.5 Signatur von Nachrichten mit Redundanz

Zwei der im vorigen Abschnitt beschriebenen Angriffe werden unmöglich, wenn nur Nachrichten $m \in \{0, 1, \ldots, n-1\}$ signiert werden, deren Binärdarstellung von der Form $w \circ w$ ist mit $w \in \{0, 1\}^*$. Die Binärdarstellung besteht also aus zwei gleichen Hälften. Der wirklich signierte Text ist die erste Hälfte, nämlich w. Aber signiert wird $w \circ w$. Bei der Verifikation wird $m = s^e \bmod n$ bestimmt, und dann wird geprüft, ob der signierte Text die Form $w \circ w$ hat. Wenn nicht, wird die Signatur zurückgewiesen.

Werden nur Nachrichten von der Form $w \circ w$ signiert, kann der Angreifer Oskar die beschriebene existentielle Fälschung nicht mehr anwenden. Er müsste nämlich eine Signatur $s \in \{0, 1, \ldots, n-1\}$ auswählen, für die die Binärentwicklung von $m = s^e \bmod n$ die Form $w \circ w$ hat. Es ist unbekannt, wie man eine solche Signatur s ohne Kenntnis des privaten Schlüssels bestimmen kann.

Auch die Multiplikativität von RSA kann nicht mehr ausgenutzt werden. Es ist nämlich äußerst unwahrscheinlich, dass $m = m_1 m_2 \bmod n$ eine Binärentwicklung von der Form $w \circ w$ hat, wenn das für beide Faktoren der Fall ist.

Die Funktion

$$R : \mathbb{Z}_2^* \to \mathbb{Z}_2^*,\, w \mapsto R(w) = w \circ w,$$

die zur Erzeugung der speziellen Struktur verwendet wurde, heißt *Redundanzfunktion*. Es können natürlich auch andere Redundanzfunktionen verwendet werden.

Der nächste Abschnitt erläutert eine andere Methode, die beiden ersten Angriffsmöglichkeiten aus Abschn. 12.5.4 zu verhindern. Sie hat den Vorteil, dass damit beliebig lange Nachrichten signiert werden können. Das geht mit der Redundanz-Methode nicht. Gleichzeitig hat sie den Nachteil, dass bei der Verifikation die signierte Nachricht nicht mehr rekonstruiert werden kann. Dies ist aber bei der Verwendung von Redundanz möglich.

12.5.6 Signatur mit Hashwert

In diesem Abschnitt erläutern wir eine andere Methode, dem No-Message-Angriff und dem Chosen-Message-Angriff aus Abschn. 12.5.4 durch Verwendung einer Hashfunktion zu begegnen. Diese Methode ermöglicht es gleichzeitig, beliebig lange Nachrichten zu signieren. Wir verwenden dazu eine öffentlich bekannte, kollisionsresistente Hashfunktion

$$h : \mathbb{Z}_2^* \to \mathbb{Z}_n.$$

Ausserdem benutzen wir das RSA-Schlüsselpaar $((e, n), d)$.

Der Signieralgorithmus wird folgendermaßen modifiziert. Soll $m \in \mathbb{Z}_2^*$ signiert werden, benutzt der Algorithmus die Hashfunktion h um die Signatur

$$s = h(m)^d \bmod n$$

zu berechnen. Die Signatur ist also die ursprüngliche RSA-Signatur des Hashwertes $h(m)$.

Der Verifikationsalgorithmus kennt die Hashfunktion h ebenfalls. Um die Signatur s von m zu verifizieren, berechnet er den Hashwert $h(m)$ und prüft ob

$$h(m) = s^e \bmod n$$

ist. Stimmt das, ist die Signatur gültig. Andernfalls ist sie ungültig. Diese Verifikation kann die Nachricht m nicht aus der Signatur gewinnen. Sie kann zwar den Hashwert $h(m) = s^e \bmod n$ rekonstruieren. Aber daraus kann sie nicht die Nachricht m berechnen. Das liegt daran, dass wie in Kap. 11 gezeigt, die kollisionsresistente Hashfunktion h gleichzeitig eine Einwegfunktion ist.

Die Verwendung der Hashfunktion h macht die existentielle Fälschung aus Abschn. 12.5.4 unmöglich. Angenommen, der Fälscher wählt eine Signatur s. Dann muss er auch eine Nachricht m mit $h(m) = s^e \bmod n$ finden, um ein gültiges Nachricht-Signatur-Paar (m, s) zu erzeugen. Das kann er aber nicht, weil h kollisionsresistent und damit, wie in Abschn. 11.1 gezeigt wurde, eine Einwegfunktion ist.

Auch der Chosen-Plaintext-Angriff aus Abschn. 12.5.4, der auf der Multiplikativität des RSA-Verfahrens beruht, wird bei Verwendung einer kollisionsresistenten Hashfunktion unmöglich. Um die Signatur einer Nachricht m zu fälschen, wurden in Abschn. 12.5.4 nämlich Nachrichten m_1 und m_2 konstruiert, so dass die Signatur von m das Produkt der Signaturen von m_1 und m_2 modulo n ist. Es ist nicht klar, wie dieser Angriff auf die modifizierte Signiermethode, die eine Hashfunktion benutzt, übertragen werden kann. Soll die Signatur von $m \in \mathbb{Z}_2^n$ gefälscht werden, könnte ein Angreifer zum Beispiel Hashwerte h_1 und h_2 konstruieren, so dass das Produkt der Signaturen von h_1 und h_2 modulo n die Signatur von $h(m)$ ist. Dann müsste er aber Nachrichten m_1 und m_2 finden mit $h(m_1) = h_1$ und $h(m_2) = h_2$ und nach den Signaturen von m_1 und m_2 fragen. Einem Chosen-Message-Angreifer ist es nämlich nur möglich, Signaturen für Nachrichten zu erhalten aber nicht für deren Hashwerte. Aber m_1 und m_2 kann der Angreifer nicht finden, weil h eine Einwegfunktion ist.

Die bisherige Argumentation in diesem Abschnitt hat nur die Einwegeigenschaft der Hashfunktion benutzt. Wir haben aber verlangt, dass die Hashfunktion kollisionsresistent ist. Warum? Weil andernfalls folgender Chosen-Message-Angriff möglich wird. Angenommen, ein Angreifer kann eine Kollision von h erzeugen, also ein Paar verschiedener Nachrichten $m, m' \in \mathbb{Z}_2^n$ mit $h(m) = h(m')$. Da es sich um einen Chosen-Message-Angriff handelt, kann sich der Angreifer die Nachricht m signieren lassen. Er erhält also $s = h(m)^d \bmod n$. Dann gilt aber auch $s = h(m') \bmod n$. Also ist s auch eine gültige Signatur von m'. Eine existentielle Fälschung ist gelungen.

12.5.7   Wahl von p und q

Wer den öffentlichen RSA-Modul faktorisieren kann, ist in der Lage, den geheimen Exponenten d zu bestimmen und damit RSA-Signaturen von Alice zu fälschen. Daher müssen p und q so gewählt werden, dass n nicht faktorisiert werden kann. Wie das gemacht wird, wurde in Abschn. 8.3.5 beschrieben.

12.5.8   Sichere Verwendung

Eine Variante des RSA-Signaturverfahrens, die unter geeigneten Voraussetzungen sicher gegen Chosen-Message-Angriffe ist, findet man in [7]. Es ist in PKCS #1 ab Version 2.1 standardisiert (siehe [56]). Dies wird in Abschn. 12.10.2 genauer diskutiert.

12.6   Signaturen aus Public-Key-Verfahren

Die Konstruktion des RSA-Signaturverfahrens lässt sich mit jedem deterministischen Public-Key-Verschlüsselungsverfahren nachahmen, sofern Ver- und Entschlüsselung vertauschbar sind. Diese Bedingung ist für das RSA-Verfahren erfüllt, weil

$$(m^d)^e \equiv (m^e)^d \equiv m \bmod n$$

gilt. Bei der Konstruktion des Verfahrens muss man wie beim RSA-Verfahren eine Redundanz- oder eine Hashfunktion verwenden. Wie dies genau zu geschehen hat, ist z. B. in der Norm ISO/IEC 9796 [36] festgelegt.

Neben dem RSA-Verfahren erfüllt zum Beispiel das Rabin-Verfahren diese Bedingung. In Übung 12.3 wird ein Rabin-Signaturverfahren konstruieert.

12.7 ElGamal-Signatur

Wie das ElGamal-Verschlüsselungsverfahren (siehe Abschn. 8.7) bezieht auch das ElGamal-Signaturverfahren seine Sicherheit aus der Schwierigkeit, diskrete Logarithmen in $(\mathbb{Z}/p\mathbb{Z})^*$ zu berechnen, wobei p eine Primzahl ist. Da im ElGamal-Verschlüsselungs-verfahren die Verschlüsselung und die Entschlüsselung nicht einfach vertauschbar sind, kann man daraus nicht direkt ein Signaturverfahren machen, jedenfalls nicht so, wie in Abschn. 12.6 beschrieben. Das ElGamal-Signaturverfahren wird daher anders konstruiert als das entsprechende Verschlüsselungsverfahren.

12.7.1 Schlüsselerzeugung

Die Schlüsselerzeugung funktioniert genauso wie im ElGamal-Verschlüsselungsverfahren (siehe Abschn. 8.7.1).

Alice wählt einen Sicherheitsparameter k, eine k-Bit Primzahl p und eine Primitivwur-zel g mod p wie in Abschn. 2.22 beschrieben. Dann wählt sie zufällig und gleichverteilt einen Exponenten $a \in \{0, \ldots, p-2\}$ und berechnet

$$A = g^a \bmod p.$$

Der öffentliche Schlüssel von Alice ist (p, g, A). Der private Schlüssel von Alice ist der Exponent a.

12.7.2 Signatur

Alice signiert eine Nachricht $m \in \mathbb{Z}_2^*$. Sie benutzt eine öffentlich bekannte, kollisionsre-sistente Hashfunktion

$$h : \mathbb{Z}_2^* \to \{1, 2, \ldots, p-1\}.$$

Alice wählt eine Zufallszahl $k \in \{1, 2, \ldots, p-2\}$, die zu $p-1$ teilerfremd ist. Sie berechnet

$$r = g^k \bmod p, \quad s = k^{-1}(h(m) - ar) \bmod (p-1). \tag{12.7}$$

Hierin bedeutet k^{-1} das Inverse von k modulo $p-1$. Die Signatur ist das Paar (r, s). Weil eine Hashfunktion benutzt wurde, benötigt ein Verifizierer neben der Signatur auch die Nachricht m. Er kann m nicht aus s ermitteln.

12.7.3 Verifikation

Bob, der Verifizierer, kennt die Nachricht m und ihre Signatur (r, s). Er verschafft sich den öffentlichen Schlüssel (p, g, A) von Alice. Genauso wie beim RSA-Signaturverfahren muss er sich von der Authentizität des öffentlichen Schlüssels von Alice überzeugen. Er verifiziert, dass

$$1 \le r \le p - 1$$

ist. Falls diese Bedingung nicht erfüllt ist, weist Bob die Signatur zurück. Andernfalls überprüft er, ob die Kongruenz

$$A^r r^s \equiv g^{h(m)} \bmod p \tag{12.8}$$

erfüllt ist. Wenn ja, akzeptiert Bob die Signatur, sonst nicht.

Wir zeigen, dass die Verifikation funktioniert. Falls s gemäß (12.7) konstruiert ist, folgt

$$A^r r^s \equiv g^{ar} g^{kk^{-1}(h(m)-ar)} \equiv g^{h(m)} \bmod p \tag{12.9}$$

wie gewünscht. Ist umgekehrt (12.8) für ein Paar (r, s) erfüllt, und ist k der diskrete Logarithmus von r zur Basis g, so gilt nach Korollar 2.1

$$g^{ar+ks} \equiv g^{h(m)} \bmod p.$$

Weil g eine Primitivwurzel mod p ist, folgt daraus

$$ar + ks \equiv h(m) \bmod p - 1.$$

Ist k zu $p - 1$ teilerfremd, folgt daraus (12.7). Es gibt dann keine andere Art, die Signatur s zu konstruieren.

Beispiel 12.9 Wie in Beispiel 8.14 wählt Alice $p = 23$, $g = 7$, $a = 6$ und berechnet $A = g^a \bmod p = 4$. Ihr öffentlicher Schlüssel ist dann $(p = 23, g = 7, A = 4)$. Ihr geheimer Schlüssel ist $a = 6$.

Alice will eine Nachricht m mit Hashwert $h(m) = 7$ signieren. Sie wählt $k = 5$ und erhält $r = 17$. Das Inverse von k mod $(p - 1 = 22)$ ist $k^{-1} = 9$. Daher ist $s = k^{-1}(h(m) - ar) \bmod (p - 1) = 9 * (7 - 6 * 17) \bmod 22 = 3$. Die Signatur ist $(17, 3)$.

Bob will diese Signatur verifizieren. Er berechnet $A^r r^s \bmod p = 4^{17} * 17^3 \bmod 23 = 5$. Er berechnet auch $g^{h(m)} \bmod p = 7^7 \bmod 23 = 5$. Damit ist die Signatur verifiziert.

12.7.4 Die Wahl von p

Wer diskrete Logarithmen mod p berechnen kann, ist in der Lage, den geheimen Schlüssel a von Alice zu ermitteln und damit Signaturen zu fälschen. Dies ist die einzige bekannte allgemeine Methode, ElGamal-Signaturen zu erzeugen. Man muss also p so groß wählen, dass die Berechnung diskreter Logarithmen nicht möglich ist. Eine Diskussion der angemessenen Wahl von p findet sich in Abschn. 8.6.4.

Es gibt dabei eine spezielle Situation, die vermieden werden muss. Wenn $p \equiv 3 \bmod 4$, die Primitivwurzel g ein Teiler von $p - 1$ ist und wenn die Berechnung diskreter Logarithmen in der Untergruppe von $(\mathbb{Z}/p\mathbb{Z})^*$ der Ordnung g möglich ist, dann kann das ElGamal-Signaturverfahren gebrochen werden (siehe Übung 12.5). Diskrete Logarithmen in dieser Untergruppe kann man jedenfalls dann berechnen (mit dem Algorithmus von Pohlig-Hellman-Shanks-Pollard), wenn g nicht zu groß ist (siehe Abschn. 10.5). Da die Primzahl p häufig so gewählt wird, dass $p - 1 = 2q$ für eine ungerade Primzahl q gilt, ist die Bedingung $p \equiv 3 \bmod 4$ oft erfüllt. Um obige Attacke zu vermeiden, wählt man also eine Primitivwurzel g, die $p - 1$ nicht teilt.

12.7.5 Die Wahl von k

Wir zeigen, dass aus Sicherheitsgründen für jede neue Signatur ein neuer Exponent k gewählt werden muss. Dies ist ja bei zufälliger Wahl von k garantiert.

Angenommen, die Signaturen s_1 und s_2 der Nachrichten m_1 und m_2 werden mit demselben Exponenten k erzeugt. Dann ist der Wert $r = g^k \bmod p$ für beide Signaturen gleich. Also gilt

$$s_1 - s_2 \equiv k^{-1}(h(m_1) - h(m_2)) \bmod (p - 1).$$

Hieraus können wir die Zahl k bestimmen, wenn $h(m_1) - h(m_2)$ invertierbar modulo $p - 1$ ist. Aus $k, s_1, r, h(m_1)$ lässt sich der geheime Schlüssel a berechnen. Es ist nämlich

$$s_1 = k^{-1}(h(m_1) - ar) \bmod (p - 1)$$

und daher

$$a \equiv r^{-1}(h(m_1) - ks_1) \bmod (p - 1).$$

12.7.6 Existentielle Fälschungen

Für die Sicherheit des Verfahrens ist es erforderlich, dass tatsächlich eine Hashfunktion verwendet wird und nicht die Nachricht m direkt signiert wird. Sonst ist eine existentielle Fälschung möglich, die im Folgenden beschrieben wird.

Wenn die Nachricht m ohne Hashfunktion signiert wird, lautet die Verifikationskongruenz

$$A^r r^s \equiv g^m \bmod p.$$

Wir zeigen, wie wir r, s, m wählen können, damit diese Kongruenz erfüllt ist. Man wählt zwei ganze Zahlen u, v mit $\gcd(v, p - 1) = 1$. Dann setzt man

$$r = g^u A^v \bmod p, \quad s = -r v^{-1} \bmod (p - 1), \quad m = su \bmod (p - 1).$$

Mit diesen Werten gilt die Kongruenz

$$A^r r^s \equiv A^r g^{su} A^{sv} \equiv A^r g^{su} A^{-r} \equiv g^m \bmod p.$$

Das ist die Verifikationskongruenz.

Bei Verwendung einer kryptographischen Hashfunktion können wir auf die beschriebene Weise nur Signaturen von Hashwerten erzeugen. Wir können aber dazu nicht den passenden Klartext zurückgewinnen, weil die Hashfunktion eine Einwegfunktion ist.

Wie beim RSA-Verfahren kann das beschriebene Problem auch durch Einführung von Redundanz gelöst werden.

Auch die Bedingung $1 \le r \le p - 1$ ist wichtig, um existentielle Fälschungen zu vermeiden. Wird diese Größenbeschränkung nicht gefordert, so können wir aus bekannten Signaturen neue Signaturen konstruieren. Sei (r, s) die Signatur einer Nachricht m. Sei m' eine weitere Nachricht, die signiert werden soll. Wir berechnen

$$u = h(m')h(m)^{-1} \bmod (p - 1).$$

Hierbei wird vorausgesetzt, dass $h(m)$ invertierbar ist mod $p - 1$. Wir berechnen weiter

$$s' = su \bmod (p - 1)$$

und mit Hilfe des chinesischen Restsatzes ein r' mit

$$r' \equiv ru \bmod (p - 1), \quad r' \equiv r \bmod p. \tag{12.10}$$

Die Signatur von m' ist (r', s'). Wir zeigen, dass die Verifikation mit dieser Signatur funktioniert. Tatsächlich gilt

$$A^{r'}(r')^{s'} \equiv A^{ru} r^{su} \equiv g^{u(ar+ks)} \equiv g^{h(m')} \bmod p.$$

Wir zeigen auch, dass $r' \ge p$ gilt, also den Test $1 \le r' \le p - 1$ verletzt. Einerseits gilt

$$1 \le r \le p - 1, \quad r \equiv r' \bmod p. \tag{12.11}$$

Andererseits ist

$$r' \equiv ru \not\equiv r \bmod p - 1. \tag{12.12}$$

Das liegt daran, dass $u \equiv h(m')h(m)^{-1} \not\equiv 1 \bmod p - 1$ gilt, weil h kollisionsresistent ist. Aus (12.12) folgt $r \ne r'$ und aus (12.11) folgt also $r' \ge p$.

12.7.7   Performanz

Die Erzeugung einer ElGamal-Signatur erfordert eine Anwendung des erweiterten euklidischen Algorithmus zur Berechnung von $k^{-1} \bmod p - 1$ und eine modulare Exponentiation mod p zur Berechnung von $r = g^k \bmod p$. Beide Berechnungen können sogar als

Vorberechnungen durchgeführt werden. Sie hängen nicht von der zu signierenden Nachricht ab. Bei einer solche Vorberechnung müssen die Resultate aber sicher gespeichert werden. Die aktuelle Signatur erfordert dann nur noch zwei modulare Multiplikationen und ist damit extrem schnell.

Die Verifikation einer Signatur erfordert drei modulare Exponentiationen. Das ist deutlich teurer als die Verifikation einer RSA-Signatur. Die Verifikation kann beschleunigt werden, wenn man die Verifikationskongruenz (12.8) durch die neue Verifikationskongruenz

$$g^{-h(m)} A^r r^s \equiv 1 \bmod p$$

ersetzt und die modularen Exponentiationen auf der linken Seite simultan durchführt. Dies wird in Abschn. 2.13 erläutert. Aus Satz 2.16 folgt, dass die Verifikation höchstens $5 + t$ Multiplikationen und $t - 1$ Quadrierungen mod p erfordert, wobei t die binäre Länge von p ist. Das ist nur unwesentlich mehr als eine einzige Potenzierung.

12.7.8   Sichere Verwendung

Eine Variante des ElGamal-Signaturverfahrens, die unter geeigneten Voraussetzungen sicher gegen Chosen-Message-Angriffe ist, findet man in [57]. Dies wird in Abschnitt 12.10.3 genauer diskutiert.

12.7.9   Verallgemeinerung

Wie das ElGamal-Verschlüsselungsverfahren lässt sich auch das ElGamal-Signaturverfahren in beliebigen zyklischen Gruppen implementieren, deren Ordnung bekannt ist aber in denen es schwer ist, diskrete Logarithmen zu berechnen. Solche Gruppen werden in Kap. 13 beschrieben. Das ist ein großer Vorteil des Verfahrens. Die Implementierung des Verfahrens kann aus obiger Beschreibung leicht abgeleitet werden. Natürlich müssen dieselben Sicherheitsvorkehrungen getroffen werden wie beim ElGamal-Signaturverfahren in $(\mathbb{Z}/p\mathbb{Z})^*$.

12.8   Der Digital Signature Algorithm (DSA)

Der Digital Signature Algorithm (DSA) wurde 1991 vom US-amerikanischen National Institute of Standards and Technology (NIST) vorgeschlagen und später von NIST zum Standard erklärt. Es beruht auf der ElGamal-Signaturvariante von Claus Schnorr [66]. Der DSA ist eine effizientere Variante des ElGamal-Verfahrens. Im DSA-Verfahren wird die Anzahl der modularen Exponentiationen bei der Verifikation von drei auf zwei reduziert und die Länge der Exponenten deutlich verkleinert. Außerdem ist die Parameterwahl viel genauer vorgeschrieben als beim ElGamal-Verfahren. Inzwischen hat der Standard mehrere Revisionen durchlaufen. Wir verwenden hier die Revision von 2013 [30]

12.8.1 Schlüsselerzeugung

Der DSA-Schlüsselerzeugungsalgorithmus verwendet Parameterpaare $(k, l) \in \{(1024, 160), (2048, 224), (2048, 256), (3072, 256)\}$. Er erzeugt eine l-Bit Primzahl q und eine k-Bit Primzahl p, für die $q \mid p - 1$ gilt. Die Bedingung $q \mid (p - 1)$ impliziert, dass die Gruppe $(\mathbb{Z}/p\mathbb{Z})^*$ Elemente der Ordnung q besitzt (siehe Theorem 2.25). Ein solches Element wird nun konstruiert. Dazu bestimmt der Algorithmus $x \in \{2, \ldots p - 1\}$ mit der Eigenschaft

$$g = x^{(p-1)/q} \bmod p \neq 1. \tag{12.13}$$

Die Ordnung der Restklasse $g + p\mathbb{Z}$ ist dann q. Die Zahl x kann solange zufällig gewählt werden, bis (12.13) zutrifft. Zuletzt wählt der Algorithmus eine Zahl a zufällig in der Menge $\{1, 2, \ldots, q - 1\}$ und berechnet

$$A = g^a \bmod p.$$

Der öffentliche DSA-Schlüssel ist (p, q, g, A). Der private Signierschlüssel ist a. Man beachte, dass $A + p\mathbb{Z}$ zu der von $g + p\mathbb{Z}$ erzeugten Untergruppe (der Ordnung q) gehört. Die Untergruppe hat ungefähr 2^k Elemente. Die Ermittlung des geheimen Schlüssels erfordert die Berechnung diskreter Logarithmen in dieser Untergruppe. Wir werden im Abschnitt über die Sicherheit des Verfahrens darauf eingehen, wie schwierig die Berechnung diskreter Logarithmen in dieser Untergruppe ist.

12.8.2 Signatur

Signiert wird die Nachricht m. Dazu verwendet der Signieralgorithmus eine öffentlich bekannte kollisionsresistente Hashfunktion

$$h : \mathbb{Z}_2^* \to \{1, 2, \ldots, q - 1\}.$$

Danach wählt der Algorithmus eine Zufallszahl $k \in \{1, 2, \ldots, q - 1\}$, berechnet

$$r = (g^k \bmod p) \bmod q \tag{12.14}$$

und setzt

$$s = k^{-1}(h(m) + ar) \bmod q. \tag{12.15}$$

Hierbei ist k^{-1} das Inverse von k modulo q. Die Signatur ist (r, s).

12.8.3   Verifikation

Der Verifikationsalgorithmus soll die Signatur (r, s) der Nachricht m verifizieren. Er erhält m, (r, s), den Verifikationsschlüssel (p, q, g, A) und kennt die Hashfunktion h. Er verifiziert, dass

$$1 \leq r \leq q - 1 \text{ und } 1 \leq s \leq q - 1 \tag{12.16}$$

gilt. Ist eine dieser Bedingungen verletzt, ist die Signatur ungültig und wird zurückgewiesen. Andernfalls verifiziert der Algorithmus, dass

$$r = \left(\left(g^{(s^{-1}h(m)) \bmod q} A^{(rs^{-1}) \bmod q} \right) \bmod p \right) \bmod q \tag{12.17}$$

gilt. Ist die Signatur gemäß (12.14) und (12.15) korrekt konstruiert, so ist (12.17) tatsächlich erfüllt. Dann gilt nämlich

$$g^{(s^{-1}h(m)) \bmod q} A^{(rs^{-1}) \bmod q} \equiv g^{s^{-1}(h(m)+ra)} \equiv g^k \bmod p,$$

woraus (12.17) unmittelbar folgt.

12.8.4   Performanz

Das DSA-Verfahren ist sehr eng mit dem ElGamal-Signaturverfahren verwandt. Wie im ElGamal-Signaturverfahren kann die Erzeugung von Signaturen durch Vorberechnungen wesentlich beschleunigt werden.

Die Verifikation profitiert von zwei Effizienzsteigerungen. Sie benötigt nur noch zwei modulare Exponentiationen mod p, während im ElGamal-Verfahren drei Exponentiationen nötig sind. Dies ist aber nicht so bedeutend angesichts der Möglichkeit, die Verifikation durch simultane Exponentiation auszuführen (siehe die Abschn. 12.7.7 und 2.13). Bedeutender ist, dass die Exponenten in allen modularen Exponentiationen nur l Bit lang sind, $l \in \{160, 224, 256\}$, während im ElGamal-Verfahren die Exponenten genauso lang sind wie der Modul p. Diese Verkürzung beschleunigt die Berechnungen erheblich.

12.8.5   Sicherheit

Wie im ElGamal-Verfahren muss für jede neue Signatur ein neues k gewählt werden (siehe Abschn. 12.7.5). Außerdem ist die Verwendung einer Hashfunktion und die Überprüfung der Bedingungen in (12.16) unbedingt nötig. Wird keine Hashfunktion verwendet oder die erste Bedingung nicht überprüft, ergibt sich die Möglichkeit von existentiellen Fälschungen wie in Abschn. 12.7.6 beschrieben.

Wenn ein Angreifer diskrete Logarithmen in der von $g + p\mathbb{Z}$ erzeugten Untergruppe H von $(\mathbb{Z}/p\mathbb{Z})^*$ berechnen kann, so ist er in der Lage, den privaten Schlüssel a zu bestimmen und damit Signaturen seiner Wahl zu fälschen. Das ist bis heute auch die einzige bekannte Möglichkeit, DSA-Signaturen zu fälschen. Einen wesentlichen Effizienzvorteil bezieht das DSA-Verfahren daraus, dass die Berechnungen nicht mehr in der gesamten Gruppe $(\mathbb{Z}/p\mathbb{Z})^*$ ausgeführt werden, sondern in einer wesentlich kleineren Untergruppe. Es stellt sich also die Frage, ob dieses DL-Problem einfacher ist als das allgemeine DL-Problem.

Grundsätzlich sind zwei Möglichkeiten bekannt, diskrete Logarithmen zu berechnen.

Wir können Index-Calculus-Verfahren in $\mathbb{Z}/p\mathbb{Z}$ anwenden (siehe Abschn. 10.6). Es ist aber nicht bekannt, wie solche Verfahren einen Vorteil daraus ziehen können, dass ein diskreter Logarithmus in einer Untergruppe zu berechnen ist. Tatsächlich ist der Berechnungsaufwand genauso groß, wie wenn wir einen diskreten Logarithmus berechnen würden, dessen Basis eine Primitivwurzel modulo p ist.

Wir können auch generische Verfahren verwenden, die in allen endlichen abelschen Gruppen funktionieren. Die besten bekannten Verfahren von Shanks (siehe Abschn. 10.3) oder Pollard (siehe Abschn. 10.4) benötigen mehr als $\sqrt{q}$ Operationen in $(\mathbb{Z}/p\mathbb{Z})^*$, um diskrete Logarithmen in der Untergruppe der Ordnung q zu berechnen. Die Größe von q ist so gewählt, dass das unmöglich ist.

12.9   Das Merkle-Signaturverfahren

Die Sicherheit des RSA-Signaturverfahrens beruht auf der Schwierigkeit des Faktorisierungsproblems. Dagegen erfordert die Sicherheit der ElGamal oder DSA-Signaturverfahren, dass das Diskreter-Logarithmus-Problem (DLP) in Einheitengruppen endlicher Körper und in der Punktgruppe von elliptischen Kurven über endlichen Körpern schwer ist. Es ist aber keineswegs sicher, dass diese Probleme schwierig bleiben. Es ist zum Beispiel bekannt, dass Quantencomputer beide Probleme in Polynomzeit lösen können (siehe [69]). Daher ist es nötig, praktikable Alternativen bereitzustellen.

Das Lamport-Diffie-Einmal-Signaturverfahren (LD-OTS), das in Abschn. 12.3 beschrieben wurde, ist eine mögliche Alternative. Es ist sehr flexibel, denn es benötigt für seine sichere Implementierung nur eine Einwegfunktion. Solche Einwegfunktionen können zum Beispiel mit symmetrischen Verschlüsselungsverfahren oder kryptographischen Hashfunktionen erzeugt werden. Es gibt viele symmetrische Chiffren und kryptographische Hashfunktionen und es werden immer wieder neue entwickelt. Entsprechend läßt LD-OTS viele Instantiierungen zu. Sollte eine solche Instantiierung unsicher werden, kann sie durch eine andere ersetzt werden.

Leider ist LD-OTS nicht besonders praktikabel. Jedes Schlüsselpaar kann nämlich nur einmal verwendet werden. Dieses Problem löst das Merkle-Signaturverfahren [50]. Es verwendet einen binären Hashbaum, um die Gültigkeit vieler Einmal-Verifikationsschlüssel auf die Gültigkeit eines einzigen öffentlichen Schlüssels, der Wurzel des Hashbaumes, zurückzuführen. Das Merkle Verfahren kann also viele Signaturen erzeugen, die mit einem einzigen öffentlichen Schlüssel verifizierbar sind.

12.9.1 Initialisierung

Bei der Initialisierung des Merkle-Verfahrens wird eine Hashfunktion

$$h : \mathbb{Z}_2^* \to \mathbb{Z}_2^n$$

festgelegt und ein Einmal-Signaturverfahren gewählt. Es kann sich dabei um das Lamport-Diffie-Verfahren aus Abschn. 12.3 oder irgendein anderes Einmal-Signaturverfahren handeln. Statt eines dedizierten Einmal-Signaturverfahrens kann auch jedes andere Signaturverfahren als Einmal-Signaturverfahren benutzt werden.

Dann wird festgelegt, wie viele Signaturen mit einem einzigen öffentlichen Schlüssel verifizierbar sein sollen. Dazu wird eine natürliche Zahl H gewählt. Die Anzahl der verifizierbaren Signaturen ist $N = 2^H$.

Beispiel 12.10 Wir verwenden die Hashfunktion h, die folgendermaßen arbeitet: Der Hashwert sind die drei letzten Bits der Binärdarstellung der Quersumme der Dezimalzahl, die durch den zu hashenden String dargestellt wird. Ist diese Binärdarstellung zu kurz, werden führende Nullen ergänzt. Sei $m = 11000000100001$. Die entsprechende Dezimalzahl ist 12321. Die Quersumme dieser Zahl ist 9. Die Binärentwicklung von 9 ist 1001. Der Hashwert ist also $h(m) = 001$. Als Einmal-Signaturverfahren wird LD-OTS gewählt. Außerdem legen wir fest, dass mit einem öffentlichen Schlüssel vier Signaturen verifizierbar sein sollen. Die Höhe des Hashbaumes ist also $H = 2$.

12.9.2 Schlüsselerzeugung

Der Signierer wählt N Schlüsselpaare (x_i, y_i), $0 \leq i < N$, des verwendeten Einmal-Signaturverfahrens. Dabei ist jeweils x_i der Signierschlüssel und y_i der zugehörige Verifikationsschlüssel, $0 \leq i < N$. Als nächstes konstruiert der Signierer den Merkle-Hashbaum. Es handelt sich um einen binären Baum. Die Blätter dieses Baums sind die Hashwerte $h(y_i)$, $0 \leq i < N$, der Verifikationsschlüssel. Jeder Knoten im Baum, der kein Blatt ist, ist der Hashwert $h(k_l \circ k_r)$ seiner beiden Kinder k_l und k_r. Dabei ist k_l das linke Kind und k_r das rechte Kind. Der Merkle-Hashbaum wird in Abb. 12.1 gezeigt.

Der private Merkle-Signierschlüssel ist die Folge $(x_0, \ldots, x_{N-1})$ der gewählten Einmal-Signierschlüssel. Der öffentliche Schlüssel ist die Wurzel R des Merkle-Hashbaumes.

Beispiel 12.11 Wir setzen Beispiel 12.10 fort. Wir wählen also vier Paare (x_i, y_i), $0 \leq i < 4$. Dabei ist x_i jeweils ein Lamport-Diffie-Signierschlüssel und y_i ist der zugehörige Verifikationsschlüssel. Jedes x_i und jedes y_i besteht also aus sechs Bitstrings der Länge 3. Sie werden hier nicht explizit angegeben. Als nächstes wird der Hashbaum berechnet.

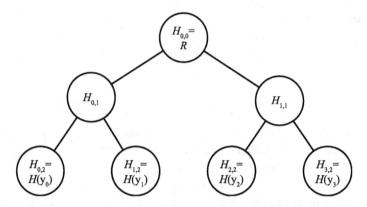

Abb. 12.1 Merkle-Hashbaum der Höhe $H = 2$

Die Knoten dieses Baums werden mit $h_{i,j}$ bezeichnet. Dabei ist i die Position (von links gezählt) und j die Tiefe des Knotens $h_{i,j}$ im Baum. Die Blätter des Baums seien

$$h_{0,2} = 110, h_{1,2} = 001, h_{2,2} = 010, h_{3,2} = 101.$$

Dann sind die Knoten auf Tiefe 1

$$h_{0,1} = h(h_{0,2} \circ h_{1,2}) = h(110001) = 101,$$
$$h_{1,1} = h(h_{2,2} \circ_{3,2}) = h(010101) = 011.$$

Die Wurzel ist

$$R = h_{0,0} = h(h_{0,1} \| h_{1,1}) = h(101011) = 111.$$

Der geheime Schlüssel ist die Folge (x_0, x_1, x_2, x_3) der vier Lamport-Diffie-Signierschlüssel. Der öffentliche Schlüssel ist die Wurzel $R = 111$ des Hashbaumes.

12.9.3 Signatur

Eine Nachricht m soll signiert werden. Der Signierer verwendet einen Zähler i. Es handelt sich dabei um den Index des ersten noch nicht verwendeten Signierschlüssels. Der Wert von i ist der Zustand des Signiers. Das Merkle-Signaturverfahrens ist also im Gegensatz zu den bis jetzt besprochenen Signaturverfahren zustandsbehaftet.

Initial ist $i = 0$. Wenn $i > 2^H - 1$, kann keine Signatur mehr erzeugt werden. Der Signierer berechnet mit Einmal-Signierschlüssel x_i die Einmal-Signatur S der Nachricht m. Danach bestimmt er einen *Authentisierungspfad*. Er erlaubt es dem Verifizierer, die Gültigkeit des Verifikationsschlüssels y_i auf die Gültigkeit des öffentlichen Schlüssels R zurückzuführen. Der Authentisierungspfad für den Verifikationsschlüssel y_i ist eine Folge $(a_h, \ldots, a_1)$ von Knoten im Merkle-Hashbaum. Dieser Pfad ist durch folgende Eigenschaft charakterisiert. Bezeichne mit $(b_h, \ldots, b_1, b_0)$ den Pfad im Merkle-Hashbaum vom Blatt $b_h = h(y_i)$ zur Wurzel $b_0 = R$. Dann ist $a_i, h \geq i \geq 1$, der Knoten mit demselben

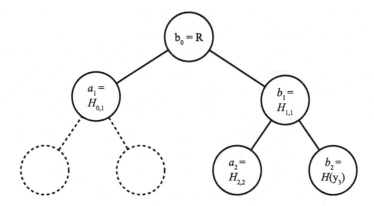

Abb. 12.2 Authentisierungspfad für das 4. Blatt.

Vater wie b_i. Dies wird in Abb. 12.2 illustriert. Die Signatur von m ist

$$s = (i, y_i, S, (a_h, \ldots, a_1)).$$

Nachdem diese Signatur erstellt worden ist, wird der Zähler i um eins hochgesetzt.

Beispiel 12.12 Wir setzen das Beispiel 12.11 fort. Signiert werden soll die Nachricht m. Der Zähler i sei 3. Also wird der Signierschlüssel x_3 verwendet. Die Einmal-Signatur bezeichnen wir mit S. Wir bestimmen den Authentisierungspfad. Der Pfad vom Blatt $h(y_3) = h_{3,2}$ zur Wurzel R im Hashbaum ist $(b_2, b_1, b_0) = (h_{3,2}, h_{1,1}, h_{0,0})$. Der Authentisierungspfad ist $(a_2, a_1) = (h_{2,2}, h_{0,1})$. Die Signatur ist $(3, y_3, S, (a_2, a_1))$. Der Zähler wird auf 4 gesetzt.

12.9.4 Verifikation

Der Verifizierer erhält die Nachricht m und die Einmal-Signatur $(i, y_i, S, (a_h, \ldots, a_1))$. Zunächst verifiziert er die Signatur S unter Verwendung des Verifikationsschlüssels y_i. Wenn die Verifikation fehlschlägt, wird die Signatur zurückgewiesen. Ist die Verifikation erfolgreich, überprüft der Verifizierer die Gültigkeit des Verifikationsschlüssels y_i. Dazu verwendet er die Zahl i und den Authentisierungspfad $(a_h, \ldots, a_1)$. Er berechnet $b_h = h(y_i)$. Er weiß, dass die Knoten a_h und b_h im Merkle-Hashbaum denselben Vater haben. Er weiß nur noch nicht, ob a_h der linke oder der rechte Nachbar von b_h ist. Das liest er an i ab. Ist i ungerade, dann ist a_h der linke Nachbar von b_h. Andernfalls ist a_h der rechte Nachbar von b_h. Im ersten Fall bestimmt der Verifizierer den Knoten $b_{h-1} = h(a_h \| b_h)$ im Pfad $(b_h, \ldots, b_1, b_0)$ vom Blatt $b_h = h(y_i)$ zur Wurzel $b_0 = R$ im Merkle-Hashbaum. Im zweiten Fall berechnet er $b_{h-1} = h(b_h \circ a_h)$. Die weiteren Blätter b_i, $h - 2 \geq i \geq 1$, werden analog berechnet. Dazu benötigt der Verifizierer die Binärentwicklung $i_0 \cdots i_h$ von i. Angenommen, der Verifizierer hat b_j berechnet, $h \geq j > 0$. Dann kann er b_{j-1} so

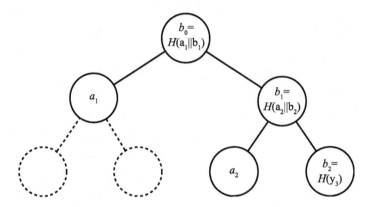

Abb. 12.3 Validierung eines Verifikationsschlüssels.

berechnen. Ist $i_j = 1$, so ist a_j der linke Nachbar von b_j, und es ist $b_{j-1} = h(a_j \circ b_j)$. Ist aber $i_j = 0$, dann ist a_j der rechte Nachbar von b_j und es gilt $b_{j-1} = h(b_j \circ a_j)$. Der Verifizierer akzeptiert die Signatur, wenn $b_0 = R$ ist und weist sie andernfalls zurück. Das Verifikationsverfahren ist in Abb. 12.3 illustriert.

Beispiel 12.13 Wir setzen das Beispiel 12.12 fort. Der Verifizierer kennt die Nachricht m und die Signatur $(3, y_3, S, (a_2 = 010, a_1 = 101))$. Er verifiziert die Signatur mit dem Verifikationsschlüssel y_3. Ist das erfolgreich, validiert er den Verifikationsschlüssel. Dazu bestimmt er die Binärentwicklung 11 von 3. Dann berechnet er den Knoten $b_2 = h(y_3) = 101$. Da das letzte Bit in der Binärentwicklung von $i = 3$ Eins ist, gilt $b_1 = h(a_2 \circ b_2) = h(010101) = 011$. Das erste Bit in der Binärdarstellung von $i = 3$ ist auch Eins. Darum ist $b_0 = h(a_1 \circ b_1) = h(101011) = 111$. Das ist tatsächlich der öffentliche Schlüssel. Also ist der öffentliche Schlüssel validiert und die Signatur wird akzeptiert.

12.9.5   Verbesserungen

Das ursprüngliche Merkle-Signaturverfahren in Kombination mit dem Lamport-Diffie-Einmal-Signaturverfahren hat eine Reihe von Nachteilen, die dazu geführt haben, dass das Verfahren nicht praktisch verwendet wurde. In den letzten Jahren sind aber viele Verbesserungen des Merkle-Verfahrens vorgeschlagen worden, die dieses Verfahren zu einem konkurrenzfähigen Signaturverfahren machen. Wir werden die Probleme und ihre Lösungen jetzt kurz beschreiben. Eine genauere Beschreibung mit entsprechenden Literaturangaben findet sich in [10].

Der Signierschlüssel im Merkle-Verfahren ist zu lang. Er besteht aus 2^H Einmal-Signierschlüsseln. Man kann ihn aber durch einen Zufallswert ersetzen, und daraus die Schlüssel mit einem Pseudozufallszahlengenerator erzeugen. Dies wurde von Coronado vorgeschlagen.

Im Lamport-Diffie-Einmal-Signaturverfahren wird jedes Bit einzeln signiert, und die Signatur jedes Bits ist ein Hashwert. Dadurch werden die Merkle-Signaturen sehr lang. Es sind aber in [10] verschiedene Vorschläge aufgeführt, Bits simultan zu signieren. Das macht die Signaturen deutlich kleiner. Aber je mehr Bits simultan signiert werden, desto mehr Hashwerte müssen bei der Signatur und der Verifikation berechnet werden. Die Anzahl der Hashwertberechnungen steigt dabei exponentiell mit der Anzahl der simultan signierten Bits. Daher ist die Möglichkeit, die Signatur auf diese Weise zu verkürzen ohne zu ineffizient zu werden, begrenzt.

Ein weiteres Effizienzproblem besteht darin, beim Signieren den Authentisierungspfad zu berechnen. Es ist natürlich möglich, dass der Signierer den ganzen Hashbaum speichert. Wenn die Höhe dieses Baums aber groß (≥ 10) wird, verbraucht der Hashbaum zu viel Platz. Dann können der Algorithmus von Szydlo oder seine Verbesserung von Dahmen verwendet werden. Dieser Algorithmus setzt die Kenntnis des Hashbaumes nicht voraus und benötigt nur Speicherplatz für $3H$ Knoten, wobei H die Höhe des Hashbaumes ist.

Auch wenn der Merkle-Baum bei Anwendung des Sydlo-Dahmen-Algorithmus nicht gespeichert werden muss, um Authentisierungspfade zu berechnen, muss er doch für die Erzeugung des öffentlichen Schlüssels vollständig berechnet werden. Ist die Höhe des Baums größer als 20, so wird das sehr langsam. Darum hat Coronado vorgeschlagen, statt eines Baums mehrere Bäume zu verwenden. Die können nach und nach berechnet werden. Diese Idee wurde von Dahmen und Vuillaume weiterentwickelt.

Wir haben schon erwähnt, dass das Merkle-Verfahren zustandsbehaftet ist, weil sich der Signierer den Index des ersten noch nicht verwendeten Signierschlüssels merken muss. Das hat den Nachteil, dass ein Signierer nicht einfach mehrere unabhängige Signiereinheiten verwenden kann. Diese müssten ihre Zustände synchronisieren. Eine zustandslose Variante findet sich in [11]. Der Vorteil des zustandsbehafteten Merkle-Verfahrens ist aber, dass alle schon verwendeten Signierschlüssel gelöscht werden können. Erhält ein Angreifer Zugang zu einer Signiereinheit und kann den geheimen Schlüssel auslesen, bekommt er keine Information über schon verwendete Signierschlüssel und kann deshalb alte Signaturen nicht nachträglich fälschen. Man nennt diese Eigenschaft *Vorwärtssicherheit*.

12.10 Sicherheitsmodelle

In diesem Abschnitt stellen wir formale Sicherheitsmodelle für digitale Signaturen vor. Sie haben Änlichkeit mit den Sicherheitsmodellen für Public-Key-Verschlüsselungsverfahren aus Abschn. 8.5. Wir diskutieren dann, inwieweit die in diesem Kapitel beschriebenen Signaturverfahren in den beschriebenen Modellen sicher sind.

12.10.1 Grundlagen

Sei $\mathbf{S} = (\mathbf{K}, \mathbf{M}, \mathbf{S}, \mathbf{KeyGen}, \mathbf{Sign}, \mathbf{Ver})$ ein digitales Signaturverfahren. Ein Angreifer A auf $\mathbf{S}$ ist ein probabilistischer Algorithmus A. Seine Eingabe ist ein Sicherheitsparameter $k \in \mathbb{N}$ in unärer Darstellung 1^k und ein öffentlicher Schlüssel e aus der Menge **Pub**(k). Ziel des Angreifers ist zum Beispiel eine existentielle Fälschung. Der Angreifer versucht also, ein Paar (m, s) zu erzeugen, dessen erste Komponente eine Nachricht m und dessen zweite Komponente eine gültige Signatur $s \in \mathbf{S}(k)$ von m ist. Es muss also $1 \leftarrow \mathbf{Ver}(1^k, e, m, s)$ gelten. Es kann aber auch das Ziel des Angreifers sein, Signaturen von vorgegebenen Nachrichten zu fälschen. Dann erweitern wir seine Eingabe um die Nachricht, deren Signatur gefälscht werden soll. Die Laufzeit von Angreifern auf Signaturverfahren ist genauso definiert, wie die Laufzeit von Angreifern gegen die Sicherheit von Verschlüsselungsverfahren.

In Abschn. 12.4.2 wurde zwischen No-Message- und Chosen-Message-Angriffen unterschieden. Wenn der Angreifer einen No-Message-Angriff ausführt, muss er die existentielle Fälschung ohne weitere Hilfe durchführen. Bei einem Chosen-Message-Angriff hat der Angreifer Zugriff auf ein Orakel $\mathbf{Sign}_d$, das bei Eingabe einer Nachricht m' eine gültige Signatur für m' zurückgibt. Wir schreiben $A^{\mathbf{Sign}_d}$, um deutlich zu machen, dass A Zugriff auf das Orakel $\mathbf{Sign}_d$ hat.

Beispiel 12.14 Sei $k \in \mathbb{N}$ und $(n, e) \in \mathbf{K}(k)$, also ein öffentlicher RSA-Schlüssel zum Sicherheitsparameter k. Angreifer 12.1 führt den Angriff aus Abschn. 12.5.4 auf das RSA-Verfahren aus. Angreifer 12.2 führt den Chosen-Message-Angriff aus Abschn. 12.5.4 aus. Beide erzeugen eine existentielle Fälschung.

Angreifer 12.1 ($A(1^k, (n, e))$)

(No-Message Angreifer auf einfache RSA-Signaturen)

$$\text{Wähle } s \in \mathbb{Z}_n$$
$$m \leftarrow s^e \bmod n$$
$$\mathbf{return}\ (m, s)$$

Angreifer 12.2 ($A^{\mathbf{Sign}_d}(1^k, (n, e), m)$)

(Chosen-Message-Angreifer auf einfache RSA-Signaturen)

$$\text{Wähle } m_1 \in \mathbb{Z}_n \text{ mit } m_1 \neq m \text{ und } \gcd(m_1, n) = 1$$
$$m_2 \leftarrow m\, m_1^{-1} \bmod n$$
$$s_1 \leftarrow \mathbf{Sign}_d(m_1)$$
$$s_2 \leftarrow \mathbf{Sign}_d(m_2)$$
$$s \leftarrow s_1 s_2 \bmod n$$
$$\mathbf{return}\ s$$

Der Erfolg von No-Message- und Chosen-Message-Angreifern, deren Ziel eine existentielle Fälschung ist, wird mit Hilfe der Experimente 12.1 und 12.2 definiert. Entsprechende Experimente können für Angreifer definiert werden, deren Ziel die Fälschung von gegebenen Nachrichten ist.

Experiment 12.1 (Exp$_S^{nma}(A, k)$)

(Experiment, das über den Erfolg eines No-Message-Angreifers auf das Signaturverfahren **S** entscheidet)

$$(e, d) \leftarrow \textbf{KeyGen}(1^k)$$

$$(m, s) \leftarrow A(1^k, e)$$

$$b \leftarrow \textbf{Ver}(1^k, e, m, s)$$

return b

Experiment 12.2 (Exp$_S^{cma}(A, k)$)

(Experiment, das über den Erfolg eines Chosen-Message-Angreifers auf das Signaturverfahren **S** entscheidet)

$$(e, d) \leftarrow \textbf{KeyGen}(1^k)$$

$$(m, s) \leftarrow A^{\textbf{Sign}_d}(1^k, e)$$

$$b \leftarrow \textbf{Ver}(1^k, e, m, s)$$

return b

Für $k \in \mathbb{N}$ ist der Vorteil eines No-Message-Angreifers A auf das Signaturverfahren **S**

$$\textbf{Adv}_S^{nma}(A, k) = \Pr[\text{Exp}_{\textbf{Sign}}^{nma}(A, k) = 1]. \tag{12.18}$$

Entsprechend ist der Vorteil eines Chosen-Message-Angreifers

$$\textbf{Adv}_S^{cma}(A, k) = \Pr[\text{Exp}_{\textbf{Sign}}^{cma}(A, k) = 1]. \tag{12.19}$$

Beispiel 12.15 Die Angreifer 12.1 und 12.2 haben den Vorteil 1, weil sie immer eine korrekte existentielle Fälschung ausgeben.

Jetzt definieren wir die Sicherheit von Signaturverfahren.

Definition 12.2 Seien $T : \mathbb{N} \to \mathbb{N}$ und $\varepsilon : \mathbb{N} \to [0, 1]$ Funktionen. Ein Signaturverfahren **S** heißt (T, ε)-sicher gegen No-Message/Chosen-Message-Angriffe, wenn für alle $k \in \mathbb{N}$ und alle No-Message/Chosen-Message-Angreifer A, die höchstens Laufzeit $T(k)$ haben, gilt: $Adv_S^{nma/cma}(A, k) < \varepsilon(k)$.

Wir definieren auch asymptotische Sicherheit von Signaturverfahren.

Definition 12.3 Ein Signaturverfahren **S** heißt asymptotisch sicher gegen No-Message/
Chosen-Message-Angriffe, wenn für alle $c > 0$ und alle polynomiell beschränkten No-
Message/Chosen-Message-Angreifer A gilt: $Adv_{\mathbf{S}}^{\mathrm{nma/cma}}(A, k) = \mathrm{O}(1/k^c)$.

Beispiel 12.16 Das einfache RSA-Signaturverfahren ist nicht gegen No-Message-Angriffe
sicher, weil es den Angreifer 12.1 gibt. Daher ist das einfache RSA-Signaturverfahren
auch nicht gegen Chosen-Message-Angriffe sicher.

Es gibt bis jetzt kein Signaturverfahren, dessen Sicherheit bewiesen werden konnte.
Es sind aber *Sicherheitsreduktionen* möglich. Dabei wird bewiesen, dass ein Signaturverfahren asymptotisch sicher ist, solange ein Berechnungsproblem nicht in Polynomzeit
lösbar ist. Eine ausführlichere Diskussion von Sicherheitsreduktionen findet sich in Abschn. 8.5.3.

12.10.2 RSA

Wie verhält es sich mit der Sicherheit des RSA-Signaturverfahrens in den Modellen, die
in Abschn. 12.10.1 entwickelt wurden? Wie in Beispiel 12.16 gezeigt, ist das einfache
RSA-Signaturverfahren im No-Message- und Chosen-Message-Modell unsicher.

Die in Abschn. 12.5.8 erwähnte Variante *RSA-PSS* [7] des RSA-Signaturverfahrens,
ist unter zwei Voraussetzungen sicher gegen Chosen-Message-Angriffe. Die erste Voraussetzung ist sie Gültigkeit der *RSA-Annahme*. Sie besagt, dass das *RSA-Problem* nicht in
Polynomzeit zu lösen ist. Beim RSA-Problem ist ein öffentlicher RSA-Schlüssel (n, e)
gegeben und $m \in \mathbb{Z}_n$. Gesucht ist $s \in \mathbb{Z}_n$ mit $m = s^e \bmod n$, also die e-te Wurzel von m
modulo n. Die zweite Voraussetzung ist, dass die in RSA-PSS verwendete Hashfunktion
ein *Zufallsorakel (random oracle)* ist. Es verhält sich so: Erhält es ein neues $m \in \mathbb{Z}_2^*$, so
wählt es $h(m)$ zufällig und gleichverteilt. Wird aber $h(m)$ zum wiederholten Mal benötigt,
so gibt das Zufallsorakel jedesmal denselben Wert zurück.

Kurz gesagt ist RSA-PSS also im Zufallsorakelmodell unter der RSA-Annahme sicher
gegen Chosen-Message-Angriffe. Ist das ein überzeugendes Sicherheitsargument? Das
wird aus verschiedenen Gründen kontrovers diskutiert. Reale Hashfunktionen sind nämlich keine Zufallsorakel. Außerdem ist die RSA-Annahme möglicherweise schwächer als
die Annahme, dass Faktorisieren nicht in Polynomzeit möglich ist. Wünschenswert wäre
ein Beweis, der die Sicherheit eines Signaturverfahrens auf die Schwierigkeit des Faktorisierungsproblems reduziert. Aber trotzdem ist die Sicherheitsreduktion für RSA-PSS
ein wichtiges Sicherheitsindiz. Sie identifiziert zwei klar definierte Voraussetzungen dafür, dass RSA-PSS Chosen-Message-Angriffen widersteht. Beide Voraussetzungen sind
in der Welt klassischer Computer bis jetzt unwidersprochen.

Tatsächlich haben Kryptographen nach der Veröffentlichung des Sicherheitsbeweises
für RSA-PSS nach Signaturverfahren gesucht, die auf Zufallsorakel verzichten können.
Ein solches Verfahren wurde 2000 von Ronald Cramer und Victor Shoup vorgestellt (siehe [23]). Die Sicherheit des Verfahrens setzt voraus, dass die *starke RSA-Annahme (strong*

RSA assumption) gilt. Sie besagt, dass das RSA-Problem auch dann noch schwer zu lösen ist, wenn der Angreifer nur den RSA-Modul bekommt aber den öffentlichen RSA-Exponenten $e \geq 3$ selbst wählen kann. Diese Annahme ist noch stärker als die RSA-Annahme. Außerdem ist das Cramer-Shoup-Verfahren deutlich ineffizienter als RSA-PSS. Darum wird dieses Verfahren in der Praxis nicht benutzt.

12.10.3 ElGamal

Für das ElGamal-Signaturverfahren sind keine Sicherheitsreduktionen bekannt. Für die ElGamal-Variante [57] von David Pointcheval und Jacques Stern aus dem Jahr 2000 ist das anders. Pointcheval und Stern beweisen, dass ihre Variante im Zufallsorakelmodell sicher ist, solange es nicht möglich ist, in Polynomzeit diskrete Logarithmen modulo α-schwerer Primzahlen zu berechnen, $0 < \alpha < 1$. Für solche Primzahlen p gilt $p - 1 = qr$ mit einer Primzahl q und $r \in \mathbb{N}$, wobei $r \leq p^{\alpha}$. Wird α klein genug gewählt, hat $p - 1$ einen großen Primfaktor. Dies ist nötig, damit der Pohlig-Hellman-Algorithmus aus Abschn. 10.5 nicht anwendbar ist. Weil auch diese Sicherheitsreduktion das Zufallsorakelmodell verwendet, ist ihre Aussagekraft eingeschränkt wie in Abschn. 12.10.2 dargestellt.

Auch die Sicherheit der ElGamal-Variante von Claus Schnorr [66] kann im Zufallsorakelmodell auf die Schwierigkeit eines Diskreter-Logarithmus-Problems reduziert werden, nämlich in einer Untergruppe von Primzahlordnung q in der multiplikativen Gruppe eines Primkörpers $\mathbb{Z}/p\mathbb{Z}$.

12.10.4 Lamport-Diffie-Einmal-Signatur

Wir zeigen in diesem Abschnitt, dass das Lamport-Diffie-Einmalsignaturverfahren (LD-OTS), das in Abschn. 12.3 vorgestellt wurde, sicher gegen Chosen-Message-Angriffe ist, solange die Funktion h eine Einwegfunktion ist. Wir müssen diese Aussage präzisieren. Sicherheit von Signaturverfahren ist asymptotisch definiert. Daher verwenden wir statt dessen eine Familie $\mathbf{H} = \{h_n : \mathbb{Z}_2^n \to \mathbb{Z}_2^n : n \in \mathbb{N}\}$ von Einwegfunktionen. Ein *Invertierungsalgorithmus* A für H ist ein probabilistischer Algorithmus, der bei Eingabe von $n \in \mathbb{N}$ und $v \in \mathbb{Z}_2^n$ ein Urbild u von v unter h_n zurückgibt. Wir definieren, was es heißt, dass H die Einwegeigenschaft hat.

Definition 12.4 Die Funktionenfamilie $\mathbf{H}$ hat die *Einwegeigenschaft*, wenn für alle $c > 0$ und alle Invertierungsalgorithmen A für H gilt: die Erfolgswahrscheinlichkeit $\Pr(A, n)$ von A bei Eingabe von n ist $O(1/n^c)$.

Als nächstes beschreiben wir, wie Chosen-Message-Angreifer für Einmal-Signaturen arbeiten. Ein Fälscher kennt einen LD-OTS-Verifikationsschlüssel y. Er versucht, eine Nachricht m und eine Signatur s für m zu finden, die sich mit y verifizieren lässt. Hilfsweise darf der Fälscher ein Orakel nach der Signatur für eine einzige Nachricht m fragen.

Im Chosen-Message-Modell für Mehrfach-Signaturverfahren darf der Fälscher viele Signaturen erfragen. Hier darf aber nur eine Signatur erfragt werden, weil es sich um ein Einmal-Signaturverfahren handelt und das Orakel bei einer weiteren Anfrage die Antwort verweigern müsste. Ein erfolgreicher Fälscher muss dann eine Nachricht und eine Signatur für die Nachricht ausgeben. Diese Nachricht darf aber nicht mit der übereinstimmen, für die der Fälscher bereits eine Orakel-Signatur erhalten hat. Der Vorteil solcher Angreifer ist analog zum Vorteil von Chosen-Message-Angreifern auf Mehrfach-Signaturverfahren definiert.

Jetzt reduzieren wir die Sicherheit von LD-OTS auf die Einwegeigenschaft von **H**. Angenommen, es gibt einen polynomiellen LD-OTS-Chosen-Message-Fälscher A. Unter Verwendung dieses Fälschers konstruieren wir einen Algorithmus, der ein Urbild für die von LD-OTS verwendete Einwegfunktion $h : \mathbb{Z}_2^n \to \mathbb{Z}_2^n$ berechnen kann. Dieser Algorithmus bekommt als Eingabe das Bild $v = h(u)$ eines zufällig gewählten $u \in \mathbb{Z}_2^n$. Seine Aufgabe ist es, ein Urbild von v unter h zu finden. Wir vewenden dieselben Bezeichnungen wie in Abschn. 12.3, wo LD-OTS eingeführt wurde. Den Schlüsselerzeugungsalgorithmus bezeichnen wir mit **KeyGen**.

Die Idee für den Invertierungsalgorithmus ist folgende. Er erzeugt einen LD-OTS-Schlüssel (x, y). Er wählt $(a, b) \in \mathbb{Z}_n \times \mathbb{Z}_2$ zufällig und ersetzt $y(a, b)$ durch u. Dann lässt er den Chosen-Message-Fälscher A laufen und beantwortet dessen Orakelanfrage folgendermaßen. Wenn der Fälscher nach der Signatur für ein $m' = (m'_1, \ldots, m'_n)$ fragt und $m'_b \neq a$ ist, antwortet der Algorithmus mit der richtigen Signatur. Die kann er erzeugen, weil er den Signaturschlüssel kennt mit Ausnahme des Urbildes von $y(a, b) = u$. Das wird aber für die Signatur nicht benötigt. Im Fall $m'_b \neq a$ liefert der Fälscher, falls er erfolgreich ist, also eine Nachricht $m = (m_1, \ldots, m_n) \neq m'$ und eine gültige Signatur s für m. Ist $m_b = a$, so ist die Komponente $s(b)$ ein Urbild von $u = y(a, b)$. Damit ist also das gesuchte Urbild gefunden. Ist $m'_b = a$, so kann der Algorithmus die Anfrage des Fälschers nicht beantworten. Dann gibt der Fälscher auch keine Fälschung aus, sondern $\perp$ und der Algorithmus bleibt erfolglos. Gibt der Fälscher die Signatur einer Nachricht m zurück und ist $m_b \neq a$, so ist der Algorithmus ebenfalls erfolglos. Wir bezeichnen den so modifizierten Fälscher mit $A^{(a,b)}$.

Algorithmus 12.1 (Invert^A (n, u))

(Algorithmus, der einen Chosen-Message-Angreifer auf LD-OTS benutzt, um die Hashfunktion h zu invertieren.

$$(x, y) \leftarrow \textbf{KeyGen}(1^n)$$

$$a \xleftarrow{\$} \mathbb{Z}_2$$

$$b \xleftarrow{\$} \{0, \ldots, n-1\}$$

$$y(a, b) \leftarrow u$$

$$r \leftarrow A^{(a,b)}(n, y)$$

           if $r \neq \perp$, $r = (m, s)$ und $m_b = a$ **then**

               return s_b

           else

               return $\perp$

           end if

Theorem 12.1 ist die Grundlage für den Sicherheitsbeweis für LD-OTS.

Theorem 12.1 *Sei A ein Chosen-Message-Angreifer gegen LD-OTS und sei $n \in \mathbb{N}$. Dann ist die Erfolgswahrscheinlichkeit von* Invert^A *mindestens* $\mathbf{Adv}_{\text{LD-OTS}}^{\text{cma}}(A, n)/2n$.

Beweis Invert^A ist erfolgreich, wenn der Fälscher eine gefälschte Signatur einer Nachricht $m = (m_1, \ldots, m_n)$ liefert und $m_b = a$ ist. Um diese Nachricht und die Signatur zu finden, darf der Fälscher das Signaturorakel nach einer Signatur fragen, muss es aber nicht. Angenommen der Fälscher fragt das Orakel nicht nach einer Signatur und liefert eine Fälschung. Dann ist $m_b = a$ mit Wahrscheinlichkeit $1/2$, weil a gleichverteilt zufällig gewählt wurde. Wenn der Fälscher das Orkal nach einer Signatur für eine Nachricht $m' = (m'_1, \ldots, m'_n)$ fragt, muss $m'_b = 1 - a$ sein, damit der Algorithmus, der das Orakel simuliert, richtig antworten kann. Die Wahrscheinlichkeit dafür ist $1/2$. Die Nachricht m, für die der Fälscher eine Signatur ausgibt, muss an wenigstens einer Stelle von m' verschieden sein. Die Wahrscheinlichkeit dafür, dass b eine dieser Stellen ist, beträgt wenigstens $1/n$. Damit ist die Erfolgswahrscheinlichkeit des Algorithmus mindestens $\mathbf{Adv}_{LD-OTS}(A, n)/2n$.   ☐

Korollar 12.1 *Das Lamport-Diffie-Einmal-Signaturverfahren ist asymptotisch sicher gegen Chosen-Message-Angriffe, solange die Funktionenfamilie* **H** *die Einwegeigenschaft hat.*

Beweis Angenommen, LD-OTS ist nicht asymptotisch sicher. Wir müssen zeigen, dass **H** nicht die Einwegeigenschaft hat.

    Weil LD-OTS nicht asymptotisch sicher ist, gibt es ein $c > 0$ und einen Chosen-Message-Angreifer, dessen Vorteil nicht in $O(1/n^c)$ ist. Aus Theorem 12.1 folgt, dass die Erfolgswahrscheinlichkeit des Invertierungsalgorithmus Invert^A nicht in $O(1/n^{c+1})$ ist. Also hat **H** nicht die Einwegeigenschaft.   ☐

12.10.5 Merkle-Verfahren

Wir skizzieren einen Beweis dafür, dass das Merkle-Verfahren für feste Baumhöhe H im No-Message-Modell sicher ist, solange das Einmal-Signaturverfahren im No-Message-

Modell sicher ist und die verwendete Hashfunktion kollisionsresistent ist. Ein entsprechender Beweis im Chosen-Message-Modell wird dem Leser als Übung überlassen.

Angenommen, es gibt einen Fälscher, der bei Eingabe eines öffentlichen Merkle-Schlüssels eine gültige Merkle-Signatur mit nicht vernachlässigbarer Wahrscheinlichkeit ε fälschen kann. Wir konstruieren einen Algorithmus, der diesen Fälscher verwendet, um entweder eine existentielle Fälschung des Einmal-Signaturverfahrens zu produzieren oder eine Kollision der verwendeten Hashfunktion zu finden.

Dieser Algorithmus bekommt als Eingabe einen Verifikationsschlüssel y für das Einmal-Signaturverfahren und die Hashfunktion h. Es ist seine Aufgabe, eine existentielle Fälschung für das Einmal-Signaturverfahren zu finden, die sich mit dem Verifikationsschlüssel y verifizieren lässt oder eine Kollision für h zu produzieren.

Der Algorithmus erzeugt zufällig $N = 2^H$ Einmal-Schlüsselpaare

$$((x_0, y_0) \ldots, (x_{N-1}, y_{N-1})).$$

Er wählt zufällig eine Position $c \in \{0, \ldots, N - 1\}$ und ersetzt y_c durch den eingegebenen Einmal-Verifikationsschlüssel y. Dann konstruiert der Algorithmus den Merkle-Baum und bestimmt den öffentlichen Merkle-Schlüssel R. Als nächstes ruft der Algorithmus den Merkle-Fälscher mit dem öffentlichen Schlüssel R auf. Dieser antwortet (mit Wahrscheinlichkeit ε) mit einer Nachricht m und einer gültigen Signatur (i, y', s, A'). Hierbei bezeichnet y' den Einmal-Verifikationsschlüssel und A' den Authentisierungspfad. Man beachte, dass y' nicht unbedingt mit y_i übereinstimmen muss. Der Verifizierer kennt ja y_i nicht. Er muss sich bei der Verifikation nur davon überzeugen, dass die Einmal-Signatur mit dem angegebenen Verifikationsschlüssel y' funktioniert, und dass der Pfad von diesem Verifikationsschlüssel zum öffentlichen Schlüssel mit Hilfe des Authentierungspfads A' konstruierbar ist.

Im Folgenden schreiben wir $y = y_i$ und bezeichnen mit A den Authentisierungspfad für y im vom Algorithmus konstruierten Merkle Baum. Ist $(y, A) \neq (y', A')$, so kann der Algorithmus folgendermaßen eine Kollision der Hashfunktion finden. Konstruiert man aus (y, A) und (y', A') nach der Merkle-Konstruktion Pfade B und B' von den Blättern $h(y)$ und $h(y')$ zur Wurzel des Merkle-Baums, so führen beide Pfade zum öffentlichen Merkle-Schlüssel. Für B stimmt das, weil der Algorithmus den öffentlichen Merkle-Schlüssel entsprechend konstruiert hat. Für B' ist das richtig, weil der Fälscher eine gültige Signatur liefert, und daher die Verifikation der gefälschten Signatur erfolgreich ist. Da aber $(y, A) \neq (y', A')$ gilt, muss $(A, B) \neq (A', B')$ gelten. Also gibt es auf dem Weg von der Wurzel zu den Blättern einen ersten Knoten, der in beiden Pfaden gleich ist, der aber als Hashwert von zwei Knotenpaaren entsteht, die verschieden sind. Damit ist eine Kollision gefunden, die der Algorithmus zurückgibt. Im Fall $(y, A) \neq (y', A')$ ist der Algorithmus mit Wahrscheinlichkeit ε erfolgreich, wobei ε die Erfolgswahrscheinlichkeit des Fälschers ist.

Ist $(y, A) = (y', A')$ und ist $i = c$. Dann ist $y = y'$ der vorgegebene Einmal-Signaturschlüssel. Da s eine gültige Einmal-Signatur für das Dokument d ist, die sich mit y verifizieren lässt, ist eine existentielle Fälschung des Einmal-Signaturverfahrens mit öffentlichem Schlüssel y gefunden. Im Fall $(y, A) = (y', A')$ ist die Erfolgswahrscheinlichkeit also ε/N.

Da einer der Fälle $(y, A) = (y', A')$ oder $(y, A) \neq (y', A')$ mit Wahrscheinlichkeit $\geq 1/2$ eintritt, ist die Erfolgswahrscheinlichkeit des Algorithmus insgesamt $\geq \varepsilon/2N = \varepsilon/2^{H+1}$. Diese Wahrscheinlichkeit ist nicht vernachlässigbar, weil H konstant ist und ε nicht vernachlässigbar ist.

12.11 Übungen

Übung 12.1 Berechnen Sie die RSA-Signatur (ohne Hashfunktion) von $m = 11111$ mit RSA-Modul $n = 28829$ und dem kleinstmöglichen öffentlichen Exponenten e.

Übung 12.2 Stellt die Low-Exponent-Attacke oder die Common-Modulus-Attacke ein Sicherheitsproblem für RSA-Signaturen dar?

Übung 12.3 Wie kann man aus dem Rabin-Verschlüsselungsverfahren ein Signaturverfahren machen? Beschreiben Sie die Funktionsweise eines Rabin-Signaturverfahrens und diskutieren Sie seine Sicherheit und Effizienz.

Übung 12.4 Berechnen Sie die Rabin-Signatur (ohne Hashfunktion) von $m = 11111$ mit dem Rabin-Modul $n = 28829$.

Übung 12.5 Im ElGamal-Signaturverfahren werde die Primzahl p, $p \equiv 1 \bmod 4$ und die Primitivwurzel $g \bmod p$ benutzt. Angenommen, $p - 1 = gq$ mit $q \in \mathbb{Z}$ und g hat nur kleine Primfaktoren. Sei A der öffentliche Schlüssel von Alice.

1. Zeigen Sie, dass sich eine Lösung z der Kongruenz $A^q = g^{qz} \bmod p$ effizient finden lässt.
2. Sei x ein Dokument und sei h der Hashwert von x. Zeigen Sie, dass $(q, (p - 3)(h - qz)/2)$ eine gültige Signatur von x ist.

Übung 12.6 Sei $p = 130$. Berechnen Sie einen gültigen privaten Schlüssel a und den entsprechenden öffentlichen Schlüssel (p, g, A) für das ElGamal-Signaturverfahren.

Übung 12.7 Sei $p = 2237$ und $g = 2$. Der geheime Schlüssel von Alice ist $a = 1234$. Der Hashwert einer Nachricht m sei $h(m) = 111$. Berechnen Sie die ElGamal-Signatur mit $k = 2323$ und verifizieren Sie sie.

Übung 12.8 Angenommen, im ElGamal-Signaturverfahren ist die Bedingung $1 \leq r \leq p - 1$ nicht gefordert. Verwenden Sie die existentielle Fälschung aus Abschn. 12.7.6, um eine ElGamal-Signatur eines Dokumentes x' mit Hashwert $h(x') = 99$ aus der Signatur in Beispiel 12.7 zu konstruieren.

Übung 12.9 Es gelten dieselben Bezeichnungen wie in Übung 12.7. Alice verwendet das DSA-Verfahren, wobei q der größte Primteiler von $p - 1$ ist. Sie verwendet aber $k = 25$. Wie lautet die entsprechende DSA-Signatur? Verifizieren Sie die Signatur.

Übung 12.10 Erläutern Sie die existentielle Fälschung aus Abschn. 12.7.6 für das DSA-Verfahren.

Übung 12.11 Wie lautet die Verifikationskongruenz, wenn im ElGamal-Signaturverfahren s zu $s = (ar + kh(x)) \bmod p - 1$ berechnet wird?

Übung 12.12 Modifizieren Sie die ElGamal-Signatur so, dass die Verifikation nur zwei Exponentiationen benötigt.

Übung 12.13 Beweisen Sie die Sicherheit des Merkle-Signaturverfahrens im Chosen-Message-Modell.

Andere Gruppen

13

Wie in den Abschn. 8.6.6 und 12.7.9 beschrieben wurde, kann das ElGamal-Verschlüs-selungs- und Signaturverfahren nicht nur in der primen Restklassengruppe modulo einer Primzahl sondern auch in anderen Gruppen realisiert werden, in denen das Problem, dis-krete Logarithmen zu berechnen, sehr schwer ist. Es sind einige Gruppen vorgeschlagen worden, die wir hier kurz beschreiben. Für ausführlichere Beschreibungen verweisen wir aber auf die Literatur.

13.1 Endliche Körper

Bis jetzt wurden die ElGamal-Verfahren in der Einheitengruppe eines endlichen Körpers von Primzahlordnung beschrieben. In diesem Abschnitt beschreiben wir, wie man die ElGamal-Verfahren auch in anderen endlichen Körpern realisieren kann.

Sei p eine Primzahl und n eine natürliche Zahl. Wir haben in Theorem 2.25 gezeigt, dass die Einheitengruppe des endlichen Körpers $GF(p^n)$ zyklisch ist. Die Ordnung dieser Einheitengruppe ist $p^n - 1$. Wenn diese Ordnung nur kleine Primfaktoren hat, kann man das Pohlig-Hellmann-Verfahren anwenden und effizient diskrete Logarithmen berechnen (siehe Abschn. 10.5). Wenn dies nicht der Fall ist, kann man Index-Calculus-Algorithmen anwenden. Für festes n und wachsende Charakteristik p verwendet man das Zahlkörper-sieb. Für feste Charakteristik und wachsenden Grad n benutzt man das Funktionenkörper-sieb [64]. Beide haben die Laufzeit $L_q[1/3, c + o(1)]$ (siehe Abschn. 9.4), wobei c eine Konstante und $q = p^n$ ist. Werden p und n simultan vergrößert, so ist die Laufzeit immer noch $L_q[1/2, c + o(1)]$.

© Springer-Verlag Berlin Heidelberg 2016

J. Buchmann, *Einführung in die Kryptographie*, Springer-Lehrbuch,

DOI 10.1007/978-3-642-39775-2_13

13.2 Elliptische Kurven

Elliptische Kurven kann man über beliebigen Körpern definieren. Für die Kryptographie interessant sind elliptische Kurven über endlichen Körpern, speziell über Primkörpern. Der Einfachheit halber beschreiben wir hier nur elliptische Kurven über Primkörpern. Mehr Informationen über elliptische Kurven und ihre kryptographische Anwendung findet man in [40, 48] und [14].

13.2.1 Definition

Sei p eine Primzahl $p > 3$. Seien $a, b \in GF(p)$. Betrachte die Gleichung

$$y^2 z = x^3 + a x z^2 + b z^3. \tag{13.1}$$

Die *Diskriminante* dieser Gleichung ist

$$\Delta = -16(4a^3 + 27b^2). \tag{13.2}$$

Wir nehmen an, dass die Diskriminante Δ nicht Null ist. Ist $(x, y, z) \in GF(p)^3$ eine Lösung dieser Gleichung, so ist für alle $c \in GF(p)$ auch $c(x, y, z)$ eine solche Lösung. Zwei Lösungen (x, y, z) und (x', y', z') heißen *äquivalent*, wenn es ein von Null verschiedenes $c \in GF(p)$ gibt mit $(x, y, z) = c(x', y', z')$. Dies definiert eine Äquivalenzrelation auf der Menge aller Lösungen von (13.1). Die Äquivalenzklasse von (x, y, z) wird mit $(x : y : z)$ bezeichnet. Die Elliptische Kurve $E(p; a, b)$ ist definiert als die Menge aller Äquivalenzklassen von Lösungen dieser Gleichung, die nicht $(0 : 0 : 0)$ sind. Jedes Element dieser Menge heißt *Punkt auf der Kurve*.

Wir vereinfachen die Beschreibung der elliptischen Kurve. Ist (x', y', z') eine Lösung von (13.1) und ist $z' \neq 0$, dann gibt es in $(x' : y' : z')$ genau einen Vertreter $(x, y, 1)$. Dabei ist (x, y) eine Lösung der Gleichung

$$y^2 = x^3 + ax + b. \tag{13.3}$$

Ist umgekehrt $(x, y) \in GF(p)^2$ eine Lösung von (13.3), dann ist $(x, y, 1)$ eine Lösung von (13.1). Außerdem gibt es genau eine Äquivalenzklasse von Lösungen (x, y, z) mit $z = 0$. Ist nämlich $z = 0$, dann ist auch $x = 0$. Die zugehörige Äquivalenzklasse ist $(0 : 1 : 0)$. Damit ist die elliptische Kurve

$$E(p; a, b) = \{(x : y : 1) : y^2 = x^3 + ax + b\} \cup \{(0 : 1 : 0)\}.$$

Oft schreibt man auch (x, y) für $(x : y : 1)$ und $\mathcal{O}$ für $(0 : 1 : 0)$. Damit ist dann

$$E(p; a, b) = \{(x, y) : y^2 = x^3 + ax + b\} \cup \{\mathcal{O}\}.$$

Beispiel 13.1 Wir arbeiten im Körper GF(11). Die Elemente des Körpers stellen wir durch ihre kleinsten nicht negativen Vertreter dar. Über diesem Körper betrachten wir die Gleichung

$$y^2 = x^3 + x + 6. \tag{13.4}$$

Es ist $a = 1$ und $b = 6$. Ihre Diskriminante ist $\Delta = -16*(4 + 27*6^2) = 4$. Also definiert Gleichung (13.4) eine elliptische Kurve über GF(11). Sie ist

$$E(11; 1, 6) = \{\mathcal{O}, (2, 4), (2, 7), (3, 5), (3, 6), (5, 2), (5, 9), (7, 2),$$
$$(7, 9), (8, 3), (8, 8), (10, 2), (10, 9)\}.$$

13.2.2 Gruppenstruktur

Sei p eine Primzahl, $p > 3$, $a, b \in \mathrm{GF}(p)$ und sei $E(p; a, b)$ eine elliptische Kurve. Wir definieren die Addition von Punkten auf dieser Kurve.

Für jeden Punkt P auf der Kurve setzt man

$$P + \mathcal{O} = \mathcal{O} + P = P.$$

Der Punkt $\mathcal{O}$ ist also das neutrale Element der Addition.

Sei $P = (x, y)$ ein von $\mathcal{O}$ verschiedener Punkt der Kurve. Dann ist $-P = (x, -y)$ und man setzt $P + (-P) = \mathcal{O}$.

Seien P_1, P_2 Punkte der Kurve, die beide von $\mathcal{O}$ verschieden sind und für die $P_2 \neq -P_1$ gilt. Sei $P_i = (x_i, y_i)$, $i = 1, 2$. Dann berechnet man

$$P_1 + P_2 = (x_3, y_3)$$

folgendermaßen: Setze

$$\lambda = \begin{cases} \dfrac{y_2 - y_1}{x_2 - x_1}, & \text{falls } P \neq Q, \\[2ex] \dfrac{3x_1^2 + a}{2y_1}, & \text{falls } P = Q \end{cases}$$

und

$$x_3 = \lambda^2 - x_1 - x_2, \quad y_3 = \lambda(x_1 - x_3) - y_1.$$

Man kann zeigen, dass $E(p; a, b)$ mit dieser Addition eine abelsche Gruppe ist.

Beispiel 13.2 Wir verwenden die Kurve aus Beispiel 13.1 und berechnen die Punktsumme $(2, 4) + (2, 7)$. Da $(2, 7) = -(2, 4)$ ist, folgt $(2, 4) + (2, 7) = \mathcal{O}$. Als nächstes berechnen wir $(2, 4) + (3, 5)$. Wir erhalten $\lambda = 1$ und $x_3 = -4 = 7$, $y_3 = 2$. Also ist $(2, 4) + (3, 5) = (7, 2)$. Als letztes gilt $(2, 4) + (2, 4) = (5, 9)$, wie der Leser leicht verifizieren kann.

13.2.3 Kryptographisch sichere Kurven

Sei p eine Primzahl, $p > 3$, $a, b \in \mathrm{GF}(p)$ und sei $E(p; a, b)$ eine elliptische Kurve. In der Gruppe $E(p; a, b)$ kann man das Diffie-Hellman-Schlüsselaustauschverfahren (siehe Abschn. 8.6) und die ElGamal-Verfahren zur Verschlüsselung und Signatur (siehe Abschn. 8.6.6 und 12.7.9) implementieren.

Damit diese Verfahren sicher sind, muss es schwierig sein, in $E(p; a, b)$ diskrete Logarithmen zu berechnen. Der schnellste bekannte Algorithmus zur DL-Berechnung auf beliebigen elliptischen Kurven ist der Pohlig-Hellman-Algorithmus (siehe Abschn. 10.5). Für spezielle Kurven, sogenannte *supersinguläre* und *anomale* Kurven, sind schnellere Algorithmen bekannt.

Man geht heute davon aus, dass eine Kurve $E(p; a, b)$, die die gleiche Sicherheit wie 1024-Bit RSA-Systeme bietet, weder supersingulär noch anomal ist, etwa 2^{163} Punkte hat und dass die Punktanzahl der Kurve zur Verhinderung von Pohlig-Hellman-Attacken einen Primfaktor $q \geq 2^{160}$ hat. Wir beschreiben kurz, wie man solche Kurven findet.

Die Anzahl der Punkte auf der Kurve $E(p; a, b)$ ergibt sich aus folgendem Satz.

Theorem 13.1 (Hasse) *Für die Ordnung der Gruppe $E(p; a, b)$ gilt $|E(p; a, b)| = p + 1 - t$ mit $|t| \leq 2\sqrt{p}$.*

Das Theorem von Hasse garantiert, dass die elliptische Kurve $E(p; a, b)$ ungefähr p Punkte hat. Um eine Kurve mit etwa 2^{163} Punkten zu erhalten, braucht man $p \approx 2^{163}$. Liegt p fest, wählt man die Koeffizienten a und b zufällig und bestimmt die Ordnung der Punktgruppe. Dies ist in Polynomzeit möglich, aber der Algorithmus zur Berechnung der Ordnung braucht pro Kurve einige Minuten. Ist die Kurve supersingulär, anomal oder hat sie keinen Primfaktor $q \geq 2^{160}$, so verwirft man sie und wählt neue Koeffizienten a und b. Andernfalls wird die Kurve als kryptographisch sicher akzeptiert.

Zu dem beschriebenen Auswahlverfahren für kryptographisch sichere Kurven gibt es eine Alternative: die Erzeugung von Kurven mit komplexer Multiplikation (siehe [48], [61]). In dieser Methode wird zuerst die Ordnung der Punktgruppe, aber nicht die Kurve selbst erzeugt. Das geht wesentlich schneller als die Bestimmung der Punktordnung einer zufälligen Kurve. An der Gruppenordnung lässt sich ablesen, ob die Kurve kryptographisch geeignet ist. Erst wenn eine kryptographisch sichere Ordnung gefunden ist, wird die zugehörige Kurve erzeugt. Die Erzeugung der Kurve ist aufwendig. Mit dieser Methode kann man nur eine kleine Teilmenge aller möglichen Kurven erzeugen.

13.2.4 Vorteile von EC-Kryptographie

Die Verwendung elliptischer Kurven für kryptographische Anwendungen kann mehrere Gründe haben.

Public-Key-Kryptographie mit elliptischen Kurven ist die wichtigste bis jetzt bekannte Alternative zu RSA-basierten Verfahren. Solche Alternativen sind dringend nötig, da niemand die Sicherheit von RSA garantieren kann.

Ein zweiter Grund für die Verwendung von EC-Kryptosystemen besteht darin, dass sie Effizienzvorteile gegenüber RSA-Verfahren bieten. Während nämlich RSA-Verfahren modulare Arithmetik mit 1024-Bit-Zahlen verwenden, begnügen sich EC-Verfahren mit 163-Bit-Zahlen. Zwar ist die Arithmetik auf elliptischen Kurven aufwendiger als die in primen Restklassengruppen. Das wird aber durch die geringere Länge der verwendeten Zahlen kompensiert. Dadurch ist es z. B. möglich, EC-Kryptographie auf Smart-Cards ohne Koprozessor zu implementieren. Solche Smart-Cards sind wesentlich billiger als Chipkarten mit Koprozessor.

13.3 Quadratische Formen

Es ist auch möglich, Klassengruppen binärer quadratischer Formen oder, allgemeiner, Klassengruppen algebraischer Zahlkörper zur Implementierung kryptographischer Verfahren zu benutzen (siehe [19] und [20]).

Klassengruppen weisen einige Unterschiede zu den anderen Gruppen auf, die bis jetzt beschrieben wurden. Die Ordnung der Einheitengruppe des endlichen Körpers $GF(p^n)$ ist $p^n - 1$. Die Ordnung der Punktgruppe einer elliptischen Kurve über einem endlichen Körper kann in Polynomzeit bestimmt werden. Dagegen sind keine effizienten Algorithmen zur Bestimmung der Ordnung der Klassengruppe eines algebraischen Zahlkörpers bekannt. Die bekannten Algorithmen benötigen genauso viel Zeit zur Bestimmung der Gruppenordnung wie zur Lösung des DL-Problems. Sie haben subexponentielle Laufzeit für festen Grad des Zahlkörpers. Der zweite Unterschied: Kryptographische Anwendungen in Einheitengruppen endlicher Körper und Punktgruppen elliptischer Kurven beruhen darauf, dass in diesen Gruppen das DL-Problem schwer ist. In Klassengruppen gibt es ein weiteres Problem: zu entscheiden, ob zwei Gruppenelemente gleich sind. In den Einheitengruppen endlicher Körper und in Punktgruppen elliptischer Kurven ist der Gleichheitstest trivial. In Klassengruppen gibt es aber im Allgmeinen keine eindeutige, sondern nur eine höchst mehrdeutige Darstellung der Gruppenelemente. Darum ist der Gleichheitstest schwierig. Je kleiner die Klassengruppe ist, umso schwieriger ist es, Gleichheit von Gruppenelementen zu entscheiden. Es kommt sogar häufig vor, dass die Klassengruppe nur ein Element hat. Dann liegt die Basis für die Sicherheit kryptographischer Verfahren nur in der Schwierigkeit des Gleichheitstests.

13.4 Übungen

Übung 13.1 Konstruieren Sie den endlichen Körper GF(9) samt seiner Additions- und Multiplikationstabelle.

Übung 13.2
1. Konstruieren Sie GF(125) und bestimmen Sie ein erzeugendes Element der multiplikativen Gruppe GF(125)*.
2. Bestimmen Sie einen gültigen öffentlichen und privaten Schlüssel für das ElGamal-Sigaturverfahren in GF(125)*.

Übung 13.3 Wieviele Punkte hat die elliptische Kurve $y^2 = x^3 + x + 1$ über GF(7)? Ist die Punktgruppe zyklisch? Wenn ja, bestimmen Sie einen Erzeuger.

Übung 13.4 Sei p eine Primzahl, $p \equiv 3 \bmod 4$ und sei E eine elliptische Kurve über GF(p). Finden Sie einen Polynomzeitalgorithmus, der für $x \in$ GF(p) einen Punkt (x, y) auf E konstruiert, falls ein solcher Punkt existiert. Hinweis: Benutzen Sie Übung 2.21. Verwenden Sie den Algorithmus, um einen Punkt $(2, y)$ auf $E(111119; 1, 1)$ zu finden.

Identifikation

14

In den vorigen Kapiteln wurden zwei wichtige kryptographische Basismechanismen erklärt: Verschlüsselung und digitale Signatur. In diesem Kapitel geht es um eine dritte grundlegende Technik: die Identifikation.

14.1 Anwendungen

Wir geben zuerst zwei Beispiele für Situationen, in denen Identifikation nötig ist:

Beispiel 14.1 Alice will über das Internet von ihrer Bank erfahren, wieviel Geld noch auf ihrem Konto ist. Dafür muss sie sich der Bank gegenüber identifizieren. Sie muss also beweisen, dass tatsächlich Alice diese Anfrage stellt und nicht ein Betrüger.

Beispiel 14.2 Bob arbeitet in einer Universität und verwendet dort das Computernetzwerk. Bob steht im Benutzer-Verzeichnis des Rechenzentrums der Universität. Wenn Bob morgens zur Arbeit kommt, muss er sich im Netz anmelden und dabei beweisen, dass er tatsächlich Bob ist. Das Benutzermanagement verifiziert, dass Bob ein legitimer Benutzer ist und gewährt ihm Zugang. Als Identifikationsverfahren wird meistens Benutzername und Passwort verwendet. Wir werden diese Identifikationsmethode und ihre Probleme in Abschn. 14.2 diskutieren.

Identifikation ist in vielen Anwendungen nötig. Typischerweise geht es dabei um die Überprüfung einer Zugangsberechtigung, die an eine bestimmte Identität gebunden ist. Verfahren, die Identifikation ermöglichen, nennt man *Identifikationsprotokolle*. In einem Identifikationsprotokoll beweist ein *Beweiser* Bob der *Verifiziererin* Alice, dass sie tatsächlich mit dem Bob kommuniziert.

Bei der Verwendung von Identifikationsprotokollen tritt allerdings ein Problem auf. Die Verifiziererin Alice kann sich nur davon überzeugen, dass sie im Augenblick des

© Springer-Verlag Berlin Heidelberg 2016
J. Buchmann, *Einführung in die Kryptographie*, Springer-Lehrbuch,
DOI 10.1007/978-3-642-39775-2_14

erfolgreichen Beweises mit Bob kommuniziert. Sie weiß aber nicht, dass ihr Kommunikationspartner danach immer noch Bob ist. Darum werden in der Praxis komplexere Protokolle verwendet die einen *sicheren Kanal* aufbauen. Ein solcher Kanal verbindet zwei Parteien, die sich gegenseitig identifiziert haben und verhindert, dass Angreifer den Kanal übernehmen. Das bekannteste solche Protokoll ist das *Transport-Layer-Security-Protokoll (TLS)*. Auch bei der Verwendung von Protokollen zum Aufbau sicherer Kanäle spielt Identifikation eine wichtige Rolle und zwar sowohl im Protokoll selbst als auch nachdem der Kanal aufgebaut wurde. So wird in fast allen E-Commerce und E-Banking-Anwendungen zunächst ein sicherer TLS-Kanal aufgebaut. Anschließend identifiziert sich die Nutzerin oder der Nutzer mit Benutzername und Passwort.

In diesem Kapitel werden verschiedene Identifikationsprotokolle besprochen.

14.2   Passwörter

Die Identifikation von Nutzerinnen und Nutzern von Web-Diensten (E-Commerce, E-Banking etc.) funktioniert normalerweise mit Benutzername und Passwort. Das Passwort w wird vom Benutzer ausgewählt und ist nur ihm bekannt. Im Rechner wird der Funktionswert $f(w)$ von w unter einer Einwegfunktion f gespeichert. Wenn der Benutzer Zugang wünscht, gibt er seinen Namen und sein Passwort ein. Der Web-Dienst bestimmt den Funktionswert $f(w)$ und vergleicht ihn mit dem Wert, der zusammen mit dem Benutzernamen in der Liste gespeichert ist. Wenn die beiden Werte übereinstimmen, erhält der Benutzer Zugang, andernfalls nicht.

Die Identifikation mit Benutzername und Passwort führt zu Sicherheitsproblemen. Ein erstes Problem besteht darin, dass sich der Benutzer sein Passwort merken muss. Also muss er das Passwort so wählen, dass er es nicht vergisst. So werden zum beispiel häufig die Namen von Verwandten als Passwörter benutzt. Das eröffnet aber die Möglichkeit eines *Wörterbuchangriffs*: Der Angreifer besorgt sich die Datenbank mit den Bildern $f(w)$ aller Passwörter unter der Einwegfunktion f. Der Angreifer bildet für alle Wörter w aus einem Wörterbuch, in dem wahrscheinliche Passwörter stehen, den Funktionswert $f(w)$. Er vergleicht diese Funktionswerte mit den abgespeicherten Funktionswerten. Sobald ein berechneter mit einem abgespeicherten Wert übereinstimmt, hat der Angreifer ein geheimes Passwort gefunden. Um diesen Angriff zu verhindern, muss man Passwörter wählen, die nicht in Wörterbüchern vorkommen. Es empfiehlt sich, Sonderzeichen wie z. B. $ oder # in den Passwörtern zu verwenden. Damit wird es aber schwieriger, sich die Passwörter zu merken.

Ein Angreifer kann auch versuchen, das geheime Passwort durch Abhören des Kanals zu finden, durch den das Passwort zum Web-Dienst gesendet wird. Gelingt ihm dies, so kennt er das Passwort und kann sich danach selbst erfolgreich anmelden. Dieser Angriff wird verhindert, indem der Nutzer oder die Nutzerinnen zuerst mit dem Dienst einen sicheren TLS-Kanal aufbauen. Dies ist bei Web-Diensten üblich.

Schließlich kann der Angreifer versuchen, das Passwortverzeichnis zu ändern und sich selbst in das Passwortverzeichnis einzutragen. Das Passwortverzeichnis muss also sicher vor unberechtigten Schreibzugriffen geschützt werden.

14.3 Einmal-Passwörter

Im vorigen Abschnitt wurde gezeigt, dass die Verwendung von Passwörtern problematisch ist. Sicherer sind Einmalpasswörter. Ein Einmalpasswort wird nämlich nur für einen Anmeldevorgang benutzt und danach nicht mehr.

Die einfachste Methode, das zu realisieren, besteht darin, dass der Beweiser eine Liste $w_1, w_2, \ldots, w_n$ geheimer Passwörter und der Verifizierer die Liste der Funktionswerte $f(w_1), \ldots, f(w_n)$ hat. Zur Identifikation werden dann der Reihe nach die Passwörter $w_1, w_2, \ldots, w_n$ benutzt. Die Schwierigkeit dieses Verfahrens besteht darin, dass der Beweiser alle Passwörter schon von vornherein kennen muss. Daher können sie auch vorher ausspioniert werden.

Eine Alternative besteht darin, dass Beweiser und Verifizieren die Kenntnis einer geheimen Funktion f und eines Startwertes w teilen. Die Passwörter sind $w_i = f^i(w)$, $i \geq 0$. Bei diesem Verfahren müssen Beweiser und Verifizierer keine Passwörter a priori kennen. Das Passwort w_i kann als $w_i = f(w_{i-1})$ auf beiden Seiten zum Zeitpunkt der Identifikation berechnet werden. Die geheime Einwegfunktion muss aber wirklich geheim bleibt.

14.4 Challenge-Response-Identifikation

Bei den bis jetzt beschriebenen Identifikationsverfahren kann ein Angreifer lange vor seinem Betrugsversuch in den Besitz eines geheimen Passworts kommen, das er dann zu irgendeinem späteren Zeitpunkt einsetzen kann. Das funktioniert sogar bei Einmalpasswörtern.

Bei Challenge-Response-Verfahren ist das anders. Will sich Alice Bob gegenüber identifizieren, bekommt sie von Bob eine Aufgabe (Challenge). Die Aufgabe kann sie nur lösen, weil sie ein Geheimnis kennt. Die Lösung schickt sie als Antwort (Response) an Bob. Bob verifiziert die Lösung und erkennt die Identität von Alice an, wenn die Lösung korrekt ist. Andernfalls erkennt er Alices Identität nicht an. Da die zu lösende Aufgabe bei jedem Identifikationsvorgang zufällig erzeugt wird, können sich Angreifer darauf nicht so leicht vorbereiten.

14.4.1 Verwendung von Public-Key-Kryptographie

Challenge-Response-Protokolle kann man unter Verwendung von Signaturverfahren realisieren. Will sich Alice Bob gegenüber identifizieren, erhält sie von Bob eine Zufallszahl, die Challenge, und signiert diese. Sie schickt die Signatur an Bob (Response). Bob verifiziert die Signatur. Ist die Signatur gültig, ist die Identität von Alice bewiesen.

14.4.2 Zero-Knowledge-Beweise

Auch *Zero-Knowledge-Protokolle* erlauben die Identifikation. In einem solchen Protokoll kennt der *Beweiser* ein Geheimnis. Er kann jeden Verifizierer davon überzeugen, dass er das Geheimnis kennt und sich so identifiziert. Der Beweis verläuft dabei so, dass niemand etwas über das Geheimnis lernt. Daher der Name Zero-Knowldege-Protokoll.

Im Folgenden erläutern wir als Beispiel das *Fiat-Shamir-Identifikationsverfahren*, das 1986 von Amos Fiat und Adi Shamir entwickelt wurde (siehe [29]).

Bob, der Beweiser, wählt wie im RSA-Verfahren zwei Primzahlen p und q und berechnet $n = pq$. Dann wählt er eine Zahl s zufällig und gleichverteilt aus der Menge der zu n primen Zahlen in $\mathbb{Z}_n$ und berechnet $v = s^2 \bmod n$. Bobs öffentlicher Schlüssel ist (v, n). Sein geheimer Schlüssel ist s, eine Quadratwurzel von $v \bmod n$. Im Fiat-Shamir-Protokoll beweist Bob der Verifiziererin Alice, dass er eine Quadratwurzel s von v kennt. Wir haben in Abschn. 8.4.5 bewiesen, dass Angreifer, die eine solche Quadratwurzel berechnen können, auch dazu in der Lage sind, n zu faktorisieren. Nach heutiger Kenntnis ist es also unmöglich, das Geheimnis zu finden, wenn n groß genug ist.

1. **Commitment** Bob wählt zufällig und gleichverteilt $r \in \mathbb{Z}_n$. Er berechnet $x = r^2 \bmod n$. Das Ergebnis x sendet Bob an die Verifiziererin Alice.
2. **Challenge** Alice wählt zufällig und gleichverteilt eine Zahl $e \in \mathbb{Z}_2$ und sendet sie an Bob.
3. **Response** Bob berechnet $y = rs^e \bmod n$ und schickt Alice den Wert y.
4. Alice akzeptiert den Beweis, wenn $y^2 = xv^e \bmod n$ ist.

Beispiel 14.3 Es sei $n = 391 = 17 * 23$. Der geheime Schlüssel von Bob ist $s = 123$. Der öffentliche Schlüssel von Bob ist also $(271, 391)$. In einem Identifikationsprotokoll will Bob Alice beweisen, dass er eine Quadratwurzel von $v \bmod n$ kennt. Er wählt $r = 271$. $s = 1$ und schickt $x = r^2 \bmod n = 324$ an Alice. Alice schickt die Challenge $a = 1$ an Bob. Er schickt die Response $y = rs \bmod n = 98$ zurück. Alice verifiziert $220 = y^2 \equiv vx \bmod n$.

Zero-Knowledge-Protokolle müssen drei Eigenschaften haben.

- *Completeness*: Kennt der Beweiser Bob das Geheimnis, akzeptiert die Verfiziererin Alice immer seine Antworten als richtig.
- *Soundness*: Kennt der Beweiser Bob das Geheimnis nicht, so lehnt Alice den Beweis mit Wahrscheinlichkeit $\varepsilon > 0$ ab, selbst wenn der Beweiser sich nicht an das Protokoll hält.

- *Zero-Knowledge-Property*: Die Verfiziererin lernt aus dem Protokoll nichts, insbesondere über das Geheimnis, selbst wenn sie sich nicht an das Protokoll hält. Dies wird im Beispiel formaler gefasst.

Die Soundness-Definition erlaubt, dass Bob vom Protokoll abweichen darf. Betrügerische Beweiser ändern nämlich das Protokoll, wenn ihnen das hilft, erfolgreich zu sein. Entsprechend erlaubt die Zero-Knowledge-Definition, dass die Verifizierin Alice vom Protokoll abweicht. Will Alice nämlich etwas über das Geheimnis lernen und hilft ihr dabei eine Veränderung des Protokolls, so tut sie dies natürlich.

Ist die Wahrscheinlichkeit ε dafür, dass der Beweis eines betrügerischen Beweisers abgelehnt wird, kleiner als 1, muss das Protokoll wiederholt ausgeführt werden, um den nötigen Grad an Sicherheit für eine erfolgreiche Identifikation zu erhalten. Die Wahrscheinlichkeit dafür, dass der Betrüger k-mal erfolgreich ist, beträgt nämlich $(1 - \varepsilon)^k$. Diese Wahrscheinlich konvergiert gegen 0.

Wir erläutern nun am Beispiel des Feige-Fiat-Shamir-Protokolls, was diese Eigenschaften bedeuten und wie sie bewiesen werden.

Der Beweis der Completeness ist leicht. Wenn Bob nämlich das Geheimnis, also die Quadratwurzel s aus $v \bmod n$, kennt, so kann er beide möglichen Challenges von Alice so beantworten, dass Alice akzeptiert.

Als nächstes untersuchen wir die Soundness des Protokolls. Angenommen, Bob kann beide Challenges von Alice richtig beantworten. Dann kann er für $e = 0$ und $e = 1$ Zahlen $y_e \in \mathbb{Z}_n$ berechnen mit $y_e^2 \equiv bxv^e \bmod n$. Also kann er $y = y_1 y_0^{-1} \bmod n$ berechnen mit $y^2 \equiv \pm v \bmod n$. Er kennt also das Geheimnis. Dies impliziert, dass Beweiser, die das Geheimnis nicht kennen, eine der beiden Challenges nicht beantworten können. Da die Challenges vom Verifizierer zufällig gleichverteilt gewählt werden, werden also die Beweise von betrügerischen Beweisern, die das Geheimnis nicht kennen, mit Wahrscheinlichkeit mindestens $1/2$ abgelehnt.

Schließlich zeigen wir die Zero-Knowledge-Eigenschaft des Protokolls, dass Alice also nichts aus dem Protokoll lernt, insbesondere über das Geheimnis. Das gilt selbst dann, wenn sich Alice nicht an das Protokoll hält. Dies wird folgendermaßen formalisiert. Wenn Alice etwas aus dem Protokoll lernen möchte, muss sie es aus dem lernen, was der Beweiser kommuniziert. Das *Transkript* der Kommunikation zwischen Beweiser Bob und Verifizierin Alice ist $T = (x, a, y) \in \mathbb{Z}_n \times \mathbb{Z}_2 \times \mathbb{Z}_n$. Es unterliegt einer Wahrscheinlichkeitsverteilung, weil Bob und Alice Werte zufällig wählen. Wir zeigen nun, dass Alice auch ohne Kenntnis des Geheimnisses ein Transkript mit derselben Wahrscheinlichkeitsverteilung *simulieren* kann. Das zeigt dann, dass sie nichts aus dem Protokoll lernt.

Wir erklären die Simulation. Im Feige-Fiat-Shamir-Protokoll entsteht in jedem Durchlauf das Transkript (x, e, y). Dabei ist x ein gleichverteilt zufälliges Quadrat modulo n in $\mathbb{Z}_n$. Außerdem ist e eine Zahl in $\mathbb{Z}_2$, die Alice wählt und die von x abhängen darf. Man beachte, dass Alice sich nicht an das Protokoll halten muss sondern e nach eigenen Regeln wählen darf. Schließlich ist y eine gleichverteilt zufällige Quadratwurzel von xv^e modulo n.

Tripel (x, e, y) mit derselben Verteilung kann ein Simulator ohne Kenntnis einer Quadratwurzel von v modulo n auf folgende Weise erzeugen. Er wählt gleichverteilt zufällige Zahlen $f \in \mathbb{Z}_2$ und $y \in \mathbb{Z}_n$. Dann berechnet er $x = y^2 v^{-f} \bmod n$, wobei v^{-f} das Inverse von v^f modulo n ist. Schließlich wählt der Simulator gemäß der von Alice ausgesuchten Verteilung eine Zahl e in $\mathbb{Z}_2$. Wenn e und f übereinstimmen, gibt der Simulator das Tripel (x, e, y) aus. Andernfalls verwirft der Simulator das Tripel (x, e, y).

Die erfolgreichen Ausgaben des Simulators unterliegen tatsächlich derselben Wahrscheinlichkeitsverteilung wie das Transkript des Originalprotokolls. Es ist nämlich x ein gleichverteilt zufälliges Quadrat modulo n, y eine gleichverteilt zufällige Quadratwurzel von v modulo n und e ein gemäß der Strategie von Alice gewähltes Bit. Die Erfolgswahrscheinlichkeit für den Simulator ist $1/2$.

Die beschriebene Modelierung von Zero-Knowledge-Protokollen erlaubt zahlreiche Verallgemeinerungen. Im Beispiel des Fiat-Shamir-Protokolls sind die vom Simulator erzeugten Verteilungen identisch mit der im Protokoll erzeugten Verteilung. Ein solches Protokoll heißt *perfektes Zero-Knowledge-Protokoll*. Diese Forderung kann abgeschwächt werden. Bei *Statistischen Zero-Knowledge-Beweisen* ist es erlaubt, dass die Verteilungen eine vernachlässigbaren Unterschied haben.

Im allgemeinen fordert man für die Zero-Knowledge-Eigenschaft nur, dass die Verteilung auf den Nachrichten im simulierten Protokoll von der Verteilung der Nachrichten im Originalprotokoll in Polynomzeit nicht zu unterscheiden ist. Dies wird im Rahmen der Komplexitätstheorie mathematisch präzisiert. Wir verweisen auf [31].

14.5   Übungen

Übung 14.1 Sei p eine Primzahl, g eine Primitivwurzel mod p, $a \in \{0, 1, \ldots, p-2\}$ und $A = g^a \bmod p$. Beschreiben Sie einen Zero-Knowledge-Beweis dafür, dass Alice den diskreten Logarithmus a von $A \bmod p$ zur Basis g kennt. Der ZK-Beweis ist analog zum dem in Abschn. 14.4.2 beschriebenen.

Übung 14.2 Im Fiat-Shamir-Verfahren sei $n = 143$, $v = 82$, $x = 53$ und $e = 1$. Bestimmen Sie eine gültige Antwort, die die Kenntnis einer Quadratwurzel von $v \bmod n$ beweist.

Übung 14.3 (Feige-Fiat-Shamir-Protokoll) Eine Weiterentwicklung des Fiat-Shamir-Verfahrens ist das Feige-Fiat-Shamir-Protokoll. Eine vereinfachte Version sieht so aus: Alice benutzt einen RSA-Modul n. Sie wählt $s_1, \ldots, s_k$ gleichverteilt zufällig aus $\{1, \ldots, n-1\}^k$ und berechnet $v_i = s_i^2 \bmod n$, $1 \le i \le k$. Ihr öffentlicher Schlüssel ist $(n, v_1, \ldots, v_k)$. Ihr geheimer Schlüssel ist $(s_1, \ldots, s_k)$. Um Bob von ihrer Identität zu überzeugen, wählt Alice $r \in \{1, \ldots, n-1\}$ zufällig, berechnet $x = r^2 \bmod n$ und schickt x an Bob. Bob wählt gleichverteilt zufällig $(e_1, \ldots, e_k) \in \{0, 1\}^k$ und schickt diesen Vektor an Alice (Challenge). Alice schickt $y = r \prod_{i=1}^k s_i^{e_i}$ an Bob (Response). Bob verifiziert

$y^2 \equiv x \prod_{i=1}^{k} v_i^{e_i} \mod p$. Mit welcher Wahrscheinlichkeit kann ein Betrüger in einem Durchgang dieses Protokolls betrügen?

Übung 14.4 Modifizieren Sie das Verfahren aus Übung 14.3 so, dass seine Sicherheit auf der Schwierigkeit beruht, diskrete Logarithmen zu berechnen.

Übung 14.5 (Signatur aus Identifikation) Machen Sie aus dem Protokoll aus Übung 14.3 ein Signatur-Verfahren. Die Idee besteht darin, bei Signatur der Nachricht m die Challenge $(e_1, \ldots, e_k)$ durch den Hashwert $h(x \circ m)$ zu ersetzen.

Secret Sharing

15

In Public-Key-Infrastrukturen ist es oft nützlich, private Schlüssel von Teilnehmern rekonstruieren zu können. Wenn nämlich ein Benutzer die Chipkarte mit seinem geheimen
Schlüssel verliert, kann er seine verschlüsselt gespeicherten Daten nicht mehr entschlüsseln. Aus Sicherheitsgründen ist es aber wichtig, dass nicht ein einzelner die Möglichkeit
hat, geheime Schlüssel zu rekonstruieren. Es ist besser, wenn bei der Rekonstruktion von
privaten Schlüsseln mehrere Personen zusammenarbeiten müssen. Die können sich dann
gegenseitig kontrollieren. Die Wahrscheinlichkeit sinkt, dass Unberechtigte Zugang zu
geheimen Schlüsseln bekommen. In diesem Kapitel wird eine Technik vorgestellt, dieses
Problem zu lösen, das *Secret-Sharing*.

15.1 Prinzip

Wir beschreiben, was Secret-Sharing-Techniken leisten. Seien n und t natürliche Zahlen. In einem (n, t)-Secret-Sharing-Protokoll wird ein Geheimnis von einem *Dealer* auf
n Personen aufgeteilt. Jeder hat einen Teil (Share) des Geheimnisses. Wenn sich t dieser
Personen zusammentun, können sie das Geheimnis rekonstruieren. Wenn sich aber weniger als t dieser Geheimnisträger zusammentun, können sie keine relevante Information
über das Geheimnis erhalten.

15.2 Das Shamir-Secret-Sharing-Protokoll

Seien $n, t \in \mathbb{N}$, $t \leq n$. Wir beschreiben das (n, t)-Secret-Sharing-Protokoll von Shamir [67]. Es verwendet eine Primzahl p und beruht auf folgendem Lemma.

© Springer-Verlag Berlin Heidelberg 2016
J. Buchmann, *Einführung in die Kryptographie*, Springer-Lehrbuch,
DOI 10.1007/978-3-642-39775-2_15

Lemma 15.1 *Seien* $\ell, t \in \mathbb{N}$, $\ell \le t$. *Weiter seien* $x_i, y_i \in \mathbb{Z}/p\mathbb{Z}$, $1 \le i \le \ell$, *wobei die* x_i *paarweise verschieden sind. Dann gibt es genau* $p^{t-\ell}$ *Polynome* $b \in (\mathbb{Z}/p\mathbb{Z})[X]$ *vom Grad* $\le t - 1$ *mit* $b(x_i) = y_i$, $1 \le i \le \ell$.

Beweis Das Lagrange-Interpolationsverfahren liefert das Polynom

$$b(X) = \sum_{i=1}^{\ell} y_i \prod_{j=1, j \neq i}^{\ell} \frac{x_j - X}{x_j - x_i}, \tag{15.1}$$

das $b(x_i) = y_i$, $1 \le i \le \ell$ erfüllt. Jetzt muss noch die Anzahl solcher Polynome bestimmt werden.

Sei $b \in (\mathbb{Z}/p\mathbb{Z})[X]$ ein solches Polynom. Schreibe

$$b(X) = \sum_{j=0}^{t-1} b_j X^j, \quad b_j \in \mathbb{Z}/p\mathbb{Z}, 0 \le j \le t - 1.$$

Aus $b(x_i) = y_i$, $1 \le i \le \ell$ erhält man das lineare Gleichungssystem

$$\begin{pmatrix} 1 & x_1 & x_1^2 & \cdots & x_1^{t-1} \\ 1 & x_2 & x_2^2 & \cdots & x_2^{t-1} \\ \vdots & \vdots & \vdots & & \vdots \\ 1 & x_\ell & x_\ell^2 & \cdots & x_\ell^{t-1} \end{pmatrix} \begin{pmatrix} b_0 \\ b_1 \\ \vdots \\ b_{t-1} \end{pmatrix} = \begin{pmatrix} y_1 \\ y_2 \\ \vdots \\ y_\ell \end{pmatrix}. \tag{15.2}$$

Die Teil-Koeffizientenmatrix

$$U = \begin{pmatrix} 1 & x_1 & x_1^2 & \cdots & x_1^{\ell-1} \\ 1 & x_2 & x_2^2 & \cdots & x_2^{\ell-1} \\ \vdots & \vdots & \vdots & & \vdots \\ 1 & x_\ell & x_\ell^2 & \cdots & x_\ell^{\ell-1} \end{pmatrix}$$

ist eine *Vandermonde-Matrix*. Ihre Determinante ist

$$\det U = \prod_{1 \le i < j \le \ell} (x_j - x_i).$$

Weil die x_i nach Voraussetzung paarweise verschieden sind, ist diese Determinante ungleich Null. Der Rang von U ist also ℓ. Daher hat der Kern der Koeffizientenmatrix des linearen Gleichungssystems (15.2) den Rang $t - \ell$ und die Anzahl der Lösungen ist $p^{t-\ell}$.   □

Jetzt können wir das Protokoll beschreiben.

15.2.1   Initialisierung

Der Dealer wählt eine Primzahl p, $p \geq n + 1$ und paarweise von Null verschiedene Elemente $x_i \in \mathbb{Z}/p\mathbb{Z}$, $1 \leq i \leq n$. Die Elemente von $\mathbb{Z}/p\mathbb{Z}$ werden zum Beispiel durch ihre kleinsten nicht negativen Vertreter dargestellt. Die x_i werden veröffentlicht.

15.2.2   Verteilung der Geheimnisteile

Der Dealer will ein Geheimnis $s \in \mathbb{Z}/p\mathbb{Z}$ verteilen.

1. Er wählt geheime Elemente $a_j \in \mathbb{Z}/p\mathbb{Z}$, $1 \leq j \leq t - 1$ und konstruiert daraus das Polynom

$$a(X) = s + \sum_{j=1}^{t-1} a_j X^j. \tag{15.3}$$

   Es ist vom Grad $\leq t - 1$.
2. Der Dealer berechnet die Geheimnisteile $y_i = a(x_i)$, $1 \leq i \leq n$.
3. Der Dealer gibt dem i-ten Geheimnisträger den Geheimnisteil y_i, $1 \leq i \leq n$.

Das Geheimnis ist also der konstante Term $a(0)$ des Polynoms $a(X)$.

Beispiel 15.1 Sei $n = 5, t = 3$. Der Dealer wählt $p = 17$, $x_i = i$, $1 \leq i \leq 5$.
   Das Geheimnis sei $s = 3$. Der Dealer wählt die geheimen Koeffizienten $a_i = 13 + i$, $1 \leq i \leq 2$. Damit ist also

$$a(X) = 15X^2 + 14X + 3. \tag{15.4}$$

Die Geheimnisteile sind damit $y_1 = a(1) = 15$, $y_2 = a(2) = 6$, $y_3 = a(3) = 10$, $y_4 = a(4) = 10$, $y_5 = a(5) = 6$.

15.2.3   Rekonstruktion des Geheimnisses

Angenommen, t Geheimnisträger arbeiten zusammen. Ihre Geheimnisteile seien $y_i = a(x_i)$, $1 \leq i \leq t$. Dabei ist $a(X)$ das Polynom aus (15.3). Dies kann man durch Umnummerierung der Geheimnisteile immer erreichen. Jetzt gilt

$$a(X) = \sum_{i=1}^{t} y_i \prod_{j=1, j \neq i}^{t} \frac{x_j - X}{x_j - x_i}. \tag{15.5}$$

Dieses Polynom erfüllt nämlich $a(x_i) = y_i$, $1 \leq i \leq t$ und nach Lemma 15.1 gibt es genau ein solches Polynom vom Grad höchstens $t - 1$. Daher ist

$$s = a(0) = \sum_{i=1}^{t} y_i \prod_{j=1, j \neq i}^{t} \frac{x_j}{x_j - x_i}. \qquad (15.6)$$

Die Formel (15.6) wird von den Geheimnisträgern benutzt, um das Geheimnis zu konstruieren.

Beispiel 15.2 Wir setzen das Beispiel 15.1 fort.

Die ersten drei Geheimnisträger rekonstruieren das Geheimnis. Die Lagrange-Interpolationsformel ergibt

$$a(0) = 15\frac{6}{2} + 6\frac{3}{-1} + 10\frac{2}{2} \bmod 17 = 3. \qquad (15.7)$$

15.2.4   Sicherheit

Angenommen, weniger als t Geheimnisträger versuchen gemeinsam, das Geheimnis s zu ermitteln. Ihre Anzahl sei m, $m < t$. Ihre Geheimnisteile seien y_i, $1 \leq i \leq m$. Dies wird durch Umnummerierung der Geheimnisteile erreicht. Die Geheimnisträger wissen, dass das Geheimnis der konstante Term eines Polynoms $a \in \mathbb{Z}_p[X]$ vom Grad $\leq t - 1$ ist, das $a(x_i) = y_i$, $1 \leq i \leq m$ erfüllt. Aus Lemma 15.1 erhält man das folgende Resultat.

Lemma 15.2 *Für jedes $s' \in \mathbb{Z}/p\mathbb{Z}$ gibt es genau p^{t-m-1} Polynome $a'(X) \in (\mathbb{Z}/p\mathbb{Z})[X]$ vom Grad $\leq t - 1$ mit $a'(0) = s'$ und $a'(x_i) = y_i$, $1 \leq i \leq m$.*

Beweis Da die x_i paarweise und von Null verschieden sind, folgt die Behauptung aus Lemma 15.1 mit $\ell = m + 1$.   □

Lemma 15.2 zeigt, dass die m Geheimnisträger keine Information über das Geheimnis bekommen, weil alle möglichen konstanten Terme gleich wahrscheinlich sind.

15.3   Übungen

Übung 15.1 Rekonstruieren Sie das Geheimnis in Beispiel 15.1 aus den letzten drei Geheimnisteilen.

Übung 15.2 Sei $n = 4$, $t = 2$, $p = 11$, $s = 3$, $a_1 = 2$. Konstruieren Sie $a(X)$ und die Geheimnisteile y_i, $1 \leq i \leq 4$.

Public-Key-Infrastrukturen 16

Ein großer Vorteil asymmetrischer Kryptoverfahren besteht darin, dass die Schlüsselverwaltung einfacher ist als bei symmetrischen Verschlüsselungsverfahren. Die Schlüssel, die zum Verschlüsseln gebraucht werden, müssen nicht geheimgehalten werden, sondern sie können öffentlich sein. Die privaten Schlüssel müssen aber auch in Public-Key-Systemen geheim bleiben. Außerdem müssen die öffentlichen Schlüssel vor Fälschung und Missbrauch geschützt werden. Die Verteilung und Speicherung der öffentlichen und privaten Schlüssel geschieht in *Public-Key-Infrastrukturen* (PKI). In diesem Kapitel werden einige Organisationsprinzipien von Public-Key-Infrastrukturen erläutert. Mehr Details findet man in [21].

16.1 Persönliche Sicherheitsumgebung

16.1.1 Bedeutung

Will Bob mit einem Public-Key-System Signaturen erzeugen oder verschlüsselte Nachrichten entschlüsseln, braucht er einen privaten Schlüssel. Dieser Schlüssel muss geheim bleiben, weil jeder, der ihn kennt, Bobs Signatur fälschen oder geheime Nachrichten an Bob entschlüsseln kann. Die Umgebung, in der Bob seinen geheimen Schlüssel ablegt, wird *persönliche Sicherheitsumgebung* oder *Personal Security Environment (PSE)* genannt. Optimal ist es, wenn der private Schlüssel die PSE nicht verlässt, weil er sonst in eine unsichere Umgebung kommt. Dann entschlüsselt die PSE Chiffretexte und signiert Doumente, weil dazu der private Schlüssel nötig ist.

Oft werden in der PSE auch die privaten Schlüssel erzeugt. Werden sie anderswo erzeugt, dann sind sie wenigstens dem Erzeuger bekannt. Andererseits ist es bei der Schlüsselerzeugung besonders wichtig, dass keine technischen Fehler gemacht werden. Beispielsweise erfordert die Schlüsselerzeugung im RSA-Verfahren die zufällige Wahl zweier Primzahlen p und q. Ist der Zufallszahlengenerator der PSE schwach, so lassen

© Springer-Verlag Berlin Heidelberg 2016
J. Buchmann, *Einführung in die Kryptographie*, Springer-Lehrbuch,
DOI 10.1007/978-3-642-39775-2_16

sich die verwendeten Primzahlen vielleicht rekonstruieren. Das kann dafür sprechen, die Schlüssel in einer vertrauenswürdigen Stelle zu erzeugen, wo der jeweils beste bekannte Zufallszahlengenerator verwendet wird.

16.1.2   Implementierung

Je sensibler die Dokumente sind, die verschlüsselt oder signiert werden, desto sicherer muss die PSE ausgelegt sein. Eine einfache PSE ist ein durch ein Passwort geschützter Speicherbereich auf der Festplatte von Bobs Computer. Sie wird *Software-PSE* genannt. Dieses Passwort kann zum Beispiel dazu verwendet werden, die Information in der PSE zu entschlüsseln. Die Sicherheit dieser PSE hängt sehr stark von der Sicherheit des verwendeten Betriebssystems ab. Man kann argumentieren, dass Betriebssysteme ohnehin hohe Sicherheit gewährleisten müssen und daher auch die PSE schützen können. Betriebssysteme müssen zum Beispiel verhindern, dass sich ein Unbefugter Administrator-Rechte verschafft. Andererseits ist bekannt, dass man mit entsprechendem Aufwand viele Schutzfunktionen des Betriebssystems umgehen kann und eine Software-PSE daher nicht sicher ist.

Für sehr sicherheitskritische Anwendungen reicht der Schutz durch das Betriebssystem nicht. Sicherer ist es, die PSE auf einer Chipkarte unterzubringen. Bob kann seine Karte immer bei sich haben. Wenn die Karte im Leser steckt, erlaubt sie nur sehr eingeschränkte Zugriffe von außen. Die Manipulation ihrer Hard- oder Software ist extrem schwierig. Leider sind Berechnungen auf Chipkarten langsam. Darum lassen sich große Datenmengen auf einer Chipkarte nicht in vertretbarer Zeit ver- oder entschlüsseln. Man verschlüsselt daher mit dem öffentlichen Schlüssel des Kommunikationspartners nur Sitzungsschlüssel, die dann zur Verschlüsselung von Dokumenten verwendet und in verschlüsselter Form den Schlüsseltexten angehängt werden (siehe Abschn. 8.1). Der Sitzungsschlüssel wird auf der Chipkarte entschlüsselt. Die Entschlüsselung des gesamten Textes erfolgt dann in einem leistungsfähigen Computer. Entsprechend signieren Chipkarten nur vorberechnete Hashwerte.

16.1.3   Darstellungsproblem

Selbst wenn Alice zum Signieren eine Chipkarte verwendet, treten ernste Sicherheitsprobleme auf: Alice will ein Dokument signieren. Sie benutzt dazu ein Signierprogramm. Es schickt den Hashwert des zu signierenden Dokumentes an die Chipkarte. Dort wird die Signatur berechnet. Angenommen, der Angreifer Oskar kann den PC von Alice so manipulieren, dass ein anderes Dokument, als Alice glaubt, an die Chipkarte geschickt und dort signiert wird. Alice sieht nicht, was signiert wird, weil die Chipkarte keine Anzeige hat. Sie sieht nur das Dokument von dem sie glaubt, dass es signiert werde. Dies ist als *Darstellungsproblem* für Signaturen bekannt.

16.2 Zertifizierungsstellen

In Public-Key-Systemen ist es nicht nur wichtig, dass Alice ihre privaten Schlüssel schützen kann. Benutzt sie den öffentlichen Schlüssel von Bob, muss sie sicher sein, dass sie tatsächlich Bobs öffentlichen Schlüssel hat. Gelingt es nämlich dem Angreifer Oskar, Bobs öffentlichen Schlüssel gegen seinen eigenen auszutauschen, dann kann er Nachrichten entschlüsseln, die für Bob bestimmt waren, und er kann in Bobs Namen digitale Signaturen erzeugen.

Eine Möglichkeit zu garantieren, dass Teilnehmer in IT-Netze die richtigen öffentlichen Schlüssel der anderen Teilnehmer erhalten, besteht darin, dass eine *Zertifizierungsstelle* oder *Certification-Authority* (CA) mit ihrer Signatur bestätigt, dass ein öffentlicher Schlüssel zu einem Teilnehmer gehört. Wir erklären im Folgenden, wie das im einzelnen funktioniert.

16.2.1 Registrierung

Wenn Bob neuer Benutzer des Public-Key-Systems wird, lässt er sich bei der ihm zugeordneten CA registrieren. Er teilt der CA seinen Namen und andere erforderliche persönliche Daten mit. Die CA muss Bobs Informationen verifizieren. Am einfachsten ist es, wenn Bob persönlich zu der CA geht und seinen Ausweis vorlegt. Die CA weist Bob einen geeigneten Benutzernamen zu, der sich von allen anderen Benutzernamen unterscheidet. Unter diesem Namen wird Bob zum Beispiel Signaturen erzeugen. Wenn Bob nicht will, dass sein wirklicher Name bekannt wird, kann er auch ein Pseudonym verwenden. Dann ist nur der CA Bobs wirkliche Identität bekannt.

16.2.2 Schlüsselerzeugung

Bobs öffentliche und private Schlüssel werden in seiner PSE oder von seiner CA erzeugt. Es ist vorteilhaft, wenn Bob seine privaten Schlüssel nicht kennt. Dann kann er sie auch nicht preisgeben. Geschieht die Schlüsselerzeugung in Bobs PSE, so werden Bobs private Schlüssel in der PSE gespeichert. Die öffentlichen Schlüssel werden der CA mitgeteilt. Werden die Schlüssel von der CA erzeugt, so müssen die privaten Schlüssel auf Bobs PSE gelangen. Die Übertragung der Schlüssel muss natürlich entsprechend gesichert sein.

Für jeden Zweck, etwa Signieren, Verschlüsseln und Authentifizieren, muss ein eigenes Schlüsselpaar erzeugt werden, weil sonst die Sicherheit des Systems gefährdet ist. Das illustriert das folgende Beispiel.

Beispiel 16.1 Wenn Alice für Challenge-Response-Authentifikation und Signatur dasselbe Schlüsselpaar verwendet, dann können ihre Signaturen folgendermaßen gefälscht werden: Oskar gibt vor, er wolle die Identität von Alice prüfen. Als Challenge schickt er

Alice den Hashwert $h(m)$ eines Textes m. Alice signiert diesen Hashwert im Glauben, es handele sich um eine Zufallszahl. Der signierte Hashwert ist aber die Signatur des Textes m. Alice hat also, ohne es zu merken, ein Dokument signiert, das ihr von Oskar vorgelegt wurde.

16.2.3   Zertifizierung

Um eine verifizierbare Verbindung zwischen Bob und seinen öffentlichen Schlüsseln herzustellen, erstellt die CA ein *Zertifikat*. Dieses Zertifikat ist ein von der CA signiertes Dokument, das mindestens folgende Informationen enthält:

1. Bobs Benutzernamen oder sein Pseudonym,
2. die zugeordneten öffentlichen Schlüssel,
3. die Bezeichnung der Algorithmen, mit denen die öffentlichen Schlüssel von Bob benutzt werden können,
4. die laufende Nummer des Zertifikats,
5. Beginn und Ende der Gültigkeit des Zertifikats,
6. den Namen der ausstellenden CA,
7. Angaben, ob die Nutzung der Schlüssel auf bestimmte Anwendungen beschränkt ist.

16.2.4   Archivierung

Einige Schlüssel, die in Public-Key-Systemen verwendet werden, müssen archiviert werden. Die Dauer der Aufbewahrung hängt von der Verwendung der Schlüssel ab.

Öffentliche Signaturschlüssel müssen solange aufbewahrt werden, wie die entsprechenden Signaturen noch verifizierbar sein sollen. Signaturen in elektronischen Grundbüchern müssen zum Beispiel viele Jahrzehnte gültig sein. Für Signaturschlüssel werden Zertifikate gespeichert, damit später ihre Authentizität noch verifiziert werden kann. Private Entschlüsselungsschlüssel müssen solange aufbewahrt werden, wie die entsprechenden Chiffretexte noch entschlüsselbar sein sollen. Private Schlüssel werden aber nicht von der CA, sondern in der PSE der Benutzer archiviert. Für Authentifikationsschlüssel, private Signaturschlüssel und öffentliche Verschlüsselungsschlüssel ist keine Archivierung erforderlich. Sie werden nur solange benötigt, wie sie zur Authentifikation, zum Signieren oder zum Verschlüsseln gebraucht werden.

16.2.5   Personalisierung der PSE

Nach erfolgreicher Registrierung, Schlüsselerzeugung und Zertifizierung überträgt die CA die für den Teilnehmer relevanten Daten in seine PSE. Das sind insbesondere Bobs private

Schlüssel, sofern sie von der CA erzeugt wurden. Außerdem kann Bobs Zertifikat und der öffentliche Schlüssel der CA in der PSE gespeichert werden.

16.2.6 Verzeichnisdienst

Bei der CA gibt es ein Verzeichnis (Directory) der von der CA erzeugten Zertifikate mit den entsprechenden Teilnehmernamen. Will Alice die öffentlichen Schlüssel von Bob erfahren, so fragt sie bei dem Directory ihrer CA an, ob Bob dort registriert ist. Wenn ja, erhält sie Bobs Zertifikat. Da Alice den öffentlichen Schlüssel ihrer CA kennt, kann sie verifizieren, dass das Zertifikat von ihrer CA kommt und sie vertraut ihrer CA. Also hat sie den authentischen öffentlichen Schlüssel von Bob. Wenn Bob nicht bei der CA von Alice registriert ist, kann Alice versuchen, ein Zertifikat für Bob auf Umwegen zu erhalten. Das wird in Abschn. 16.3 genauer beschrieben.

Zertifikate, die Alice häufig braucht, kann sie in ihre PSE aufnehmen. Sie muss aber die Gültigkeit der Zertifikate regelmäßig überprüfen (siehe Abschn. 16.2.8).

Wenn eine CA für eine große Zahl von Benutzern zuständig ist, kann es bei den Anfragen an die CA Engpässe geben. Eine Möglichkeit, die Effizienz der Directory-Anfragen zu verbessern, besteht darin, das Directory zu replizieren und die Anfragen auf die verschiedenen Kopien aufzuteilen.

Beispiel 16.2 Eine Firma möchte alle 50.000 Mitarbeiter zu Teilnehmern einer PKI machen. Die Firma ist über fünf Länder verteilt. Sie möchte nur eine CA in England betreiben. Um die Anfrage beim Directory der CA effizienter zu gestalten, verteilt sie fünf Kopien des Directories auf die fünf Länder und führt selbst das Original. Die Kopien werden zweimal am Tag auf den neuesten Stand gebracht.

16.2.7 Schlüssel-Update

Alle Schlüssel, die in einem Public-Key-System benutzt werden, haben eine bestimmte Gültigkeitsdauer. Rechtzeitig, bevor ein Schlüssel seine Gültigkeit verliert, muss er durch einen neuen Schlüssel ersetzt werden. Dieser neue Schlüssel wird nach seiner Erzeugung von CA und Benutzer ausgetauscht. Der Austausch muss so ablaufen, dass der neue Schlüssel selbst dann nicht kompromittiert wird, wenn der alte Schlüssel bekannt wird.

Folgendes Verfahren, den Schlüssel zu erneuern, ist unsicher: Kurz bevor das Schlüsselpaar von Bob ungültig wird, erzeugt seine CA ein neues Schlüsselpaar für Bob. Sie verschlüsselt den neuen privaten Schlüssel mit Bobs altem öffentlichen Schlüssel und sendet ihn an Bob. Wenn Oskar diese Kommunikation protokolliert und wenn es ihm später gelingt, Bobs alten privaten Schlüssel zu finden, dann kann er auch den neuen privaten Schlüssel bestimmen. In diesem Fall hängt die Sicherheit des neuen Schlüssels von der

Sicherheit des alten Schlüssels ab, und es ist sinnlos, einen neuen Schlüssel auszutauschen.

Statt dessen kann man Varianten des Diffie-Hellman-Schlüsselaustauschs verwenden, der Man-In-The-Middle-Angriff unmöglich machen (siehe Abschn. 8.6).

16.2.8   Widerruf von Zertifikaten

Manchmal muss die CA ein Zertifikat für ungültig erklären, obwohl seine Gültigkeitsdauer noch nicht abgelaufen ist.

Beispiel 16.3 Bob hat seine Chipkarte bei einer Bootsfahrt verloren. Die Smartcard liegt jetzt auf dem Meeresgrund. Auf der Smartcard ist Bobs privater Entschlüsselungsschlüssel. Den kann er jetzt nicht mehr benutzen, weil der Schlüssel nur auf der Chipkarte gespeichert ist und sonst nirgendwo. Daher muss die CA das Zertifikat, das den entsprechenden öffentlichen Schlüssel enthält, für ungültig erklären.

Widerrufene Zertifikate schreibt die CA in eine Liste, die *Certificate Revocation List* (CRL). Diese ist Teil des Directories der CA. Ein Eintrag in der CRL enthält die Seriennummer des Zertifikats, den Zeitpunkt, zu dem das Zertifikat ungültig wurde und möglicherweise andere Informationen, wie z. B. die Gründe für die Ungültigkeit. Die CRL wird von der CA signiert.

16.2.9   Zugriff auf ungültige Schlüssel

Wird ein ungültiger, aber archivierter Schlüssel benötigt, wird dieser vom Archiv bereitgestellt. Der Benutzer, der diesen Schlüssel erhalten möchte, muss seine Berechtigung gegebenenfalls nachweisen.

Beispiel 16.4 Von der CA werden die Signaturschlüssel jeden Monat gewechselt. Bob signiert einen Auftrag an Alice, bestreitet aber drei Monate später, den Auftrag erteilt zu haben. Alice möchte beweisen, dass der Auftrag tatsächlich erteilt wurde. Sie braucht dafür den öffentlichen Schlüssel, der aber schon seit zwei Monaten ungültig ist und darum nicht mehr im Directory der CA steht.

16.3   Zertifikatsketten

Wenn Bob und Alice nicht zu derselben CA gehören, kann Alice den öffentlichen Schlüssel von Bob nicht einfach aus dem Directory ihrer CA erfahren. Sie kann den öffentlichen Schlüssel von Bob aber indirekt erhalten.

Beispiel 16.5 Alice ist bei der CA für Hessen registriert. Bob ist bei der CA für das Saarland registriert. Alice kennt also den öffentlichen Schlüssel der CA Hessen, aber nicht den öffentlichen Schlüssel der CA des Saarlandes. Von ihrer CA erhält Alice ein Zertifikat für den öffentlichen Schlüssel der CA des Saarlandes. Aus dem Directory der CA des Saarlandes erhält Alice ein Zertifikat für den öffentlichen Schlüssel von Bob. Unter Verwendung des öffentlichen Schlüssels ihrer CA kann Alice verifizieren, dass der öffentliche Schlüssel der CA des Saarlandes korrekt ist. Damit ist Alice also im Besitz des öffentlichen Schlüssels der CA des Saarlandes. Diesen Schlüssel kann sie nun verwenden, um das Zertifikat für Bobs öffentlichen Schlüssel zu verifizieren.

Wie in Beispiel 16.5 beschrieben, kann Alice eine *Zertifikatskette* verwenden, um den authentischen öffentlichen Schlüssel von Bob zu erhalten, selbst wenn Bob zu einer anderen CA gehört. Formal kann man eine solche Kette so beschreiben: Für eine Zertifizierungsstelle CA und einen Teilnehmer U bezeichne CA$\{U\}$ ein Zertifikat, das den Namen von U an den öffentlichen Schlüssel von U bindet. Dabei kann U entweder ein Benutzer oder eine CA sein. Eine Zertifikatskette, die für Alice den öffentlichen Schlüssel von Bob zertifiziert, ist dann eine Folge

$$CA_1\{CA_2\}, CA_2\{CA_3\}, \ldots, CA_{k-1}\{CA_k\}, CA_k\{Bob\}.$$

Dabei ist CA_1 eine CA, deren Schlüssel Alice kennt. Alice verifiziert diese Zertifikatskette, indem sie mit dem öffentlichen Schlüssel von CA_1 das erste Zertifikat prüft und dabei den öffentlichen Schlüssel von CA_2 erhält, mit dem öffentlichen Schlüssel von CA_2 das Zertifikat für CA_3 prüft usw. und zum Schluss mit dem öffentlichen Schlüssel von CA_k das Zertifikat für Bob prüft.

Dieses Verfahren setzt voraus, dass Vertrauen transitiv ist, d. h. wenn sich U_1 auf U_2 verlässt und U_2 auf U_3, dann traut U_1 auch U_3.

Lösungen der Übungsaufgaben

Übung 1.1

Sei $z = \lfloor \alpha \rfloor = \max\{x \in \mathbb{Z} : x \leq \alpha\}$. Dann ist $\alpha - z \geq 0$. Außerdem ist $\alpha - z < 1$, denn wäre $\alpha - z \geq 1$, dann wäre $\alpha - (z+1) \geq 0$ im Widerspruch zur Maximalität von α. Insgesamt ist also $0 \leq \alpha - z < 1$ oder $\alpha - 1 < z \leq \alpha$. Da es aber in diesem Intervall nur eine ganze Zahl gibt, ist z diese eindeutig bestimmte Zahl.

Übung 1.3

Die Teiler von 195 sind $\pm 1, \pm 3, \pm 5, \pm 13, \pm 15, \pm 39, \pm 65, \pm 195$.

Übung 1.5

$1243 \bmod 45 = 28$, $-1243 \bmod 45 = 17$.

Übung 1.7

Angenommen, m teilt die Differenz $b - a$. Sei $a = q_a m + r_a$ mit $0 \leq r_a < m$ und sei $b = q_b m + r_b$ mit $0 \leq r_b < m$. Dann ist $r_a = a \bmod m$ und $r_b = b \bmod m$. Außerdem ist

$$b - a = (q_b - q_a)m + (r_b - r_a). \tag{17.1}$$

Weil m ein Teiler von $b - a$ ist, folgt aus (17.1), dass m auch ein Teiler von $r_b - r_a$ ist. Weil aber $0 \leq r_b, r_a < m$ ist, gilt

$$-m < r_b - r_a < m.$$

Weil m ein Teiler von $r_b - r_a$ ist, folgt daraus $r_b - r_a = 0$, also $a \bmod m = b \bmod m$.

Sei umgekehrt $a \bmod m = b \bmod m$. Wir benutzen dieselben Bezeichnungen wie oben und erhalten $b - a = (q_b - q_a)m$. Also ist m ein Teiler von $b - a$.

© Springer-Verlag Berlin Heidelberg 2016
J. Buchmann, *Einführung in die Kryptographie*, Springer-Lehrbuch,
DOI 10.1007/978-3-642-39775-2_17

Übung 1.8

Es gilt $225 = 128+64+32+1 = 2^7+2^6+2^5+2^0$. Also ist 11100001 die Binärdarstellung von 225. Die Hexadezimaldarstellung gewinnt man daraus, indem man von hinten nach vorn die Binärdarstellung in Blöcke der Länge vier aufteilt und diese als Ziffern interpretiert. Wir bekommen also 1110 0001, d. h. $14 * 16 + 1$. Die Ziffern im Hexadezimalsystem sind $0, 1, 2, 3, 4, 5, 6, 7, 8, 9, A, B, C, D, E, F$. Damit ist E1 die Hexadezimaldarstellung von 225.

Übung 1.11

1. Die Ereignisse S und $\emptyset$ schließen sich gegenseitig aus. Daher gilt $1 = \Pr(S) = \Pr(S \cup \emptyset) = \Pr(S) + \Pr(\emptyset) = 1 + \Pr(\emptyset)$. Daraus folgt $\Pr(\emptyset) = 0$.
2. Setze $C = B \setminus A$. Dann schließen sich die Ereignisse A und C gegenseitig aus. Damit ist $\Pr(B) = \Pr(A \cup C) = \Pr(A) + \Pr(C)$. Da $\Pr(C) \geq 0$ ist, folgt $\Pr(B) \geq \Pr(A)$.

Übung 1.13

Mit K bezeichne Kopf und mit Z Zahl. Dann ist die Ergebnismenge {KK,ZZ,KZ,ZK}. Die Wahrscheinlichkeitsverteilung ordnet jedem Elementarereignis die Wahrscheinlichkeit $1/4$ zu. Das Ereignis „wenigstens eine Münze zeigt Kopf" ist {KK,KZ,ZK}. Seine Wahrscheinlichkeit ist $3/4$.

Übung 1.14

Das Ereignis „beide Würfel zeigen ein verschiedenes Ergebnis" ist $A = \{12, 13, 14, 15, 16, 17, 18, 19, 21, 13, \ldots, 65\}$. Seine Wahrscheinlichkeit ist $5/6$. Das Ereignis „die Summe der Ergebnisse ist gerade" ist $\{11, 13, 15, 22, 24, 26, \ldots, 66\}$. Seine Wahrscheinlichkeit ist $1/2$. Der Durchschnitt beider Ereignisse ist $\{13, 15, 24, 26, \ldots, 64\}$. Seine Wahrscheinlichkeit ist $1/3$. Die Wahrscheinlichkeit von A unter der Bedingung B ist damit $2/3$.

Übung 1.16

Wir wenden das Geburtstagsparadox an. Es ist $n = 10^4$. Wir brauchen also $k \geq (1 + \sqrt{1 + 8 * 10^4 * \log 2})/2 \geq 118, 2$ Leute.

Übung 1.17

Die entsprechende Zufallsvariable ist $\mathbb{Z}_6 \times \mathbb{Z}_6 \to \mathbb{R}$, $(x, y) \mapsto xy$. Jedes Elementarereignis hat die Wahrscheinlichkeit $1/36$. Also ergibt sich der Erwartungswert durch Aufsummieren der Produkte xy für alle $(x, y) \in \mathbb{Z}_6 \times \mathbb{Z}_6$ und Division durch 36. Das Ergebnis ist $12, 25$.

Übung 1.18

Wir müssen zeigen, dass es positive Konstanten B und C gibt mit der Eigenschaft, dass für alle $n > B$ gilt $f(n) \leq Cn^d$. Man kann z. B. $B = 1$ und $C = \sum_{i=0}^{d} |a_i|$ wählen.

Übung 1.20

Der Algorithmus berechnet zunächst die Bitlänge n von $d - 1$. Dann konstruiert er zufällig und gleichverteilt eine n-Bit-Zahl r. Um die Erfolgswahrscheinlichkeit abzuschätzen, müssen wir die Wahrscheinlichkeit dafür bestimmen, dass $r < d$ ist. Sei dazu

$$d = \sum_{i=0}^{n-1} b_i 2^i \tag{17.2}$$

mit den binären Ziffern $b_i \in \mathbb{Z}_2$, $0 \leq i \leq n - 1$. Dann ist $b_{n-1} = 1$, weil n die binäre Länge von d ist. Wenn der Koeffizient von 2^{n-1} in der Binärentwicklung von r den Wert 0 hat, ist der Algorithmus erfolgreich. Die Wahrscheinlichkeit dafür ist $1/2$. Damit ist die Erfolgswahrscheinlichkeit des Algorithmus random mindestens $1/2$.

Übung 1.21

Sei d die Eingabe von Algorithmus 1.2. Setze $n = \lfloor \log_2 d \rfloor + 1$. Der Algorithmus durchläuft die for-Schleife n-mal. In jedem Durchlauf führt der Algorithmus eine Verdopplung und eine Addition aus. Die Operanden sind kleiner als $2^n \leq 2d$. Außerdem wirft der Algorithmus einmal eine Münze. Damit hat jeder Durchlauf die Laufzeit $O((\log d)^2)$. Insgesamt hat der Algorithmus also die Laufzeit $O((\log d)^3)$.

Übung 1.22

1. Jeder Teiler von $a_1, \ldots, a_k$ ist auch ein Teiler von a_1 und $\gcd(a_2, \ldots, a_k)$ und umgekehrt. Daraus folgt die Behauptung.
2. Die Behauptung wird durch Induktion über k bewiesen. Für $k = 1$ ist sie offensichtlich korrekt. Sei also $k > 1$ und gelte die Behauptung für alle $k' < k$. Dann gilt $\gcd(a_1, \ldots, a_k)\mathbb{Z} = a_1\mathbb{Z} + \gcd(a_2, \ldots, a_k)\mathbb{Z} = a_1\mathbb{Z} + a_2\mathbb{Z} + \ldots + a_k\mathbb{Z}$ nach 1., Theorem 1.5 und der Induktionsannahme.
3. und 4. werden analog bewiesen.
5. Diese Behauptung wird mittels Korollar 1.3 durch Induktion bewiesen.

Übung 1.24

Wir wenden den erweiterten euklidischen Algorithmus an und erhalten folgende Tabelle

k	0	1	2	3	4	5	6
r_k	235	124	111	13	7	6	1
q_k			1	1	8	1	1
x_k	1	0	1	1	9	10	19
y_k	0	1	1	2	17	19	36

Damit ist $\gcd(235, 124) = 1$ und $19 * 235 - 36 * 124 = 1$.

Übung 1.26

Wir verwenden die Notation aus dem erweitern euklidischen Algorithmus. Es gilt $S_0 = T_{n+1}$ und daher $x_{n+1} = u_1$ und $y_{n+1} = u_0$. Weiter ist S_n die Einheitsmatrix, also insbesondere $u_n = 1 = r_n / \gcd(a, b)$ und $u_{n+1} = 0 = r_{n+1} / \gcd(a, b)$. Schließlich haben wir in (1.28) gesehen, dass die Folge (u_k) derselben Rekursion genügt wie die Folge (r_k). Daraus folgt die Behauptung.

Übung 1.28

Die Bruchdarstellung einer rationalen Zahl $\neq 0$ ist eindeutig, wenn man verlangt, dass der Nenner positiv und Zähler und Nenner teilerfremd sind. Es genügt daher, zu zeigen, dass der euklidische Algorithmus angewandt auf a, b genauso viele Iterationen braucht wie der euklidische Algorithmus angewandt auf $a/ \gcd(a, b), b/ \gcd(a, b)$. Das folgt aber aus der Konstruktion.

Übung 1.30

Nach Korollar 1.2 gibt es x, y, u, v mit $xa + ym = 1$ und $ub + vm = 1$. Daraus folgt $1 = (xa + ym)(ub + vm) = (xu)ab + m(xav + yub + yvm)$. Dies impliziert die Behauptung.

Übung 1.32

Ist n zusammengesetzt, dann kann man $n = ab$ schreiben mit $a, b > 1$. Daraus folgt $\min\{a, b\} \leq \sqrt{n}$. Weil nach Theorem 1.6 dieses Minimum einen Primteiler hat, folgt die Behauptung.

Übung 2.1

Einfache Induktion.

Übung 2.3

Wenn e und e' neutrale Elemente sind, gilt $e = e'e = e'$.

Übung 2.5

Wenn e neutrales Element ist und $e = ba = ac$ ist, dann folgt $b = be = b(ac) = (ba)c = c$.

Übung 2.7

Es gilt $4 * 6 \equiv 0 \equiv 4 * 3 \mod 12$, aber $6 \not\equiv 3 \mod 12$.

Übung 2.9

Sei R ein kommutativer Ring mit Einselement e und bezeichne R^* die Menge aller invertierbaren Elemente in R. Dann ist $e \in R^*$. Seien a und b invertierbar in R mit Inversen a^{-1} und b^{-1}. Dann gilt $aba^{-1}b^{-1} = aa^{-1}bb^{-1} = e$. Also ist $ab \in R^*$. Außerdem hat jedes Element von R^* definitionsgemäß ein Inverses.

Übung 2.11

Sei $g = \gcd(a, m)$ ein Teiler von b. Setze $a' = a/g$, $b' = b/g$ und $m' = m/g$. Dann ist $\gcd(a', m') = 1$. Also hat nach Theorem 2.3 die Kongruenz $a'x' \equiv b' \bmod m'$ eine mod m' eindeutig bestimmte Lösung. Sei x' eine solche Lösung. Dann gilt $ax' \equiv b \bmod m$. Für alle $y \in \mathbb{Z}$ erhält man daraus $a(x' + ym') = b + a'ym \equiv b \bmod m$. Daher sind alle $x = x' + ym'$, $y \in \mathbb{Z}$ Lösungen der Kongruenz $ax \equiv b \bmod m$. Wir zeigen, dass alle Lösungen so aussehen. Sei x eine Lösung. Dann ist $a'x \equiv b' \bmod m'$. Also ist $x \equiv x' \bmod m'$ nach Theorem 2.3 und das beendet den Beweis.

Übung 2.13

Die invertierbaren Restklassen mod 25 sind $a + 25\mathbb{Z}$ mit $a \in \{1, 2, 3, 4, 6, 7, 8, 9, 11, 12, 13, 14, 16, 17, 18, 19, 21, 22, 23, 24\}$.

Übung 2.14

Seien a und b ganze Zahlen ungleich Null. Ohne Beschränkung der Allgemeinheit nehmen wir an, dass beide positiv sind. Die Zahl ab ist Vielfaches von a und b. Also gibt es ein gemeinsames Vielfaches von a und von b. Da jedes solche gemeinsame Vielfache wenigstens so groß wie a ist, gibt es ein kleinstes gemeinsames Vielfaches. Das ist natürlich eindeutig bestimmt.

Übung 2.15

Induktion über die Anzahl der Elemente in X. Hat X ein Element, so hat Y auch ein Element, nämlich das Bild des Elementes aus X. Hat X n Elemente und ist die Behauptung für $n - 1$ gezeigt, so wählt man ein Element $x \in X$ und entfernt x aus X und $f(x)$ aus Y. Dann wendet man die Induktionsvoraussetzung an.

Übung 2.16

Die Untergruppe ist $\{a + 17\mathbb{Z} : a = 1, 2, 4, 8, 16, 15, 13, 9\}$.

Übung 2.18

a	2	4	7	8	11	13	14
$\operatorname{ord} a + 15\mathbb{Z}$	4	2	4	4	2	4	2

Übung 2.20

Wir zeigen zuerst, dass alle Untergruppen von G zyklisch sind. Sei H eine solche Untergruppe. Ist sie nicht zyklisch, so sind alle Elemente in H von kleinerer Ordnung als $|H|$. Nach Theorem 2.10 gibt es für jeden Teiler e von $|G|$ genau $\varphi(e)$ Elemente der Ordnung d in G, nämlich die Elemente g^{xd} mit $1 \leq x \leq |G|/d$ und $\gcd(x, |G|/d) = 1$. Dann folgt aber aus Theorem 2.8, dass H weniger als $|H|$ Elemente hat. Das kann nicht sein. Also ist H zyklisch.

Sei nun g ein Erzeuger von G und sei d ein Teiler von $|G|$. Dann hat das Element $h = g^{|G|/d}$ die Ordnung d; es erzeugt also eine Untergruppe H von G der Ordnung d.

Wir zeigen, dass es keine andere gibt. Die Untergruppe H hat nach obigem Argument genau $\varphi(d)$ Erzeuger. Diese Erzeuger haben alle die Ordnung d. Andererseits sind das auch alle Elemente der Ordnung d in G. Damit ist H die einzige zyklische Untergruppe von G der Ordnung d und da alle Untergruppen von G zyklisch sind, ist H auch die einzige Untergruppe der Ordnung d von G.

Übung 2.22

Nach Theorem 2.9 ist die Ordnung von g von der Form $\prod_{p||G|} p^{x(p)}$ mit $0 \leq x(p) \leq e(p) - f(p)$ für alle $p \mid |G|$. Nach Definition von $f(p)$ gilt aber sogar $x(p) = e(p) - f(p)$ für alle $p \mid |G|$.

Übung 2.24

Nach Korollar 2.1 ist die Abbildung wohldefiniert. Aus den Potenzgesetzen folgt, dass die Abbildung ein Homomorphismus ist. Weil g ein Erzeuger von G ist, folgt die Surjektivität. Aus Korollar 2.1 folgt schließlich die Injektivität.

Übung 2.27

2, 3, 5, 7, 11 sind Primitivwurzeln mod 3, 5, 7, 11, 13.

Übung 3.1

Der Schlüssel ist 8 und der Klartext ist BANKGEHEIMNIS.

Übung 3.3

Die Entschlüsselungsfunktion, eingeschränkt auf des Bild der Verschlüsselungsfunktion, ist deren Umkehrfunktion.

Übung 3.5

Die Konkatenation ist offensichtlich assoziativ. Das neutrale Element ist der leere String ε. Die Halbgruppe ist keine Gruppe, weil die Elemente im allgemeinen keine Inversen haben.

Übung 3.7

1. Kein Verschlüsselungssystem, weil die Abbildung nicht injektiv ist, also keine Entschlüsselungsfunktion definiert werden kann. Ein Beispiel: Sei $k = 2$. Der Buchstabe A entspricht der Zahl 0, die auf 0, also auf A, abgebildet wird. Der Buchstabe N entspricht der Zahl 13, die auf $2 * 13 \mod 26 = 0$, also auch auf A, abgebildet wird. Die Abbildung ist nicht injektiv und nach Übung 3.3 kann also kein Verschlüsselungsverfahren vorliegen.

2. Das ist ein Verschlüsselungssystem. Der Klartext- und Schlüsseltextraum ist Σ^*. Der Schlüsselraum ist $\{1, 2, \ldots, 26\}$. Ist k ein Schlüssel und $(\sigma_1, \sigma_2, \ldots, \sigma_n)$ ein Klartext, so ist $(k\sigma_1 \mod 26, \ldots, k\sigma_n \mod 26\}$ der Schlüsseltext. Das beschreibt die Verschlüsselungsfunktion zum Schlüssel k. Die Entschlüsselungsfunktion erhält man genauso. Man ersetzt nur k durch sein Inverses mod 26.

Übung 3.9
Die Anzahl der Bitpermutationen auf $\{0, 1\}^n$ ist $n!$. Die Anzahl der zirkulären Links- oder Rechtsshifts auf dieser Menge ist n

Übung 3.11
Die Abbildung, die 0 auf 1 und umgekehrt abbildet, ist eine Permutation, aber keine Bitpermutation.

Übung 3.13
Gruppeneigenschaften sind leicht zu verifizieren. Wir zeigen, dass S_3 nicht kommutativ ist. Es gilt

$$\begin{pmatrix} 1 & 2 & 3 \\ 3 & 2 & 1 \end{pmatrix} \circ \begin{pmatrix} 1 & 2 & 3 \\ 1 & 3 & 2 \end{pmatrix} = \begin{pmatrix} 1 & 2 & 3 \\ 2 & 3 & 1 \end{pmatrix}$$

aber

$$\begin{pmatrix} 1 & 2 & 3 \\ 1 & 3 & 2 \end{pmatrix} \circ \begin{pmatrix} 1 & 2 & 3 \\ 3 & 2 & 1 \end{pmatrix} = \begin{pmatrix} 1 & 2 & 3 \\ 3 & 1 & 2 \end{pmatrix}.$$

Übung 3.15
ECB-Mode: 011100011100
CBC-Mode: 011001010000
CFB-Mode: 100010001000
OFB-Mode: 101010101010.

Übung 3.17
Definiere eine Blockchiffre mit Blocklänge n folgendermaßen: Der Schlüssel ist der Koeffizientenvektor $(c_1, \ldots, c_n)$. Ist $w_1 w_2 \ldots w_n$ ein Klartextwort, so ist das zugehörige Schlüsseltextwort $w_{n+1} w_{n+2} \ldots w_{2n}$ definiert durch

$$w_i = \sum_{j=1}^{n} c_j w_{i-j} \bmod 2, \quad n < i \leq 2n.$$

Dies ist tatsächlich eine Blockchiffre, weil die Entschlüsselung gemäß der Formel

$$w_i = w_{n+i} + \sum_{j=1}^{n-1} c_j w_{n+i-j} \bmod 2, \quad 1 \leq i \leq n$$

erfolgen kann. Wählt man als Initialisierungsvektor den Stromchiffreschlüssel $k_1 k_2 \ldots k_n$ und $r = n$, so erhält man die Stromchiffre.

Übung 3.19

Ist

$$A = \begin{pmatrix} a_{1,1} & a_{1,2} & a_{1,3} \\ a_{2,1} & a_{2,2} & a_{2,3} \\ a_{3,1} & a_{3,2} & a_{3,3} \end{pmatrix},$$

so ist $\det A = a_{1,1}a_{2,2}a_{3,3} - a_{1,1}a_{2,3}a_{3,2} - a_{1,2}a_{2,1}a_{3,3} + a_{1,2}a_{2,3}a_{3,1} + a_{1,3}a_{2,1}a_{3,2} - a_{1,3}a_{2,2}a_{3,1}$.

Übung 3.21

Die Inverse ist

$$\begin{pmatrix} 0 & 0 & 1 \\ 0 & 1 & 1 \\ 1 & 1 & 0 \end{pmatrix}.$$

Übung 3.22

Wir wählen als Schlüssel die Matrix

$$A = \begin{pmatrix} x & 0 & 0 \\ 0 & y & 0 \\ 0 & 0 & z \end{pmatrix}, \quad b = \begin{pmatrix} 0 \\ 0 \\ 0 \end{pmatrix}.$$

Dann müssen die Kongruenzen

$$17x \equiv 6 \bmod 26$$
$$14y \equiv 20 \bmod 26$$
$$19z \equiv 19 \bmod 26$$

gelten. Die sind alle drei lösbar, nämlich mit $x = 8$, $y = 20$, $z = 1$. Damit ist die affin lineare Chiffre bestimmt.

Übung 4.2

Nach Definition der perfekten Sicherheit müssen wir prüfen, ob $\Pr(\vec{p}|\vec{c}) = \Pr(\vec{p})$ gilt für jeden Chiffretext $\vec{c}$ und jeden Klartext $\vec{p}$. Für $n \geq 2$ ist das falsch. Wir geben ein Gegenbeispiel. Sei $\vec{p} = (0,0)$ und $\vec{c} = (0,0)$. Dann ist $\Pr(\vec{p}) = 1/4$ und $\Pr(\vec{p}|\vec{c}) = 1$.

Übung 4.3

Angenommen, das Kryposystem ist perfekt geheim. Wir wenden den Satz von Bayes an und erhalten für alle Klartexte P

$$\Pr(C|P) = \frac{\Pr(P|C)\Pr(C)}{\Pr(P)} = \frac{\Pr(P)\Pr(C)}{\Pr(P)} = \Pr(C). \tag{17.3}$$

Also ist $\Pr(C\,|\,P)$ unabhängig von P.

Ist umgekehrt $\Pr(C\,|\,P)$ unabhängig von P, so gilt

$$\Pr(P\,|\,C) = \frac{\Pr(C\,|\,P)\,\Pr(P)}{\Pr(C)} = \frac{\Pr(C)\,\Pr(P)}{\Pr(C)} = \Pr(P). \tag{17.4}$$

Übung 4.4

Bei der Berechnung von C_0 wird der Zähler IV $= 0^n$ verwendet und bei der Berechnung von C der Zähler IV $= 0^{n-1}1$. Für $b = 0$ liefert die Verschlüsselung im CBC-CTR-Mode $C_0 = \mathbf{Enc}(K, 0^n \oplus 0^n) = \mathbf{Enc}(K, 0^n)$ und $C = \mathbf{Enc}(K, 0^n \oplus 0^{n-1}1) = \mathbf{Enc}(K, 0^{n-1}1)$. Hier sind also die beiden Chiffretexte verschieden, weil die Verschlüsselungsfunktion einer Blockchiffre injektiv ist. Für $b = 1$ liefert die Verschlüsselung $C_0 = \mathbf{Enc}(K, 0^n \oplus 0^n) = \mathbf{Enc}(K, 0)$ und $C = \mathbf{Enc}(K, 0^{n-1}1 \oplus 0^{n-1}1) = \mathbf{Enc}(K, 0^n)$. Die beiden Chiffretexte sind gleich.

Übung 5.1

Der Schlüssel ist

$K = 0001001100110100010101110111100110011011101111001101111111110001.$

Der Klartext ist

$P = 0000000100100011010001010110011110001001101010111100110111101111.$

Damit gilt für die Generierung der Rundenschlüssel

$$C_0 = 1111000011001100101010101111$$
$$D_0 = 0101010101100110011110001111$$
$$v = 1$$
$$C_1 = 1110000110011001010101011111$$
$$D_1 = 1010101011001100111100011110$$
$$v = 1$$
$$C_2 = 1100001100110010101010111111$$
$$D_2 = 0101010110011001111000111101.$$

In der ersten Runde der Feistelchiffre ist

$$L_0 = 110011000000000011001100111111111$$

$$R_0 = 1111000010101010111110000101010101010$$

$$k_1 = 000110110000001011101111111110001110000001110010$$

$$E(R_0) = 0111101000010101010101010101110100001010101010101$$

$$B = 0110000100010111101110101000011001100100100111.$$

S	1	2	3	4	5	6	7	8
Wert	5	12	8	2	11	5	9	7
C	0101	1100	1000	0010	1011	0101	1001	0111

$$f_{k_1}(R_0) = 000000110100101110101001101111011$$

$$L_1 = 1111000010101010111110000101010101010$$

$$R_1 = 11001111010010110110010101000100.$$

In der zweiten Runde der Feistelchiffre ist

$$L_1 = 1111000010101010111110000101010101010$$

$$R_1 = 11001111010010110110010101000100$$

$$k_2 = 011110011010111011011001110110111110010011110010101$$

$$E(R_1) = 011001011110101001010110101100001010101000001001$$

$$B = 0001110001000100100011110110101101100011111101100.$$

S	1	2	3	4	5	6	7	8
Wert	4	8	13	3	0	10	10	14
C	0100	1000	1101	0011	0000	1010	1010	1110

$$f_{k_2}(R_1) = 101111000110101010000101000100001$$

$$L_2 = 11001111010010110110010101000100$$

$$R_2 = 0100110011000000011101011000101011.$$

Übung 5.3

Wir beweisen die Behauptung zuerst für jede Runde. Man verifiziert leicht, dass $E(\bar{R}) = \overline{E(R)}$ gilt, wobei E die Expansionsfunktion des DES und $R \in \{0, 1\}^{32}$ ist. Ist $i \in \{1, 2, \ldots, 16\}$ und $K_i(k)$ der i-te DES-Rundenschlüssel für den DES-Schlüssel k, dann gilt ebenso $K_i(\bar{k}) = \overline{K_i(k)}$. Wird also k durch $\bar{k}$ ersetzt, so werden alle Rundenschlüssel K durch $\bar{K}$ ersetzt. Wird in einer Runde R durch $\bar{R}$ und K durch $\bar{K}$ ersetzt, so ist gemäß (5.3) die Eingabe für die S-Boxen $\overline{E(R)} \oplus \bar{K}$. Nun gilt $a \oplus b = \bar{a} \oplus \bar{b}$ für alle $a, b \in \{0, 1\}$. Daher ist die Eingabe für die S-Boxen $E(R) \oplus K$. Da die initiale Permutation mit der Komplementbildung vertauschbar ist, gilt die Behauptung.

Übung 5.5

1.) Dies ergibt sich unmittelbar aus der Konstruktion.

2.) Sei $K_i = (K_{i,0}, \ldots, K_{i,47})$ der i-te Rundenschlüssel und sei $C_i = (C_{i,0}, \ldots, C_{i,27})$ und $D_i = (D_{i,0}, \ldots, D_{i,27})$, $1 \leq i \leq 16$.

Es gilt $K_i = \mathrm{PC2}(C_i, D_i)$. Die Funktion PC2 wählt Einträge ihrer Argumente gemäß Tab. 5.5 aus. Die zugehörige Auswahlfunktion für die Indizes sei g. Es ist also $g(1) = 14$, $g(2) = 17$ etc. Die Funktion g ist injektiv, aber nicht surjektiv, weil $9, 18, 22, 25$ keine Funktionswerte sind. Die inverse Funktion auf der Bildmenge sei g^{-1}. Sei $i \in \{0, \ldots, 26\}$. Wir unterscheiden zwei Fälle. Im ersten ist $i + 1 \notin \{9, 18, 22, 25\}$; $i + 1$ ist also ein Bild unter g. Aus der ersten Behauptung der Übung und wegen $K_1 = K_{16}$ folgt $C_{1,i} = C_{16,i+1} = K_{16,g^{-1}(i+1)} = K_{1,g^{-1}(i+1)} = C_{1,i+1}$. Im zweiten Fall ist $i + 1 \in \{9, 18, 22, 25\}$. Dann ist i ein Bild unter g und es folgt wie oben $C_{16,i} = C_{16,i+1} = K_{16,g^{-1}(i+1)} = K_{1,g^{-1}(i+1)} = C_{1,i+1}$. Damit ist gezeigt, dass $C_{1,0} = C_{1,1} = \ldots = C_{1,8}$, $C_{1,9} = \ldots = C_{1,17}$, $C_{1,18} = \ldots = C_{1,21}$, $C_{1,22} = \ldots = C_{1,24}$ und $C_{1,25} = \ldots = C_{1,27}$. Man zeigt $C_{1,8} = C_{1,9}$, $C_{1,17} = C_{1,18}$, $C_{1,21} = C_{1,22}$ und $C_{1,24} = C_{1,25}$ analog, aber unter Verwendung von $K_1 = K_2$. Entsprechend beweist man die Behauptung für D_i.

3.) Man kann entweder alle Bits von C_1 auf 1 oder 0 setzen und für D_1 genauso. Das gibt vier Möglichkeiten.

Übung 5.6

Alle sind linear bis auf die S-Boxen. Wir geben ein Gegenbeispiel für die erste S-Box. Es ist $S_1(000000) = 1110$, $S_1(111111) = 1101$, aber $S_1(000000) \oplus S_1(111111) = 1110 \oplus 1101 = 0011 \neq 1101 = S_1(111111) = S_1(000000 \oplus 111111)$.

Übung 6.2

InvShiftRows: Zyklischer Rechtsshift um c_i Positionen mit den Werten c_i aus Tab. 6.1.

InvSubBytes: $b \mapsto (A_{-1}(b \oplus c))^{-1}$. Diese Funktion ist in Tab. 17.1 dargestellt. Diese Tabelle ist folgendermaßen zu lesen. Um den Funktionswert von $\{uv\}$ zu finden, sucht man das Byte in Zeile u und Spalte v, So ist zum Beispiel InvSubBytes($\{a5\}$) = $\{46\}$.

InvMixColumns: Das ist die lineare Transformation

$$s_j \leftarrow \begin{pmatrix} \{0e\} & \{0b\} & \{0d\} & \{09\} \\ \{09\} & \{0e\} & \{0b\} & \{0d\} \\ \{0d\} & \{09\} & \{0e\} & \{0b\} \\ \{0b\} & \{0d\} & \{09\} & \{0e\} \end{pmatrix} s_j, \quad 0 \leq j < \mathrm{Nb}.$$

Übung 7.1

Es ist $2^{1110} \equiv 1024 \bmod 1111$.

Tab. 17.1 `InvSubBytes`

	0	1	2	3	4	5	6	7	8	9	a	b	c	d	e	f
0	52	09	6a	d5	30	36	a5	38	bf	40	a3	9e	81	f3	d7	fb
1	7c	e3	39	82	9b	2f	ff	87	34	8e	43	44	c4	de	e9	cb
2	54	7b	94	32	a6	c2	23	3d	ee	4c	95	0b	42	fa	c3	4e
3	08	2e	a1	66	28	d9	24	b2	76	5b	a2	49	6d	8b	d1	25
4	72	f8	f6	64	86	68	98	16	d4	a4	5c	cc	5d	65	b6	92
5	6c	70	48	50	fd	ed	b9	da	5e	15	46	57	a7	8d	9d	84
6	90	d8	ab	00	8c	bc	d3	0a	f7	e4	58	05	b8	b3	45	06
7	d0	2c	1e	8f	ca	3f	0f	02	c1	af	bd	03	01	13	8a	6b
8	3a	91	11	41	4f	67	dc	ea	97	f2	cf	ce	f0	b4	e6	73
9	96	ac	74	22	e7	ad	35	85	e2	f9	37	e8	1c	75	df	6e
a	47	f1	1a	71	1d	29	c5	89	6f	b7	62	0e	aa	18	be	1b
b	fc	56	3e	4b	c6	d2	79	20	9a	db	c0	fe	78	cd	5a	f4
c	1f	dd	a8	33	88	07	c7	31	b1	12	10	59	27	80	ec	5f
d	60	51	7f	a9	19	b5	4a	0d	2d	e5	7a	9f	93	c9	9c	ef
e	a0	e0	3b	4d	ae	2a	f5	b0	c8	eb	bb	3c	83	53	99	61
f	17	2b	04	7e	ba	77	d6	26	e1	69	14	63	55	21	0c	7d

Übung 7.3

Die kleinste Pseudoprimzahl zur Basis 2 ist 341. Es ist $341 = 11 * 31$ und $2^{340} \equiv 1 \bmod 341 = 1$.

Übung 7.5

Sei n eine Charmichael-Zahl. Nach Definition ist sie keine Primzahl und nach Theorem 7.4 ist sie quadratfrei, also keine Primzahlpotenz. Also hat n wenigstens zwei Primteiler. Sei $n = pq$ mit Primfaktoren p, q, $p > q$. Nach Theorem 7.5 ist $p - 1$ ein Teiler von $n - 1 = pq - 1 = (p - 1)q + q - 1$. Daraus folgt, dass $p - 1$ ein Teiler von $q - 1$ ist. Aber das ist unmöglich, weil $0 < q - 1 < p - 1$ ist. Damit ist die Behauptung bewiesen.

Übung 7.7

Wir beweisen, dass 341 zusammengesetzt ist. Dazu schreiben wir $340 = 4 * 85$. Es ist $2^{85} \equiv 32 \bmod 341$ und $2^{170} \equiv 1 \bmod 341$. Also ist n zusammengesetzt.

Übung 7.9

Die kleinste 512-Bit-Primzahl ist $2^{512} + 3$.

Übung 8.1

Ist $de - 1$ ein Vielfaches von $p - 1$ und von $q - 1$, so zeigt man wie im Beweis von Theorem 8.1, dass $m^{ed} \equiv m \bmod p$ und $m^{ed} \equiv m \bmod q$ für jedes $m \in \{0, 1, \dots, n - 1\}$ gilt, woraus nach dem chinesischen Restsatz $m^{ed} \equiv m \bmod n$ folgt.

Übung 8.3

Setze $p = 223$, $q = 233$, $n = 51959$, $e = 5$. Dann ist $d = 10301$, $m = 27063$, $c = 50042$.

Übung 8.5

Wir skizzieren einen einfachen Intervallschachtelungsalgorithmus. Setze $m_0 = 1$, $m_1 = c$. Dann wiederhole folgende Berechnungen, bis $m_1^e = c$ oder $m_0 = m_1$ ist: Setze $x = \lfloor (m_1 - m_0)/2 \rfloor$. Wenn $x^e \geq c$ ist, dann setze $m_1 = x$. Sonst setze $m_0 = x$. Ist nach der letzten Iteration $m_1^e = c$, so ist die e-te Wurzel von c gefunden. Andernfalls existiert sie nicht.

Übung 8.7

Es werden 16 Quadrierungen und eine Multiplikation benötigt.

Übung 8.9

Man berechnet die Darstellung $1 = xe + yf$ und dann $c_e^x c_f^y = m^{xe+yf} = m$.

Übung 8.11

Es ist $p = 37$, $q = 43$, $e = 5$, $d = 605$, $y_p = 7$, $y_q = -6$, $m_p = 9$, $m_q = 8$, $m = 1341$.

Übung 8.13

Da e teilerfremd zu $(p-1)(q-1)$ ist, gilt für die Ordnung k der primen Restklasse $e + \mathbb{Z}(p-1)(q-1)$: $e^k \equiv 1 \bmod (p-1)(q-1)$. Daraus folgt $c^{e^{k-1}} \equiv m^{e^k} \equiv m \bmod n$. Solange k groß ist, stellt dies keine Bedrohung dar.

Übung 8.15

Ja, denn die Zahlen $(x_5 2^5 + x_4 2^4 + x_3 2^3 + x_2 2^2) \bmod 253$, $x_i \in \{0, 1\}$, $2 \leq i \leq 5$, sind paarweise verschieden.

Übung 8.17

Low-Exponent-Attack: Wenn eine Nachricht $m \in \{0, 1, \ldots, n-1\}$ mit dem Rabin-Verfahren unter Verwendung der teilerfremden Moduln n_1 und n_2 verschlüsselt wird, entstehen die Schlüsseltexte $c_i = m^2 \bmod n_i$, $i = 1, 2$. Der Angreifer bestimmt eine Zahl $c \in \{0, \ldots, n_1 n_2 - 1\}$ mit $c \equiv c_i \bmod n_i$, $i = 1, 2$. Dann ist $c = m^2$, und m kann bestimmt werden, indem aus c die Quadratwurzel gezogen wird. Gegenmaßnahme: Randomisierung einiger Nachrichtenbits.

Multiplikativität: Wenn Bob die Schlüsseltexte $c_i = m_i^2 \bmod n$, $i = 1, 2$, kennt, dann kann er daraus den Schlüsseltext $c_1 c_2 \bmod n = (m_1 m_2)^2 \bmod n$ berechnen. Gegenmaßnahme: spezielle Struktur der Klartexte.

Übung 8.19

Wenn $(B_1 = g^{b_1}, C_1 = A^{b_1} m_1)$, $(B_2 = g^{b_2}, C_2 = A^{b_2} m_2)$ die Schlüsseltexte sind, dann ist auch $(B_1 B_2, C_1 C_2 = A^{b_1+b_2} m_1 m_2)$ ein gültiger Schlüsseltext. Er verschlüsselt $m_1 m_2$. Man kann diese Attacke verhindern, wenn man nur Klartexte von spezieller Gestalt erlaubt.

Übung 8.21

Der Klartext ist $m = 37$.

Übung 9.1

Da $x^2 \geq n$ ist, ist $\lceil \sqrt{n} \rceil = 115$ der kleinstmögliche Wert für x. Für dieses x müssen wir prüfen, ob $z = n - x^2$ ein Quadrat ist. Wenn nicht, untersuchen wir $x + 1$. Es ist $(x+1)^2 = x^2 + 2x + 1$. Daher können wir $(x+1)^2$ berechnen, indem wir zu x^2 den Wert $2x + 1$ addieren. Wir finden schließlich, dass $13199 = 132^2 - 65^2 = (132 - 65)(132 + 65) = 67 * 197$ ist. Nicht jede zusammengesetzte natürliche Zahl ist Differenz von zwei Quadraten. Daher funktioniert das Verfahren nicht immer. Wenn es funktioniert, braucht es $O(\sqrt{n})$ Operationen in $\mathbb{Z}$.

Übung 9.3

Die Faktorisierung $n = 11617 * 11903$ findet man, weil $p - 1 = 2^5 * 3 * 11^2$ und $q = 2 * 11 * 541$ ist. Man kann also $B = 121$ setzen.

Übung 9.5

Die Anzahl der Primzahlen $\leq B$ ist $O(B/\log B)$ nach Theorem 7.2. Jede der Primzahlpotenzen, deren Produkt k bildet, ist $\leq B$. Damit ist $k = O(B^{B/\log B}) = O(2^B)$. Die Exponentiation von a mit $k \bmod n$ erfordert nach Theorem 2.15 $O(B)$ Multiplikationen $\bmod n$.

Übung 9.7

Es ist $m = 105$. Man erhält mit dem Siebintervall $-10, \ldots, 10$ und der Faktorbasis $\{-1, 2, 3, 5, 7, 11, 13\}$ die zerlegbaren Funktionswerte $f(-4) = -2 * 5 * 7 * 13$, $f(1) = 5^3$, $f(2) = 2 * 13^2$, $f(4) = 2 * 5 * 7 * 11$, $f(6) = 2 * 5 * 11^2$. Man erhält daraus die Kongruenz $(106 * 107 * 111)^2 \equiv (2 * 5^2 * 11 * 13)^2 \bmod n$. Also ist $x = 106 * 107 * 111$, $y = 2 * 5^2 * 11 * 13$ und damit $\gcd(x - y, n) = 41$.

Übung 10.1

Der DL ist $x = 323$.

Übung 10.3

Die kleinste Primitivwurzel $\bmod 1117$ ist 2. Der DL ist $x = 96$.

Übung 10.5

Die kleinste Primitivwurzel mod 3167 ist 5 und es gilt $5^{1937} \equiv 15 \bmod 3167$.

Übung 10.7

Die kleinste Primitivwurzel mod $p = 2039$ ist $g = 7$. Es gilt $7^{1344} \equiv 2 \bmod p$, $7^{1278} \equiv 3 \bmod p$, $7^{664} \equiv 5 \bmod p$, $7^{861} \equiv 11 \bmod p$, $7^{995} \equiv 13 \bmod p$.

Übung 11.1

Sei n ein 1024-Bit Rabin-Modul (siehe Abschn. 8.4). Die Funktion $\mathbb{Z}_n \to \mathbb{Z}_n$, $x \mapsto x^2 \bmod n$ ist eine Einwegfunktion, falls n nicht faktorisiert werden kann. Das folgt aus den Überlegungen in Abschn. 8.4.5.

Übung 11.3

Der maximale Wert von $h(k)$ ist 9999. Daraus ergibt sich die maximale Länge der Bilder zu 14. Eine Kollision ist $h(1) = h(10948)$.

Übung 12.1

Es ist $n = 127 * 227$, $e = 5$, $d = 22781$, $s = 5876$.

Übung 12.3

Die Signatur ist eine Quadratwurzel mod n aus dem Hashwert des Dokuments. Die Hashfunktion muss aber so ausgelegt werden, dass ihre Werte nur Quadrate mod n sind. Die Sicherheits- und Effizienzüberlegungen entsprechen denen in Abschn. 8.4.

Übung 12.5

Es ist $A^r r^s = A^q (q^{(p-3)/2})^{h(m)-qz}$. Weil $gq \equiv -1 \bmod p$ ist, gilt $q \equiv -g^{-1} \bmod p$. Außerdem ist $g^{(p-1)/2} \equiv -1 \bmod p$, weil g eine Primitivwurzel mod p ist. Daher ist $q^{(p-3)/2} \equiv (-g)^{(p-1)/2} g \equiv g \bmod p$. Insgesamt hat man also $A^r r^s \equiv A^q g^{h(m)} g^{-qz} \equiv A^q g^{h(m)} A^{-q} \equiv g^{h(m)} \bmod p$. Die Attacke funktioniert, weil g ein Teiler von $p-1$ ist und der DL z von A^q zur Basis g^q berechnet werden konnte. Man muss das also verhindern.

Übung 12.7

Es ist $r = 799$, $k^{-1} = 1979$, $s = 1235$.

Übung 12.9

Es ist $q = 43$. Der Erzeuger der Untergruppe der Ordnung q ist $g = 1984$. Weiter ist $A = 834$, $r = 4$, $k^{-1} = 31$ und $s = 23$.

Übung 12.11

Sie lautet $g^s = A^r r^{h(x)}$.

Übung 13.1

Wir müssen dazu ein irreduzibles Polynom vom Grad 2 über GF(3) konstruieren. Das Polynom $x^2 + 1$ ist irreduzibel über GF(3), weil es keine Nullstelle hat. Der Restklassenring mod $f(X) = X^2 + 1$ ist also GF(9). Bezeichne mit α die Restklasse von X mod $f(X)$. Dann gilt also $\alpha^2 + 1 = 0$. Die Elemente von GF(9) sind 0, 1, 2, α, 2α, $1 + \alpha$, $1 + 2\alpha$, $2 + \alpha$, $2 + 2\alpha$. Die Additionstabelle ergibt sich unter Verwendung der Rechenregeln in $\mathbb{Z}/3\mathbb{Z}$. Für die Multiplikationstabelle braucht man zusätzlich die Regel $\alpha^2 = -1$.

Übung 13.3

Die Punkte sind $\mathcal{O}$, $(0, 1)$, $(0, 6)$, $(2, 2)$, $(2, 5)$. Die Gruppe hat also die Ordnung 5 und ist damit zyklisch. Jeder Punkt $\neq \mathcal{O}$ ist ein Erzeuger.

Übung 14.1

Alice wählt zufällig und gleichverteilt einen Exponenten $b \in \{0, 1, \ldots, p-2\}$ und berechnet $B = g^b$ mod p. Sie schickt B an Bob. Bob wählt $e \in \{0, 1\}$ zufällig und gleichverteilt und schickt e an Alice. Alice schickt $y = (b + ea)$ mod $(p - 1)$ an Bob. Bob verifiziert $g^y \equiv A^e B$ mod p. Das Protokoll ist vollständig, weil jeder, der den geheimen Schlüssel von Alice kennt, sich erfolgreich identifizieren kann. Wenn Alice das richtige y für $e = 0$ und für $e = 1$ zurückgeben kann, kennt sie den DL a. Daher kann sie nur mit Wahrscheinlichkeit $1/2$ betrügen. Das Protokoll ist also korrekt. Das Protokoll kann von Bob simuliert werden. Er wählt gleichverteilt zufällig $y \in \{0, 1, \ldots, p - 2\}$, $e \in \{0, 1\}$ und setzt $B = g^y A^{-e}$ mod p. Damit funktioniert das Protokoll und die Wahrscheinlichkeitsverteilungen sind dieselben wie im Originalprotokoll.

Übung 14.3

Ein Betrüger muss Zahlen x und y liefern, die das Protokoll erfüllen. Wenn er x mitteilt, kennt er das zufällige $e = (e_1, \ldots, e_k)$ nicht. Wäre er in der Lage, nach Kenntnis von e noch ein korrektes y zu produzieren, könnte er Quadratwurzeln mod n berechnen. Das kann er aber nicht. Also kann er x nur so so wählen, dass er die richtige Antwort y für genau einen Vektor $e \in \{0, 1\}^k$ geben kann. Er kann sich also nur mit Wahrscheinlichkeit 2^{-k} richtig identifizieren.

Übung 14.5

Der Signierer wählt r zufällig, berechnet $x = r^2$ mod n, $(e_1, \ldots, e_k) = h(x \circ m)$ und $y = r \prod_{i=1}^k s_i^{e_i}$. Die Signatur ist (x, y).

Übung 15.2

Es gilt $a(X) = a_1 X + s = 2x + 3$, $y_1 = 5$, $y_2 = 7$, $y_3 = 9$, $y_4 = 0$.

Literatur

1. Advanced Encryption Standard, http://csrc.nist.gov/encryption/aes/

2. M. Agraval, N. Kayal, N. Saxena, Primes is in P, http://www.cse.iitk.ac.in/news/primality.html

3. A. Aho, J. Hopcroft, J. Ullman, *The Design and Analysis of Computer Algorithms* (Addison-Wesley, Reading, Massachusetts, 1974)

4. E. Bach, J. Shallit, *Algorithmic Number Theory* (MIT Press, Cambridge, Massachusetts and London, England, 1996)

5. F. Bauer, *Entzifferte Geheimnisse* (Springer, Berlin, 1995)

6. F. Bauer, *Decrypted Secrets* (Springer, Berlin, 2000)

7. M. Bellare, P. Rogaway, The exact security of digital signatures: How to sign with RSA and Rabin, in *Advances in Cryptology – EUROCRYPT '96* (Springer, 1996), S. 399–416

8. M. Bellare, P. Rogaway, Optimal asymmetric encryption – how to encrypt with RSA, in *Advances in Cryptology – EUROCRYPT '94* (Springer, 1996), S. 92–111

9. M. Bellare, R. Canetti, H. Krawczyk, Keying hash functions for message authentication, in *Advances in Cryptology – CRYPTO '96*, 16th Annual International Cryptology Conference, Santa Barbara, California, USA, August 18–22, 1996, S. 1–15

10. D.J. Bernstein, J. Buchmann, E. Dahmen (Hrsg.), *Post-Quantum Cryptography* (Springer, 2008)

11. D.J. Bernstein, D. Hopwood, A. Hülsing, T. Lange, R. Niederhagen, L. Papachristodoulou, M. Schneider, P. Schwabe, Z. Wilcox-O'Hearn, SPHINCS: practical stateless hash-based signatures, in *Advances in Cryptology – EUROCRYPT 2015*, 34th Annual International Conference on the Theory and Applications of Cryptographic Techniques, Sofia, Bulgaria, April 26–30, 2015, Proceedings, Part I, S. 368–397

12. A. Beutelspacher, J. Schwenk, K.-D. Wolfenstetter, *Moderne Verfahren der Kryptographie* (Vieweg, 1998)

13. E. Biham, A. Shamir, *Differential Cryptanalysis of the Data Encryption Standard* (Springer, New York, 1993)

14. I.F. Blake, G. Seroussi, N.P. Smart, *Elliptic Curves in Cryptography* (Cambridge University Press, Cambridge, England, 1999)

15. D. Bleichenbacher, Chosen ciphertext attacks against protocols based on the RSA encryption standard PKCS#1, in *Advances in Cryptology – CRYPTO '98*, 1998, S. 1–12

16. D. Boneh, The decision Diffie-Hellman problem, in *ANTS III, Lecture Notes in Computer Science*, Bd. 1423, (Springer, Berlin, 1998), S. 48–63

© Springer-Verlag Berlin Heidelberg 2016

J. Buchmann, *Einführung in die Kryptographie*, Springer-Lehrbuch,

DOI 10.1007/978-3-642-39775-2

17. D. Boneh, G. Durfee, Cryptanalysis of RSA with private keys d less than $N^{0.292}$, IEEE Transact. Inf. Theory **46**(4), 1339–1349 (2000)

18. J. Buchmann, Faktorisierung großer Zahlen. Spektrum Wiss. **9**, 80–88 (1996)

19. J. Buchmann, S. Paulus, A one way function based on ideal arithmetic in number fields, in *Advances in Cryptology – CRYPTO '97, Lecture Notes in Computer Science*, Bd. 1294, hrsg. von B. Kaliski (Springer, Berlin, 1997), S. 385–394

20. J. Buchmann, H.C. Williams, Quadratic fields and cryptography, in *Number Theory and Cryptography, London Mathematical Society Lecture Note Series*, Bd. 154, hrsg. von J.H. Loxton (Cambridge University Press, Cambridge, England, 1990), S. 9–25

21. J.A. Buchmann, E.G. Karatsiolis, A. Wiesmaier, *Introduction to Public Key Infrastructures* (Springer, 2013)

22. T.H. Cormen, C.E. Leiserson, R.L. Rivest, *Introduction to Algorithms* (MIT Press, Cambridge, Massachudetts, 1990)

23. R. Cramer, V. Shoup, Signature schemes based on the strong rsa assumption. ACM Transact. Inf. Syst. Theory **3**, 161–185 (2000)

24. N.G. de Bruijn, On the number of integers $\leq x$ and free of prime factors $> y$. Indag. Math. **38**, 239–247 (1966)

25. W. Diffie, M.E. Hellman, New directions in cryptography. IEEE-IT **IT-22**, 644–654 (1976)

26. Discrete Logarithm Records, https://en.wikipedia.org/wiki/Discrete_logarithm_records#Integers_modulo_p

27. Factoring records, http://www.crypto-world.com/FactorRecords.html

28. A. Fiat, M. Naor, Rigorous time/space trade offs for inverting functions, in *23rd ACM Symp. on Theory of Computing (STOC)* (ACM Press, 1991), S. 534–541

29. A. Fiat, A. Shamir, How to prove yourself: practical solutions to identification and signature problems, in *Advances in Cryptology – CRYPTO '86, Lecture Notes in Computer Science*, Bd. 263, hrsg. von A.M. Odlyzko (Springer, 1986), S. 186–194

30. FIPS 186-4, Digital Signature Standard (DSS). Federal Information Processing Standards Publication 186-4, U.S. Department of Commerce/N.I.S.T., National Technical Information Service, Springfield, Virginia, 2013.

31. O. Goldreich, *Modern Cryptography, Probabilistic Proofs and Pseudorandomness* (Springer, New York, 1999)

32. S. Goldwasser, S. Micali, Probabilistic encryption. J. Comput. Syst. Sci. **28**, 270–299 (1984)

33. D.M. Gordon, A survey of fast exponentiation methods. J. Algorithms **27**, 129–146 (1998)

34. M. Hellman, A cryptanalytic time-memory trade-off. IEEE Transact. Inf. Theory **26**(4), 401–406 (1980)

35. P. Horster, *Kryptologie* (Bibliographisches Institut, 1987)

36. ISO/IEC 9796, Information technology – Security techniques – Digital signature scheme giving message recovery (International Organization for Standardization, Geneva, Switzerland, 1991)

37. D. Kahn, *The codebreakers* (Macmillan Publishing Company, 1967)

38. L.R. Knudsen, Contemporary block ciphers, in *Lectures on Data Security, LNCS*, Bd. 1561, hrsg. von I. Damgard (Springer-Verlag, New York, 1999), S. 105–126

39. D.E. Knuth, *The art of computer programming. Volume 2: Seminumerical algorithms* (Addison-Wesley, Reading, Massachusetts, 1981)

40. N. Koblitz, *A Course in Number Theory and Cryptography* (Springer, 1994)

41. L. Lamport, Constructing digital signatures from a one way function. Technical Report SRI-CSL-98, SRI International Computer Science Laboratory, 1979

42. A.K. Lenstra, H.W. Lenstra, Jr., Algorithms in number theory, in *Handbook of Theoretical Computer Science, Volume A, Algorithms and Complexity*, Kap. 12, hrsg. von J. van Leeuwen (Elsevier, Amsterdam, 1990)

43. A.K. Lenstra, H.W. Lenstra Jr., Algorithms in number theory, in *Handbook of Theoretical Computer Science. Volume A. Algorithms and Complexity*, Kap. 12, hrsg. von J. van Leeuwen (Elsevier, 1990), S. 673–715

44. A.K. Lenstra, H.W. Lenstra Jr. (Hrsg.), The Development of the Number Field Sieve, in *Lecture Notes in Math* (Springer, Berlin, 1993)

45. H.W. Lenstra, Jr., C. Pomerance, A rigorous time bound for factoring integers. J. AMS **5**, 483–516 (1992)

46. H.R. Lewis, C.H. Papadimitriou, *Elements of the Theory of Computation* (Prentice-Hall, Englewood Cliffs, NJ, 1981)

47. LiDIA, www.informatik.tu-darmstadt.de/TI/Welcome-Software.html

48. A. Menezes, *Elliptic Curve Public Key Cryptosystems* (Kluwer Academic Publishers, Dordrecht, 1993)

49. A.J. Menezes, P.C. van Oorschot, S.A. Vanstone, *Handbook of Applied Cryptography* (CRC Press, Boca Raton, Florida, 1997)

50. R.C. Merkle, A certified digital signature, in *CRYPTO '89: Proceedings on Advances in Cryptology, Lecture Notes in Computer Science*, Bd. 435 (Springer, 1989), S. 218–238

51. K. Meyberg, *Algebra Teil 1* (Carl Hanser, 1980)

52. K. Meyberg, *Algebra Teil 2* (Carl Hanser, 1980)

53. B. Möller, Improved techniques for fast exponentiation, in *Proceedings of ICISC 2002* (Springer, 2003)

54. E. Oeljeklaus, R. Remmert, *Lineare Algebra I* (Springer, Berlin, 1974)

55. J. Overbey, W. Traves, J. Wojdylo, On the keyspace of the hill cipher. Cryptologia **29**, 59–72 (2005)

56. PKCS#1, www.rsasecurity.com/rsalabs/pkcs/pkcs-1/index.html

57. D. Pointcheval, J. Stern, Security arguments for digital signatures and blind signatures. J. Cryptol. **13**, 361–396 (2000)

58. H. Riesel, *Prime Numbers and Computer Methods for Factorization* (Birkhäuser, Boston, 1994)

59. R.L. Rivest, A. Shamir, L. Adleman, A method for obtaining digital signatures and public-key cryptosystems. Commun. ACM **21**, 120–126 (1978)

60. R. Rompel, One-way functions are necessary and sufficient for secure signatures, in *22nd ACM Symp. on Theory of Computing (STOC)*, 1990, S. 387–394

61. M. Rosing, *Implementing Elliptic Curve Cryptography* (Manning, 1999)

62. J. Rosser, L. Schoenfeld, Approximate formulas for some functions of prime numbers. Illinois J. Math. **6**, 64–94 (1962)

63. R.A. Rueppel, *Analysis and Design of Stream Ciphers* (Springer, Berlin, 1986)

64. O. Schirokauer, D. Weber, T. Denny, Discrete logarithms: the effectiveness of the index calculus method, in *ANTS II, Lecture Notes in Computer Science*, Bd. 1122, hrsg. von H. Cohen (Springer, Berlin, 1996)

65. B. Schneier, *Applied Cryptography*, 2. Aufl. (Wiley, New York, 1996)

66. C.P. Schnorr, Efficient signature generation by smart cards, in *Advances in Cryptology – CRYPTO '89*, Lecture Notes in Computer Science (Springer, 1991), S. 161–174

67. A. Shamir, How to share a secret. Commun. ACM **22**, 612–613 (1979)

68. C.E. Shannon, Communication theory of secrecy systems. Bell Sys. Tech. J. **28**, 656–715 (1949)

69. P.W. Shor, Polynomial-time algorithms for prime factorization and discrete logarithms on a quantum computer. SIAM J. Comput. **26**, 1484–1509 (1997)

70. V. Shoup, OAEP reconsidered, in *Advances in Cryptology – CRYPTO 2001* (Springer, 2001), S. 239–259

71. D. Stinson, *Cryptography* (CRC Press, Boca Raton, Florida, 1995)

72. D. Stinson, *Cryptography, Theory and Practice*, 2. Aufl. (CRC Press, Boca Raton, Florida, 2002)

73. Yearly report on algorithms and keysizes, ICT-2007-216676 ECRYPT II, 2012

Sachverzeichnis

Printed in the United States
By Bookmasters